电力工程设计手册

01 火力发电厂总图运输设计
02 火力发电厂热机通用部分设计
03 火力发电厂锅炉及辅助系统设计
04 火力发电厂汽轮机及辅助系统设计
05 火力发电厂烟气治理设计
06 燃气-蒸汽联合循环机组及附属系统设计
07 循环流化床锅炉附属系统设计
08 火力发电厂电气一次设计
09 火力发电厂电气二次设计
10 火力发电厂仪表与控制设计
11 火力发电厂结构设计
12 火力发电厂建筑设计
13 火力发电厂水工设计
14 火力发电厂运煤设计
15 火力发电厂除灰设计
16 火力发电厂化学设计
17 火力发电厂供暖通风与空气调节设计
18 火力发电厂消防设计
19 火力发电厂节能设计

20 架空输电线路设计
21 电缆输电线路设计
22 换流站设计
23 变电站设计

24 电力系统规划设计
25 岩土工程勘察设计
26 工程测绘
27 工程水文气象
28 集中供热设计
29 技术经济
30 环境保护与水土保持
31 职业安全与职业卫生

电力工程设计手册

环境保护与水土保持

中国电力工程顾问集团有限公司
中国能源建设集团规划设计有限公司 编著

Power Engineering Design Manual

中国电力出版社

内 容 提 要

本书是《电力工程设计手册》系列手册中的一个分册，是按电力工程环境保护与水土保持工作的设计要求编写的实用性工具书，可以满足电力工程各阶段环境保护与水土保持设计的内容深度要求。主要内容包括环境保护综述、电力工程工艺流程及产污环节、电力工程环境保护政策与法规、电力工程各设计阶段的环境保护要求、电力工程噪声污染防治技术、电力工程其他污染防治技术、电力工程环境影响评价、电力工程环境保护管理与监测、水土保持综述、电力工程建设与水土流失影响、电力工程水土保持政策与法规、电力工程各设计阶段的水土保持要求、电力工程水土流失防治措施、电力工程水土保持方案、电力工程水土保持监测与验收。

本书是依据最新标准的内容要求编写的，充分吸纳了我国火力发电工程和输变电工程环境保护与水土保持工作的先进理念和成熟技术，全面反映了环境保护与水土保持方面的新技术、新方法、新要求，列入了大量成熟可靠的设计基础资料、技术数据和技术指标。

本书可作为电力工程环境保护与水土保持工作设计、施工和运行管理人员的工具书，也可作为其他行业从事环境保护与水土保持工作的设计人员的参考书，还可供高等院校相关专业的师生参考使用。

图书在版编目（CIP）数据

电力工程设计手册．环境保护与水土保持 / 中国电力工程顾问集团有限公司，中国能源建设集团规划设计有限公司编著．—北京：中国电力出版社，2019.6（2023.3重印）

ISBN 978-7-5198-2339-9

Ⅰ．①电…　Ⅱ．①中…　②中…　Ⅲ．①电力工业－环境保护－手册②电力工业－水土保持－手册　Ⅳ．①TM7-62②X322-62

中国版本图书馆 CIP 数据核字（2018）第 192300 号

出版发行：中国电力出版社
地　　址：北京市东城区北京站西街 19 号（邮政编码 100005）
网　　址：http://www.cepp.sgcc.com.cn
印　　刷：三河市万龙印装有限公司
版　　次：2019 年 6 月第一版
印　　次：2023 年 3 月北京第二次印刷
开　　本：787 毫米×1092 毫米　16 开本
印　　张：16.5
字　　数：585 千字　1 插页
印　　数：1501—2500 册
定　　价：120.00 元

《电力工程设计手册》
编辑委员会

《电力工程设计手册》
秘书组

《环境保护与水土保持》
编写组

主　　编　宋红军

副 主 编　付　铁　王晓宁　梁振明

参编人员（按姓氏笔画排序）

丁　宁　丁国光　乔彦芬　任秀丽　刘　昕　孙　政
李　奕　张新宁　郑　玥　孟宪彬　项东兴　荣文卓
钟祖林　贾　丽　凌文州　赖　敏　魏　欣

《环境保护与水土保持》
编辑出版人员

编审人员　黄晓华　吴　冰　王　晶　刘丽平　周　娟

出版人员　王建华　邹树群　黄　蓓　太兴华　常燕昆　陈丽梅
安同贺　李　娟　王红柳　赵珊珊　单　玲

序言

改革开放以来，我国电力建设开启了新篇章，经过40年的快速发展，电网规模、发电装机容量和发电量均居世界首位，电力工业技术水平跻身世界先进行列，新技术、新方法、新工艺和新材料得到广泛应用，信息化水平显著提升。广大电力工程技术人员在多年的工程实践中，解决了许多关键性的技术难题，积累了大量成功的经验，电力工程设计能力有了质的飞跃。

电力工程设计是电力工程建设的龙头，在响应国家号召，传播节能、环保和可持续发展的电力工程设计理念，推广电力工程领域技术创新成果，促进电力行业结构优化和转型升级等方面，起到了积极的推动作用。为了培养优秀电力勘察设计人才，规范指导电力工程设计，进一步提高电力工程建设水平，助力电力工业又好又快发展，中国电力工程顾问集团有限公司、中国能源建设集团规划设计有限公司编撰了《电力工程设计手册》系列手册。这是一项光荣的事业，也是一项重大的文化工程，彰显了企业的社会责任和公益意识。

作为中国电力工程服务行业的"排头兵"和"国家队"，中国电力工程顾问集团有限公司、中国能源建设集团规划设计有限公司在电力勘察设计技术上处于国际先进和国内领先地位，尤其在百万千瓦级超超临界燃煤机组、核电常规岛、洁净煤发电、空冷机组、特高压交直流输变电、新能源发电等领域的勘察设计方面具有技术领先优势；另外还在中国电力勘察设计行业的科研、标准化工作中发挥着主导作用，承担着电力新技术的研究、推广和国外先进技术的引进、消化和创新等工作。编撰《电力工程设计手册》，不仅系统总结了电力工程设计经验，而且能促进工程设计经验向生产力的有效转化，意义重大。

这套设计手册获得了国家出版基金资助，是一套全面反映我国电力工程设计领域自有知识产权和重大创新成果的出版物，代表了我国电力勘察设计行业的水平和发展方向，希望这套设计手册能为我国电力工业的发展作出贡献，成为电力行业从业人员的良师益友。

汪建平

2019年1月18日

总前言

电力工业是国民经济和社会发展的基础产业和公用事业。电力工程勘察设计是带动电力工业发展的龙头，是电力工程项目建设不可或缺的重要环节，是科学技术转化为生产力的纽带。新中国成立以来，尤其是改革开放以来，我国电力工业发展迅速，电网规模、发电装机容量和发电量已跃居世界首位，电力工程勘察设计能力和水平跻身世界先进行列。

随着科学技术的发展，电力工程勘察设计的理念、技术和手段有了全面的变化和进步，信息化和现代化水平显著提升，极大地提高了工程设计中处理复杂问题的效率和能力，特别是在特高压交直流输变电工程设计、超超临界机组设计、洁净煤发电设计等领域取得了一系列创新成果。“创新、协调、绿色、开放、共享”的发展理念和全面建成小康社会的奋斗目标，对电力工程勘察设计工作提出了新要求。作为电力建设的龙头，电力工程勘察设计应积极践行创新和可持续发展理念，更加关注生态和环境保护问题，更加注重电力工程全寿命周期的综合效益。

作为电力工程服务行业的“排头兵”和“国家队”，中国电力工程顾问集团有限公司、中国能源建设集团规划设计有限公司（以下统称“编著单位”）是我国特高压输变电工程勘察设计的主要承担者，完成了包括世界第一个商业运行的 1000kV 特高压交流输变电工程、世界第一个 ±800kV 特高压直流输电工程在内的输变电工程勘察设计工作；是我国百万千瓦级超超临界燃煤机组工程建设的主力军，完成了我国 70%以上的百万千瓦级超超临界燃煤机组的勘察设计工作，创造了多项“国内第一”，包括第一台百万千瓦级超超临界燃煤机组、第一台百万千瓦级超超临界空冷燃煤机组、第一台百万千瓦级超超临界二次再热燃煤机组等。

在电力工业发展过程中，电力工程勘察设计工作者攻克了许多关键技术难题，形成了一整套先进设计理念，积累了大量的成熟设计经验，取得了一系列丰硕的设计成果。编撰《电力工程设计手册》系列手册旨在通过全面总结、充实和完善，引导电力工程勘察设计工作规范、健康发展，推动电力工程勘察设计行业技术水平提升，助力电力工程勘察设计从业人员提高业务水平和设计能力，以适应新时期我国电力工业发展的需要。

2014 年 12 月，编著单位正式启动了《电力工程设计手册》系列手册的编撰工作。《电力工程设计手册》的编撰是一项光荣的事业，也是一项艰巨和富有挑战性的任务。为此，编著单位和中国电力出版社抽调专人成立了编辑委员会和秘书组，投入专项资金，为系列手册编撰工作的顺利开展提供强有力的保障。在手册编辑委员会的统一组织和领导下，700 多位电力勘察设计行业的专家学者和技术骨干，以高度的责任心和历史使命感，坚持充分讨论、深入研究、博采众长、集思广益、达成共识的原则，以内容完整实用、资料翔实准确、体例规范合理、表达简明扼要、使用方便快捷、经得起实践检验为目标，参阅大量的国内外资料，归纳和总结了勘察设计经验，经过几年的反复斟酌和锤炼，终于编撰完成《电力工程设计手册》。

《电力工程设计手册》依托大型电力工程设计实践，以国家和行业设计标准、规程规范为准绳，反映了我国在特高压交直流输变电、百万千瓦级超超临界燃煤机组、洁净煤发电、空冷机组等领域的最新设计技术和科研成果。手册分为火力发电工程、输变电工程和通用三类，共 31 个分册，3000 多万字。其中，火力发电工程类包括 19 个分册，内容分别涉及火力发电厂总图运输、热机通用部分、锅炉及辅助系统、汽轮机及辅助系统、燃气-蒸汽联合循环机组及附属系统、循环流化床锅炉附属系统、电气一次、电气二次、仪表与控制、结构、建筑、运煤、除灰、水工、化学、供暖通风与空气调节、消防、节能、烟气治理等领域；输变电工程类包括 4 个分册，内容分别涉及架空输电线路、电缆输电线路、换流站、变电站等领域；通用类包括 8 个分册，内容分别涉及电力系统规划、岩土工程勘察、工程测绘、工程水文气象、集中供热、技术经济、环境保护与水土保持、职业安全与职业卫生等领域。目前新能源发电蓬勃发展，编著单位将适时总结相关勘察设计经验，编撰有关新能源发电方面的系列设计手册。

《电力工程设计手册》全面总结了现代电力工程设计的理论和实践成果，系统介绍了近年来电力工程设计的新理念、新技术、新材料、新方法，充分反映了当前国内外电力工程设计领域的重要科研成果，汇集了相关的基础理论、专业知识、常用算法和设计方法。全套书注重科学性、体现时代性、强调针对性、突出实用性，可供从事电力工程投资、建设、设计、制造、施工、监理、调试、运行、科研等工作的人员使用，也可供电力和能源相关教学及管理工作者参考。

《电力工程设计手册》的编撰和出版，凝聚了电力工程设计工作者的集体智慧，展现了当今我国电力勘察设计行业的先进设计理念和深厚技术底蕴。《电力工程设计手册》是我国第一部全面反映电力工程勘察设计成果的系列手册，且内容浩繁，编撰复杂，其中难免存在疏漏与不足之处，诚恳希望广大读者和专家批评指正，以期再版时修订完善。

在此，向所有关心、支持、参与编撰的领导、专家、学者、编辑出版人员表示衷心的感谢！

《电力工程设计手册》编辑委员会

2019年1月10日

前言

《环境保护与水土保持》是《电力工程设计手册》系列手册之一。

改革开放以来，我国电力工程建设规模迅猛发展，目前我国火力发电工程装机规模和输变电工程建设规模均处于世界第一。火力发电工程和输变电工程的建设与运营，会造成一定程度的环境污染、水土流失和生态破坏。因此，加强电力工程生态环境保护与水土保持工作是加快生态文明体制改革、建设美丽中国、全面建设社会主义现代化强国的重要组成部分。在电力工程建设过程中，通过我国电力工程环境保护与水土保持技术人员的不懈努力，不断引进和采用先进的工艺及技术，不断总结和提升先进的方法及手段，我国电力工程环境保护与水土保持工作取得了长足的进步和发展。

本书的编撰，既是对我国长期以来火力发电工程和输变电工程环境保护与水土保持工作的经验总结和提炼，也是对我国近年来电力工程环境保护与水土保持相关工作新技术、新方法、新要求的归纳和提升，为今后一段时间我国电力工程环境保护与水土保持工作提供了有力的指导。

本书可以帮助电力工程环境保护与水土保持技术人员更有针对性地对电力工程项目进行科学化和规范化管理，更好地适应当前或今后一段时间内的电力工程环境保护与水土保持技术发展水平，更优质高效地完成电力工程环境保护与水土保持工作。同时，也可以帮助环境保护与水土保持技术人员掌握专业基础知识，充分了解电力工程环境保护与水土保持的工作技术要求和管理要求。

本书共有两篇十五章，第一篇为环境保护，内容包括环境保护综述、电力工程工艺流程及产污环节、电力工程环境保护政策与法规、电力工程各设计阶段的环境保护要求、电力工程噪声污染防治技术、电力工程其他污染防治技术、电力工程环境影响评价、电力工程环境保护管理与监测等；第二篇为水土保持，内容包括水土保持综述、电力工程建设与水土流失影响、电力工程水土保持政策与法规、电力工程各设计阶段的水土保持要求、电力工程水土流失防治措施、电力工程水土保持方案、电力工程水土保持监测与验收等。考虑与《电力工程设计手册》系列手册的衔接，本书在噪声污染防治方面有所侧重，而烟气污染防治、污废水处理、贮灰场等的设计在本手册进行了简化，具体内容可详细参考烟气治理、化学、水工等手册相关内容。

本书主编单位为中国电力工程顾问集团华北电力设计院有限公司，参加编写的单位有中国电力工程顾问集团西南电力设计院有限公司。本书由宋红军担任主编，付铁、王晓宁、梁振明担任副主编。付铁、丁国光编写第一章，魏欣、任秀丽编写第二章，任秀丽、郑玥编写第三章，孙政、丁国光编写第四章，孟宪彬、郑玥、丁宁、梁振明、张新宁、赖敏编写第五章，付铁编写第六、七章，贾丽编写第八章，王晓宁、梁振明编写第九、十章，项东兴、丁国光编写第十一章，荣文卓、丁国光、贾丽编写第十二章，乔彦芬、丁国光、刘昕编写第十三章，李奕、凌文州编写第十四章，钟祖林、梁振明编写第十五章。

本书可作为电力工程环境保护设计、环境影响评价、环境监测、环境保护管理和水土保持方案编制、水土保持监测、水土保持验收、水土保持管理等工作的工具书，也可作为其他行业从事环境保护与水土保持专业工程技术人员及高等院校相关专业师生的参考书。

《环境保护与水土保持》编写组
2018年12月

目录

第二篇 水 土 保 持

第一篇

环境保护

第一章

环境保护综述

中国特色社会主义进入新时代，我国社会主要矛盾已经转化为人民日益增长的美好生活需要和不平衡不充分的发展之间的矛盾。人民美好生活需要日益广泛，不仅对物质文化生活提出了更高要求，而且在环境等方面的要求也日益增长。

习近平新时代中国特色社会主义思想明确中国特色社会主义事业总体布局是“经济建设、政治建设、文化建设、社会建设、生态文明建设”，“五位一体”是一个有机整体，建设生态文明是中华民族永续发展的千年大计。党的十九大报告提出要坚决打好污染防治的攻坚战，加快生态文明体制改革，建设美丽中国，要求着力解决突出环境问题，构建政府为主导、企业为主体、社会组织和公众共同参与的环境治理体系。必须树立和践行绿水青山就是金山银山的理念，坚持节约资源和保护环境的基本国策，实行最严格的生态环境保护制度，形成绿色发展方式和生活方式，坚定走生产发展、生活富裕、生态良好的文明发展道路，为人民创造良好的生产生活环境，为全球生态安全做出贡献。

1978 年改革开放以来，我国能源生产总量和消费总量快速提高。电力作为能源形式之一，与社会发展密切相关，电力发展对国民经济的快速增长发挥了强有力的支撑作用。随着电力工程建设的快速发展，目前我国火电厂装机规模和输变电工程建设规模均处于世界第一。火电厂和输变电工程的建设与运营，会产生大气、水、噪声、固体废物、电磁等污染，造成生态破坏，对生态环境造成一定程度的影响。因此，加强电力工程生态环境保护工作是加快生态文明体制改革、建设美丽中国、全面建设社会主义现代化强国的重要组成部分。

第一节　电力工程环境保护的总体要求和规定

一、总体要求

保护环境是国家的基本国策，国家促进清洁生产和资源循环利用。我国环境保护坚持保护优先、预防为主、综合治理、公众参与、损害担责的原则。

编制有关开发利用规划，建设对环境有影响的火电厂和输变电工程，应当依法进行环境影响评价。未依法进行环境影响评价的开发利用规划，不得组织实施；未依法进行环境影响评价的火电厂和输变电工程，不得开工建设。

企业单位有保护环境的义务。企业单位应当防止、减少环境污染和生态破坏，对所造成的损害依法承担责任。企业应当优先使用清洁能源，采用资源利用率高、污染物排放量少的工艺、设备以及废弃物综合利用技术和污染物无害化处理技术，减少污染物的产生。排放污染物的企业单位，应当采取措施，防治在生产建设或者其他活动中产生的环境污染和危害。火电厂和输变电工程防治污染的设施，应当与主体工程同时设计、同时施工、同时投产使用；防治污染的设施应当符合经批准的环境影响评价文件的要求，不得擅自拆除或者闲置。

我国对火电行业实行排污许可管理制度。实行排污许可管理的火电厂应当按照排污许可证的要求排放污染物；未取得排污许可证的，不得排放污染物。我国实行重点污染物排放总量控制制度。企业单位在执行国家和地方污染物排放标准的同时，应当遵守分解落实到本单位的重点污染物排放总量控制指标。火电厂和输变电企业应当按照国家环境保护税法缴纳环境保护税。

火电厂和输变电企业应当建立环境保护责任制度，明确单位负责人和相关人员的责任。火电厂和输变电工程应当安装使用环境监测设备，保证监测设备正常运行，保存原始监测记录。企业单位应当制定突发环境事件应急预案，做好突发环境事件的风险控制、应急准备、应急处置和事后恢复等工作。

火电厂和输变电企业应当做好信息公开和公众参与工作。对依法应当编制环境影响报告书的火电厂和输变电工程，建设单位应当在编制时向可能受影响的公众说明情况，充分征求意见。重点排污单位应当如实向社会公开其主要污染排放情况，以及防治污染设施的建设和运行情况，接受社会监督。

二、法律法规体系

我国目前建立了由法律、国务院行政法规、政府部门规章、地方性法规和地方政府规章、环境标准、环境保护国际条约组成的完整的环境保护法律法规体系。

以上法规体系以《中华人民共和国宪法》对环境保护的规定为基础，《中华人民共和国宪法》规定“国家保护和改善生活环境和生态环境，防治污染和其他公害”。环境保护法包括环境保护综合法、环境保护单行法和环境保护相关法。

环境保护行政法规是由国务院制定并公布或经国务院批准有关主管部门公布的环境保护规范性文件。

政府部门规章是指国务院环境保护行政主管部门单独发布或与国务院有关部门联合发布的环境保护规范性文件，以及政府其他有关行政主管部门依法制定的环境保护规范性文件。

环境保护地方性法规和地方性规章是享有立法权的地方权力机关和地方政府机关依据我国宪法和相关法律制定的环境保护规范性文件。

我国的环境标准分为国家环境标准、地方环境标准和国务院环境保护主管部门标准。

环境保护国际公约是指我国缔结和参加的环境保护国际公约、条约和议定书。国际公约与我国环境法有不同规定时，优先适用国际公约的规定，但我国声明保留的条款除外。

三、设计要求

1. 阶段划分

DLGJ 159.1—2001《电力工程勘测设计阶段的划分规定》将发电工程勘测设计的全过程划分为初步可行性研究、可行性研究、初步设计、施工图设计、施工配合（工地服务）、竣工图和设计回访总结等七个阶段；将输变电工程勘测设计的全过程划分为可行性研究、初步设计、施工图设计、施工配合（工地服务）、竣工图和设计回访总结等六个阶段，一般的220kV及以下等级输变电工程勘测设计全过程可省去可行性研究阶段。

火力发电工程主要设计阶段一般包括初步可行性研究、可行性研究、初步设计、施工图设计等四个阶段。输变电工程主要设计阶段一般包括可行性研究、初步设计、施工图设计等三个阶段。

2. 工作内容

初步可行性研究阶段编制初步可行性研究报告，包含环境和社会影响章节。工作内容主要有初步分析项目选址和选线的环境可行性，进行环境影响与生态影响综合分析，初步预测工程对环境可能造成的影响，并提出拟采取的环境保护及治理措施的初步设想。

可行性研究阶段编制可行性研究报告，包含环境及生态保护、综合利用等章节。工作内容主要有深入分析项目选址和选线的环境可行性，进行环境现状分析，对工程建设的生态影响和环境影响进行预测，提出项目建设的生态防治措施和污染防治措施，以及相应的生态环境保护投资估算。

初步设计阶段编制初步设计文件，包含环境保护等卷册。工作内容主要包括依据环境影响评价文件和设备厂家提供的资料，进行烟气、污废水、噪声、煤尘、灰渣、电磁等污染防治工艺方案、环境监测方案和生态防治措施的初步设计，以及相应的生态环境保护投资概算，提出项目建设的环境管理工作内容。

施工图设计阶段编制施工设计文件，一般由说明书、图纸、设备清册、材料清册四部分组成。工作内容主要包括对初步设计确定的污染防治方案、环境监测方案和生态防治措施进行施工设计，施工图设计内容深度和施工图设计质量能够充分满足施工和运行的需要。

四、环境保护制度

1. 环境影响评价制度

我国对部分规划和建设项目实行环境影响评价制度。环境影响评价是环境准入的重要管控方式。

规划编制机关在报送审批规划草案时，应当依据规划的不同类型，将环境影响报告书或环境影响篇章或者环境影响说明一并附送规划审批机关。我国对建设项目环境影响评价实行分类管理和分级审批制度。分类管理是指根据建设项目对环境的影响程度，对建设项目的环境影响评价实行分类管理。建设项目环评文件分为环境影响报告书、环境影响报告表或者环境影响登记表。分级审批是指各级环保部门开展环评审批应符合国务院环境保护主管部门和各省依法制定的环评文件分级审批规定。

对环境有重大影响的规划实施后，规划编制机关应当及时组织规划环境影响的跟踪评价。火电厂和输变电工程的环境影响评价文件经批准后，其性质、规模、地点、采用的生产工艺或者防治污染、防止生态破坏的措施发生重大变动的，建设单位应当重新报批建设项目的环境影响评价文件。《建设项目环境影响后评价管理办法（试行）》规定，穿越重要生态环境敏感区的火电厂和输变电工程建设项目，运行过程中产生不符合经审批的环境影响报告书情形的，应当开展环境影响后评价。

2. 总量控制制度

我国实行重点污染物排放总量控制制度。火电厂和输变电工程在执行国家和地方污染物排放标准的同时，应当遵守分解落实到本单位的重点污染物排放总量控制指标。

3. 排污许可制度

我国实行排污许可管理制度，国务院环境保护主管部门按行业制定并公布排污许可分类管理名录。排污许可制是依法规范企业单位排污行为的基础性环境管理制度，环境保护部门通过对企业单位发放排污许可证并依证监管实施排污许可制。

排污许可制衔接环境影响评价管理制度，融合总量控制制度。企业单位依法申领排污许可证，持证排污，按证排污，自证守法。火电行业新建项目必须在发生实际排污行为之前申领排污许可证。直接向环境排放应税污染物的火电厂和输变电工程应依法缴纳环境保护税。

4. 信息公开和公众参与制度

我国实行环境保护信息公开和公众参与制度。环境保护公众参与应当遵循依法、有序、自愿、便利的原则。

对依法应当编制环境影响报告书的火电厂和输变电工程，建设单位应当在报批建设项目环境影响报告书前，举行论证会、听证会，或者采取其他形式，征求有关单位、专家和公众的意见。火电企业应当如实向社会公开其主要污染物的名称、排放方式、排放浓度和总量、超标排放情况，以及防治污染设施的建设和运行情况，接受社会监督。

5. 环境保护责任制度

我国实行环境保护责任制度，排放污染物的企业单位，应当建立环境保护责任制度，明确单位负责人和相关人员的责任。火电厂和输变电企业应当制定环境保护责任制度，建立环境保护管理机构，视情况设置环境监测站。

环境保护管理工作内容主要包括环境影响评价和后评价、排污许可管理、竣工环境保护验收、施工环境监理、环境监测、突发环境事件应急预案、缴纳环境保护税、环保宣传和教育培训、信息公开和公众参与，以及依据国家相关生态环境保护要求而应开展的工作。

第二节　电力工程环境保护现状和成效

一、火电厂环境保护现状和成效

（一）火电装机规模概况

截至2016年底，我国全口径发电装机容量16.51×10^8kW。其中，火电装机容量10.61×10^8kW，占全部装机容量的64.3%；煤电装机容量9.46×10^8kW，占火电装机容量的89.2%，占全部装机容量的57.3%；单机规模300MW及以上火电机组容量占比达到79.1%，单机规模600MW及以上火电机组容量占比达到43.4%。2016年，我国发电量60228×10^8kW·h，其中，火电发电量42273×10^8kW·h，发电量占比70.2%。

（二）火电厂污染排放与控制

1. 大气污染排放与控制

火电行业大气污染物排放标准要求始于GB J4—1973《工业“三废”排放试行标准》，而火电厂大气污染物排放标准单独作为国家标准则始于GB 13223—1991《燃煤电厂大气污染物排放标准》，此后该标准于1996年、2003年、2011年分别进行了三次修订，现行标准为GB 13223—2011《火电厂大气污染物排放标准》。

20世纪70年代开始，火电行业除尘技术和设备快速更新换代。2016年我国火电行业除尘设备中的电除尘器占比68%，袋式和电袋除尘器占比32%，平均除尘效率达到了99.9%以上，烟尘排放绩效由1979年的25.9g/（kW·h）降至2016年的0.08g/（kW·h），降幅达到99.7%。

20世纪70年代，火电行业开始研究和应用二氧化硫污染治理。截至2016年底，我国燃煤火电厂基本全部采用脱硫技术。其中，具有脱硫作用的循环流化床锅炉机组占煤电机组容量的7.0%。燃煤火电厂脱硫效率大部分大于97%，部分达到99%以上，二氧化硫排放绩效由1980年的10.11g/（kW·h），降至2016年的0.39g/（kW·h），降幅达到96.1%。

20世纪80年代中后期，火电行业开始采用早期的低氮燃烧器和紧凑型空气分级燃烧等技术进行脱硝治理。截至2016年底，我国已投运火电厂烟气脱硝机组容量约9.1×10^8kW，占火电装机容量的85.8%，其他为燃气机组或者是循环流化床锅炉机组。火电行业氮氧化物排放绩效由2005年的3.62g/（kW·h）降至2016年的0.36g/（kW·h），降幅达到90.1%。

2016年我国总发电装机容量、火电装机容量、总发电量、火电发电量分别为1978年对应数据的28.9倍、26.6倍、23.5倍、19.9倍，但火电行业大气污染物排放量却快速下降，为全国实现大气污染物减排目标做出了巨大贡献。2016年，火电行业烟尘年排放量约35×10^4t，比1980年峰值（约400×10^4t）下降91.3%；二氧化硫年排放量约170×10^4t，比2006年峰值（约1350×10^4t）下降87.4%；氮氧化物年排放量约155×10^4t，比2011年峰值（约1000×10^4t）下降84.5%。

2. 水污染排放与控制

火电厂污废水主要有化学废水、脱硫废水、生活污水、含煤废水、含油废水等类型。火电厂因工艺方案的不同，产生的污废水类型会有区别。

火电行业水污染物排放标准要求始于 GB J4—1973《工业“三废”排放试行标准》，一直未实施单独的行业水污染物排放标准。此后该标准的废水部分于1988年修订为GB 8978—1988《污水综合排放标准》，并于1996年再次修订为GB 8978—1996《污水综合排放标准》。

我国火电厂工业废水集中处理起步较晚。在20世纪 70 年代后期，随着国外大型机组和技术的引进，进口了成套的工业废水集中处理系统。目前，我国火电厂各类废污水一般遵循“清污分流、雨污分流”和“分质处理、综合利用”的原则进行设计和厂区排水系统建设，已达到设计成废污水零排放的水平。

火电行业水耗由2000年的4.1kg/（kW·h）下降至2016年的1.3kg/（kW·h），降幅达到68%。2016年，我国火电厂污废水排放量约3×10^8t，比2005年排放峰值20×10^8t下降了85%，污废水排放绩效由2000年1.38kg/（kW·h）降至2016年0.06kg/（kW·h），降幅达到95.7%。

3. 噪声污染与控制

GB J4—1973《工业“三废”排放试行标准》针对的“三废”是指废气、废水、废渣，并未提及噪声污染。为控制工业企业厂界噪声危害，我国首次制订GB 12348—1990《工业企业厂界噪声标准》，标准适用于工厂及有可能造成噪声污染的企事业单位的边界。该标准于2008年修订为GB 12348—2008《工业企业厂界环境噪声排放标准》。

火电厂有大量的各类机械设备，包括锅炉、汽轮机、发电机、风机、水泵等，运行期主要噪声源包括机械性噪声、空气动力性噪声、电磁噪声、交通噪声等，对火电厂厂界和厂外声环境造成一定的影响。为满足项目所在地声环境功能区划和声环境质量标准控制的要求，需要从优化厂区总平面布置、选用低噪声设备、优化设备布置、优化管道布置、采取减振消声隔声吸声等噪声治理措施来综合进行噪声污染的控制，以减轻火电厂运行对周围声环境产生的不良影响。

4. 固体废物排放与控制

国家发展和改革委员会等十部委2013年第19号令《粉煤灰综合利用管理办法》从综合利用角度定义的粉煤灰包括粉煤灰和炉渣，习惯性统称为灰渣。火电厂固体废物主要包括粉煤灰、炉渣、脱硫石膏、石子煤、污废水处理系统产生的污泥、废脱硝催化剂等。新建火电厂应综合考虑周边粉煤灰利用能力，以及节约土地、防止环境污染，避免建设永久性粉煤灰堆场（库），确需建设的，原则上占地规模按不超过3年贮灰量设计。

2016年全国燃煤电厂粉煤灰产生量约5.0×10^8t，综合利用率约72%，脱硫石膏产生量约7250×10^4t，综合利用率约74%。

20世纪50年代，我国开始研究利用粉煤灰制作建筑材料。目前我国粉煤灰的综合利用主要集中在建筑材料、建筑制品、建筑工程、填筑工程、高附加值组分提取、农业应用、环境治理等。我国对脱硫石膏的应用研究和实践始于火电厂石灰石—石膏湿法脱硫工艺大规模运用的20世纪80年代。目前，我国燃煤电厂生产的脱硫石膏主要应用于建筑材料、建筑制品、填筑工程、农业应用等，其中水泥和石膏板行业用量较大。

二、输变电工程环境保护现状和成效

（一）输变电工程规模概况

截至2016年底，全国电网35kV及以上输电线路长度175.6×10^4km、变电设备容量63.0×10^8kV·A。其中，220kV及以上线路长度64.5×10^4km、变电设备容量 36.9×10^8kV·A。全国跨区输电能力达到8095×10^4kW，其中，交直流联网跨区输电能力6751×10^4kW，跨区点对网送电能力1344×10^4kW。

（二）输变电工程污染排放与控制

1. 电磁污染与控制

输变电工程电磁污染控制标准始于 GB 8702—1988《电磁辐射防护规定》、GB 8702—1988《环境电磁波卫生标准》，上述两个标准于2014年修订合并为GB 8702—2014《电磁环境控制限值》。

输变电工程的高电压和大电流设备、线路会产生工频电场和工频磁场。直流输变电工程因其直流电流传送，还会产生特有的直流合成电场和直流磁场。为满足项目所在地电磁环境控制限值的要求，需要从优化输电线路选线和设计、优化站区总平面布置、优化设备和线路选型、优化设备布置、采取适当电磁场屏蔽或个体防护等措施来综合进行电磁污染的控制，使得输变电工程运行对周围电磁环境的影响满足电磁环境控制限值的要求。

2. 噪声污染与控制

输变电工程的噪声包括变电站或换流站的噪声和输电线路的噪声。变电站或换流站电气设备会产生各种噪声，主要有带电的导线、金具以及绝缘子产生的电磁噪声，变压器、电抗器运行时产生的噪声等；输电线路的噪声主要为线路电晕噪声。为满足项目所在地声环境功能区划和声环境质量标准控制的要求，需要从优化输电线路选线和设计、优化站区总平面布置、选用低噪声设备、优化设备布置、采取减振消声隔声吸声等噪声治理措施来综合进行噪声污染的控制，以减轻输变电工程运行对周围声环境产生的不良影响。

3. 污废水的排放与控制

输变电工程污废水主要有变电站或换流站的生活污水、含油废水等类型。

随着变电站或换流站智能化水平的提升，站内工作人员逐渐减少，甚至无人值守，因此站内生活污水排放量减少。我国变电站或换流站的生活污水大部分采用地埋式生活污水处理装置进行达标处理，含油废水多数采用油水分离装置进行达标处理。

第二章

电力工程工艺流程及产污环节

第一节　工　艺　流　程

电力系统就是由发电厂、变电站、输配电线路、用电设备等组成的大型互联系统。

火力发电厂根据燃料、原动机装机容量等的不同，有多种分类。

（1）按使用的燃料种类，可分为燃煤发电厂、燃油发电厂、燃气发电厂、余热发电厂、垃圾及工业废料为燃料的发电厂。

（2）按发电原动机类型，可分为凝汽式汽轮机发电厂、燃气轮机发电厂、内燃机发电厂、燃气—蒸汽轮机联合循环发电厂、整体煤气化联合循环电站等。

（3）按输出的能源种类，可分为凝汽式发电厂、热电厂。

（4）按蒸汽参数，可分为低温低压发电厂（1.4MPa，350℃）、中温中压发电厂（3.92MPa，450℃）、高温高压发电厂（9.9MPa，535℃）、超高压发电厂（13.24MPa，535℃/535℃）、亚临界压力发电厂（16.7～17.8MPa，538℃/538℃）、超临界压力发电厂（24.2MPa，566℃/566℃）、超超临界压力发电厂（25～28MPa，600℃/600℃）和高参数超超临界发电厂（28～35MPa，600℃/600～620℃）。

（5）按服务对象和范围，可分为区域性发电厂、孤立式发电厂、自备电厂、分布式能源站等。

本手册重点针对燃煤火力发电厂及燃气—蒸汽联合循环火力发电厂的工艺流程及产污环节进行阐述。

输变电工程有交流输电和直流输电两种方式。按输送电压的等级进行分类，交流输变电工程的电压等级包括110、220、330、500、750、1000kV等；直流输电工程的电压等级包括±400、±500、±660、±800、±1100kV等。

一、原料

火电厂是一个把动力燃料燃烧释放的热能转变为电能的生产单位，可以用来发电的燃料种类非常多，目前已应用的燃料有：煤炭（煤泥、原煤、洗中煤、洗精煤、煤矸石）、柴油、原油、重油、液化石油气、天然气、煤层气、沼气、焦炉煤气、高炉煤气、石油焦等，燃烧后产生的污染物，不同燃料是有所不同的，其对环境的影响也各有差异。

天然气是存在于地下岩石储集层中以烃为主体的混合气体的统称，其成分中甲烷占绝大部分，另有少量的乙烷、丙烷和丁烷，此外还有微量甚至痕量的“杂质”如硫化氢、二氧化碳、氮、水、一氧化碳及稀有气体等。与煤炭相比，天然气能减少二氧化硫和粉尘排放量近100%，减少二氧化碳排放量60%，是一种清洁能源。

煤炭在我国的能源资源中占比最大，目前火电在全国的发电装机容量中占比约为75%，煤电机组在火电中占95%左右，煤炭燃烧产生的电力占全国发电量的80%。因此本节重点介绍火电厂的燃煤。

（一）煤的成分

1. 煤的成分及其表示方法

碳、氢、氧、氮、硫、灰分和水分组成各种煤的元素，其中碳、氢、硫（挥发硫）是可燃成分。

由于煤中灰分和水分的含量受到外界因素的影响，其他成分的质量分数也将随之改变，所以煤的种类和某些特性不能简单地用成分质量分数来表示，必须同时指明质量分数的基准是什么。“基”即是表示化验结果是以什么状态下的煤样为基础而得出。煤质分析中经常用到的“基”包括收到基、空气干燥基、干燥基、干燥无灰基。

（1）收到基。以收到状态的煤为基准。

$$C_{ar}+H_{ar}+O_{ar}+N_{ar}+S_{ar}+A_{ar}+M_{ar}=100[\%]$$

（2）空气干燥基。以在实验室内经过自然干燥后的煤分析试样为基准。

$$C_{ad}+H_{ad}+O_{ad}+N_{ad}+S_{ad}+A_{ad}+M_{ad}=100[\%]$$

（3）干燥基。以去掉外部和内部水分后的煤样为基准。

$$C_d+H_d+O_d+N_d+S_d+A_d=100[\%]$$

（4）干燥无灰基。以去掉煤中的水分和灰分后的煤样为基准。

$$C_{daf}+H_{daf}+O_{daf}+N_{daf}+S_{daf}=100[\%]$$

2. 煤的成分分析

煤的成分分析包括元素和工业分析两种，一般情况见表 2-1 和表 2-2。

表 2-1 煤的元素分析成分

元素成分	在煤中的含量（%）	单位发热量（kJ/kg）（kcal/kg）	对煤质的影响
碳（C）	45～90	32700（7800）	是煤中含量最多的可燃元素，随地质年龄的不同，含量也不同，比挥发分难燃烧
氢（H）	3～6	120×10^3（28600）	一部分存在于有机物中，加热时变成挥发性气体，易于燃烧，另一部分与氧化合不能燃烧
氧（O）	10～20		是有机物中不可燃的成分，煤的地质年龄越短，含量越高
氮（N）	0.5～2.0		是有机物中不可燃的成分，煤在燃烧时可形成 NO_x 污染大气
硫（S）	0.2～4.0	9040（2160）	以有机硫、黄铁矿硫（FeS_2）和硫酸盐硫的形态存在，仅有机硫能燃烧

表 2-2 煤的工业分析成分

工业分析成分	分析的方法和对煤质的影响
水分	把煤样置于 102～105℃下 2h 后，失去的重量即为水分。它包含固有水分和附加水分两部分，后者为开采、运输及贮存时加入的
挥发分	把失去水分的煤样在隔绝空气的情况下加热到（850±20）℃，约 7min 后所失去的重量，即为挥发分，含氧量多少与燃烧时释放的热量有关，含氧量少、质量高的贫煤和无烟煤的挥发分发热量高，褐煤的挥发分发热量低
固定碳与灰分	煤在失去水分和挥发分后成为焦炭，它包括固定碳和灰分，将焦炭在空气中加热至（800±25）℃约 2h，固定碳基本烧尽，余下的就是灰分，灰分对燃烧不利

（二）煤的发热量

煤的发热量又称为煤的热值，即单位质量的煤完全燃烧所发出的热量。煤作为动力燃料，主要是利用煤的发热量，发热量越高，其经济值就越大。同时发热量也是计算热平衡、热效率和煤耗的依据，是锅炉设计的参数。

1. 发热量的单位

热量的表示单位主要有焦耳（J）、卡（cal）。焦耳，是能量单位，1 焦耳等于 1 牛顿（N）在力的方向上通过 1m 的位移所做的功。

焦耳是国际标准化组织（ISO）所采用的热量单位，也是我国 1984 年颁布的，1986 年 7 月 1 日实施的法定计量热量的单位。煤的热量表示单位有：J/g、kJ/kg、MJ/kg 等。

卡（cal）是新中国成立后长期采用的一种热量单位，1cal=4.1868J。

2. 煤的各种发热量名称的含义

（1）煤的高位发热量（Q_{gr}）。煤的高位发热量，即煤在空气中大气压条件下燃烧后所产生的热量。实际上是由实验室中测得的煤的弹筒发热量减去硫酸和硝酸生成热后得到的热量。

（2）煤的低位发热量（Q_{net}）。煤的低位发热量，即煤在空气中大气压条件下燃烧后所产生的热量，扣除煤中水分（煤中有机质中的氢燃烧后生成的氧化水，以及煤中的游离水和化合水）的汽化热（蒸发热），剩下的实际可以使用的热量。

3. 标准煤

在工业上为核算企业对能源的消耗量，统一计算标准，便于管理比较，因此采用标准煤的概念。所谓标准煤规定其应用基的低位发热量为 29308kJ/kg，即每 29308kJ 的热量可换算成 1kg 的标准煤。火力发电厂的煤消耗就是按每发 1kW・h 的电，所消耗标准煤的千克数或克（kg 或 g）来计算的。

（三）动力燃料用煤分类

由于年代和形成过程的不同，煤质成分的比例基本都不一致，燃烧特性也有很大区别。因此作为锅炉燃料，煤常按其干燥无灰基中挥发分含量不同而分为无烟煤、贫煤、低挥发分烟煤、高挥发分烟煤、褐煤等种类。过去煤分类经常用煤的气化、炼焦、煤化工等分类方法。根据我国锅炉设计、运行多年来的经验，发现这种分类方法不适用煤作为动力燃料的分类。因此近些年提出能更好地表示煤的燃烧特性的、按干燥无灰基挥发分含量的分类方法，其具体分类方法见表 2-3。

表 2-3 动力燃料用煤的分类方法

煤种	干燥无灰基挥发分含量 V_{daf}（%）	燃烧热性
无烟煤	≤8	较难着火及燃烧完全
贫煤	8～19	难着火及燃烧完全
低挥发分烟煤	20～30	易着火及燃烧完全
高挥发分烟煤	30～40	易着火及燃烧完全
褐煤	40～50	易着火及燃烧完全

注 目前动力煤分类不完全一致，也有将干燥无灰基挥发分≤10%的煤称作无烟煤的。

除煤的干燥无灰基挥发分含量能说明煤的化学活

动能力以外，同类的煤在水分与灰分含量比较高的时候，也不容易燃烧。在含灰分、水分较高时，则称为劣质煤、劣质烟煤等。

二、燃煤电厂工艺流程

燃煤火力发电厂的生产工艺流程从能量转换与传递的角度可概括为：化学能→热能→机械能→电能。煤炭的化学能转化为炉水蒸气的热势能，随即转化为推动汽轮机转动的机械能，进而带动发电机发电产生电能，最终完成电能的送出。

通过上述能量转换流程可将燃煤发电分为三个主要工艺系统：

（1）燃料与燃烧系统；

（2）汽水系统；

（3）电气（发电）系统。

除主要工艺系统外，火电厂还有辅助工艺系统以协助主系统共同完成发电工作。下面对火电厂各运行系统分别进行其工艺介绍。

（一）燃料与燃烧系统工艺流程

以贮藏式制粉系统为例，大型火电厂为提高燃煤效率均以煤粉的形式燃烧，因此，经初步破碎后的原煤先由给煤机送至磨煤机内磨成煤粉。磨好的煤粉通过空气预热器产生的热风，将煤粉打至粗细分离器，粗细分离器将粒径合格的煤粉经过排粉机送至粉仓，粒径符合燃烧要求的煤粉送回磨煤机进行二次研磨，给粉机将煤粉打入喷燃器送到锅炉的炉膛内进行燃烧。

燃料燃烧的过程中，助燃用的空气由送风机送入装设在尾部烟道上的空气预热器内，利用高温烟气加热空气。这样做的目的：一方面使进入锅炉炉膛内的空气温度提高，更易于煤粉的着火和燃烧；另一方面也可以实现降低排烟温度的效果，提高了热能的利用率。从空气预热器排出的热空气其去向分为以下两股：一股打至磨煤机以干燥、输送煤粉；另一股直接输送入锅炉炉膛内实现助燃。

（二）汽水系统工艺流程

在除氧器水箱内的水经过给水泵升压后通过高压加热器送入省煤器。在省煤器内，水由于受到热烟气的加热，随后进入锅炉顶部的汽包内。在锅炉炉膛四周密布着水管，该水管称为水冷壁。水冷壁水管的上下两端均通过联箱与汽包连通，汽包内的水经由水冷壁不断循环，并吸收煤燃烧过程中放出的热量。一部分水在水冷壁中被加热至沸腾后气化成水蒸气，这些饱和蒸汽由汽包上部流出进入过热器中。饱和蒸汽在过热器中继续吸收热量，经过过热器使蒸汽进一步加热，成为过热蒸汽。由于过热蒸汽的压力和温度均较高，因此过热蒸汽便具有了相当大的热势能。过热蒸汽通过主蒸汽管道进入汽轮机高压缸膨胀做功，高压缸排汽又回到锅炉的再热器重新加热成为再热蒸汽，再热蒸汽通过再热蒸汽管道进入中、低压缸继续膨胀做功，低压缸排汽进入凝汽器被冷却水冷却成凝结水，凝结水在低压加热器和除氧器中经过加热和除氧后由给水泵打至高压加热器，经高压加热器加热后的给水进入锅炉。具有热势能的过热蒸汽经管道引入汽轮机后，便将其热势能转变成了动能，高速流动的蒸汽推动汽轮机转子转动，便完成了热能向机械能的转化。

释放出热势能的蒸汽从汽轮机下部的排汽口排出，称为乏汽。乏汽在凝汽器内被循环水泵送入凝汽器的冷却水冷却，重新凝结成水，此水成为凝结水。凝结水由凝结水泵送入低压加热器并最终回到除氧器内。在循环过程中难免有汽水的泄漏，即汽水损失，因此要适量地向循环系统内补给一些水，以保证循环的正常进行。高、低压加热器是为提高循环的热效率所采用的装置，除氧器是为了除去水含的氧气以减少对设备及管道的腐蚀。

汽水系统又可以进一步划分为：给水系统、主蒸汽和再热蒸汽系统、汽轮机旁路系统、回热抽汽系统、主凝结水系统、除氧系统、加热器疏水放气系统、辅助蒸汽系统、凝汽器抽真空系统、循环冷却水系统等。冷却设备运行过程是产生噪声的重要环节，因此对循环冷却水系统做进一步的介绍。

以水作为冷却介质，通过换热器交换热量或直接接触换热方式来交换介质热量并经冷却塔凉水后，循环使用的一种冷却水系统。循环冷却水系统主要由冷却设备、水泵和管道组成，包括开式和闭式两种类型。

开式循环冷却水系统冷却设备有冷却池和冷却塔两类，依靠水的蒸发降低水温。有时冷却塔配备风机促进蒸发，冷却水存在吹失。因此，开式循环冷却水系统需要有新鲜水进行补给。由于蒸发使得循环水浓缩，补充水有稀释作用。通常补充水量超过蒸发量与风吹失水量之和，因此开式循环冷却水系统也需要排放一些循环水以维持水量的平衡。

闭式循环冷却水系统采用封闭式冷却设备，循环水在管中流动，管外通常用风散热。除换热设备的物料泄漏外，没有其他因素改变循环水的水质。

开式循环冷却水系统主要为主油箱冷油器、闭式冷却水热交换器、水环式真空泵冷却器提供冷却水。闭式循环冷却水系统主要向对冷却水品质要求较高的设备提供冷却水。除凝汽器、主油箱冷油器、闭式冷却水热交换器、水环式真空泵冷却器采用辅机开式冷却水，其余设备均采用闭式冷却水。两个循环冷却水系统工艺流程图分别见图 2-1 和图 2-2。

（三）电气（发电）系统工艺流程

汽轮机的转子与发电机的转子通过联轴器连在一

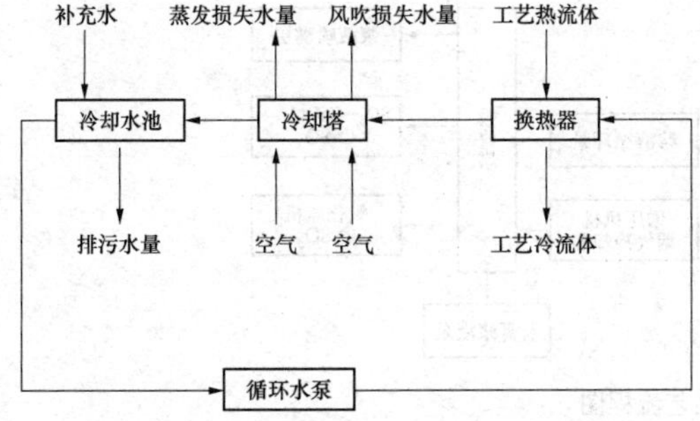

图 2-1　开式循环冷却水系统工艺流程图

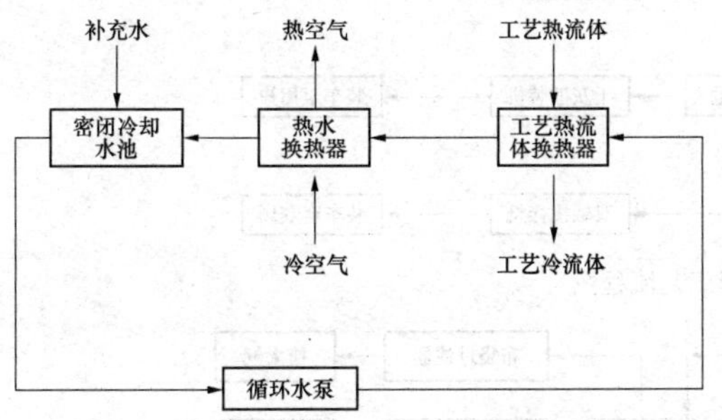

图 2-2　闭式循环冷却水系统工艺流程图

起。当汽轮机转子转动时便带动发电机转子转动。在发电机转子的另一端带有一台小直流发电机，即励磁机。励磁机发出的直流电送至发电机的转子线圈中，使转子成为电磁铁，周围产生磁场。当发电机转子旋转时，磁场也随之旋转，发电机定子内的导线此时切割磁力线感应电流。这样，发电机便把汽轮机的机械能转变为电能。电能经变压器将电压升压后，由输电线又经变压器降压后送至电力用户。

上述各系统的工艺流程虽然较为繁杂，但从能量转换的角度看却很简单。即燃料的化学能、蒸汽的热势能、机械能、电能的相继传递或转化。在锅炉中，燃煤的化学能转变为蒸汽的热势能；在汽轮机中，蒸汽的热势能转变为汽机轮子旋转的机械能；在发电机中，发电机转子的机械能转变为电能。锅炉、汽轮机、发电机是火电厂的核心设备，称为火电厂的三大主机。

（四）辅助生产系统工艺流程

除了上述的主要系统外，与三大主机配套工作的设备与系统称为辅助设备和辅助生产系统。辅助系统与主系统协调工作、相互配合，完成电能的生产任务。火电厂的辅助生产系统包括燃煤的输送系统、水处理系统、除灰渣系统、烟气脱硝系统、烟气脱硫系统、烟气除尘系统等。同时，现代化火电厂为保证这些系统及其设备的正常运转，装配大量的仪表用来监视这些系统设备的运行状况，并设置有自动控制装置，以便及时对主辅设备进行调节。先进的计算机分散控制系统可以对整个生产过程进行控制和自动调节，根据不同情况协调各设备的工作状况，使整个电厂实现自动化控制。

1. 燃料运输系统工艺流程

燃料运输始于卸煤装置，止于锅炉房原煤仓，其中包括卸煤装置、贮煤场、带式输送机系统、筛分破碎设备、控制系统、辅助设施及系统。燃煤通过带式输送机从煤场输送至筛分破碎设备，经破碎、筛分后的燃煤由皮带输送至原煤仓的煤斗中，随后经落煤管进入给煤机，此后正式进入燃烧制粉系统。

2. 烟气脱硝系统工艺流程

燃煤烟气脱硝工艺有 SCR 和 SNCR，脱硝剂多选用尿素或液氨。

脱硝装置布置在省煤器和空预器之间的高温烟道内。烟气经锅炉省煤器进入垂直布置的脱硝反应器里。在烟气到达催化剂前设有氨注入的系统，氨气—烟气混合系统将烟气与氨气充分混合，后由氨喷射系统喷入烟道。经过均流器后进入催化剂层，进行有催化剂参与的反应，脱除烟气中的 NO_x。完成脱硝后的烟气进入空预器入口烟道。

3. 烟气脱硫系统工艺流程

以应用最广的湿法脱硫工艺为例，石灰石经破碎、与水混合磨细、搅拌，制成脱硫吸收剂浆液。烟气脱除粉尘后再经过一级低温省煤器，随后经引风机将烟气送至脱硫吸收塔。在吸收塔内，吸收剂浆液与烟气接触混合，烟气中的 SO_2 与浆液中的碳酸钙以及鼓入的氧化空气进行化学反应，最终反应产物为石膏。脱硫后的烟气经除雾器除去带出的细小液滴，经加热器加热升温最终洁净的烟气在引风机的作用下排入烟囱。脱硫石膏浆经脱水装置脱水后，浆液回收用于干灰加湿搅拌、含水率不大于 10%的脱水石膏，由皮带输送机送至石膏储仓，装车外运至综合利用用户，或用不掉时至灰场存放。脱硫系统工艺流程图见图 2-3。

4. 除灰渣系统工艺流程

煤粉燃烧后形成的热烟气沿锅炉的水平烟道和尾部烟道流动，经脱硝装置脱除氮氧化物后进入空气预热器。在空气预热器内与一、二次风进行热交换继而通过一级低温省煤器进一步降温，放出热量的烟气进入除尘器，将燃烧后产生的煤灰分离出来。

燃煤燃尽生成的炉底渣落入炉膛下方的渣斗内，经由渣斗落至干式排渣机不锈钢输送钢带上，高温炉渣由不锈钢输送带向外输送，在输送过程中热渣被逆向流动的空气冷却，冷却后的底渣经碎渣机破碎后进入渣仓储存。每台锅炉的除尘器、省煤器、脱硝装置下部均设有若干个灰斗，每个灰斗下设输送罐，利用压缩空气作动力源将灰送往灰库，每座灰库下设卸灰口。干灰与炉底渣一起经干灰散装机装车外运供综合利用，或通过双轴湿式搅拌机装车外运至灰场碾压堆放。

除灰渣系统工艺流程图见图 2-4 和图 2-5。

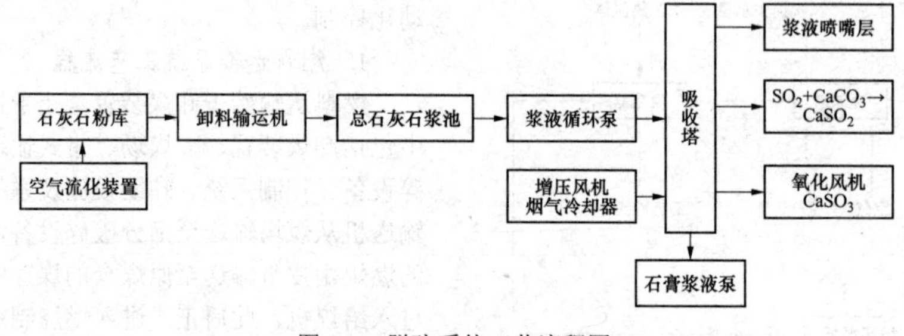

图 2-3 脱硫系统工艺流程图

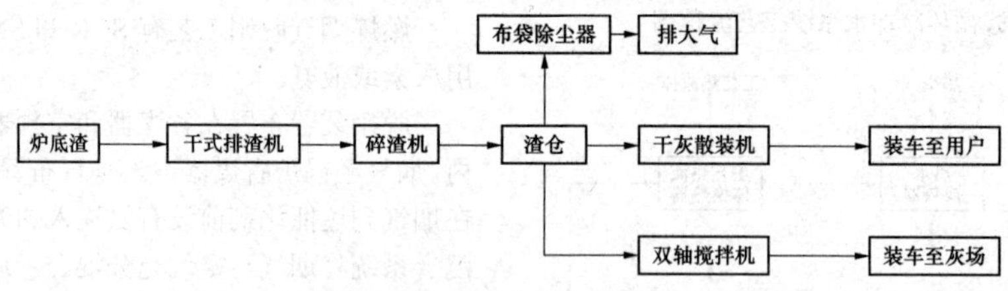

图 2-4 炉底渣处理工艺流程图

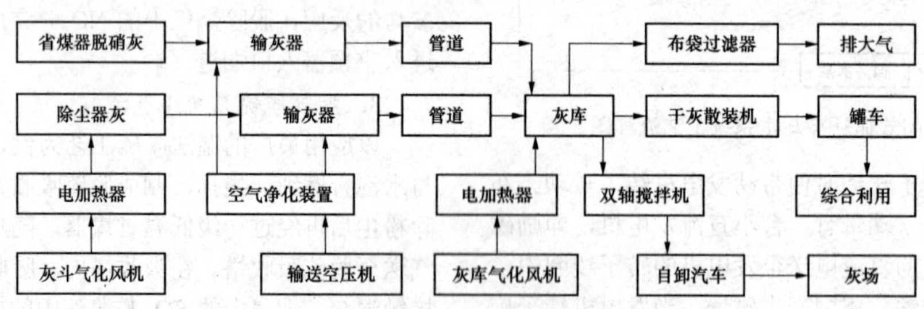

图 2-5 飞灰处理工艺流程图

5. 水处理系统工艺流程

由于高参数大容量机组对水质的要求和环境保护的需要，火电厂用水和排水需进行水处理，各系统的水处理工艺各有差异。针对不同系统的水处理系统进行列举并对其工艺流程进行逐一简述。

(1) 锅炉补给水及热网补充水处理。锅炉补给水及热网补充水处理系统用水对水质要求较高，需要进行深度处理后使用。由于水资源的紧缺，城市再生水作为火电厂锅炉补给水及热网补充水处理系统的水源已越发普遍。以城市再生水作为锅炉补给水的常见处理工艺为：超滤→反渗透→二级离子交换除盐工艺系统。

系统流程如下：

经深度处理的再生水→生水加热器→生水箱→生水泵→自清洗过滤器→超滤装置→清水箱→清水泵→保安过滤器→高压泵→反渗透装置→淡水箱→淡水泵→阳离子交换器→阴离子交换器→混床→除盐水箱→除盐水泵→主厂房。

(2) 凝结水精处理系统。凝结水精处理系统多为中压系统，其系统工艺流程如下：

主凝结水泵出口凝结水→前置过滤器→高速混床→树脂捕捉器→轴封冷却器→低压加热器系统→除氧器。

(3) 再生水深度处理系统。再生水深度处理多为石灰混凝澄清过滤处理系统，处理后再分别输送至循环水系统和锅炉补给水处理系统。再生水深度处理系统工艺流程见图 2-6。

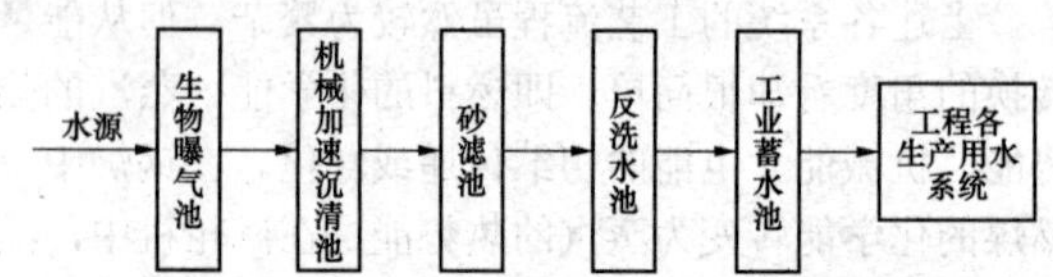

图 2-6 再生水深度处理系统工艺流程图

(4) 工业废水处理。全厂工业废水集中处理系统集中处理的废水有锅炉补给水处理系统的再生酸碱废水、凝结水精处理系统再生废水、主厂房地面冲洗水、含油废水等。

经常性废水经各自的收集系统收集后用泵输送至废水集中处理站，在经常性废水池中贮存，经杀菌、加碱、曝气水质均和后，用泵送至最终中和池。中和池设有进行 pH 值调节的酸碱计量系统和电动搅拌机，水质合格后流入清净水池，如果不合格自动返回中和池重复处理，处理达标的水用输送泵送至过滤器进行过滤或进入服务水系统使用。

含油废水处理工艺流程为：含油废水→隔离池→检测池→经废水管道送入工业废水集中处理站的含油

废水池。

工业废水处理工艺流程见图 2-7。

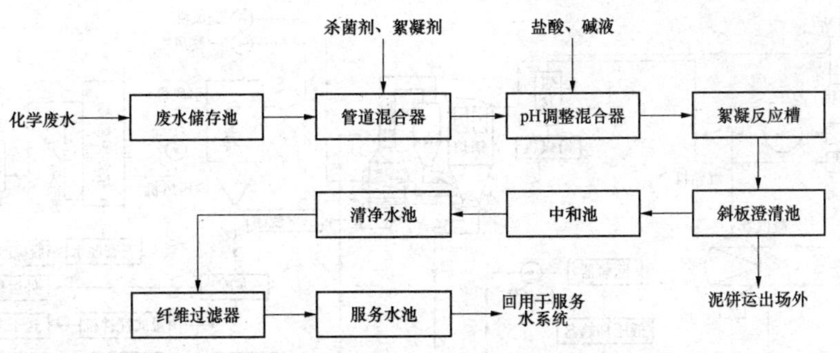

图 2-7　工业废水处理工艺流程图

（5）含煤废水处理系统。含煤废水经过煤水处理设施处理后重复用于输煤系统的冲洗用水，多采用煤水调节池+沉淀+纤维过滤器的工艺处理，含煤废水进入煤水调节池经提升泵进入煤水处理设备沉淀，进入中间水箱经中间水泵输送至纤维球过滤器，后进入清水池通过回用提升泵回用于输煤冲洗。

含煤废水处理工艺流程见图 2-8。

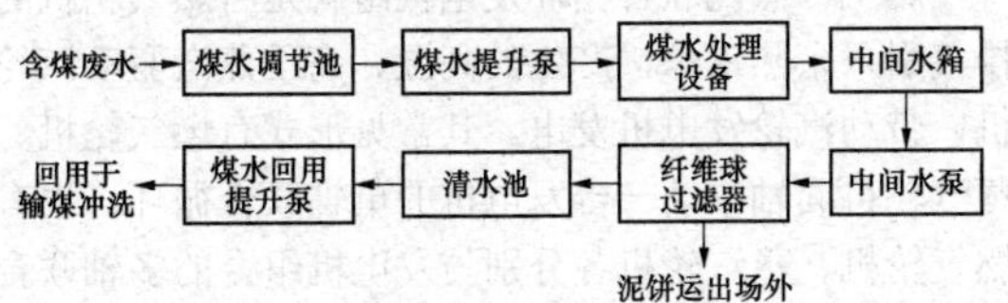

图 2-8　含煤废水处理工艺流程图

（6）生活污水处理系统。电厂内各生活用水点的生活污水经厂区生活污水排水管网集中后进入生活污水处理站。其工艺流程为：

生活污水管网收集的生活污水（不经过化粪池）→进水池（内安装有格栅除污机和污水提升泵）→调节池（内有污水供水泵）→地埋式污水处理装置（初沉池+缺氧池+接触氧化池+二沉池+消毒池）→清水池（内有回用供水泵）→浇洒绿地。

（7）脱硫废水处理系统。脱硫岛的废水主要是由脱硫系统产生的少量废水组成的。根据脱硫工艺的要求，脱硫系统需要连续排放一定量的废水以维持吸收塔浆池适当的 Cl^-浓度。石膏浆液旋流器溢流中的一部分作为脱硫废水，排入废水箱后用泵送入废水旋流器进一步浓缩，废水旋流器的底流经废水箱返回吸收塔，溢流经废水泵送至脱硫废水处理系统处理。

脱硫废水处理后回用于干灰系统，因此废水处理工艺仅考虑除去水中悬浮物，进行 pH 调整，主要流程如下：

石灰乳　$FeClSO_4$　助凝剂
↓　↓　↓
脱硫废水→中和箱→絮凝箱→澄清器→出水箱→出水泵→水工综合利用

6. 制氢系统工艺流程

电解槽是水解制氢装置的核心，采用碱液为电解质，以五氧化二钒或三氧化二钴为添加剂，电解除盐水制得氢气和氧气，以满足发电机氢冷却的需要。主要流程如下：

氢分离器→氢洗涤器→干燥器→储氢罐→氢冷发电机
↑
碱液过滤器→碱液循环泵→电解槽
↓
氢分离器→排大气

燃煤电厂生产工艺流程见图 2-9。

三、燃气—蒸汽联合循环电厂工艺流程

与燃煤电厂相比，燃气—蒸汽联合循环电厂不使用锅炉，用燃气轮机代替了锅炉，同时燃料也由煤粉换成了天然气或者石油等。燃料在燃气轮机内燃烧后，放出热能加热给水，使燃料化学能转化为蒸汽内能，蒸汽推动汽轮机做功，完成热能向动能的转化。最后利用发电机，再将机械能转化成电能，这就完成了燃气—蒸汽联合循环电厂的全部发电生产过程。

燃气轮机的工作过程是，压气机连续地从大气中吸入空气并将其压缩；压缩后的空气进入燃烧室，与喷入的燃料混合后燃烧，成为高温燃气，随即进入燃机透平中膨胀做功，推动透平叶轮带着燃气轮机发电机做功发电。燃气轮机静止起动时，需要将发电机转换为电动机带动燃气轮机旋转，待加速到一定转速后，

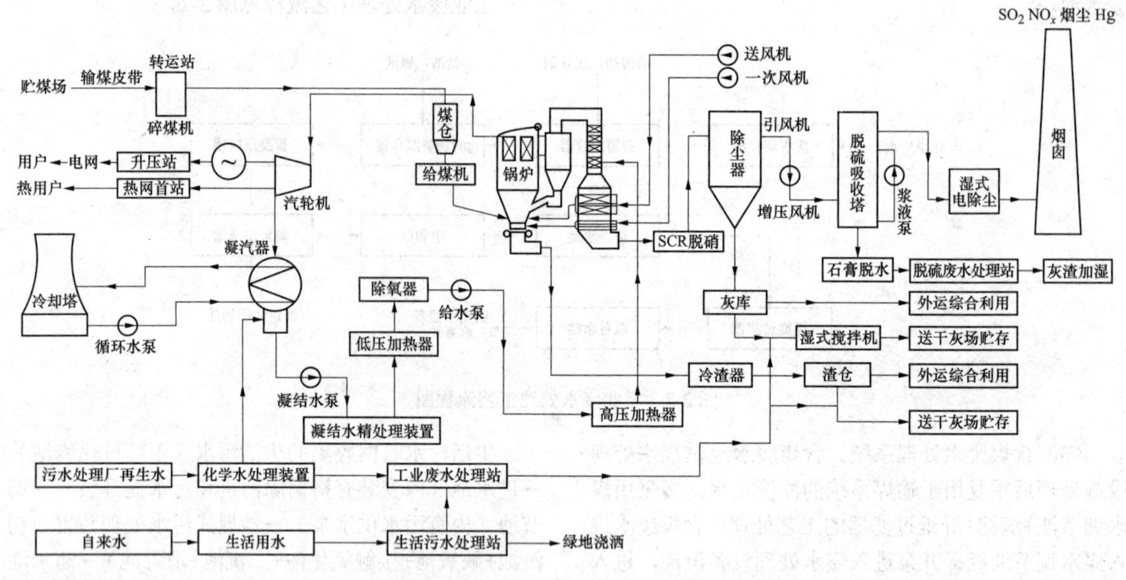

图 2-9 燃煤电厂生产工艺流程图

起动装置脱扣，就可以以发电机形式来做功发电。燃气初温和压气机的压缩比，是影响燃气轮机效率的两个主要因素。提高燃气初温，并相应提高压缩比，可使燃气轮机效率显著提高。工业和船用燃气轮机的燃气透平初温最高达 1200℃左右，航空燃气轮机的超过 1350℃。目前美国通用电气公司最先进的 9H 型燃气轮机压缩比为 23.2，燃气透平初温为 1430℃。美国通用电气公司的 PG9351FA 燃气轮机，其压缩比为 16.5，燃气透平初温为 1327 ℃。

燃气—蒸汽联合循环发电机组就是将燃气轮机的排气引入余热锅炉，产生的高温、高压蒸汽驱动汽轮机，带动汽轮发电机发电。其常见形式有燃气轮机、蒸汽轮机同轴推动一台发电机的单轴联合循环，也有燃气轮机、蒸汽轮机各分别与发电机组合的多轴联合循环。

燃气—蒸汽联合循环电厂生产工艺流程见图 2-10。

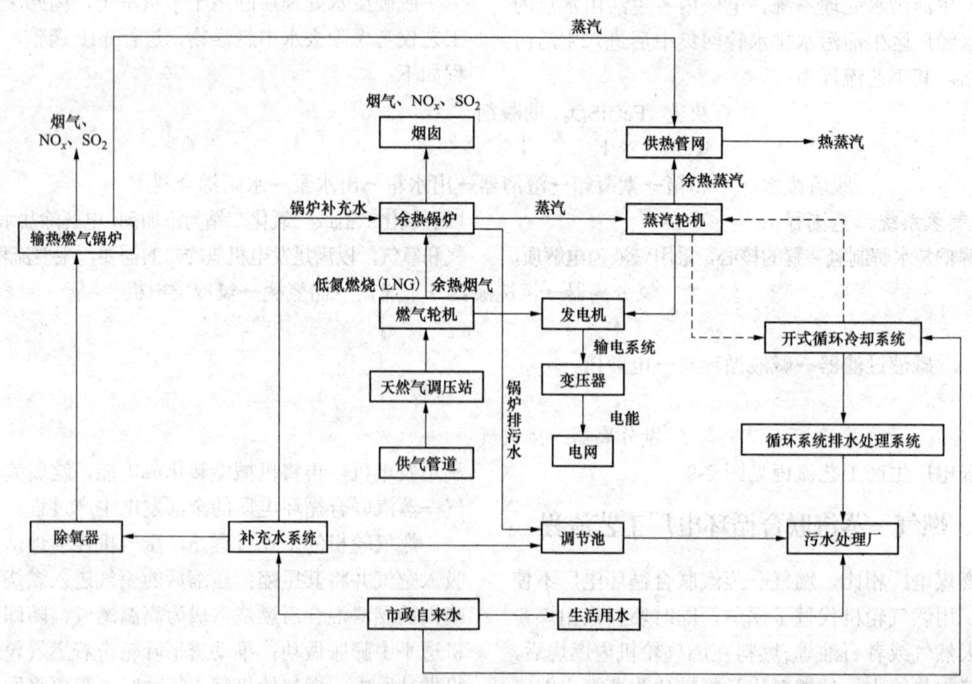

图 2-10 燃气—蒸汽联合循环电厂生产工艺流程图

四、输变电工程工艺流程

输变电工程是电能传输的载体，包括交流输变电工程和直流输变电工程。交流电压、电流的大小和方向均随时间做周期性变化，直流电压、电流的大小和方向均不随时间变化。交流输变电工程由变电站和交流输电线路组成，适用于电力输送和构建各级输电网络；直流输变电工程由换流站和直流输电线路组成，适用于大容量、远距离的点对点输电。目前国内外交流输变电工程占主导地位。交流输变电工程的变电站主要由变压器、电抗器、开关设备、电容器等一次设备及远控、通信、调度等二次设备组成；直流输变电工程换流站的主要设备为换流变、换流阀、直流开关场、交流开关场及交流滤波器场；架空输电线路则主要由杆塔、导线、金具和绝缘子构成。

输变电工程的工艺流程可概括为：

发电厂→升压变电站→高压输电线路→降压变电站→低压配电线路→用户。

发电厂发出的电能只有通过输变电系统才能输送到电力用户处，输变电系统通过以下电气设备实现电能的传输：

（1）导线。导线的主要功能就是引导电能，以实现定向传输。

（2）变压器。变压器是利用电磁感应原理对变压器两侧交流电压进行变换的电气设备。变压器实现输变电工程中电压的改变。为了大幅度地降低电能远距离传输时在输电线路上的电能损耗，发电厂发出的电能需升高电压后再进行远距离传输，而在输电线路的负荷端，输电线路上的高电压只有降低等级后才能便于电力用户使用。

（3）开关设备。开关设备的主要作用是连接或隔离两个电气系统。高压开关的功能就是完成电路的接通和切断，达到电路转换、控制和保护的目的。按照接通及切断电路的能力，高压开关分为隔离开关、断路器、负荷开关、熔断器以及接地开关等。

（4）高压绝缘子。高压绝缘子是用于支撑或悬挂高电压导体，起对地隔离作用的一种特殊绝缘件。由于电瓷绝缘子的绝缘性能比较稳定，不怕风吹、日晒、雨淋，因此在高压输变电工程中广泛使用。此外，硅橡胶材料的复合绝缘子也应用广泛。高压绝缘子的另一种形式是高压套管，当高压导线穿过墙壁或从变压器油箱中引出时，用高压套管作为绝缘。

除输变电电气设备外，输变电主要的保护设备是互感器、继电保护装置、避雷器等。另外，变电站还装有电力电容器和电力电抗器。电力电容器的主要作用是为电力系统提供无功功率，电力电抗器的主要作用是吸收无功功率。

第二节　产　污　环　节

一、燃煤电厂产污环节

燃煤电厂产污节点见图 2-11。

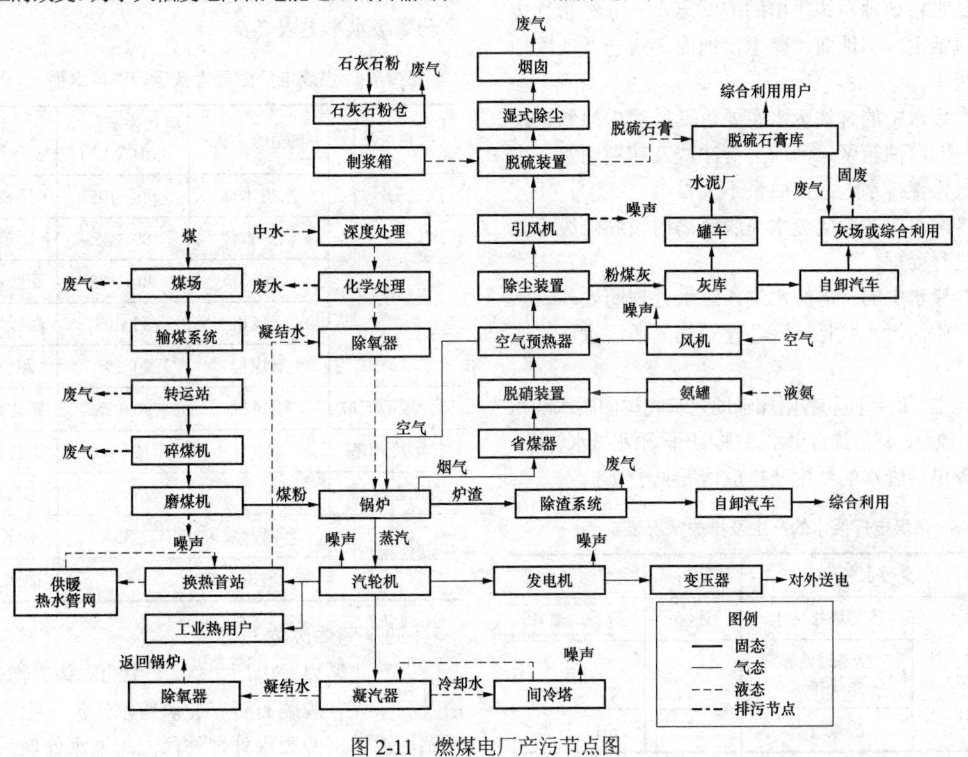

图 2-11　燃煤电厂产污节点图

（一）大气污染物

燃煤电厂对环境空气的影响主要为烟气和低矮源烟尘的排放，其主要污染物为 SO_2、NO_x 和烟尘。采用脱硫工艺、低氮燃烧技术+脱硝工艺、除尘器，以减少 SO_2、NO_x 和烟尘的排放量。燃煤电厂大气污染物的产生及排放情况见表 2-4。

表 2-4 燃煤电厂大气污染物的产生及排放情况表

编号	污染源	排污节点	污染物
1	烟气	烟囱	SO_2、NO_x、烟尘、汞及其化合物
2	输煤系统	转运站	粉尘
		碎煤机室	粉尘
		给煤机	粉尘
3	除灰渣系统	灰库	粉尘
		渣库	粉尘
4	石灰石系统	石灰石粉仓	粉尘
5	煤场		粉尘

（二）废水

以新建燃煤发电厂为例，工程排水系统主要包括生产废水排水系统、生活污水排水系统及雨水排水系统。各系统均为独立管网，分别排出。

生产废水中的经常性废水包括锅炉补给水处理系统和凝结水精处理系统排出的酸碱废水；非经常性废水处理包括主厂房地面、除尘器地面、渣仓及灰库地面冲洗废水。

生产废水中的含油废水主要包括厂房内检修场地冲洗水，润滑油箱区、油库区等冲洗及初期雨水，由于是非经常性排水，故排放量不大。

生产废水中的脱硫废水在脱硫岛内设脱硫废水处理设施进行处理。

生产废水中的含煤废水进入煤水处理间处理。

电厂生活污水包括厂区各建筑的厕所污水、洗涤污水等。

厂区主厂房屋面和各附属辅助建筑物屋面雨水经积水管排至地面，然后通过雨水口排入厂区雨水排水管道。

燃煤电厂废水的产生及排放情况见表 2-5。

表 2-5 燃煤电厂废水的产生及排放情况表

续表

序号	废污水名称		排放方式	主要污染因子
1	经常性废水	冷却塔排污水	连续	盐类、温升
2		反渗透处理系统排水	连续	盐类
3		酸碱废水	连续	pH、盐类
4	非经常性废水	主厂房地面冲洗废水	间断	SS
5		除尘器地面、渣仓及灰库地面冲洗废水	间断	SS
6	含油废水	油泵房冲洗废水	间断	SS、油类
7		汽车冲洗废水	间断	SS、油类
8	含煤废水	输煤转运站及栈桥冲洗废水	间断	SS
9	脱硫废水		连续	pH、SS、F^-、Cl^-重金属
10	生活污水		连续	BOD_5、COD、SS

（三）噪声

根据燃煤电厂的实际情况，主要噪声源主要有如下几类：①机械性噪声，如磨煤机、碎煤机等设备噪声；②空气动力性噪声，如各类风机、空气压缩机以及锅炉排汽噪声等；③电磁性噪声，如发电机、励磁机、电动机和变压器噪声等；④交通噪声，如厂内各种交通车辆噪声等。

根据火电厂的运行特点，火电厂噪声除锅炉排汽噪声外，大多属于稳态噪声。设备噪声通常用源强的声功率级、源强的声压级、源强的频谱特征表示。以某新建燃煤电厂为例，燃煤电厂主要设备运行噪声的声功率级水平见表 2-6。

表 2-6 燃煤电厂主要设备运行噪声水平

噪声区域	典型噪声源	噪声源强取值［dB（A）］	备注
汽机房区域	汽机本体	90～105	距机组 1m
锅炉区域	锅炉本体	80～85	距机组 1m
	一次风机	90～105	距吸风口 3m
	送风机	85～98	距吸风口 3m
	磨煤机	90～95	距设备 1m
除尘脱硫区域	引风机	90～95	距进风口 3m
排烟冷却塔		75～80	距进风口 1m
变压器区域		75～79	距设备 1m
其他噪声	各种泵	85	距设备 1m
	电机	85	距设备 1m

（四）固体废物

以新建燃煤发电厂为例，产生的固体废物包括灰、渣及石子煤、脱硫石膏、脱硫废水污泥、生活污水处理站污泥、工业废水处理站污泥、油水处理系统污泥和废催化剂。

炉底渣输送至储渣仓储存，定期装车外运供综合利用或运至事故灰场贮存。

锅炉除尘器及省煤器灰斗的排灰，由正压浓相气力输灰系统通过管道输送至灰库储存，定期装车外运供综合利用或运至事故灰场贮存。

脱硝催化剂的使用寿命一般为三年，每三年需要进行更换。在厂区设置废烟气脱硝催化剂临时贮存场所，后将更换下的废脱硝催化剂交由有资质的危废处置单位进行处置。

燃煤电厂固体废物产生情况见表 2-7。

表 2-7　燃煤电厂固体废物产生情况

序号	名称	主要成分	属性
1	灰	二氧化硅、三氧化二铝、三氧化二铁	一般固体废物
2	渣及石子煤	二氧化硅、三氧化二铝、三氧化二铁	一般固体废物
3	脱硫石膏	硫酸钙	一般固体废物
4	脱硫废水污泥	盐、重金属	投产后送有资质单位鉴别，鉴别前按危废管理
5	生活污水处理站污泥	有机质	一般固体废物
6	工业废水处理站污泥	无机质	一般固体废物
7	油水处理系统污泥	无机质	一般固体废物
8	废催化剂	二氧化钛、五氧化二钒、三氧化钨	危险废物

（五）污染物的产生量与排放量

1. 大气污染物

在燃煤发电机组排放出来的烟气中，污染物主要包括 SO_2、NO_x、烟尘、汞等，其中 SO_2、烟尘一般能采用下列公式进行估算。在实际应用中，可以根据工程具体情况调整参数，但需说明理由并做必要论证。对于煤炭掺烧石灰石、炉内喷钙、循环流化床锅炉等烟尘排放量的计算，需根据实际情况考虑石灰石等添加剂对烟尘的影响。

（1）烟尘。每台锅炉的烟尘排放量按下式计算：

$$M_A = B_g \times \left(1-\frac{\eta_c}{100}\right) \times \left(\frac{A_{ar}}{100}+\frac{q_4 Q_{net,ar}}{100 \times 33870}\right) \times \alpha_{fh}$$

式中　M_A——烟尘排放量，t/h；

B_g——锅炉连续最大出力工况时的燃煤量，t/h；

η_c——除尘效率，%；

A_{ar}——燃煤收到基灰分，%；

q_4——锅炉机械未完全燃烧的热损失（见表 2-8），%；q_4 与炉型和煤质等有关；

$Q_{net,ar}$——燃煤收到基低位发热量，kJ/kg；

α_{fh}——锅炉烟气带出的飞灰份额。

表 2-8　锅炉机械未完全燃烧的热损失 q_4 的一般取值和灰分平衡的推荐值

锅炉型式	煤种	q_4（%）	α_{fh}（飞灰）
固态排渣煤粉炉	无烟煤	4	0.85～0.95
	贫煤	2	
	烟煤（V_{daf}≤25%）	2	
	烟煤（V_{daf}>25%）	1.5	
	褐煤	0.5	
	洗煤（V_{daf}≤25%）	3	
	洗煤（V_{daf}>25%）	2.5	
液态排渣煤粉炉	无烟煤	2～3	0.85
	贫煤	—	0.80
	烟煤	1～1.5	0.80
	褐煤	0.5	0.70～0.80
卧式旋风锅炉	烟煤	1.0	0.10～0.15
	褐煤	0.2	
抛煤炉	烟煤、贫煤	8～12	—
	无烟煤	10～15	
炉排炉	烟煤、贫煤	7～10	—
	无烟煤	9～12	
立式旋风锅炉	—		0.20～0.40
层燃链条锅炉	—		0.15～0.20
循环流化床锅炉	烟煤	2～2.5	0.4～0.6
	无烟煤	2.5～3.5	

（2）二氧化硫。每台锅炉的二氧化硫排放量（t/h）按下式计算：

$$M_{SO_2} = 2B_g \times \left(1-\frac{\eta_{S1}}{100}\right) \times \left(1-\frac{q_4}{100}\right) \times \left(1-\frac{\eta_{S2}}{100}\right) \times \frac{S_{t,ar}}{100} \times K$$

式中　B_g——锅炉连续最大出力工况时的燃煤量，t/h；

η_{S1}——除尘器的脱硫效率，%；

$S_{t,ar}$——燃煤收到基全硫含量，%；

K——燃煤中的硫燃烧后氧化成二氧化硫的份额；

η_{S2}——烟气脱硫装置的脱硫效率，%；

q_4——锅炉机械未完全燃烧的热损失，%，q_4

与炉型和煤质等有关。

除尘器的脱硫效率根据其型式的改变而不同，在有实际监测的情况下，取实测值，无实测时可参照表 2-9 进行选取。当采用炉内或烟气脱硫措施时，其脱硫率有实际监测时，取实测值，无实测时由设备供应商或工艺设计提供。

表 2-9　除尘器的脱硫效率

除尘器型式	干式除尘器	水膜除尘器	文丘里水膜除尘器
η_{S1}（%）	0	5	15

燃料中的硫分燃烧后生成的二氧化硫的份额视燃烧方式而定，通常按表 2-10 取值。

表 2-10　燃料（燃煤）中的硫生成二氧化硫的份额

锅炉型式	煤粉炉	旋风炉		燃油炉
		增钙	不增钙	
K	0.85～0.9	0.90	0.95	1.00

（3）氮氧化物。由于电站锅炉，特别是大型锅炉氮氧化物的形成机理较为复杂，目前，氮氧化物尚无简单的计算公式，一般采用锅炉供货商提供的满足环保标准的排放质量浓度值折算。

$$M_{NO_x}=\frac{c_{NO_x}\times V_g\times 3600}{10^9}\left(1-\frac{\eta_{NOx}}{100}\right)$$

式中　c_{NO_x}——标准状态下的 NO_x 排放质量浓度，mg/m^3；

M_{NO_x}——NO_x 排放量，t/h；

V_g——标准状态下的干烟气量，m^3/s；

η_{NOx}——烟气脱除 NO_x 效率，%。

（4）汞。煤燃烧过程中，煤中的汞会发生复杂的物理和化学变化，最后绝大部分进入烟气中，一小部分残留在底灰和熔渣中。煤燃烧时，在通常的炉膛温度范围内，煤中的汞几乎全部以气态元素（Hg^0）的形式进入烟气中；在烟气冷却过程中，部分 Hg^0 和其他燃烧产物相互反应转变为气态二价汞（Hg^{2+}）和颗粒态汞（Hg^p）。在烟气脱硝、除尘和脱硫过程中，都会协同脱除部分汞，在不同的烟气处理工艺下，协同脱除汞的效果不同。汞的排放量根据煤中汞的含量、协同脱除汞的效果等因素进行估算。

$$M_{Hg}=B_g\times\left(1-\frac{\eta_{Hg}}{100}\right)\times\left(1-\frac{q_4}{100}\right)\times\frac{Hg_{t,ar}}{100}$$

式中　B_g——锅炉连续最大出力工况时的燃煤量，t/h；

η_{Hg}——除汞效率，%；

$Hg_{t,ar}$——燃煤收到基全汞含量，%；

q_4——锅炉机械未完全燃烧的热损失，%；与炉型和煤质等有关。

（5）氟化物。对于有氟化物控制特殊要求的地区，要根据燃料成分及类比估算氟化物排放量。

（6）干烟气量。在实际工作过程中，除了要对污染物排放量进行计算以外，还需要对污染物排放浓度进行计算。

有实测数据时，采用实测值，按下式计算标准状态下的干烟气量（需同时测量烟气含湿量，以下烟气量计算均为标准状态）：

$$V_g=V_s\left(1-\frac{X_{H_2O}}{100}\right)$$

式中　V_g——每台锅炉干烟气排放率，m^3/s；

V_s——每台锅炉湿烟气排放率，m^3/s；

X_{H_2O}——烟气含湿量，%。

在没有实测数据，对于燃煤电厂烟气量可采用如下方法进行近似计算。

$$V_s=B_g\left(1-\frac{q_4}{100}\right)\left[\frac{Q_{net,ar}}{4026}+0.77+1.0161(\alpha-1)V_o\right]/3.6$$

式中　B_g——锅炉连续最大出力工况时的燃煤量，t/h；

q_4——机械未完全燃烧的热损失，若无实测数据可按表 2-8 选取，%；

$Q_{net,ar}$——燃煤收到基低位发热量，kJ/kg；

V_o——理论空气量，m^3/kg。

（7）扬尘。贮煤场和贮灰场的扬尘量，可参照有关环境评价技术文献进行估算。对煤尘和灰场扬尘特别敏感或有特殊要求的项目，宜由风洞试验确定。

2. 固体废物

（1）灰渣产生量。指除尘器、省煤器、预热器收集的粉煤灰与锅炉冷灰斗排出的炉渣量之和（不包括自烟囱排出的飞灰）。

单炉小时灰渣产生量计算公式：

$$N_{hz}=B_g\left(\frac{A_{ar}}{100}+\frac{q_4\times Q_{net,ar}}{100\times 33870}\right)\left(\frac{\eta_c}{100}\times\alpha_{fh}+\alpha_{Lx}\right)$$

式中　B_g——锅炉连续最大出力工况时的燃煤量，t/h；

A_{ar}——燃煤收到基灰分含量，%；

q_4——机械未完全燃烧的热损失；

η_c——除尘器的除尘效率，%，按设计值计算；

$Q_{net,ar}$——原煤收到基低位发热量，kJ/kg；

N_{hz}——单炉小时灰渣量，t/h；

α_{fh}——粉煤灰占燃料灰分的份额；

α_{Lx}——炉渣占燃料灰分的份额。

单炉灰渣年产生量（t/a）$=N_{hz}\times$该炉年利用小时数

（2）粉煤灰产生量。单炉小时产生量计算公式

$$N_h = B_g\left(\frac{A_{ar}}{100}+\frac{q_4\times Q_{net,ar}}{100\times 33870}\right)\frac{\eta_c}{100}\times\alpha_{fh}$$

式中 N_h——单炉小时粉煤灰产生量，t/h。

其余变量含义同上。

单炉粉煤灰年总产生量（t/a）$=N_h\times$该炉年利用小时数

（3）炉渣产生量。单炉小时炉渣产生量计算公式

$$N_Z = B_g\left(\frac{A_{ar}}{100}+\frac{q_4\times Q_{net,ar}}{100\times 33870}\right)\times\alpha_{Lx}$$

式中 N_Z——单炉小时炉渣产生量，t/h。

其余变量含义同上。

（4）烟气脱硫装置废渣排放。

当烟气脱硫采用湿法脱硫时，其脱硫产物为石膏，计算公式如下：

$$G=\left(Q_y\times 10^{-9}\times\frac{\mu_{SO_2}}{64}\right)\times\eta_S[72+m\times 100\times(2-K_{C_aCO_3})]$$

式中 G——湿法脱硫时的脱硫产物，t/h;

$K_{C_aCO_3}$——$CaCO_3$ 纯度，%

m——钙硫摩尔比（入口钙摩尔数与入口 SO_2 摩尔数之比）;

Q_y——烟气量，m^3/h;

μ_{SO_2}——二氧化硫质量浓度，mg/m^3;

η_S——脱硫效率，%。

如指导烟气中二氧化硫小时产生量，即脱硫系统入口二氧化硫小时产生量，其脱硫产物也可按下式计算：

$$G=\left(\frac{M_{SO_2}}{64}\right)\times\eta_S[72+m\times 100\times(2-K_{C_aCO_3})]$$

式中 M_{SO_2}——二氧化硫小时产生量，t/h;

其余变量含义同上。

（5）石子煤产生量。中速磨煤机排出的石子煤量宜按下式计算：

$$G_S = G_m\times\Phi_S/100$$

式中 G_S——石子煤量，t/h;

G_m——锅炉最大连续蒸发量工况的实际燃煤量，t/h;

Φ_S——石子煤率，%。

二、燃气—蒸汽联合循环电厂产污环节

燃气—蒸汽联合循环电厂产污节点见图 2-12。

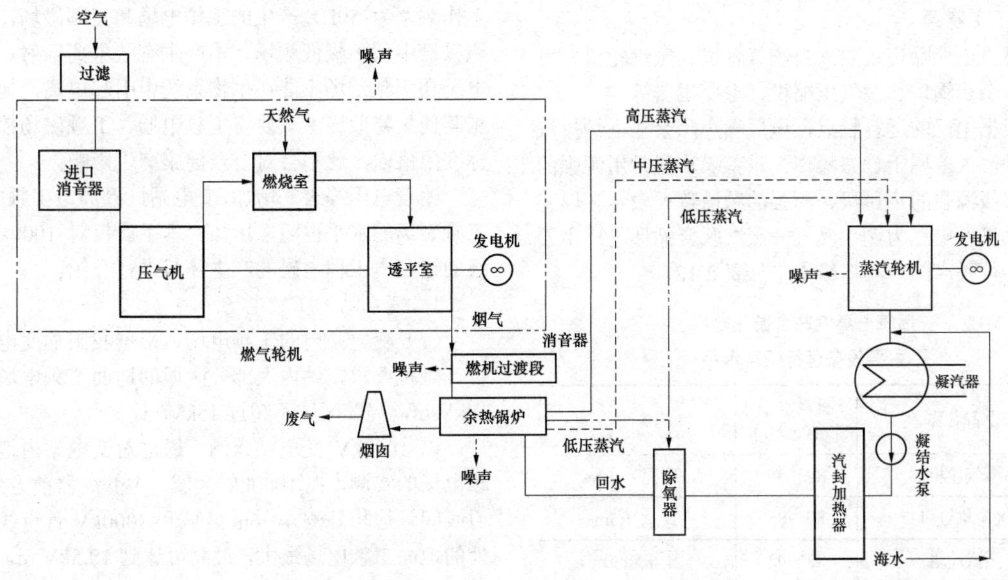

图 2-12 燃气—蒸汽联合循环电厂产污节点图

（一）大气污染物

燃气—蒸汽联合循环电厂对环境空气的影响主要为烟气的排放，其主要污染物为 NO_x。采用低氮燃烧技术+脱硝工艺，以减少 NO_x 的排放量。其排放量的计算可参照燃煤电厂氮氧化物的计算公式。

（二）废水

与燃煤电厂相比，燃气—蒸汽联合循环电厂燃料为天然气，故不存在输煤系统及渣仓灰库等工艺环节。其产生的废污水与燃煤电厂工艺系统产生的废水种类大致相同。

以沿海燃机发电厂为例，循环水系统以海水作为冷却介质，从取水口来的循环水通过凝汽器将蒸汽轮机排入凝汽器的乏汽冷凝成水，换热后的循环水通过循环水回水系统至排水口入海。

工程排水系统主要包括生产废水排水系统、生活污水排水系统及雨水排水系统。各系统均为独立管网，分别排出。燃气—蒸汽联合循环电厂废水的产生及排放情况见表 2-11。

表 2-11 燃气—蒸汽联合循环电厂废水的产生及排放情况表

序号	废污水名称		产生方式	主要污染因子
1	经常性废水	冷却水排水	连续	盐类、温升、余氯
2		锅炉排污水	连续	盐类、温升
3		酸碱废水	连续	pH、盐类
4	非经常性废水	燃机冲洗水	间断	pH、SS
5		主厂房地面冲洗废水	间断	SS
6	含油废水	油泵房冲洗废水	间断	SS、油类
7		汽车冲洗废水	间断	SS、油类
8	生活污水		连续	BOD_5、COD、SS

（三）噪声

燃机电厂噪声主要来自燃气轮机、蒸汽轮机、发电机、余热锅炉、空气压缩机、主变压器等。

根据电厂的运行特点，电厂噪声除余热锅炉排汽噪声外，大多属于稳态噪声。设备噪声通常用源强的声功率级源强的声压级、源强的频谱特征表示。以某新建燃机发电厂为例，燃气—蒸汽联合循环电厂主要设备运行噪声的声功率级水平见表 2-12。

表 2-12 燃气—蒸汽联合循环电厂主要设备运行噪声水平

设备名称	噪声水平［dB（A）］	备注
燃气轮机	89～95	罩壳外 1m
燃气轮机进风口	80～85	距离 1.5m
蒸汽轮机	87～92	距机组 1m
厂房屋顶风机	80～85	风机轴线 45°方向 1m
锅炉本体	75～80	距机组 1m
锅炉给水泵	85～90	距机组 1m
余热锅炉烟囱	70	加消声器后
燃机—余热锅炉过渡段	95～100	距设备 1m
冷却塔进风口（淋水）	88	距进风口 1m
冷却塔排风口	87	风机排风口 45°方向 1m
变压器	68～75	距机组 1m
天然气调压站	95～103（压缩机） 70～80（管汇区）	距管线及设备外 1m
其他区域	60～65	厂房外 1m

（四）固体废物

燃气—蒸汽联合循环电厂采用天然气作为电厂运行的燃料，燃烧产物主要是二氧化碳和水，不会产生飞灰和炉渣等固体废物。运行期间固体废物主要来源于生活污水处理站污泥、工业废水处理站污泥、油水处理系统污泥。

三、输变电工程产污环节

（一）电磁

输变电工程在传输电能的同时，在周围局部空间会产生电场和磁场。电场和磁场属于感应场，其对环境的影响不同于一般的废水废气，固体废弃物以及放射性等影响，不具有累积性。我国交流输变电工程的工作频率为 50Hz 产生的工频电场和工频磁场，在电磁频谱中属于极低频场，不产生有效电离辐射。工频电场和工频磁场不能在生物系统中引起电离，但会产生其他生物效应。只要将工频电场、工频磁场控制在标准限值内，就不会对公众健康产生影响。

随着电压等级的增加，变电站厂界周边工频电场、工频磁场的水平也随之增加。本手册仅对 1000kV 等级的输变电工程电磁的产生环节进行介绍。

1. 变电站的工频电场

（1）变电站内的工频电场。根据我国输变电工程设计规程要求，站内大部分区域的地面工频电场小于 10kV/m，局部区域不超过 15kV/m。

以 1000kV 变电站为例，通过对变电站内地面工频电场的实测，在 1000kV 区域，主变压器前方到 cvt 引线间隔边相外侧 4～6m 区域和 1000kV 管母线拐角处的地面工频电场最大，最高可达到 10.5kV/m，其他区域全部小于 10kV/m。

（2）变电站外的工频电场。采用实测法对 1000kV 变电站外地面工频电场进行了测量，变电站外的工频电场强度较低。围墙外 5m 处的地面工频电场最大约为 2.2kV/m，出现在距变电站高压带电构架较近的地方，其他区域的工频电场基本在 1kV/m 以下。

2. 输电线路的工频电场

在设计输电线路时，对于线路两侧地面工频电场大于 4kV/m 的区域长期住人的房屋被列入拆迁对象，在一档距内沿垂直线路方向，地面工频电场超过4kV/m的宽度并不固定，档距中间宽，两侧窄。

某1000kV输变电线路衰减断面工频电场测量结果见表2-13。

表2-13 某1000kV输变电线路衰减断面工频电场监测结果

编号	与输电线路相对位置关系（m）	工频电场（V/m）
1	中心线下	1244
2	中心线外2m	1178
3	中心线外4m	1354
4	中心线外8m	1515
5	边导线下	1571
6	边导线外2m	1534
7	边导线外4m	1539
8	边导线外8m	1494
9	边导线外15m	1278
10	边导线外20m	1239

注 同塔双回线高40m。

3. 变电站的工频磁场

（1）变电站内的工频磁场。变电站的载流导体如母线、连线、电抗器等会在其周围产生工频磁场。变电站内的工频磁场的分布和大小主要与载流导体分布及电流大小有关。在变电站中，除进出线间隔外，较大磁感应强度的区域可能出现在低压侧无功补偿空心电抗器附近。

以1000kV变电站为例，对电抗器组周围的地面工频磁感应强度进行测量，正对电抗器的测点磁感应强度最大，达到1600μT以上，远大于变电站内其他区域的工频磁场。但随着距离的增加，工频磁场衰减也很快。距离电抗器6m处的地面工频磁感应强度已衰减至100μT左右。

（2）变电站外的工频磁场。由于围墙一般距站内主要载流导体较远，因此除变电站进出线下方，变电站围墙外区域的工频磁感应强度一般较小。

以1000kV变电站为例，测试结果为：在距围墙5m的轮廓线上，地面工频磁感应强度小于1.8μT，最大值出现在临近1000kV和500kV为进出线处；随着与围墙距离的增加，地面工频磁感应强度逐渐减小，在距围墙50m远处，地面工频磁感应强度最大约为0.4μT。

4. 输电线路的工频磁场

垂直线方向，地面工频磁感应强度最大值一般出现在线路中心位置，并且随着与导线距离的增加，地面工频磁感应强度迅速减小。以1000、500kV和220kV交流输电线路为例，1000kV和500kV交流输电线路的工频磁感应强度最大值均出现在输电线路中心，220kV为交流输电线路，由于导线距地面高度较近，地面工频磁感应强度最大值出现在边导线内侧。

某1000kV输变电线路衰减断面工频磁感应强度测量结果见表2-14。

表2-14 某1000kV输变电线路衰减断面工频磁感应强度监测结果

编号	与输电线路相对位置关系	工频磁感应强度（μT）
1	中心线下	0.7513
2	中心线外2m	0.7249
3	中心线外4m	0.6835
4	中心线外8m	0.6520
5	边导线下	0.6124
6	边导线外2m	0.6021
7	边导线外4m	0.5814
8	边导线外8m	0.5437
9	边导线外15m	0.4955
10	边导线外20m	0.4686

注 同塔双回线高40m。

（二）噪声

大型机械设备运转产生的噪声是交流输变电工程建设期施工的主要噪声，持续时间短，影响小，与一般的建筑施工噪声没有明显区别。输变电工程运行期噪声主要有变电站变压器噪声、高压并联电抗器噪声以及输电线路电晕噪声。变电站和输电线路在运行过程中产生的噪声，既包括变压器、电抗器等电气设备中铁心硅钢片的磁致伸缩，以及线圈电磁作用、振动等产生的噪声，也包括工程其他电气设备、导线金具等带电设备，因电晕放电而产生的噪声。在运行过程中，变电站还存在冷却风扇、排风机运转等产生的空气动力噪声和机械噪声。输变电工程的各类噪声均能通过采取消声、吸声、隔声等防治措施，将其影响控制在标准限值之内。

输变电工程设备的声功率级与其额定容量和系统的电压等级呈正相关。不同电压等级的输电工程的变压器、高压并联电抗器的声功率级以及架空线路导线声压级水平见表2-15～表2-17。

表2-15 不同电压等级系统用变压器的声功率级

电压等级（kV）	110	220	330	500	750	1000
声功率级［dB（A）］	75～85	82～90	85～95	83～98	90～103	95～106

表 2-16 高压并联电抗器声功率等级范围

电压等级（kV）	500		750		1000		
额定容量（Mvar）	50	70	100	120	200	240	320
声功率级［dB（A）］	85～91	86～93	87～95	88～96	90～98	92～98	95～102

表 2-17 不同电压等级交流架空线路导线声压级

架空线路电压等级（kV）	500	750	1000
线路中心地面投影处声压级［dB（A）］	26.4～42.7	37.0～48.1	38.8～49.9
边相外 20m 地面投影处声压级［dB（A）］	25.8～40.0	36.6～46.9	38.4～49.0

通过我国某 1000kV 特高压交流输变电工程和某±800kV 特高压直流输变电工程的监测实例，以此作为输变电工程噪声水平的参照，某 1000kV 交流输变电工程和某±800kV 特高压直流输电工程主要设备噪声源强声功率级见表 2-18、表 2-19。

表 2-18 某 1000kV 交流输变电工程主要设备噪声源声功率级

序号	设备名称	声功率级［dB（A）］
1	1000kV 高压电抗器（720Mvar）	80
2	1000kV 高压电抗器（600Mvar）	78
3	1000kV 高压电抗器（960Mvar）	84
4	1000kV 高压电抗器（840Mvar）	82
5	1000kV 变压器（3000MVA）	102.7
6	110kV 电抗器	83.6
7	站用变压器	81.3

表 2-19 某±800kV 特高压直流输变电工程主要设备噪声源声功率级

序号	噪声源	声功率级［dB（A）］
1	换流变压器（Box-in）	99.6
2	换流变压器风扇	98
3	阀冷却塔（空冷）	98
4	极性母线平波电抗器（干式）	92
5	中性母线平波电抗器（干式）	92
6	直流滤波器高压电容器	80
7	直流滤波器低压电容器	80
8	直流滤波器电抗器	78
9	500kV 交流滤波器电容器	80
10	500kV 交流滤波器电抗器	79
11	站用变压器	96.5
12	500kV 高压并联电抗器	93
13	调相机冷却塔	98
14	阀冷却塔（水冷）	95
15	1000kV 交流滤波器电容器	80.5
16	1000kV 交流滤波器电抗器	79

第三章

电力工程环境保护政策与法规

第一节 环境保护政策法规演变历程

一、环境保护制度的由来

20世纪中叶，科学、工业、交通迅猛发展，工业和城市人口过分集中，环境污染由局部扩大到区域。人们逐渐认识到，人类不能不加节制地开发利用环境，在寻求利用自然资源改善人类物质和精神生活的同时，必须尊重自然规律，在环境容量允许的范围内进行开发建设活动。

随着社会发展和科技水平的提高，人类认识世界、改造世界的能力越来越强，对自身活动造成的环境影响也越来越重视。

1969 年，美国国会通过了《国家环境政策法》。1970年世界银行设立环境与健康事务办公室，对其每一个投资项目的环境影响作出审查和评价。1992年联合国环境与发展大会在里约热内卢召开，会议通过的《里约环境与发展宣言》和《21 世纪议程》中都写入了有关环境保护的相关内容。

现已有100多个国家建立了环境保护制度。环境保护的内涵不断扩大和增加，从自然环境保护发展到社会环境评价。环境保护的技术方法和程序也在发展中不断地得以提高和完善。

二、我国环境保护政策法规的发展沿革

（一）产生阶段

从新中国成立到 1973 年全国第一次环境保护会议的召开是中国环境保护事业兴起和中国环境法的孕育和产生时期。

这一时期，先后颁布了《国家建设征用土地办法》《水土保持暂行纲要》《矿产资源保护试行条例》《生活饮用水卫生规程》等，这些环境立法最多的是关于自然资源的保护，其次是防止环境破坏，同时也注意到治理环境污染。

（二）发展阶段

1973年8月召开第一次全国环境保护会议至1978年党的十一届三中全会止，是我国环境保护工作和环境立法的艰难发展阶段。

第一次全国环境保护会议，把环境保护提上了国家管理的议事日程。拟定的《关于保护和改善环境的若干规定（试行草案）》规定了“全面规划，合理布局，综合利用，化害为利，依靠群众，大家动手，保护环境，造福人民”的环境保护32字工作方针，并由此奠定了中国环境保护基本法的雏形。

1978 年修订的《宪法》首次规定：“国家保护环境和自然资源，防治污染和其他公害”，为中国环境保护事业和环境立法工作提供了宪法基础和依据。

这一时期，制定和颁布的《工业三废排放试行标准》《生活饮用水卫生标准》《食品卫生标准》等标准，使环境管理有了定量指标。

（三）完善阶段

自 1978 年党的十一届三中全会以来，中国的政治、经济形势发生了重大变化，国家的环境保护事业和法制建设也进入了一个蓬勃发展的时期并逐步建立了完整的环境法律体系。《中华人民共和国环境保护法》的颁布和实施，标志着中国的环境保护工作正式进入法制轨道，也标志着中国的环境法体系开始建立。

这一时期，在污染防治方面颁布了一系列法律文件。包括：《中华人民共和国海洋环境保护法》《中华人民共和国水污染防治法》《中华人民共和国大气污染防治法》《中华人民共和国固体废物污染环境防治法》《中华人民共和国环境噪声污染防治法》《中华人民共和国放射性污染防治法》，以及《危险化学品安全管理条例》等。进入21世纪后，我国又先后制订《中华人民共和国清洁生产促进法》和《中华人民共和国循环经济促进法》。

在保护自然环境和资源方面，颁布了《中华人民共和国森林法》《中华人民共和国草原法》《中华人民共和国渔业法》《中华人民共和国矿产资源法》《中华人民共和国水法》《中华人民共和国土地管理法》《中

华人民共和国野生动物保护法》《中华人民共和国水土保持法》《中华人民共和国防沙治沙法》，以及《中华人民共和国自然保护区条例》和《中华人民共和国野生植物保护条例》等。

在合理利用能源方面，颁布了《中华人民共和国节约能源法》《中华人民共和国可再生能源法》，以及《中华人民共和国电力法》《中华人民共和国煤炭法》《中华人民共和国石油天然气管道保护法》等。

在环境管理方面，颁布了《中华人民共和国环境影响评价法》《中华人民共和国城乡规划法》和《全国环境监测管理条例》《建设项目环境保护管理条例》《排污费征收使用管理条例》《全国污染源普查条例》《规划环境影响评价条例》，以及《环境保护产品认定管理暂行办法》《中华人民共和国环境保护标准管理办法》《排污费征收使用管理条例》《环境保护行政许可听证暂行办法》《环境影响评价公众参与暂行办法》《环境保护违法违纪行为处分暂行规定》等。

为了加强环境的定量管理，自 20 世纪 80 年代以来，截至 2011 年 3 月，我国已经发布了一千四百余项环境保护标准，包括环境质量标准、污染物排放（控制）标准、环境监测方法标准、环境标准样品标准以及环境基础标准等。

（四）拓展阶段

党的十八大以来，环境法制发展进入了全新阶段。2014 年 4 月，《中华人民共和国环境保护法》修订通过，2015 年 1 月 1 日起施行。修订的《中华人民共和国环境保护法》在立法理念、篇章结构和法律规范的具体内容等方面均做出了较大程度的修改，是我国环境法发展历史上一座新的里程碑。

2016 年 1 月 1 日起施行的《中华人民共和国大气污染防治法》确立了坚持源头治理，规划先行，转变经济发展方式，优化产业结构和布局，调整能源结构的基本理念；2018 年 1 月 1 日起施行的《中华人民共和国水污染防治法》是为了保护和改善环境，防治水污染，保护水生态，保障饮用水安全，维护公众健康，推进生态文明建设，促进经济社会可持续发展而制定的。

2016 年 9 月 1 日起施行的《中华人民共和国环境影响评价法》将环评审批与企业投资项目审批脱钩，取消行业预审，并将环境影响登记表由审批制改为备案制，加大了对“未批先建”的处罚等。2017 年 10 月 1 日起施行的《建设项目环境保护管理条例》删除了有关行政审批事项、简化环评程序、细化环评审批要求、强化事中事后监管及加大处罚力度。

2014 年 10 月，《中共中央关于全面推进依法治国若干重大问题的决定》指出，要“用严格的法律制度保护生态环境，加快建立有效约束开发行为和促进绿色发展、循环发展、低碳发展的生态文明法律制度，强化生产者环境保护的法律责任，大幅度提高违法成本。建立健全自然资源产权法律制度，完善国土空间开发保护方面的法律制度，制定完善生态补偿和土壤、水、大气污染防治及海洋生态环境保护等法律法规，促进生态文明建设。”

2015 年 4 月，中共中央、国务院发布《关于加快推进生态文明建设的意见》，提出生态文明建设是中国特色社会主义事业的重要内容。要求坚持把节约优先、保护优先、自然恢复为主作为基本方针，坚持把绿色发展、循环发展、低碳发展作为基本途径，坚持把深化改革和创新驱动作为基本动力，坚持把培育生态文化作为重要支撑，坚持把重点突破和整体推进作为工作方式，从优化国土空间开发格局、推动技术创新和结构调整、全面促进资源节约循环高效实用、切实改善生态环境质量、健全生态文明制度体系、加强生态文明建设统计监测和执法监督、加快形成推进生态文明建设的良好社会风尚、切实加强组织领导等九个方面作为加快推进生态文明建设的具体措施和方向。

针对大气污染防治、水污染防治及土壤污染防治问题，国务院分别于 2013 年 9 月、2015 年 4 月及 2016 年 5 月发布了《大气污染防治行动计划》《水污染防治行动计划》和《土壤污染防治行动计划》，简称“大气十条”“水十条”“土十条”，对全面控制污染物排放、推进经济结构转型升级、资源管理、市场机制、执法监管、责任落实、公众参与和社会监督等内容提出了主要工作目标、工作重点和评价指标。

这标志着中国的环境法治步入全新的全面发展建设时期。

三、我国电力工程环境保护政策法规发展现状

（一）我国电力工程发展面临的环境形势

近年来，随着我国经济的快速发展和人民生活质量的不断提高，电力需求增长持续攀升，不少地区出现电力供应紧张的状况。为尽快缓解电力供需矛盾，国家抓紧制定电力规划，增加了电站建设规模，加快了电力建设步伐。但在燃煤电站项目前期工作中，出现了布局不合理、质量下降等问题，有的项目忽视了国家关于技术进步、环境保护、节约用水等方面的规定。

2013 年以来，雾霾肆虐中国东部地区，环保问题已经成为涉及公众健康的重大问题。煤电二氧化碳的排放也使煤电发展面临着越来越大的压力。在严峻的环保形势下，国家相关部门出台了一系列环保政策及法规，投资主管部门也收紧了对煤电行业的审批，如何实现可持续发展是摆在煤电行业面前的一个重大

课题。

1. 污染物排放标准更加严格

2011 年，我国发布了严格的 GB 13223—2011《火电厂大气污染物排放标准》，要求一般地区的新、扩、改建燃煤电厂烟尘、SO_2、NO_x 排放分别执行 30、100、100mg/m^3；重点地区则分别执行 20、50、100mg/m^3。严格的排放标准在推动污染治理技术进步的同时，也增加了环保成本。

与此同时，对煤场、灰场等无组织粉尘排放以及对地下水的污染防治措施也更加严格，越来越多的燃煤电厂建设全封闭煤场。冷却塔噪声采用消声导流或隔声屏障进行降噪处理。

2. 环境质量标准更加严格

2012 年，我国颁布了 GB 3095—2012《环境空气质量标准》，增设了细颗粒物 $PM_{2.5}$ 浓度限值和臭氧 8h 平均浓度限值，调整了颗粒物 PM_{10}、NO_2 等浓度限值。该标准浓度限值更加严格，按照 GB 3095—2012，全国绝大多数城市环境空气质量不达标。此标准的推出及中、东部地区灰霾天数的日益增多，给火电厂建设带来了前所未有的压力。

3. 污染防治难度更大

为了使我国由能源消耗大国向能源消耗强国转变，国家相关部门也先后印发了《国务院办公厅转发环境保护部等部门关于推进大气污染联防联控工作改善区域空气质量指导意见的通知》《重点区域大气污染防治“十二五”规划》《大气污染防治行动计划》等一系列规章制度，对火电厂大气污染物排放控制提出了更高的要求，火电企业将面临更严格的环保准入条件和监管，面临 SO_2、NO_x 排放总量进一步削减和供电煤耗进一步下降的要求，火电企业的发展、生产和经营面临新的严峻挑战。

2012 年 9 月 27 日，国务院以国函〔2012〕146 号文发布了《重点区域大气污染防治“十二五”规划》，该规划共涉及 19 个省（自治区、直辖市），面积约 132.56 万 km^2，占国土面积的 13.81%。对火电厂，特别是燃煤电厂的建设提出了更为严格的要求。

2013 年 9 月，国务院印发《大气污染防治行动计划》（国发〔2013〕37 号），即大气污染治理“大气十条”。该制度出台代表我国已将大气污染防治上升至国家层面。“大气十条”的出台标志着我国大气污染管理模式由总量控制向质量改善、由单一污染物控制向多污染物协同控制、由单一污染源控制向多种污染源综合防控、由属地管理向区域联防联控的全面战略性转变。

（二）我国电力工程环境保护政策法规可持续发展现状

为了贯彻落实党中央关于树立科学发展观的精神，促进国民经济、能源和环境的协调发展，针对我国能源以煤为主的国情，必须高度重视燃煤电站规划及建设的各方面因素，尽快提升燃煤电站技术水平，严格执行国家产业政策和环境排放标准，规范电站项目建设，确保电力工业可持续发展。

针对出台的新的环境保护政策，国家也出台了相应政策以适应环境保护的最新要求。

2014 年 3 月，《关于严格控制重点区域燃煤发电项目规划建设有关要求的通知》（发改能源〔2014〕411 号文）要求，充分认识大气污染防治工作的重要意义，坚决把《大气污染防治行动计划》落实到重点区域燃煤发电项目的规划布局、前期工作和建设运行等各个环节，严格控制重点区域建设燃煤发电项目，将煤炭等量替代纳入燃煤发电项目环境影响评价、节能评估审查工作范畴。

2014 年 9 月，为落实《国务院办公厅关于印发能源发展战略行动计划（2014—2020 年）的通知》（国办发〔2014〕31 号）要求，加快推动能源生产和消费革命，进一步提升煤电高效清洁发展水平，国家发改委、环境保护部、国家能源局发布《关于印发〈煤电节能减排升级与改造行动计划（2014—2020）〉的通知》（发改能源〔2014〕2093 号文），该通知要求，加强新建机组准入控制并加快现役机组改造升级。

2016 年 12 月，国家发改委能源局发布《关于印发〈能源发展“十三五”规划〉的通知》（发改能源〔2016〕2744 号文），规划要求：开展煤炭消费减量行动。严控煤炭消费总量，京津冀鲁、长三角和珠三角等区域实施减煤量替代，其他重点区域实施等煤量替代。提升能效环保标准，积极推进钢铁、建材、化工等高耗煤行业节能减排改造。全面实施散煤综合治理，逐步推行天然气、电力、洁净型煤及可再生能源等清洁能源替代民用散煤，实施工业燃煤锅炉和窑炉改造提升工程，散煤治理取得明显进展。全面实施燃煤机组超低排放与节能改造，推广应用清洁高效煤电技术，严格执行能效环保标准，强化发电厂污染物排放监测。2020 年煤电机组平均供电煤耗控制在 310g/（kW・h）以下，其中新建机组控制在 300g/（kW・h）以下，二氧化硫、氮氧化物和烟尘排放浓度分别不高于 35、50、10mg/m^3。

这预示着我国电力行业正在迎接挑战，步入新时代。

第二节　电力工程环境保护政策法规

一、环境保护政策法规体系

我国目前建立了由国家法律、国务院行政法规、政府部门规章、地方性法规和地方政府规章、环境标准、环境保护国际条约组成的完整的环境保护法律法规体系，见图 3-1。

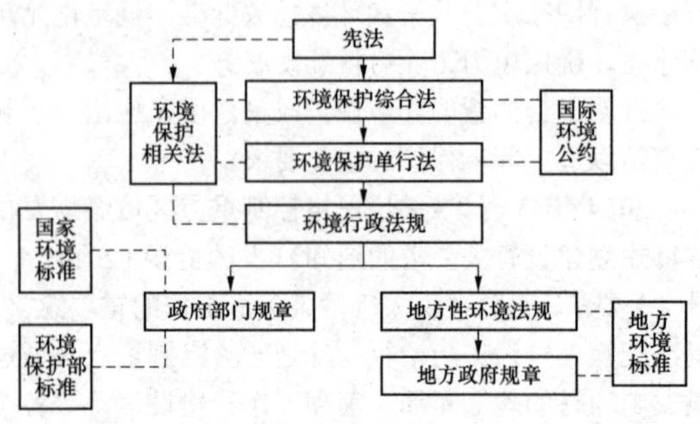

图 3-1 环境保护政策法规体系框架图

（一）环境保护法律

1. 宪法

该体系以《中华人民共和国宪法》中对环境保护的规定为基础。1982 年通过的《中华人民共和国宪法》在 2004 年修正案第九条第二款规定：国家保障资源的合理利用，保护珍贵的动物和植物。禁止任何组织或者个人用任何手段侵占或者破坏自然资源。第二十六条第一款规定：国家保护和改善生活环境和生态环境，防治污染和其他公害。

《中华人民共和国宪法》中的这些规定是环境保护立法的依据和指导原则。

2. 环境保护法律

包括环境保护综合法、环境保护单行法和环境保护相关法。

环境保护综合法是指《中华人民共和国环境保护法》，1989 年 12 月 26 日第七届全国人民代表大会常务委员会第十一次会议通过并实施，2014 年 4 月 24 日第十二届全国人民代表大会常务委员会第八次会议修订，修订后的《中华人民共和国环境保护法》共有七章七十条，第一章“总则”规定了环境保护的任务、对象、适用领域、基本原则以及环境监督管理体制；第二章“监督管理”规定了环境标准制定的权限、程序和实施要求、环境监测的管理和状况公报的发布、环境保护规划的拟定及建设项目环境影响评价制度、现场检查制度及跨地区环境问题的解决原则；第三章“保护和改善环境”，对环境保护责任制、资源保护区、自然资源开发利用、农业环境保护、海洋环境保护作了规定；第四章“防治污染和其他公害”规定了排污单位防治污染的基本要求、“三同时”制度、排污申报制度、排污收费制度、限期治理制度以及禁止污染转嫁和环境应急的规定；第五章“信息公开和公众参与”规定了环境信息公开的内容以及公众参与和监督的方式；第六章“法律责任”规定了违反本法有关规定的法律责任；第七章“附则”规定了本法自 2015 年 1 月 1 日起施行。

环境保护单行法包括污染防治法(《中华人民共和国水污染防治法》《中华人民共和国大气污染防治法》《中华人民共和国固体废物污染环境防治法》《中华人民共和国环境噪声污染防治法》《中华人民共和国放射性污染防治法》等)，生态保护法（《中华人民共和国水土保持法》《中华人民共和国野生动物保护法》《中华人民共和国防沙治沙法》等)，《中华人民共和国海洋环境保护法》和《中华人民共和国环境影响评价法》。

环境保护相关法是指一些自然资源保护和其他有关部门法律，如《中华人民共和国森林法》《中华人民共和国草原法》《中华人民共和国渔业法》《中华人民共和国矿产资源法》《中华人民共和国水法》《中华人民共和国清洁生产促进法》等都涉及环境保护的有关要求，也是环境保护法律法规体系的一部分。

（二）环境保护行政法规

环境保护行政法规是由国务院制定并公布或经国务院批准有关主管部门公布的环境保护规范性文件。一是根据法律受权制定的环境保护法的实施细则或条例，如《中华人民共和国水污染防治法实施细则》；二是针对环境保护的某个领域而制定的条例、规定和办法，如《建设项目环境保护管理条例》等。

（三）政府部门规章

政府部门规章是指国务院环境保护行政主管部门单独发布或与国务院有关部门联合发布的环境保护规范性文件，以及政府其他有关行政主管部门依法制定的环境保护规范性文件。政府部门规章是以环境保护法律和行政法规为依据而制定的，或者是针对某些尚未有相应法律和行政法规调整的领域作出相应规定，如《环境影响评价公众参与暂行办法》等。

二、电力工程环境保护政策规章

电力工程项目必须遵守国家法律、法规，符合国家产业政策和环保政策，满足行业发展规划及区域、流域、海域发展规划、环境功能区划、土地利用规划和海洋功能区划等要求。

为了保护环境，近年来我国出台了一系列与电力工程相关的环保政策以及规章制度，如《关于严格控制重点区域燃煤发电项目规划建设有关要求的通知》（发改能源〔2014〕411 号文)、《关于印发〈能源发展“十三五”规划〉的通知》(发改能源〔2016〕2744 号文)、《关于落实大气污染防治行动计划严格环境影响评价准入的通知》（环办〔2014〕30 号文)、《关于落实水污染防治行动计划实施区域差别化环境准入的指导意见》（环环评〔2016〕190 号文)、《关于印发〈煤电节能减排升级与改造行动计划（2014—2020）〉的通知》（发改能源〔2014〕2093 号文）、《关于印发〈全面实施燃煤电厂超低排放和节能改造工作方案〉的通知》（环发〔2015〕164 号文）、《关于印发〈能源行业加强大气污染防治工作方案〉的通知》（发改能源〔2014〕506 号文）、《关于发布〈火电厂污染防治技术政策〉的公告》（环境保护部公告 2017 年第 1 号）、《关于发布国家环境保护标准〈火电厂污染防治可行技术指南〉的公告》（环境保护部公告 2017 年第 21 号）等。

第三节　电力工程环境保护标准

电力工程环境保护标准主要涉及两类，一类是项目所在地执行的环境质量标准，另一类是项目产生的污染物排放标准。环境质量标准是指国家为保护人群健康和生存环境，对污染物容许含量所做的规定。排放标准是指国家对人为污染源排入环境的污染物浓度或总量所做的限量规定。

一、环境质量标准

电力工程所涉及的环境主要包括大气环境、水环境、声环境、电磁环境等。

1. 环境空气质量标准

GB 3095—2012《环境空气质量标准》及修改单规定了环境空气功能区分类、标准分级、污染物项目、平均时间及浓度限值等内容。

环境空气功能区分为二类：一类区为自然保护区、风景名胜区和其他需要特殊保护的区域；二类区为居住区、商业交通居民混合区、文化区、工业区和农村地区。

根据电力工程所处的环境空气功能区类别，环境空气质量标准按 GB 3095—2012《环境空气质量标准》及修改单执行，一类区适用一级浓度限值，二类区适用二级浓度限值。一、二类环境空气功能区质量要求见表 3-1、表 3-2。

表 3-1　环境空气污染物基本项目浓度限值

序号	污染物项目	平均时间	浓度限值		单位
			一级	二级	
1	二氧化硫（SO_2）	年平均	20	60	μg/m³
		24h 平均	50	150	
		1h 平均	150	500	
2	二氧化氮（NO_2）	年平均	40	40	
		24h 平均	80	80	
		1h 平均	200	200	
3	一氧化碳（CO）	24h 平均	4	4	mg/m³
		1h 平均	10	10	
4	臭氧（O_3）	日最大8h平均	100	160	μg/m³
		1h 平均	160	200	
5	颗粒物（粒径不大于 10μm）	年平均	40	70	
		24h 平均	50	150	
6	颗粒物（粒径不大于 2.5μm）	年平均	15	35	
		24h 平均	35	75	

表 3-2　环境空气污染物其他项目浓度限值

序号	污染物项目	平均时间	浓度限值		单位
			一级	二级	
1	总悬浮颗粒物（TSP）	年平均	80	200	μg/m³
		24h 平均	120	300	
2	氮氧化物（NO_x）	年平均	50	50	
		24h 平均	100	100	
		1h 平均	250	250	
3	铅（Pb）	年平均	0.5	0.5	
		季平均	1	1	
4	苯并［a］芘（BaP）	年平均	0.001	0.001	
		24h 平均	0.0025	0.0025	

2. 地表水质量标准

GB 3838—2002《地表水环境质量标准》按照地表水环境功能分类和保护目标，规定了水环境质量应控制的项目及限值，见表 3-3。

Ⅰ类主要适用于源头水、国家自然保护区；

Ⅱ类主要适用于集中式生活饮用水地表水源地一级保护区、珍稀水生生物栖息地、鱼虾类产卵场、仔稚幼鱼的索饵场等；

Ⅲ类主要适用于集中式生活饮用水源地二级保护区、鱼虾类越冬场、洄游通道、水产养殖区等渔业水域及游泳区；

Ⅳ类主要适用于一般工业用水区及人体非直接接触的娱乐用水区；

Ⅴ类只要适用于农业用水区及一般景观要求水域。

对应地表水五类水域功能，将地表水环境质量标准基本项目标准值分为五类，不同功能类别分别执行相应类别的标准值。水域功能类别高的标准值严于水域功能类别低的标准值。

表 3-3　　地表水环境质量标准基本项目标准限值　　(mg/L)

序号	分类 标准值 项目		Ⅰ类	Ⅱ类	Ⅲ类	Ⅳ类	Ⅴ类
1	水温（℃）		人为造成的环境水温变化应限值在： 周平均最大温升≤1 周平均最大温降≤2				
2	pH 值（无量纲）		6～9				
3	溶解氧	≥	饱和率 90%（或 7.5）	6	5	3	2
4	高锰酸盐指数	≤	2	4	6	10	1.5
5	化学需氧量（COD）	≤	15	15	20	30	40
6	五日生化需氧量（BOD_5）	≤	3	3	4	6	10
7	氨氮（NH_3–N）	≤	0.15	0.5	1.0	1.5	2.0
8	总磷（以 P 计）	≤	0.02（湖、库 0.01）	0.1（湖、库 0.025）	0.2（湖、库 0.05）	0.3（湖、库 0.1）	0.4（湖、库 0.2）
9	总氮（湖、库以 N 计）	≤	0.2	0.5	1.0	1.5	2.0
10	铜	≤	0.01	1.0	1.0	1.0	1.0
11	锌	≤	0.05	1.0	1.0	2.0	2.0
12	氟化物（以 F 计）	≤	1.0	1.0	1.0	1.5	1.5
13	硒	≤	0.01	0.01	0.01	0.02	0.02
14	砷	≤	0.05	0.05	0.05	0.1	0.1
15	汞	≤	0.00005	0.00005	0.0001	0.001	0.001
16	镉	≤	0.001	0.005	0.005	0.005	0.01
17	铬（六价）	≤	0.01	0.05	0.05	0.05	0.1
18	铅	≤	0.01	0.01	0.05	0.05	0.1
19	氰化物	≤	0.005	0.05	0.2	0.2	0.2
20	挥发份	≤	0.002	0.002	0.01	0.01	0.1
21	石油类	≤	0.05	0.05	0.5	0.5	1.0
22	阴离子表面活性剂	≤	0.2	0.2	0.3	0.3	0.3
23	硫化物	≤	0.05	0.1	0.5	0.5	1.0
24	粪大肠菌群（个/L）	≤	200	2000	10000	20000	40000

3. 地下水质量标准

GB /T 14848—2017《地下水质量标准》规定了地下水质量分类/指标级限制，见表 3-4。依据我国地下水质量现状和人体健康风险，参照生活饮用水、工业、农业等用水质量要求，依据各组分含量高低（pH 除外），将地下水质量划分为五类。

Ⅰ类地下水化学组分含量低，适用于各种用途；

Ⅱ类地下水化学组分含量较低，适用于各种用途；

Ⅲ类地下水化学组分含量中等，以 GB 5749—2006 为依据，主要适用于集中式生活饮用水水源及工农业用水；

Ⅳ类地下水化学组分含量较高，以农业和工业用水质量要求以及一定水平的人体健康风险为依据，适用于农业和部分工业用水，适当处理后可作生活饮用水；

Ⅴ类地下水化学组分含量高，不宜作为生活饮用水水源，其他用水可根据使用目的选用。

表 3-4　　　　地下水质量常规指标及限值

序号	指　标	Ⅰ类	Ⅱ类	Ⅲ类	Ⅳ类	Ⅴ类
感官性状及一般化学指标						
1	色（铂钴色度单位）	≤5	≤5	≤15	≤25	>25
2	臭和味	无	无	无	无	无
3	浑浊度/NTU[①]	≤3	≤3	≤3	≤10	>10
4	肉眼可见物	无	无	无	无	无
5	pH	6.5～8.5			5.5～6.5 8.5～9	<5.5，>9
6	总硬度（以 $CaCO_3$ 计）(mg/L)	≤150	≤300	≤450	≤650	>650
7	溶解性总固体（mg/L）	≤300	≤500	≤1000	≤2000	>2000
8	硫酸盐（mg/L）	≤50	≤150	≤250	≤350	>350
9	氯化物（mg/L）	≤50	≤150	≤250	≤350	>350
10	铁（Fe）(mg/L)	≤0.1	≤0.2	≤0.3	≤2.0	>2.0
11	锰（Mn）(mg/L)	≤0.05	≤0.05	≤0.1	≤1.5	>1.5
12	铜（Cu）(mg/L)	≤0.01	≤0.05	≤1.0	≤1.5	>1.5
13	锌（Zn）(mg/L)	≤0.05	≤0.5	≤1.0	≤5.0	>5.0
14	钼（Mo）(mg/L)	≤0.01	≤0.05	≤0.2	≤0.5	>0.5
15	挥发性酚类（以苯酚计）(mg/L)	≤0.001	≤0.001	≤0.002	≤0.01	>0.01
16	阴离子表面活性剂（mg/L）	不得检出	≤0.1	≤0.3	≤0.3	>0.3
17	耗氧量（COD_{Mn} 法，以 O_2 计）(mg/L)	≤1.0	≤2.0	≤3.0	≤10	>10
18	氨氮（以 N 计）(mg/L)	≤0.02	≤0.1	≤0.5	≤1.8	>1.5
19	硫化物（mg/L）	≤0.005	≤0.01	≤0.02	≤0.1	>0.1
20	钠（mg/L）	≤100	≤150	≤200	≤400	>400
微生物指标						
21	总大肠菌群（MPN[①]/100mL 或 CFU[①]/100mL）	≤3.0	≤3.0	≤3.0	≤100	>100
22	细菌总数（CFU/100mL）	≤100	≤100	≤100	≤1000	>1000
毒理学指标						
23	亚硝酸盐（以 N 计）(mg/L)	≤0.01	≤0.1	≤1.0	≤4.8	>4.8
24	硝酸盐（以 N 计）(mg/L)	≤2.0	≤5.0	≤20	≤30	>30
25	氰化物（mg/L）	≤0.001	≤0.01	≤0.05	≤0.1	>0.1
26	氟化物（mg/L）	≤1.0	≤1.0	≤1.0	≤2.0	>2.0
27	碘化物（mg/L）	≤0.04	≤0.04	≤0.08	≤0.5	>0.5
28	汞（mg/L）	≤0.0001	≤0.0001	≤0.001	≤0.002	>0.002
29	砷（mg/L）	≤0.001	≤0.01	≤0.01	≤0.05	>0.05
30	硒（mg/L）	≤0.01	≤0.01	≤0.01	≤0.1	>0.1
31	镉（mg/L）	≤0.0001	≤0.001	≤0.005	≤0.01	>0.01
32	铬（六价）(mg/L)	≤0.005	≤0.01	≤0.05	≤0.1	>0.1
33	铅（mg/L）	≤0.005	≤0.005	≤0.01	≤0.1	>0.1

续表

序号	指　　标	Ⅰ类	Ⅱ类	Ⅲ类	Ⅳ类	Ⅴ类
34	三氯甲烷（μg/L）	≤0.5	≤6	≤60	≤300	>300
35	四氯化碳（μg/L）	≤0.5	≤0.5	≤2.0	≤50	>50
36	苯（μg/L）	≤0.5	≤1.0	≤10	≤120	>120
37	甲苯（μg/L）	≤0.5	≤140	≤700	≤1400	>1400
	放射性指标					
38	总α放射线（Bq/L）	≤0.1	≤0.1	≤0.5	>0.5	>0.5
39	总β放射线（Bq/L）	≤0.1	≤1.0	≤1.0	>1.0	>1.0

① NTU 为散射浊度单位；MPN 表示最可能数；CFU 表示菌落形成单位；放射性指标超过指导值，应进行核素分析和评价。

4. 海水水质标准

GB 3097—1997《海水水质标准》按照海域的不同使用功能和保护目标，将海水水质分为四类，见表 3-5：

第一类适用于海洋渔业水域，海上自然保护区和珍稀濒危海洋生物保护区。

第二类适用于水产养殖区，海水浴场，人体直接接触海水的海上运动或娱乐区，以及与人类食用直接有关的工业用水区。

第三类适用于一般工业用水区，滨海风景旅游区。

第四类适用于海洋港口水域，海洋开发作业区。

表 3-5　　海 水 水 质 标 准　　(mg/L)

序号	项目	第一类	第二类	第三类	第四类
1	漂浮物质	海面不得出现油膜、浮沫和其他漂浮物质	海面不得出现油膜、浮沫和其他漂浮物质	海面不得出现油膜、浮沫和其他漂浮物质	海面无明显油膜、浮沫和其他漂浮物质
2	色、臭、味	海水不得有异色、异臭、异味	海水不得有异色、异臭、异味	海水不得有异色、异臭、异味	海水不得有令人厌恶和感到不快的色、臭、味
3	悬浮物质	人为增加的量≤10	人为增加的量≤10	人为增加的量≤100	人为增加的量≤150
4	大肠菌群≤（个/L）	10000 供人生食的贝类增养殖水质≤700	10000 供人生食的贝类增养殖水质≤700	10000 供人生食的贝类增养殖水质≤700	—
5	粪大肠菌群≤（个/L）	2000 供人生食的贝类增养殖水质≤140	2000 供人生食的贝类增养殖水质≤140	2000 供人生食的贝类增养殖水质≤140	—
6	病原体	供人生食的贝类养殖水质不得含有病原体	供人生食的贝类养殖水质不得含有病原体	供人生食的贝类养殖水质不得含有病原体	供人生食的贝类养殖水质不得含有病原体
7	水温（℃）	人为造成的海水温升夏季不超过当时当地1℃，其他季节不超过2℃	人为造成的海水温升夏季不超过当时当地1℃，其他季节不超过2℃	人为造成的海水温升不超过当时当地4℃	人为造成的海水温升不超过当时当地4℃
8	pH	7.8～8.5，同时不超出该海域正常变动范围的0.2pH单位	7.8～8.5，同时不超出该海域正常变动范围的0.2pH单位	6.8～8.8，同时不超出该海域正常变动范围的0.5pH单位	6.8～8.8，同时不超出该海域正常变动范围的0.5pH单位
9	溶解氧>	6	5	4	3
10	化学需氧量≤（COD）	2	3	4	5
11	五日生化需氧量≤（BOD_5）	1	3	4	5
12	无机氮≤（以N计）	0.2	0.3	0.4	0.5
13	非离子氨≤（以N计）	0.02	0.02	0.02	0.02

续表

序号	项目	第一类	第二类	第三类	第四类
14	活性磷酸盐≤（以 P 计）	0.015	0.03	0.03	0.045
15	汞≤	0.00005	0.0002	0.0002	0.0005
16	镉≤	0.001	0.005	0.01	0.01
17	铅≤	0.001	0.005	0.01	0.05
18	六价铬≤	0.005	0.01	0.02	0.05
19	总铬≤	0.05	0.1	0.2	0.5
20	砷≤	0.02	0.03	0.05	0.05
21	铜≤	0.005	0.01	0.05	0.05
22	锌≤	0.02	0.05	0.1	0.5
23	硒≤	0.01	0.02	0.02	0.05
24	镍≤	0.005	0.01	0.02	0.05
25	氰化物≤	0.005	0.005	0.1	0.02
26	硫化物≤（以 S 计）	0.02	0.05	0.1	0.25
27	挥发性酚≤	0.005	0.005	0.01	0.05
28	石油类≤	0.05	0.05	0.3	0.5
29	六六六≤	0.001	0.002	0.003	0.005
30	滴滴涕≤	0.00005	0.0001	0.0001	0.0001
31	马拉硫磷≤	0.0005	0.001	0.001	0.001
32	甲基对硫磷≤	0.0005	0.001	0.001	0.001
33	苯并（a）芘≤（μg/L）	0.0025	0.0025	0.0025	0.0025
34	阴离子表面活性剂（以 LAS 计）	0.03	0.1	0.1	0.1
35	放射性核素（Bq/L）	60Co		0.03	
		90Sr		4	
		106Rn		0.2	
		134Cs		0.6	
		137Cs		0.7	

5. 声环境质量标准

GB 3096—2008《声环境质量标准》规定了五类声环境功能区的环境噪声限值，见表 3-6。

按区域的使用功能特点和环境质量要求，声环境功能区分为以下五种类型：

0 类声环境功能区：指康复疗养区等特别需要安静的区域。

1 类声环境功能区：指以居民住宅、医疗卫生、文化教育、科研设计、行政办公为主要功能，需要保持安静的区域。

2 类声环境功能区：指以商业金融、集市贸易为主要功能，或者居住、商业、工业混杂，需要维护住宅安静的区域。

3 类声环境功能区：指以工业生产、仓储物流为主要功能，需要防止工业噪声对周围环境产生严重影响的区域。

4 类声环境功能区：指交通干线两侧一定距离之内，需要防止交通噪声对周围环境产生严重影响的区域，包括 4a 类和 4b 类两种类型。4a 类为高速公路、一级公路、二级公路、城市快速路、城市主干路、城市次干路、城市轨道交通　（地面段）、内河航道两侧区域；4b 类为铁路干线两侧区域。

表 3-6　　环 境 噪 声 限 值

声环境功能区类别		昼间［dB（A）］	夜间［dB（A）］
0 类		50	40
1 类		55	45
2 类		60	50
3 类		65	55
4 类	4a 类	70	55
	4b 类	70	60

6. 电磁环境控制限值

工频电场、工频磁场按照 GB 8702—2014《电磁环境控制限值》执行。交流输变电工程运行频率为 50Hz，工频电场强度公众曝露控制限值为 4kV/m，工频磁感应强度公众曝露控制限值为 100μT。架空输电线路下的耕地、园地、牧草地、畜禽饲养地、养殖水面、道路等场所，工频电场强度控制限值为 10kV/m。

工频电场、工频磁场控制限值见表 3-7。各电压等级交流输变电工程均采用表 3-7 中的标准限值。

根据 GB 8702—2014《电磁环境控制限值》，从电磁环境保护管理角度，100 kV 以下电压等级的交流输变电设施属于豁免范围，可免于管理。

表 3-7　　电 磁 环 境 控 制 限 值

标准名称	公众曝露控制限值	
	工频电场强度（kV/m）	工频磁场强度（μT）
《电磁环境控制限值》（GB 8702—2014）	4	100
	10*	—

* 指架空输电线路下的耕地、园地、牧草地、畜禽饲养地、养殖水面、道路等场所控制限制。

二、污染物排放标准

污染物排放标准是国家对人为污染源排入环境的污染物的浓度或总量所做的限量规定。污染物排放标准按污染物形态分为气态、液态、固态以及物理性污染物（如噪声）排放标准。污染物排放标准包括国家污染物排放标准和地方污染物排放标准。

为了加强环境保护，减少人为带来的环境污染，我国出台了电力工程相关的污染物排放标准。在此基础上，许多地方环保部门根据区域特点，制定了更为严格的污染物排放标准。因此，在污染物排放标准执行过程中，有地方标准的按地方标准执行。

1. 火电厂大气污染物排放标准

（1）适用范围。GB 13223—2011《火电厂大气污染物排放标准》规定了火电厂大气污染物排放浓度限值。

本标准适用于使用单台出力 65t/h 以上除层燃炉、抛煤机炉外的燃煤发电锅炉；各种容量的煤粉发电锅炉；单台出力 65t/h 以上燃油、燃气发电锅炉；各种容量的燃气轮机组的火电厂；单台出力 65t/h 以上采用煤矸石、生物质、油页岩、石油焦等燃料的发电锅炉。整体煤气化联合循环发电的燃气轮机组执行本标准中燃用天然气的燃气轮机组排放限值。本标准不适用于各种容量的以生活垃圾、危险废物为燃料的火电厂。

（2）污染物排放控制要求。自 2014 年 7 月 1 日起，现有火力发电锅炉及燃气轮机组执行表 3-8 规定的烟尘、二氧化硫、氮氧化物和烟气黑度排放限值。

自 2012 年 1 月 1 日起，新建火力发电锅炉及燃气轮机组执行表 3-8 规定的烟尘、二氧化硫、氮氧化物和烟气黑度排放限值。

自 2015 年 1 月 1 日起，燃烧锅炉执行表 3-8 规定的汞及其化合物污染物排放限值。

表 3-8　　火力发电锅炉及燃气轮机组大气污染物排放浓度限值　　［mg/m^3（烟气黑度除外）］

序号	燃料和热能转化设施类型	污染物项目	适用条件	限值	污染物排放监控位置
1	燃煤锅炉	烟尘	全部	30	烟囱及烟道
		二氧化硫	新建锅炉	100 200[①]	
			现有锅炉	200 400[①]	
		氮氧化物（以 NO_2 计）	全部	100 200[②]	
		汞及其化合物	全部	0.03	
2	以油为燃料的锅炉或燃气轮机组	烟尘	全部	30	
		二氧化硫	新建锅炉及燃气轮机组	100	
			现有锅炉及燃气轮机组	200	

续表

序号	燃料和热能转化设施类型	污染物项目	适用条件	限值	污染物排放监控位置
2	以油为燃料的锅炉或燃气轮机组	氮氧化物（以 NO_2 计）	新建燃油锅炉	100	烟囱及烟道
			现有燃油锅炉	200	
			燃气轮机组	120	
3	以气体为燃料的锅炉或燃气轮机组	烟尘	天然气锅炉及燃气轮机组	5	
			其他气体燃料锅炉及燃气轮机组	10	
		二氧化硫	天然气锅炉及燃气轮机组	35	
			其他气体燃料锅炉及燃气轮机组	100	
		氮氧化物（以 NO_2 计）	天然气锅炉	100	
			其他气体燃料锅炉	200	
			天然气燃气轮机组	50	
			其他气体燃料燃气轮机组	120	
4	燃煤锅炉（以油、气体为燃料的锅炉或燃气轮机组）	烟气黑度（林格曼黑度，级）	全部	1	烟囱排放口

① 位于广西壮族自治区、重庆市、四川省和贵州省的火力发电锅炉执行该限值。

② 采用 W 型火焰炉膛的火力发电锅炉，现有循环流化床火力发电锅炉，以及 2003 年 12 月 31 日前建成投产或通过项目环境影响报告书审批的火力发电锅炉执行该限值。

重点地区的火力发电锅炉及燃气轮机组执行表 3-9 规定的大气污染物特别排放限值。

执行大气污染物特别排放限值的具体地域范围、实施时间，由国务院环境保护行政主管部门规定。

表 3-9　　大气污染物特别排放限值　　[mg/m^3（烟气黑度除外）]

序号	燃料和热能转化设施类型	污染物项目	适用条件	限值	污染物排放监控位置
1	燃煤锅炉	烟尘	全部	20	烟囱及烟道
		二氧化硫	全部	50	
		氮氧化物（以 NO_2 计）	全部	100	
		汞及其化合物	全部	0.03	
2	以油为燃料的锅炉或燃气轮机组	烟尘	全部	20	
		二氧化硫	全部	50	
		氮氧化物（以 NO_2 计）	燃油锅炉	100	
			燃气轮机组	120	
3	以气体为燃料的锅炉或燃气轮机组	烟尘	全部	5	
		二氧化硫	全部	35	
		氮氧化物（以 NO_2 计）	燃气锅炉	100	
			燃气轮机组	50	
4	燃煤锅炉（以油、气体为燃料的锅炉或燃气轮机组）	烟气黑度（林格曼黑度，级）	全部	1	烟囱排放口

（3）大气污染物基准氧含量排放浓度折算方法。实测的火电厂烟尘、二氧化硫、氮氧化物和汞及其化合物排放浓度，必须执行 GB /T 16157 规定，按式 3-1 折算为基准氧含量排放浓度。各类热能转化设施的基准氧含量按表 3-10 的规定执行。

表 3-10　基 准 氧 含 量

序号	热能转化设施类型	基准氧含量（O_2）（%）
1	燃煤锅炉	6
2	燃油锅炉及燃气锅炉	3
3	燃气轮机组	15

$$c = c' \times \frac{21 - O_2}{21 - O_2'} \tag{3-1}$$

式中　c——大气污染物基准氧含量排放浓度，mg/m^3；

c'——实测的大气污染物排放浓度，mg/m^3；

O'——实测的氧含量，%；

O_2——基准氧含量，%。

2. 污水综合排放标准

电力工程废污水排放执行 GB 8978—1996《污水综合排放标准》，排放限值见表 3-11。有地方标准的按地方标准执行。

表 3-11　污水综合排放标准限值

序号	污染物	一级标准	二级标准	三级标准
1	pH	6～9	6～9	6～9
2	五日生化需氧量（BOD_5）	30	60	300
3	化学需氧量（COD）	100	150	500
4	石油类	10	10	30
5	氨氮	15	25	—

其中：

排入 GB 3838—2002《地表水环境质量标准》Ⅲ类水域（划定的保护区和游泳区除外）和排入 GB 3097—1997《海水水质标准》中二类海域的污水，执行一级标准。

排入 GB 3838—2002《地表水环境质量标准》中Ⅳ、Ⅴ类水域和排入 GB 3097—1997《海水水质标准》中三类海域的污水，执行二级标准。

排入设置二级污水处理厂的城镇排水系统的污水，执行三级标准。

3. 噪声排放标准

（1）厂界环境噪声排放标准。厂界环境噪声排放按照 GB 12348—2008《工业企业厂界环境噪声排放标准》执行，厂界是指由法律文书确定的建设单位所拥有使用权（或所有权）的场所或建筑物边界。厂界环境噪声排放限值见表 3-12。

表 3-12　工业企业厂界环境噪声排放限值［dB（A）］

边界处声环境功能区类型	时段	
	昼间	夜间
0 类	50	40
1 类	55	45
2 类	60	50
3 类	65	55
4 类	70	55

（2）建筑施工厂界环境噪声排放标准。电力工程施工过程中施工厂界环境噪声标准，按照 GB 12535—2011《建筑施工场界环境噪声排放标准》执行，排放限值见表 3-13。其中夜间噪声最大声级超过限值的幅度不得高于 15dB（A）。

表 3-13　建筑施工场界环境噪声排放限值［dB（A）］

昼间	夜间
70	55

4. 固废处置场污染控制标准

电力工程固体废物贮存、处置场污染控制按照 GB 18599—2001《一般工业固体废物贮存、处置场污染控制标准》及其修改单执行。

第四章 电力工程各设计阶段的环境保护要求

第一节 初步可行性研究阶段

一、主要工作内容

电力工程勘察设计初步可行性研究阶段的工作性质，主要是对工程项目的初选，重点是从各设计专业角度广泛分析，并进行必要的相关专题研究，初步确定工程项目的可行性。

初步可行性研究是电力工程建设项目各设计阶段的重要环节，初步可行性研究报告环保篇章是项目建设执行《中华人民共和国环境保护法》，落实建设项目中环境保护设施“三同时”（同时设计、同时施工、同时投产使用）的具体体现。从环境保护专业的角度来看，初步可行性研究阶段旨在初步了解拟建项目所在地区的环境现状，分析污染物排放情况，简述项目建设所带来的环境影响，按照国家现行的政策、法规和标准，初步排除或说明项目有无颠覆性因素，总之，该阶段重点是从厂区外部条件方面分析建设项目的可行性，提出建设项目拟采取的环境保护措施或治理措施的工程设想，针对存在的主要问题，对下一阶段的工作提出建议，并对拟选厂址从有利于环境保护的角度提出推荐意见。

二、设计程序

（一）设计程序流程

电力工程初步可行性研究的主要工作步骤包括：接受任务，准备工作，踏勘调研，综合研究，编制说明书，文件报审、立卷归档（见图4-1）。另有其他工作的，可遵照具体项目任务书中规定内容开展。

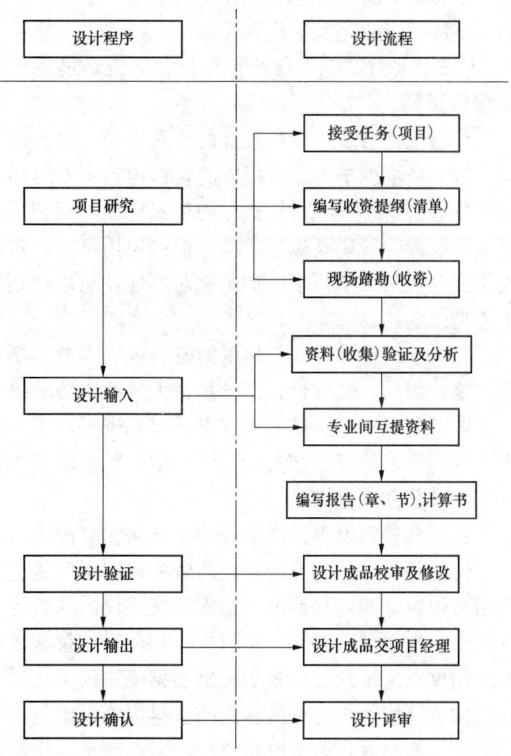

图4-1 初步可行性研究阶段程序流程图

（二）收资提纲编写内容要求

（1）收集厂址地区地理位置、地形、地貌特征资料；

（2）收集厂址地区社会、经济、人文情况资料；

（3）厂址地区行政区划图、项目所在地区主要环境保护对象的分布情况；

（4）收集近3年当地环境质量公报；

（5）收集厂址地区环境功能区划及环境功能区划图；

（6）收集厂址地区河流水系情况；

（7）收集厂址所在城市发展规划及环境保护规划；

（8）收集厂址区域内有无环境敏感区的资料。

环境敏感区是指依法设立的各级各类保护区域和对建设项目产生的环境影响特别敏感的区域，主要包括生态保护红线范围内或者其外的下列区域：

1）自然保护区、风景名胜区、世界文化和自然遗产地、海洋特别保护区、饮用水水源保护区；

2）基本农田保护区、基本草原、森林公园、地质公园、重要湿地、天然林、野生动物重要栖息地、重点保护野生植物生长繁殖地、重要水生生物的自然产卵场、索饵场、越冬场和洄游通道、天然渔场、水土流失重点防治区、沙化土地封禁保护区、封闭及半封闭海域；

3）以居住、医疗卫生、文化教育、科研、行政办公等为主要功能的区域，以及文物保护单位。

环境敏感区所指范围由国家环境保护部公布的《建设项目环境影响评价分类管理名录》规定。

(9) 收集灰场地区工程地质及水文地质资料，灰场与常住居民居住场所、农用地、地表水体、高速公路、交通主干道（国道或省道）、铁路、飞机场、军事基地等敏感对象之间的位置关系。

(三)火力发电工程初步可行性研究环境保护专业接口资料

1. 燃煤火力发电工程设计的专业间接口配合内容

(1) 环境保护专业应提出的资料内容主要包括：经初步分析，工程项目拟执行的环保标准，烟囱高度建议，脱硫、脱硝及除尘效率，根据现场踏勘、资料收集和分析结果从环境保护角度对厂址及总体规划提出意见或建议。

(2) 环境保护专业应接受的资料内容主要包括装机方案，煤质、耗煤量、烟气量，大气污染防治措施及采取的相关工艺，排灰渣（石子煤）资料，工业废水、生活污水处理工艺及废、污水量，贮灰场基本情况，厂址总体规划图。

2. 燃气轮机发电工程设计的专业间接口配合内容

(1) 环境保护专业应提出的资料内容主要包括工程项目拟执行的环保标准，烟囱高度建议，脱氮等环保要求，根据现场踏勘、资料收集和分析结果从环境保护角度对厂址及总体规划提出意见或建议。

(2) 环境保护专业应接受的资料内容主要包括装机方案，燃料及烟气量分析资料，工业废水、生活污水处理工艺及废、污水量，厂址总体规划图。

(四)初步可行性研究阶段环境保护专业计算书编制要求

1. 燃煤火力发电工程计算书内容

环境保护专业编制《大气污染物排放计算书》，内容包括大气污染物排放量和排放浓度计算、脱硫装置最低脱硫效率计算、除尘器最低除尘效率计算、脱硝装置最低脱硝效率计算。

2. 燃气轮机发电工程计算书内容

环境保护专业编制《大气污染物排放计算书》，内容包括大气污染物排放量和排放浓度计算、脱硝装置最低脱硝效率计算（若同步安装脱硝装置需计算此项内容）。

(五)初步可行性研究阶段环境保护成品编制

具体要求见下文“三、设计内容及深度”。

(六)初步可行性研究阶段环境保护专业成品校核要求

环境保护专业成品主要校核内容：核算计算书中计算输入数据和计算过程是否正确；鉴别设计成品所用技术标准、标准设计的适用性，编写的文件是否符合法律法规、设计依据文件、资料的要求；校核人根据设计经验提出改进要求。校核人的校审过程应有校审记录。校核完毕后，设计人员根据校核人的校审记录修改设计成品。

三、设计内容及深度

(1) 火电厂建设项目初步可行性研究报告中，应编写环境保护和社会影响章节。

(2) 根据 DL/T 5374《火力发电厂初步可行性研究报告内容深度规定》，初步可行性研究报告编制阶段，环境保护和社会影响章节主要设计内容及深度如下：

1）应说明厂址所在地区的自然和社会环境概况，涉及饮用水水源保护区、自然保护区、风景名胜区、重要湿地等法定保护区的项目，应进行法律法规符合性的分析工作，初步排除颠覆性因素。

2）应说明项目所在地区的环境质量状况，说明地方环境保护主管部门的意见和要求，初步分析项目建设所需的污染物排放许可限值。

3）应根据国家环境保护的有关法规、规定，结合当地气象、地形、地貌、周围环境和电厂煤、灰、水等条件以及灰渣综合利用的情况，进行环境影响初步分析，初步预测工程对环境可能造成的影响，并提出拟采取的环境保护及治理措施的初步设想，存在的主要问题及对下阶段工作的建议。

4）应从促进项目所在地区产业结构和工业结构调整，合理利用资源，提供当地就业水平和生活质量及财政收入，改善当地社会投资环境和环境质量等方面说明项目建成后对社会的正、负面影响。

(3) 火力发电工程初步可行性研究报告中，环境保护和社会影响章节应描述：

1）建厂地区环境现状，主要包括厂址及灰场地理位置、气象条件、水文特征、建厂地区环境质量现状等内容。

2）建设项目设计采用的环境保护标准，有地方环境保护标准的优先执行地方环境保护标准。

3）建设项目污染物防治措施设想，主要包括大气污染物、生活污水和工业废水、固体废物、噪声等污染因素的防治措施设想及排放情况。

4）环境影响初步分析，包括建设项目对大气、地表水、地下水、固体废物、噪声等因素的环境影响初步分析，主要依据收资调查、类比描述等定性分析法进行编写。

5）社会影响简要分析。

6）建议。主要建议项目建设单位尽快征求环保主管部门对本项目的意见和要求。

7）初步可行性研究报告中，环境保护和社会影响章节目录要求应符合表 4-1 的要求。

表 4-1　环境保护和社会影响章节目录

序号	内　容
1	建厂地区环境现状
2	设计采用的环境保护标准
3	污染物防治措施设想
4	环境影响初步分析
5	社会影响简要分析
6	建议

（4）本设计阶段应取得具有管理权限的环境保护主管部门原则同意建厂的文件。

第二节　可行性研究阶段

一、主要工作内容

（一）可行性研究阶段环境保护工作的主要内容

可行性研究是在初步可行性研究阶段之后进行的工作，是确定建设电力工程项目前具有决定性意义的工作。可行性研究是在投资决策之前，对拟建项目进行全面技术经济分析的科学论证，是为项目决策提供科学依据的一个重要阶段。可行性研究阶段对拟建项目有关的自然、社会、经济、技术等进行调研、分析比较以及预测建成后的社会经济效益。在此基础上，综合论证项目建设的必要性，财务的盈利性，经济上的合理性，技术上的先进性和适应性以及建设条件的可能性和可行性，从而为投资决策提供科学依据。

从环境保护的角度来看，可行性研究阶段旨在充分了解拟建项目所在地区的环境现状，对与建设项目有密切关系的环境要素应全面、详细调查，给出定量的数据并做出分析或评价。全面分析污染物排放情况，分析判定建设项目选址选线、规模、性质和工艺路线等与国家和地方有关环境保护法律法规、标准、政策、规范、相关规划、规划环境影响评价结论及审查意见的符合性，并与生态保护红线、环境质量底线、资源利用上线和环境准入负面清单进行对照。对于新建项目，从环境保护角度提出比选厂址的推荐意见。明确提出建设项目拟采取的具体污染防治、生态保护、环境风险防范等环境保护措施；分析拟采取措施的长期稳定运行和达标排放的可靠性、满足环境质量改善和排污许可要求的可行性、生态保护和恢复效果的可达性，给出建设项目的环境影响可行性。

（二）环境影响评价工作

（1）根据《中华人民共和国环境影响评价法》，电力工程建设项目应进行环境影响评价工作，环境影响评价文件未依法经审批部门审查或者审查后未予批准的，建设单位不得开工建设。根据《建设项目环境保护管理条例》的要求，建设单位应当在开工建设前将环境影响报告书、环境影响报告表报有审批权的环境保护行政主管部门审批。电力工程建设项目环境影响评价工作通常在可行性研究阶段进行。

（2）根据《建设项目环境影响评价分类管理名录》（环境保护部令第 44 号）的规定：燃煤火力发电工程应编制环境影响报告书；燃气轮机发电工程应编制环境影响报告表；500kV 及以上，涉及环境敏感区的 330kV 及以上输变电工程应编制环境影响报告书，其他（100kV 以下除外）输变电工程应编制环境影响报告表。

（3）环境影响评价工作程序应依据 HJ2.1—2016《环境影响评价技术导则　总纲》进行，其各主要污染因素（大气、地表水、地下水、噪声、固体废物、生态影响等）评价应依据各因素的环境影响评价技术导则进行。

（4）根据《中华人民共和国环境影响评价法》及《建设项目环境保护管理条例》的有关规定，电力工程的环境影响报告书（表）经批准后，建设项目的性质、规模、地点、采用的生产工艺或者防治污染、防止生态破坏的措施发生重大变动的，建设单位应当重新报批电力工程的环境影响报告书（表）。

（5）火力发电工程涉及重大变动的内容如下：

根据《水电等九个行业建设项目重大变动清单（试行）》（环办〔2015〕52 号），火力发电工程的性质、规模、地点、生产工艺和环境保护措施五个因素中的一项或一项以上发生重大变动，且可能导致环境影响显著变化（特别是不利环境影响加重）的，界定为重大变动。属于重大变动的应当重新报批环境影响评价文件，不属于重大变动的纳入竣工环境保护验收管理。

1）性质：

a．由热电联产机组、矸石综合利用机组变为普通发电机组，或由普通发电机组变为矸石综合利用机组。

b．热电联产机组供热替代量减少 10%及以上。

2）规模：

a．单机装机规模变化后超越同等级规模。

b．锅炉容量变化后超越同等级规模。

3）地点：

电厂（含配套灰场）重新选址；在原厂址（含配套灰场）或附近调整（包括总平面布置发生变化）导致不利环境影响加重。

4）生产工艺：

a．锅炉类型变化后污染物排放量增加。

b．冷却方式变化。

c．排烟形式变化（包括排烟方式变化、排烟冷却塔直径变大等）或排烟高度降低。

5）环境保护措施：

a．烟气处理措施变化导致废气排放浓度（排放量）增加或环境风险增大。

b．降噪措施发生变化，导致厂界噪声排放增加（声环境评价范围内无环境敏感点的项目除外）。

（6）输变电工程涉及重大变动的内容如下：

根据《输变电建设项目重大变动清单（试行）》（环办辐射〔2016〕84 号），输变电工程环境影响报告书（表）经批准后，输变电建设项目发生清单中一项或一项以上，且可能导致不利环境影响显著加重的，界定为重大变动，其他变更界定为一般变动。构成重大变动的应当对变动内容进行环境影响评价并重新报批，一般变动只需备案。

输变电建设项目重大变动如下：

1）电压等级升高。

2）主变压器、换流变压器、高压电抗器等主要设备总数量增加超过原数量的 30%。

3）输电线路路径长度增加超过原路径长度的 30%。

4）变电站、换流站、开关站、串补站站址位移超过 500m。

5）输电线路横向位移超出 500m 的累计长度超过原路径长度的 30%。

6）因输变电工程路径、站址等发生变化，导致进入新的自然保护区、风景名胜区、饮用水水源保护区等生态敏感区。

7）因输变电工程路径、站址等发生变化，导致新增的电磁和声环境敏感目标超过原数量的 30%。

8）变电站由户内布置变为户外布置。

9）输电线路由地下电缆改为架空线路。

10）输电线路同塔多回架设改为多条线路架设累计长度超过原路径长度的 30%。

（三）工程建设单位、设计单位与环境影响评价工作接口内容

（1）工程建设单位、设计单位向环境影响评价单位提供资料主要包括可行性研究阶段的工程地理位置资料和主要工程量资料、工程基础资料、评价计算所需原始参数资料、设计采取的环境保护措施、工程技经资料、环境影响评价所需的支持性文件。

（2）环境影响评价单位应向工程建设单位、设计单位提供的接口资料主要报告项目执行的环境保护标准，原工程设计方案中未考虑或虽已考虑但环保效果不达标，经环境影响评价后提出需新增或变更的环境保护措施，环境影响评价结论。

二、设计程序

（一）设计程序流程（见图 4-2）

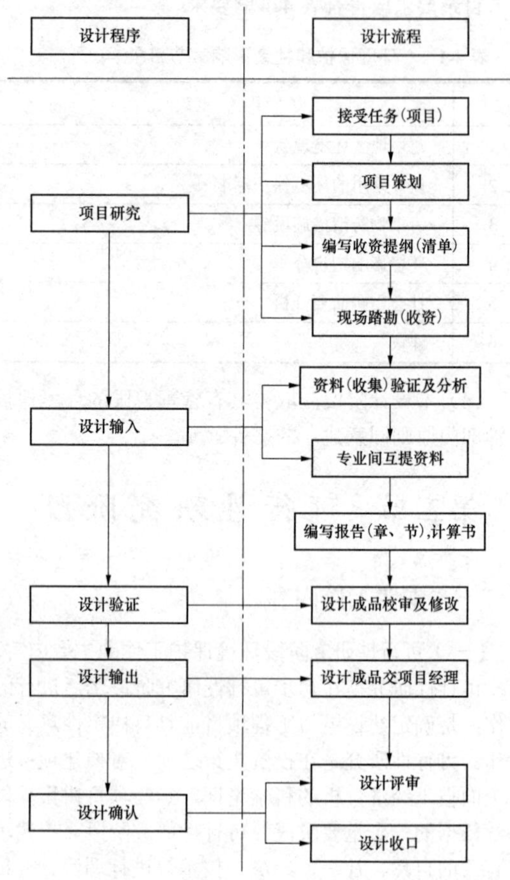

图 4-2 可行性研究设计阶段程序流程图

电力工程可行性研究的主要工作步骤包括：接受任务，项目策划，踏勘调研，综合研究，专业间互提资料，计算和编制说明书，文件报审、收口、立卷归档。另有其他工作的，可遵照具体项目任务书中规定内容开展。

（二）收资提纲编写内容要求

1. 火力发电工程

（1）初步可行性研究报告及审查意见；

（2）收集近 3 年环境空气质量例行监测资料；

（3）灰渣和脱硫副产品综合利用协议（燃气轮机发电工程除外）；

（4）环境保护主管部门关于建设项目环境影响评价执行标准的函；

（5）建设项目主要污染物总量指标确认书；

（6）对于改、扩建项目还需要收集现有机组工程相关资料；

1）主要污染物治理措施及运行效果；

2）环保设施竣工验收资料（竣工环境保护验收报告）；

3）现有机组存在的主要环保问题等。

2. 输变电工程

（1）输电线路沿线所在地区的噪声、水体功能区划；

（2）输电线路沿线、变电站（换流站）评价范围内涉及环境敏感区的资料。

（三）电力工程可行性研究环境保护专业接口资料

1. 燃煤火力发电工程设计的专业间接口配合内容

（1）环境保护专业应提出的资料内容主要包括工程项目执行的环保标准，烟囱高度，脱硫、脱硝及除尘效率，灰渣综合利用及除灰渣系统设计环保要求，噪声治理要求，环保监测站仪器设备及费用，厂区及灰场地下水水质监测要求，危险废物贮存间设置要求。

（2）环境保护专业应接受的资料内容主要包括装机方案，煤质成分分析、耗煤量、烟气资料，大气污染防治措施采取的工艺，排灰渣（石子煤）资料，工业废水、生活污水处理工艺，废、污水量及全厂水量平衡图，贮灰场防洪、防渗及绿化措施，比选厂址总体规划图及厂区总平面规划布置图，环保设施分项费用估算。

2. 燃气轮机发电工程设计的专业间接口配合内容

（1）环境保护专业应提出的资料内容主要包括工程项目执行的环保标准，烟囱高度，脱硝效率（若同步安装脱硝装置），噪声治理要求，环保监测站布置及仪器设备费。

（2）环境保护专业应接受的资料内容主要包括装机方案，燃料成分分析及耗量、烟气量，大气污染防治措施采取的工艺，工业废水、生活污水处理工艺，废、污水量及全厂水量平衡图，比选厂址总体规划图及厂区总平面规划布置图，环保设施分项费用估算。

3. 输变电工程设计的专业间接口配合内容

（1）环境保护专业应提出的资料内容主要包括输电线路沿线所在地区的噪声、水体功能区划，输电线路沿线评价范围内的环境敏感区内容、范围及级别，变电站（换流站）污、废水综合排放标准要求，变电站（换流站）厂界噪声、环境敏感区噪声环保要求。

（2）环境保护专业应接受的资料内容主要包括输电线路路径资料，变电站（换流站）总平面布置图、电气总平面布置图、电气主接线图，变电站（换流站）低噪声设备、吸声、隔声、消声等噪声控制措施，变电站（换流站）废、污水治理措施及水量。

（四）可行性研究阶段环境保护专业计算书编制要求

1. 燃煤火力发电工程计算书内容

环境保护专业编制《大气污染物排放计算书》，内容包括大气污染物排放量和排放浓度计算、脱硫装置最低脱硫效率计算、除尘器最低除尘效率计算、脱硝装置最低脱硝效率计算、烟囱出口内径环保要求计算。

2. 燃气轮机发电工程计算书内容

环境保护专业编制《大气污染物排放计算书》，内容包括大气污染物排放量和排放浓度计算、脱硝装置最低脱硝效率计算（若同步安装脱硝装置需计算此项内容）。

（五）可行性研究阶段环境保护成品编制

具体要求见下文“三、设计内容及深度”。

（六）可行性研究阶段环境保护专业成品校核要求

环境保护专业成品主要校核内容：核算计算书中计算输入数据和计算过程是否正确；鉴别设计成品所用技术标准、标准设计的适用性，编写的文件是否符合法律法规、设计依据文件、资料的要求；校核人根据设计经验提出改进要求。校核人的校审过程应有校审记录。校核完毕后，设计人员根据校核人的校审记录修改设计成品。

可行性研究收口阶段，校核人还应根据已批复的环境影响报告和批复意见，校核各项环保措施是否落实了环境影响报告和批复意见的要求。

三、设计内容及深度

（一）火力发电工程设计内容及深度

（1）火力发电工程建设项目可行性研究报告中，应编写环境保护章节。根据 DL/T 5375《火力发电厂可行性研究报告内容深度规定》的要求，可行性研究报告环境保护章节应说明项目所在地区自然环境和社会环境概况，按照环境保护法律法规的要求进行政策符合性分析工作，排除颠覆性因素。进行厂址环境现状分析，结合项目拟执行的环境质量标准和污染物排放标准，对发电厂运行产生的大气、水体、固废、噪声等环境影响进行预测。根据国家颁布的有关环境保护的法律、法规和标准，提出项目建设拟采取的大气污染防治、生活污水和工业废水处理、固体废弃物处理、噪声污染防治等治理方案，提出环境管理和环境监测计划以及环保设施工程投资估算。根据国家颁布的排污许可要求，计算项目污染物排放量，结合项目所在地的环境质量状况和项目所产生的环境影响，对项目建设所需的污染物排放许可限值进行分析。说明项目拟对煤场等无组织排放源采取的抑尘措施原则。在可行性研究报告收口阶段根据批复的环境影响报告及其批复意见，调整环境保护章节中的污染治理方案，满足环境影响报告及批复意见要求。

（2）按照《粉煤灰综合利用管理办法》（中华人民共和国国家发展和改革委员会等 10 部门令第 19 号）的要求，新建和扩建燃煤电厂，项目可行性研究报告中须提出粉煤灰综合利用方案，明确粉煤灰综合利用途径和处置方式。

产灰单位既有湿排灰堆场（库），应制订粉煤灰综合利用专项方案和污染防治专项方案，并报所在地市级资源综合利用主管部门和环境保护部门备案。

（二）输变电工程设计内容及深度

（1）查清输电线路沿线区域、变电站（换流站）址附近生态保护红线范围和自然保护区，风景名胜区，世界文化和自然遗产地，海洋特别保护区，饮用水水源保护区，以居住、医疗卫生、文化教育、科研、行政办公等为主要功能的区域。

（2）调查输电线路沿线区域、变电站（换流站）址附近的水环境功能特征，合理确定变电站的水源及排水去向，初步确定水污染防治措施。

（3）查清变电站（换流站）址附近的声环境功能分区，初步确定噪声防治措施、估算噪声治理投资。

（4）分析变电站（换流站）选址、总平面布置和出线的环境合理性，明确变电站（换流站）是否避开了自然保护区、风景名胜区、世界文化和自然遗产地、海洋特别保护区、饮用水水源保护区等环境敏感区。

（5）描述输电线路沿线区域、变电站（换流站）址所在区域的环境概况，分析主要环境影响。

（6）从环境保护角度提出比选站址的推荐意见。

（7）配合建设单位征求环境保护管理部门对输电线路的路径及变电站（换流站）址选址意见。

（三）火力发电工程可行性研究报告环境保护章节的主要内容

（1）建厂地区的环境现状，主要包括厂址及灰场概况、气象条件、水文特征、建厂地区环境质量现状等内容；

（2）建设项目设计采用的环境保护标准，有地方环境保护标准的应优先执行地方环境保护标准；

（3）电厂基本情况，应说明电厂规模，燃料来源、耗量及燃料元素分析等，本期工程与环境保护有关的机组型式及系统，与老厂统筹治理的扩建电厂，要介绍老厂及其统筹治理项目的系统和污染治理措施及排放情况。

（4）主要环保措施及污染物排放情况，包括大气污染物、生活污水和工业废水、固体废物（燃气轮机发电工程无此方面内容）、噪声等污染因素的防治措施及排放情况；

（5）煤场、贮灰场环境保护措施（燃气轮机发电工程无此方面内容）；

（6）建设项目环境管理及监测要求；

（7）环境影响简要分析，包括建设项目对大气、地表水、地下水、固体废物、噪声等因素的环境影响简要分析；

（8）环境投资估算，包括环保投资占本期工程投资的百分比；

（9）结论及建议，对厂址与规划容量提出推荐意见，环境保护章节的结论应与环境影响评价报告的结论相协调。

（10）可行性研究阶段环境保护章节目录要求应符合表 4-2 的要求。

表 4-2　　环 境 保 护 章 节 目 录

序号	内　容
1	建厂地区环境现状
2	设计采用的环境保护标准
3	电厂基本情况
4	主要环保措施及污染物排放情况
5	煤场、贮灰场环境保护措施（燃气轮机发电工程无此方面内容）
6	建设项目环境管理及监测要求
7	环境影响简要分析
8	环境投资估算
9	结论及建议

（四）输变电工程可行性研究报告环境保护章节的主要内容

（1）输电线路工程：

1）应说明输电线路路径选择过程中采取的环境保护措施。

2）应说明对输电线路产生的工频电磁场、无线电干扰、噪声影响采取的环境保护措施。

3）从保护生态系统结构完整性、生物多样性以及特殊性目标三个方面，结合输电线路施工的特点说明应采取的生态环境保护措施。

4）可行性研究报告环境保护章节目录要求应符合表 4-3 的要求。

表 4-3　　环 境 保 护 章 节 目 录

序号	内　容
1	路径选择中的环境保护措施
2	环境影响防护措施
3	生态环境保护措施

（2）变电站（换流站）工程：

1）应说明站址区域环境现状，主要包括站址区域大气、声环境、地表水环境现状。

2）应说明变电站（换流站）施工期和运行期产生的电磁环境、噪声、地表水、固体废物等因素的环境影响分析。

3）应说明变电站（换流站）项目设计采用的环境保护标准，有地方环境保护标准的应优先执行地方环境保护标准；

4）说明施工期及运行期对电磁、噪声、废污水、固体废物等污染因素采取的防治措施及排放情况；

5）从环境保护角度提出比选站址的推荐意见或结论。

6)可行性研究报告环境保护章节目录要求应符合表4-4的要求。

表4-4　环境保护章节目录

序号	内　容
1	站址区域环境现状
2	环境影响简要分析
3	设计中拟采用的环境保护标准
4	污染防治措施
5	结论及建议

第三节　初步设计阶段

一、主要工作内容

(一)初步设计阶段环境保护工作的主要内容

初步设计是在可行性研究之后进行的工作，是为了进一步认证项目的技术和经济上的可行与合理，在这个阶段将确定工程主要设备参数、主要系统流程、厂房基本布置，并确定工程概算。同时，初步设计是下一阶段施工图设计的设计依据。

初步设计阶段主要的环境保护设计工作为落实环境保护主管部门批复的环境影响报告及其批复意见要求的各项防治环境污染和生态破坏的措施以及环境保护设施投资概算。依据环境影响报告书及初步设计阶段专业配合资料，对电力工程建设及运行可能产生的环境影响进行分析，对各项污染因子采取的环境保护措施进行详细设计，确定建设项目环境保护投资概算。

建设单位应当将环境保护设施建设纳入施工合同，保证环境保护设施建设进度和资金，并在项目建设过程中同时组织实施环境影响报告书（表）及其审批部门审批意见中提出的环境保护对策措施。

(二)环境影响报告书(表)

根据《中华人民共和国环境影响评价法》及《建设项目环境保护管理条例》的有关规定，本阶段电力工程的环境影响报告书（表）经批准后，建设项目的性质、规模、地点、采用的生产工艺或者防治污染、防止生态破坏的措施发生重大变动的，建设单位应当重新报批电力工程的环境影响报告书（表）。

(三)工程建设单位、设计单位与环境影响评价工作接口内容

（1）工程建设单位、设计单位向环境影响评价单位提供资料主要包括初步设计阶段的工程地理位置资料和主要工程量资料、工程基础资料、评价计算所需原始参数资料、设计采取的环境保护措施、工程技经资料、环境影响评价所需的支持性文件。

（2）环境影响评价单位应向工程建设单位、设计单位提供的接口资料主要报告项目执行的环境保护标准，原工程设计方案中未考虑或虽已考虑但环保效果不达标，经环境影响评价后提出需新增或变更的环境保护措施，环境影响评价结论。

二、设计程序

电力工程初步设计阶段的主要工作步骤包括：接受任务，项目策划，资料收集，专业间互提资料，确定设计方案，计算和编制说明书，文件报审、收口、立卷归档。另有其他工作的，可遵照具体项目任务书中规定内容开展。

(一)设计程序流程(见图4-3)

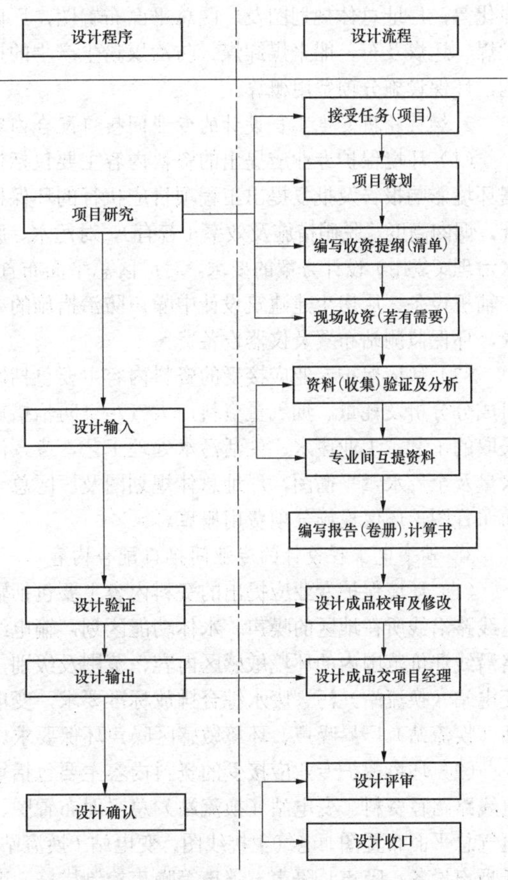

图4-3　初步设计阶段程序流程图

（二）收资提纲编写内容要求

（1）可行性研究报告及审查意见；

（2）环境影响报告书（表）及环保主管部门的批复意见（若有）。

（三）电力工程初步设计环境保护专业接口资料

1. 燃煤火力发电工程设计的专业间接口配合内容

（1）环境保护专业应提出的资料内容主要包括依据环境影响报告及批复提出工程项目应执行的环保标准，烟囱高度，脱硫、脱硝及除尘措施及效率，灰渣综合利用方案及对防止灰渣对周围环境二次污染治理措施和设计方案的要求和意见，对污水、废水治理（复用）设计方案的要求，对厂区总平面布置、主辅机设备、厂房土建建筑设计中噪声防治措施的要求，环保监测站布置及仪器设备费，厂区及灰场厂区地下水水质监测要求，危险废物贮存间设置要求。

（2）环境保护专业应接受的资料内容主要包括煤质成分分析、耗煤量、烟气资料，大气污染防治措施采取的工艺，灰渣及石子煤量、除灰和除渣系统工艺，工业废水、生活污水处理工艺，废、污水量及全厂水量平衡图，贮灰场灰坝结构，防渗措施、灰场排灰水、排洪设施布置、雨水排放方式、灰场防尘措施、灰场绿化等，厂址总体规划图及厂区总平面布置图，厂内贮煤、运煤及车、船来煤卸煤、防治煤粉尘产生的措施，环保设施分项费用概算。

2. 燃气轮机发电工程设计的专业间接口配合内容

（1）环境保护专业应提出的资料内容主要包括依据环境影响报告及批复提出工程项目应执行的环保标准，烟囱高度，脱硝措施及效率（若有），对污水、废水治理（复用）设计方案的要求，对厂区总平面布置、主辅机设备、厂房土建建筑设计中噪声防治措施的要求，环保监测站布置及仪器设备费。

（2）环境保护专业应接受的资料内容主要包括燃料成分分析及耗量、烟气量资料，大气污染防治措施采取的工艺，工业废水、生活污水处理工艺，废、污水量及全厂水量平衡图，厂址总体规划图及厂区总平面布置图，环保设施分项费用概算。

3. 输变电工程设计的专业间接口配合内容

（1）环境保护专业应提出的资料内容主要包括输电线路沿线所在地区的噪声、水体功能区划，输电线路沿线评价范围内的环境敏感区内容、范围及级别，变电站（换流站）污、废水综合排放标准要求，变电站（换流站）厂界噪声、环境敏感区噪声环保要求。

（2）环境保护专业应接受的资料内容主要包括输电线路路径资料，变电站（换流站）总平面布置图、电气总平面布置图、电气主接线图，变电站（换流站）低噪声设备、吸声、隔声、消声等噪声控制措施，变电站（换流站）废、污水治理措施及水量。

（四）初步设计阶段环境保护专业计算书编制要求

1. 燃煤火力发电工程计算书内容

环境保护专业编制《大气污染物排放计算书》，内容包括大气污染物排放量和排放浓度计算、脱硫装置最低脱硫效率计算、除尘器最低除尘效率计算、脱硝装置最低脱硝效率计算、烟囱出口内径环保要求计算。

2. 燃气轮机发电工程计算书内容

环境保护专业编制《大气污染物排放计算书》，内容包括大气污染物排放量和排放浓度计算、脱硝装置最低脱硝效率计算（若同步安装脱硝装置需计算此项内容）。

（五）初步设计阶段环境保护成品编制

具体要求见下文“三、设计内容及深度”。

（六）初步设计阶段环境保护专业成品校核要求

环境保护专业成品主要校核内容：核算计算书中计算输入数据和计算过程是否正确；鉴别设计成品所用技术标准、标准设计的适用性，编写的文件是否符合法律法规、设计依据文件、资料的要求；校核人根据设计经验提出改进要求；各项环保措施是否落实了环境影响报告和批复意见的要求。校核人的校审过程应有校审记录。校核完毕后，设计人员根据校核人的校审记录修改设计成品。

三、设计内容及深度

（一）火力发电工程环境保护设计内容

初步设计阶段应编写初步设计文件中的环境保护卷，根据 DL/T 5427—2009《火力发电厂初步设计文件内容深度规定》的要求，环境保护卷编写主要设计内容如下：

1. 概述

（1）电厂概况。应说明电厂规模，燃料来源、燃料种类、配比、耗量及燃料元素分析，水源、用水量、水的输送情况，出线情况，本期工程与环境保护有关的机组型式及系统，污染物的排放量及其浓度。热电联产的项目要介绍项目的供热情况。与老厂统筹治理的扩建电厂，要介绍老厂及其统筹治理项目的系统和污染治理措施及排放情况。

（2）环境概况。应说明厂址地理位置、地形，灰场地理位置、地形、地质、地震条件及特点，与环保相关的气象特征、水文特征，地区社会经济状况及环境敏感目标分布，本地区主要污染源的分布及其污染物，本地区环境质量现状和环境功能区划。

（3）设计依据。包括有关的设计规程，环境影响报告书及其审批意见，环评中确认的总量批复文件，规划部门对噪声控制区的承诺文件，工程可行性研究报告审批文件中与环保有关的内容，与环保有关的专题报告及其审批文件。

（4）设计时采用的环保标准。一般要列出环境保护主管部门批复的环境影响评价标准，包括污染物排放标准、环境质量标准等。

（5）设计范围。应说明设计范围及接口。对扩建工程应有已建部分及存在问题的说明。

2. 烟气污染防治

（1）应说明工程采用的降低 NO_x 排放的措施，防治效果。

（2）应说明工程采用的脱硫的措施，防治效果（燃气轮机发电工程无此方面内容）。

（3）应说明工程采用的除尘措施，防治效果（燃气轮机发电工程无此方面内容）。

（4）应说明工程采用的脱汞措施，防治效果（燃气轮机发电工程无此方面内容）。

（5）应说明工程采用的烟囱或烟塔的措施。

（6）应列表说明目前方案下污染物的排放量、排放浓度，要明确是否能做到达标排放，是否能满足总量控制的要求。

3. 生活污水处理系统及工业废水处理系统

（1）生活污水处理系统。应说明生活污水处理工艺流程、出口水质指标、处理后的生活污水的去向。

应说明处理系统的本期出力、预留场地情况。

根据处理后水的用途，对处理后水质的主要控制指标提出要求。

（2）工业废水处理系统。应说明设计中应考虑的工业废水种类，如锅炉补给水系统排水、地面冲洗水、含煤废水、灰水、含油污水、脱硫废水、锅炉酸洗水、空预器冲洗水、渣水等。

应说明各类工业废水处理方案，包括各系统的工艺流程、分期建设规划、平面布局等。工业废水处理系统说明主要要求给出各类工业废水处理系统的工艺流程、并要求说明排污监控仪表的设置情况，处理后的利用情况。

应说明排放口的排放量，排污监控仪表设置情况。

应说明经废水处理系统处理后的水的重复利用情况。

（3）其他。对于改扩建电厂，利用原有水处理设施的，要说明已有设施情况，主要分析原有系统的处理能力，处理后水质及达标排放情况。

4. 煤尘防治、灰渣治理及综合利用（燃气轮机发电工程无此方面内容）

（1）煤尘防治方案。应说明煤场的封闭方案及喷水抑尘措施。

（2）除灰渣系统概述。应说明本工程灰渣量，描述除灰渣系统工艺流程，灰库、渣仓设置情况，灰渣、脱硫石膏的运输方式。

（3）灰场概述。应说明灰场基本情况，包括灰场设想及运行方式，分期堆灰高程、灰场库容、规划库容及堆灰年限。

（4）灰渣污染防治方案。应说明防止灰渣、脱硫石膏（包括输送、储存系统）对周围环境二次污染（包括防止二次扬尘、渗透、洪水入库）的技术措施。

（5）综合利用。应说明接收电厂灰渣、脱硫石膏的单位，综合利用量，综合利用协议的签订情况，说明粉煤灰和石膏成分，粉煤灰和石膏的堆存方式，分析综合利用的可靠性。

5. 噪声治理

（1）应说明噪声源的噪声水平。

（2）应说明主要设备防噪降噪措施，建筑设计中的防噪措施，厂区布置中的防噪措施。

（3）应依据已批复的环境影响报告书和初步设计阶段的设计方案，对厂界噪声能否达标给出结论，并对噪声防治措施的有效性做出分析。

（4）出现敏感点噪声超标时要说明解决的方案。

（5）根据需要，初步设计阶段应以噪声治理专题的形式提出全厂噪声治理设计内容。

6. 水的总平衡及计量

（1）应说明工程总的补给水量、各排水口的排水量。

（2）应说明水计量装置的设置情况。

（3）应说明全厂水量平衡情况。

7. 绿化及生态保护措施

（1）应重点说明区域绿化方案，包括冷却塔、主厂房、煤场、灰场等地区绿化方案，说明绿化指标。

（2）对灰场的绿化方案提出要求。对防护林的设置情况做出说明，规定防护林的宽度。

（3）对施工期生态保护措施提出要求。

8. 环境管理及监测

（1）说明环保管理机构设置情况，说明人员总数、人员素质要求。

（2）说明环境监测站的设置情况、面积。

（3）对环境监测站仪器设备配置提出要求。应有监测站仪器设备一览表。

（4）对环境监测方案提出要求。主要对烟气连续监测系统（CEMS）的配置方案及主要的监测项目做出说明；对废水、噪声、工频电磁场等的监测位置，监测周期，监测项目，监测手段做出说明。

9. 环保投资费用

（1）应说明环保投资费用所包括的范围，一般包括除尘系统设备（需计入支架、基础）；煤场防尘措施，脱硫系统设备（需计入吸收剂制备系统和副产品处置系统）；为减少氮氧化物排放而增加的设施；灰、渣系统及贮灰场防止二次污染的设施；工业废水处理系统和生活污水处理系统及仪表；烟囱、消声器、绿化及生态保护设施；火电厂环境监测系统设施及环境监测站；各种废水、污水、复用（回用）中的处理设施、设备、仪表；各排污口的监测、计量设施；环境影响评价费（包括测试、试验、监测和编制）、环境保护设施竣工验收费。

（2）应说明环保投资占本期工程投资的百分比。

10. 附件

环境保护部门对环境影响报告书的批文、综合利用协议文件及总量批复文件等。

11. 初步设计环境保护卷册说明书目录

要求应符合表 4-5 的要求。

表 4-5　　环境保护章卷册说明书目录

章节序号	内　容
1	概述
1.1	电厂概况
1.2	环境概况
1.3	设计依据
1.4	环保标准
1.5	设计范围
2	烟气污染防治
2.1	氮氧化物防治措施
2.2	二氧化硫治理（燃气轮机发电工程无此方面内容）
2.3	烟尘治理（燃气轮机发电工程无此方面内容）
2.4	脱汞措施（燃气轮机发电工程无此方面内容）
2.5	烟囱（或排烟冷却塔，仅针对燃煤火力发电工程）
2.6	烟气连续监测系统
2.7	排放达标情况分析
2.8	总量控制分析
3	生活污水及工业废水处理
3.1	生活污水处理
3.2	工业废水处理
3.3	地下水污染防治措施(燃气轮机发电工程无此方面内容)
3.4	水体环境影响分析
4	煤尘防治、灰渣治理及综合利用（燃气轮机发电工程无此方面内容）
4.1	煤尘防治
4.2	除灰渣系统
4.3	贮灰场
4.4	灰渣污染防治方案
4.5	综合利用
5	噪声治理
5.1	噪声水平
5.2	噪声防治措施
5.3	噪声影响分析
6	水的总平衡及计量
6.1	补给水量
6.2	水量平衡
6.3	水量计量监控设施
7	绿化及生态保护措施
7.1	厂区绿化方案
7.2	灰场绿化（燃气轮机发电工程无此方面内容）
7.3	施工期生态保护措施
8	环境管理与监测
8.1	环境管理
8.2	环境监测
9	环保投资费用
10	附件

12. 初步设计阶段环境保护卷册附图目录

要求应符合表 4-6 的要求。

表 4-6　　环境保护章卷册附图目录

序号	附图名称
1	全厂总体规划图（活用总图专业成品附图）
2	厂区总平面布置图（活用总图专业成品附图）
3	全厂水量平衡图（活用水工工艺专业成品附图）
4	生活污水处理系统图（活用水处理专业成品附图）
5	工业废水处理系统图（活用水处理专业成品附图）
6	除灰系统图（活用除灰专业成品附图）
7	除渣系统图（活用除灰专业成品附图）
8	全厂绿化规划图（活用总图专业成品附图）

（二）输变电工程环境保护设计内容

1. 输电线路工程

初步设计阶段应编写初步设计文件中的环境保护部分说明书，根据 DL/T 5451—2012《架空输电线路工程初步设计文件内容深度规定》的要求，环境保护部分编写主要设计内容如下：

（1）说明电磁环境影响和区域环境影响程度，提出减小对环境影响所采取的措施。

（2）说明相关自然保护区、风景名胜区、生态保护区等情况。

（3）提出施工和运行的环境保护注意事项。

（4）初步设计说明书环境保护章节目录要求应符合表 4-7 的要求。

表 4-7　　环境保护章节目录

章节序号	内　容
1	环境影响评价生态敏感目标
2	输电线路环境保护措施
2.1	设计阶段采取的环境保护措施
2.2	施工期采取的环境保护措施
2.3	运行期采取的环境保护措施

2. 变电站（换流站）工程

初步设计阶段应编写初步设计文件中的环境保护部分说明书，参考 DL/T 5452—2012《变电工程初步设计文件内容深度规定》和 DL/T 5043—2010《高压直流换流站初步设计内容深度规定》的要求，环境保护部分编写主要设计内容如下：

（1）说明站区的环境概况，包括地形地貌、水文、气象、水环境、声环境、电磁环境。

（2）依据批复的环境影响评价说明设计采用的环境保护执行标准。

（3）对采取的环境保护防治措施进行说明。

1）设计阶段采取的环境保护防治措施，包括电磁性污染因子防护措施、噪声防治措施、废污水防治措施。

对于噪声控制措施，应说明站址区域环境敏感区分布情况；结合电气总平面布置图说明站内主要设备噪声源，并根据环境影响评价的要求提出变电站（换流站）厂界、周围环境敏感区及站内噪声控制原则；从噪声控制角度说明站址选择、设备及建筑物布置优化措施；采用通用的噪声预测软件，分别绘制没有采取降噪措施的噪声等值线分布图和采取相应的噪声治理措施后的噪声等值线分布图，并说明采取的噪声治理推荐方案。

2）施工期采取的环境保护防治措施，包括施工扬尘、施工噪声、施工废水、施工期固体废物、生态环境保护措施。

3）运行期采取的环境保护防治措施，包括运行管理和宣传教育等。

（4）环境影响分析，包括电磁环境影响分析、噪声环境影响分析、水环境影响分析、拆迁后的安置及影响分析。

（5）说明环保管理计划和环境监理、监测方案。

（6）初步设计阶段环境保护章节目录要求应符合表 4-8 的要求。

表 4-8　　环境保护章节目录

章节序号	内　容
1	设计依据
2	采用的环保标准
3	环境现状
4	环境保护措施
4.1	设计阶段
4.2	施工期
4.3	运行期
5	环境影响分析
6	环境管理与监测计划
6.1	环境管理
6.2	环境监理
6.3	环境监测

第四节　施工图设计阶段

一、主要工作内容

施工图设计阶段的任务应根据初步设计的要求，编制满足电力工程项目要求的施工图。

根据《中华人民共和国环境保护法》，电力工程建设项目中防治污染的设施，应当与主体工程同时设计、同时施工、同时投产使用。在施工过程中，设计单位应及时处理与治理措施有关的设计问题，确保防治污染设施能按设计要求与主体工程同时投运。

施工图设计阶段发生变动的火电工程，其环境影响评价工作内容应根据《水电等九个行业建设项目重大变动清单（试行）》（环办〔2015〕52 号）和《输变电建设项目重大变动清单（试行）》（环办辐射〔2016〕84 号）的要求进行。

根据《建设项目环境保护管理条例》，电力工程建设项目竣工后，建设单位应当按照国务院环境保护行政主管部门规定的标准和程序，对配套建设的环境保护设施进行验收，编制验收报告。其配套建设的环境保护设施经验收合格，方可投入生产或者使用；未经验收或者验收不合格的，不得投入生产或者使用。根据《建设项目竣工环境保护验收暂行办法》（国环规环评〔2017〕4 号）的要求，建设单位是建设项目竣工环境保护验收的责任主体，组织对配套建设的环境保护设施进行验收，编制验收报告，公开相关信息，接受社会监督，确保建设项目需要配套建设的环境保护设施与主体工程同时投产或者使用，并对验收内容、结论和所公开信息的真实性、准确性和完整性负责。火力发电工程和输变电工程按照行业验收技术规范编制验收监测报告和验收调查报告。其中，火力发电工程排污单位应当在项目产生实际污染物排放之前，按照国家排污许可有关管理规定要求，申请排污许可证，验收报告中与污染物排放相关的主要内容应当纳入该项目验收完成当年排污许可证执行年报。建设单位应当将验收报告以及其他档案资料存档备查。

二、设计程序

（一）设计程序流程

电力工程施工图设计阶段主要工作步骤应包括准备工作，编制施工图卷册目录和综合进度，编制各卷册施工图，施工图设计评审，设计文件交付施工和安装单位、立卷归档等，见图 4-4。

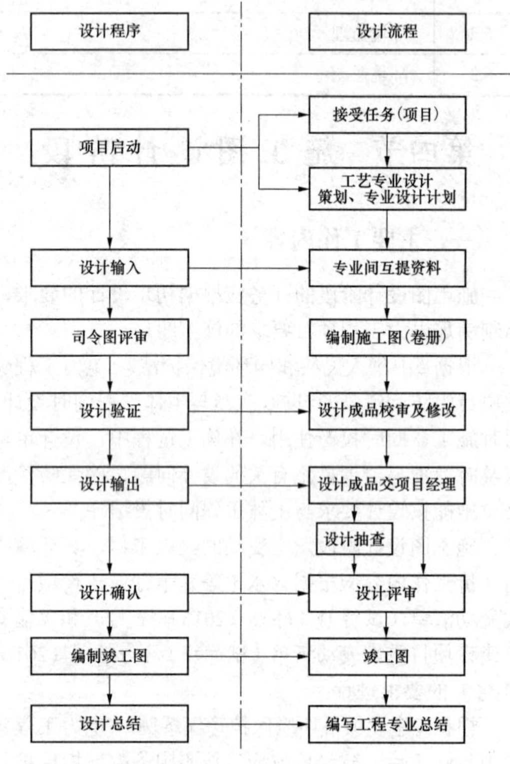

图 4-4 施工图设计阶段程序流程图

（二）电力工程施工图设计环境保护专业接口资料

（1）施工图阶段环境保护专业无提出资料的要求。

（2）针对火力发电工程，施工图阶段环境保护专业接受的资料内容主要包括烟囱型式、高度、出口内径、烟道口尺寸、标高、开口方位、烟气温度及湿度，厂区总平面布置图，厂区竖向布置图，厂区绿化规划图，生活污水处理系统图及处理设施布置图。水塔出口的烟气和水蒸气混合气体的流速、温度、水塔出口直径（适用于采用排烟冷却塔的项目）。

（三）施工图设计阶段环境保护成品编制

具体要求见下文“三、设计内容及深度”。

（四）施工图设计阶段环境保护校核要求

（1）图纸内容校核要求：核算图纸中输入数据是否正确；设备型号、规格等是否设备技术规范要求；图纸设计接口内容是否符合各专业提资要求。

（2）图纸设计抽查：指设计单位质量主管部门对施工图设计的定期设计抽查，抽查应针对施工图设计结束后和施工前的项目。对查出的问题，设计人员应进行纠正，并有纠正记录。

三、设计内容及深度

（1）环境保护设施的施工图文件应根据初步设计阶段最终确定的各项防治环境污染和生态破坏的措施进行编制，并在初步设计文件基础上进一步深化、细化设计，对工程施工的要求通过图纸形式表达清楚。

（2）施工图设计内容应满足工程预算、工程施工招标、设备材料采购，非标准设备制作，编制施工组织计划、工程施工的需要。

（3）施工图中设备基础、安装、提升、运行操作要求应根据采购的设备资料编制，并在设计说明中注明设备基础须待设备到货核对无误后再进行施工。

（4）在施工图设计阶段，环境保护专业技术人员除按分工完成所承担的设计文件外，还应通过对有关设计文件及图纸的会签，以确保初步设计中确定的各项防治污染措施及必要的排放计量监测系统的落实。

（5）在施工过程中，设计单位应及时处理与治理措施有关的设计问题，确保防治污染设施能按设计要求与主体工程同时投运。

（6）由于施工图设计阶段环境保护设计成品均以各项环境保护设施的具体安装图纸形式呈现，并由各相应工艺专业负责绘制，本书不再将施工图设计阶段环境保护设计图纸目录进行说明。

第五章

电力工程噪声污染防治技术

第一节 噪声控制概述

噪声对人的健康和正常生活造成严重危害和影响。噪声污染控制涉及的因素很多，每一项噪声污染控制措施都必须从环境要求、技术政策、经济条件等多方面进行综合考虑。

噪声污染控制的基本方法有管理和技术两个方面。用行政管理或技术管理控制噪声称管理控制，用技术手段治理噪声称工程控制。噪声控制的基本方法如图5-1所示。

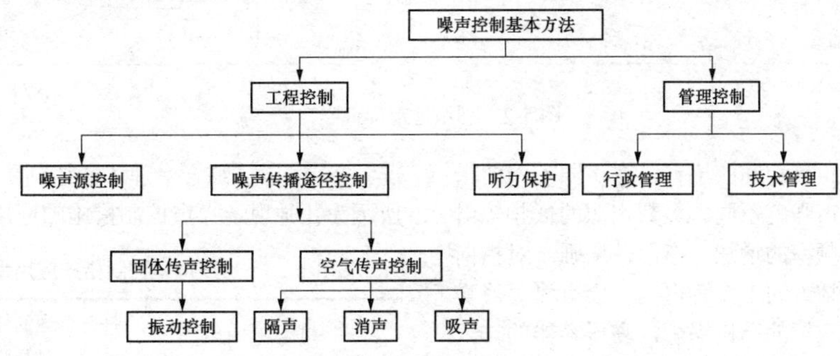

图5-1 噪声控制基本方法

一、噪声污染工程控制

对工业噪声的控制，工程控制技术是主要手段。

环境噪声只有当声源、声传播途径和接受者三者同时存在时才构成污染问题，因此控制噪声污染可以从这三个部分来考虑。声源是振动的物体，从广义说它可能是振动的固体或流体（喷注、湍流、紊流）；传播途径是指空气或固体对声音的传播；接受者是人或精密仪器。确定噪声污染控制措施应考虑声源的特性、如何传播及所允许的标准，结合所需降噪量的大小、经济技术条件等具体情况，从以下三方面考虑：从声源根治噪声、在传播途径上采取控制措施、对接受者采取防护措施。

（一）声源控制

控制噪声源是降低噪声的最根本和最有效的办法。在声源处消除噪声，即使只是局部的，也会使传播途径或接受处的减噪工作大为简化。工业生产的机器和交通运输的车辆是环境噪声的主要噪声源。消除噪声污染的根本途径是减少机器设备和车辆本身的振动和噪声，通过研制和选择低噪声的设备及改进生产加工工艺，提高机械设备加工精度和设备的安装技术，使发声体变为不发声体或降低发声体辐射的声功率，可从根本上解决噪声的污染或大大简化传播途径上的控制措施。

噪声源种类很多，要了解各种声源的性质和发声机理，根据各种声源的特点采取有效的控制方法。如避免机器或部件强烈的振动，减少运转部件或工作整机的振动加速度，尽量提高其运转均匀性等。

对旋转的机械设备，可选用噪声小的传动方式。一般齿轮传动装置产生的噪声达90dB（A），改用斜齿轮或螺旋齿轮，啮合时重合系数大，可降噪3～16dB（A）；用皮带传动代替一般齿轮传动，由于皮带能起减振阻尼作用，可降低噪声16dB（A）。减小齿轮的线速度，选择合适的传动比可降低齿轮类传动装置的噪声。若将齿轮的线速度降低一半，噪声降低6dB(A)。

机器运转中，由于机件间的撞击、摩擦，或动平衡不好，都会导致噪声增大。零部件加工精度的提高，使机件间摩擦减少，从而降低噪声；提高装配质量，减少偏心振动，提高机壳刚度等，都能使机器设备的噪声减小；将滚子轴承加工精度提高一级，轴承噪声可降低 10dB（A）。

电动机、通风机、压缩机、齿轮、轴承等机械设备在运转过程中，噪声越低，机械动态性能越优越，使用寿命越长，质量也越好。

（二）传播途径控制

噪声的传播途径主要是空气和建筑构件。以空气为介质向外传播称空气声；声源直接激发固体构件振动，以弹性波的形式在基础、地板、墙壁中传播，并在传播过程中向外辐射噪声，称固体声。若由于技术经济原因，从声源控制噪声一时难以实现，可在传播途径上阻断和屏蔽声波的传播，或使声波传播的能量随距离衰减等。这就要求在总体规划上尽可能要做到布局合理，从全局对噪声控制认真考虑。

1. 空气声传播的控制方法

（1）在开阔环境控制噪声传播，可根据声波随与声源的距离增加而衰减的规律，增加接受点到声源间的距离，从而减少噪声的影响。可以利用天然地形（如山岗土坡、树丛草坪）或设置建筑屏障等来增加接受点到声源间的距离，使到达接受者的噪声降低。如在噪声严重的工厂、施工现场或交通道路两旁设置足够高度的围墙或屏障，这样可减弱噪声的传播（见图 5-2）。

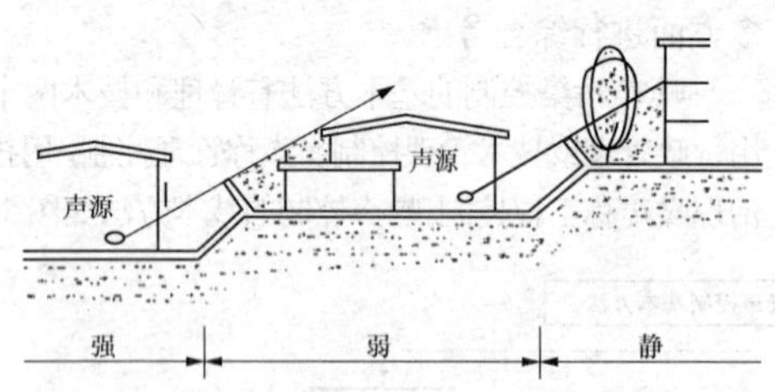

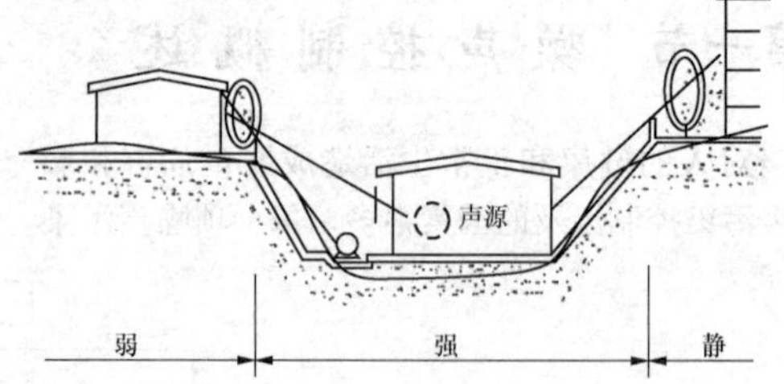

图 5-2 利用地形降低噪声

（2）在与声源距离相同的位置，在声源不同的指向上，接收到的噪声强度不同。多数声源的低频辐射指向性较差，随着频率的增加，指向性增强。对指向性噪声源，若在传播方向上布置得当，会有显著降噪效果。如电厂、化工厂的高压锅炉，高压容器的排气放空等经常要辐射出强大的高频噪声，把出口朝向上空或朝向野外，与朝向生活区排放相比有很大的降噪效果。

（3）种植一定密度和宽度的树丛、草坪也能产生噪声的附加衰减。以乔木、灌木和草地相结合的一定宽度的林草带，形成一个连续、密集的障碍带。树种选择树冠矮的乔木，阔叶树的吸声效果比针叶树好，灌木丛的吸声效果更为显著。

（4）可采取局部的声学处理措施，增加声源在传播途径中的声能损失。如在声源或接受者周围，使用隔声罩（间）、声屏障以切断空气声的传播途径；在房间内铺设吸声材料，减弱反射声的影响；在气流通道上安装消声器，阻挡空气声的传播。

2. 固体声传播的控制方法

控制固体声的一个重要方法是隔振。

（1）选用内阻尼高的材料制作机械零件或在金属结构上涂敷阻尼材料以抑制振动、降低噪声。

（2）在振动机械基础上安装隔振器，减少固体声的传播。

（3）在固体传声媒质上附加质量块，使传声媒质呈不均匀性，引起固体声反射，阻碍传播。

在实际应用中往往需要针对噪声特性和传递情况，分清主次，综合治理才能达到预期的效果。表 5-1 所示为几种现场噪声控制措施的应用举例。

表 5-1 噪声声学控制措施应用举例

现场噪声情况	合理的技术措施	降噪效果［dB（A）］
车间噪声设备多且分散	吸声处理	4～12
车间工人多，噪声设备少	隔声罩	20～30
车间工人少，噪声设备多	隔声室（间）	20～40
进气、排气噪声	消声器	10～30
机器振动，影响邻居	隔振处理	5～25
机壳或管道振动并辐射噪声	阻尼措施	5～15

（三）接受者听力保护

在声源和传播途径上无法采取措施，或采取了声学技术措施仍达不到预期效果，应对噪声环境中的人员进行个人防护，常用的防声用具有耳塞、防声棉、耳罩、防声帽等，主要是利用隔声原理来阻挡噪声传入人耳，使感受声级降低到允许水平。

1. 耳塞

耳塞是插入人外耳道的护耳器。耳塞按制作方法和使用材料分为：①预模式耳塞：用软塑料或软橡胶压制而成；②泡沫式耳塞：用具有回弹性的特殊泡沫塑料制成；③人耳模耳塞：把常温下能固化的硅橡胶之类的物质注入外耳道凝固成型。

良好的耳塞应具有隔声性能好、佩戴舒适方便、无毒性、不影响通话和经济耐用等特点。隔声性能是指耳塞的隔声能力。佩戴合适的耳塞，可在外耳道削弱气导的噪声，使传到鼓膜的声压降低，起到隔声作用。舒适性是指戴上耳塞没有明显的不适感。戴耳塞造成的不适感有两个原因：一是耳塞选择不当，如将大规格的耳塞插入耳内，会产生压痛；二是耳塞封闭外耳道后引起一些生理和心理反应，如讲话时感到音调降低，走路时可能出现“咚咚”的声音等，在炎热的季节，密闭外耳道会影响排汗和气压平衡。

耳塞对中高频声有较高的隔声效果，对低频声隔声效果较差。所以，在噪声尖而刺耳的场所，工人戴上防声耳塞，能减轻噪声干扰，又不影响彼此的谈话。戴上合适的耳塞，人耳听到的中高频声可减低 20～30dB（A）。

耳塞有容易丢失、不易保持清洁及可能造成外耳道刺激和感染等缺点。

2. 防声棉

有些人戴耳塞感到不适，可使用专用防声棉隔声。防声棉是一种塞入耳道的护耳道专用材料。它是用直径 1～3μm 的超细玻璃棉经过化学方法软化处理后制成。使用时撕下一小块用手卷成锥状，塞入耳内即可。防声棉的隔声量随频率增高而增加，隔声量为 15～20dB（A）。

防声棉对隔绝高频声很有效，且对人的正常交谈无妨碍。人的语言频率主要在 1000Hz 以下，防声棉对此频率范围的声音隔声值较低。不使用防声棉时，在车间听到的只是尖声刺耳的高频噪声，使用防声棉后，高频声被隔掉，相互交谈的语言会更清晰。

3. 防声耳罩

防声耳罩是将整个耳廓封闭起来的护耳装置，类似于音响设备中的耳机，好的耳罩可隔声 30 dB（A）左右。它不必考虑外耳道的个体差异，一种规格（或尺寸）的耳罩可适合许多人。因此，良好的耳罩所提供的隔声性能较为稳定，个体间的差异较小。防声耳罩的隔声性能远较耳塞优越，而且可更换耳罩的外围软垫，易于保持清洁，不易丢失，如配有通信设备，还可在高噪声下保持良好的通话。但其不足之处在于，不适于在高温环境下佩戴，隔声效果可受到佩戴者的头发及眼镜等物品的影响。

还有一种音乐耳罩，利用人们对声音的需要，在耳罩内装有播放音乐的耳机，既能隔绝外部的强噪声，又能使人听到美妙音乐，对从事单调劳动的工人很有益处，可提高劳动效率。

4. 防声帽

强噪声对人的头部神经系统有严重的危害，为了保护头部免受噪声危害，常采用戴防声帽的方法。防声帽是将整个头部罩起来的防声用具，类似摩托车手的安全头盔。防声帽隔声量一般在 30～50dB（A），它不仅可防止噪声的气导泄漏，还可防止噪声通过头骨传导进入内耳，同时也对头部起到防振及保护作用。

防声帽有软式和硬式两种。软式防声帽由人造革帽和耳罩组成，耳罩可以根据需要翻到头上，这种帽子佩戴较舒适。硬式防声帽是玻璃钢制外壳，壳内紧贴一层柔软的泡沫塑料，两边装有耳罩。防声帽的隔声效果较耳罩和耳塞更优越，通常用于噪声级特别高的环境和场所，如火箭、导弹发射场地等。但由于其制作工艺复杂、价格高等因素，应用范围有限。

防声帽的缺点是体积大、佩戴不方便，在夏天或高温车间人会感到闷热、易出汗。

表 5-2 列出几种防声用具效果比较。

表 5-2　　几种防声用具的效果

种类	说明	质量（g）	衰减［dB（A）］
棉花	塞在耳内	1～5	5～10
棉花涂蜡	塞在耳外	1～5	10～20
伞形耳塞	塑料或人造橡胶	1～5	15～30
柱形耳塞	乙烯套充蜡	3～5	20～30
耳罩	罩壳内衬海绵	250～300	20～40
防声帽	头盔加耳塞	1500	30～50

5. 人的胸、腹部防护

当噪声超过 140dB（A）以上，不但对听觉、头部有严重的危害，而且对胸部、腹部的器官也有极严重的危害，尤其对心脏，因此，在极强噪声的环境下，要考虑人们的胸部防护。防护衣是用玻璃钢或铝板内衬多孔吸声材料，可以防噪、防冲击声波，以期对胸、腹部的保护。

此外，对噪声极强的车间可开辟隔声室（控制室），让工人在隔声室内控制仪表或休息。从组织管理上采取轮换作业，缩短工人进入高噪声环境的工作时间，也是一种辅助方法。

图 5-3 为车间噪声控制示意图。

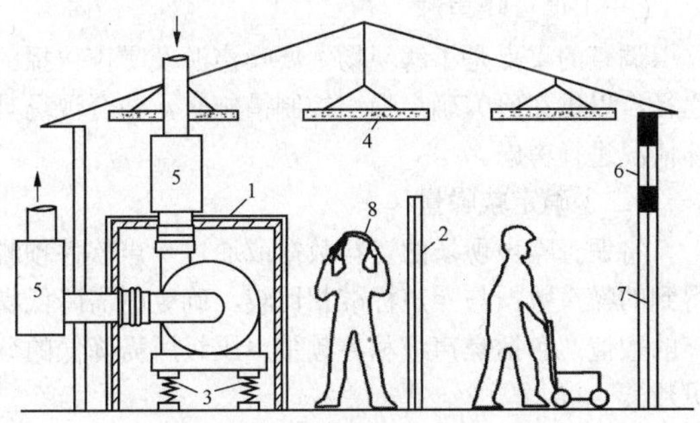

图 5-3　车间噪声控制示意图

1—风机隔声罩；2—隔声屏；3—减振弹簧；4—空间吸声体；5—消声器；6—隔声窗；7—隔声门；8—防护耳罩

二、噪声污染管理控制

对工业噪声的控制，工程控制技术虽很重要，但是管理控制也是不可忽视的基本手段。

（一）行政管理

行政管理手段主要为合理安排工作时间和劳动过程。噪声对人的危害与接触噪声的持续时间有关，因此，改变坐班制、组织工种轮换，改一日三班为四班等，对在高噪声下长时间工作的工人有利。

（二）技术管理

1. 加强对设备的维修和管理

机械设备在磨损严重、带故障运转、年久失修等情况下使用，会增大噪声源强；工厂内各种露天架设的管道，特别是石油化工、钢铁企业的管道不加强管理，不注意维修和保养，产生大量漏气、漏声现象会使噪声污染更加严重。

2. 更新机械设备和生产工艺

在可能条件下，利用设备更换，选用低噪声设备、改革生产工艺中不合理之处是行之有效的噪声污染管理控制措施。如在工厂，用低噪声的焊接代替高噪声的铆接；把锻打改成液压加工可降低 20～40 dB（A）；用无声的液压代替有梭织布机等。在建筑施工中，用液压打桩机代替柴油打桩机可降噪 50 dB（A）。

3. 合理布置或调整设备的安装布局

新建或改建厂房时，在不影响生产工艺的情况下，应根据设备的噪声状况，考虑噪声控制工程的需要，做到合理布局。如对某一电厂的设计，首先要了解建厂中有哪些是强噪声源，预计工厂建成后可能出现的厂区环境噪声和对工厂附近区域影响情况，以便在总图设计时，尽可能将高噪声车间、站、房与一般噪声较低的车间、办公楼、生活区分开，以免互相干扰。对于特别强烈的噪声源，可设置在厂区比较边远的偏僻地区，使噪声最大限度地随距离自然衰减。

三、噪声控制工作程序

（一）调查噪声源

调查的重点是了解现场主要噪声源及噪声传播的途径，以供在研究确定噪声控制措施时，结合现场具体情况进行考虑。

（二）确定减噪量

将调查噪声现场的资料数据或通过噪声软件预测得到的噪声数据与噪声标准相比较，确定所需降低噪声的数值（包括噪声级和各频带声压级所需降低的分贝数）。

（三）选定噪声控制方案

减噪量确定后，选定控制噪声的实施方案。确定具体方案时既要考虑声学效果，又要经济合理、切实可行；控制措施可以是单项的，也可以是综合性的。

对声学效果进行估算，要抓住主要矛盾，应首先针对高噪声源采取措施，反之，即使所采取的措施再精良、再完善，也不能收到良好的效果。

噪声控制是一项综合性工作，应从多方面考虑。在确定噪声控制方案时，要进行方案比较，除考虑降噪效果外，还要兼顾通风、采光、是否影响工人操作、设备正常运行效率及投资多少等因素，最后才能确定最佳方案。

（四）降噪效果的鉴定和评价

噪声控制措施实施后，应及时进行降噪效果鉴定。如未达到预期效果，应查找原因，分析结果，补加新的控制措施，直至达到预期的效果。最后对整个噪声控制工作进行评价，其内容包括降噪效果、投资多少及对正常工作的影响等。

对新建及改扩建工程，一律实行“三同时”，即噪声控制措施必须与主体工程同时设计、同时施工、同时投产。

新建火电厂及变电站噪声控制应遵循既保障降噪效果又节约成本的原则，首先综合考虑选址、方案设计、设备选型、平面布局等环节中的噪声控制措施，其次再考虑必要的隔声、消声、吸声和隔振等降噪措施。新建火电厂及变电站噪声控制工作流程如图 5-4 所示。

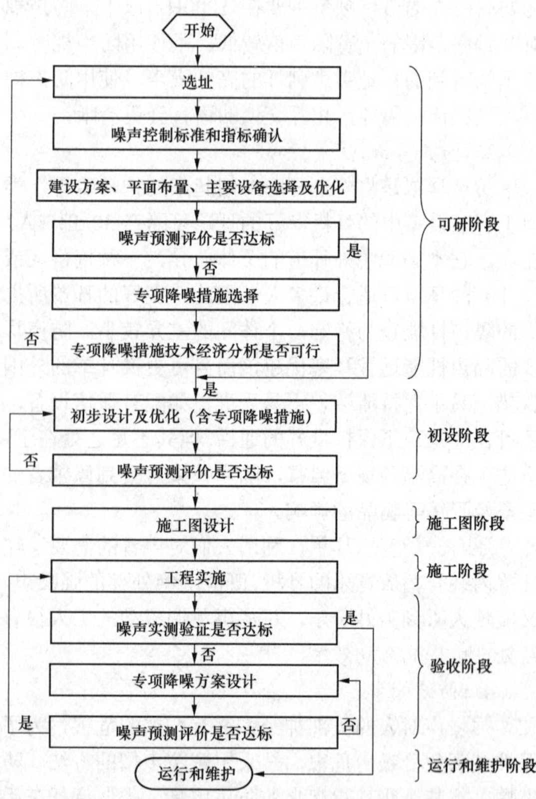

图 5-4 新建火电厂及变电站噪声控制工作流程图

在运火电厂及变电站的噪声治理首先应进行噪声现场调查测试，了解主要噪声源分布情况及源强，分析噪声超标的原因，结合变电站的布置形式和周围噪声环境状况制定相应的治理方案。运行变电站噪声控制工作流程如图 5-5 所示。

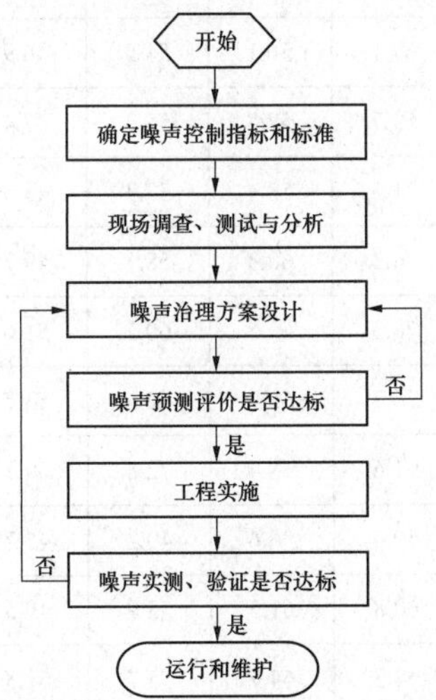

图 5-5　在运火电厂及变电站噪声控制工作流程图

第二节　噪 声 控 制 技 术

一、噪声源识别

向外辐射噪声的振动物体被称为噪声源。

在同时有许多噪声源或包含许多振动发声部件的复杂声源情况下，为了确定各个声源或振动部件的声辐射的性能，区分噪声源并根据它们对声场作用加以分析等所进行的测量与分析称为噪声源识别。

为了抑制声源辐射噪声，需要了解噪声源的振动辐射特征，包括声源强度、辐射效率（输入机械功率与输出的声功率之比）、声辐射的频率特性、声源指向性以及声源的辐射阻抗等。

（一）火电厂噪声

噪声源识别中新建火电厂噪声设备产生的声功率级的预估通常非常困难，主要是因为噪声产生机制多且变化大。目前在大多数情况下，无法用公式表示产生噪声的定量规律，大部分是通过同规模、同类型机组数据类比比选获得。火电厂噪声源强可类比已投入运行的同类机组设备声源的实测数据，引用现有项目噪声源实测数据时，需考虑类比对象与评价对象的一致性，通常需对实测数据进行修正；噪声源强参数也可依据设备制造厂家的设备出厂参数及主辅机设备采购招标技术规范书中的限值确定。其中实测得到的同类机组噪声源强数据是首选。

1. 燃煤电厂

根据典型燃煤电厂主要噪声区域及主要高噪声设备实测结果，整理归纳出燃煤电厂主要噪声区域及高噪声设备的推荐源强取值，见表 5-3。

表 5-3　　燃煤电厂主要噪声源强数据表　[dB（A）]

噪声区域	主要噪声源	推荐源强取值
汽机房区域	汽机本体	90
	发电机	90
	给水泵	90
锅炉区域	锅炉本体	80
	一次风机	95
	送风机	95
	磨煤机	90
除尘脱硫区域	引风机	90
冷却塔区域	淋水噪声	82
变压器区域	电磁噪声	75
其他噪声	泵	90
	电机	85

其他噪声源如高压加热器、除氧器、凝结水泵及电机、疏水泵及电机、给煤机及电机、静电除尘器及相关电机组、脱硫系统、脱硝系统等设备噪声取值为 85～90dB（A）。

2. 燃气—蒸汽联合循环电厂

根据典型燃气—蒸汽联合循环电厂主要噪声区域及主要高噪声设备实测结果，整理归纳出燃气—蒸汽联合循环电厂主要噪声区域及高噪声设备的推荐源强取值，见表 5-4。

表 5-4　　燃气—蒸汽联合循环电厂主要噪声源强数据表　[dB（A）]

噪声区域	噪声源	推荐源强取值
主厂房区域	燃气轮机	90
	蒸汽轮机	90
余热锅炉区域	余热锅炉本体	80
冷却塔区域	淋水噪声	82
变压器区域	变压器	75
天然气调压区域	天然气增压机	100

（二）变电站噪声

变电站的主要噪声源包括变压器、电抗器、电容器、风机和产生电晕噪声的导体等。

新建变电站噪声源识别时，对于已招标设备，可由厂家提供相同型号设备声压级、声功率级或频谱作为噪声输入源，并依据主变（高抗）实际尺寸设置几何参数。对于未招标设备，可参考表 5-5、表 5-6 中数值进行参数设置。

表 5-5　　110～1000kV 主变压器（高压电抗器）声功率级及频谱

设备	电压等级（kV）	冷却方式	声功率级 dB（A）	频谱（dB）							
				63Hz	125Hz	250Hz	500Hz	1000Hz	2000Hz	4000Hz	8000Hz
主变压器	110	油浸自冷	82.9	45.7	58.3	57.9	65.6	55.6	48.2	46.1	40.3
	220	油浸自冷	88.5	48.9	59.3	60.4	67.1	56.1	51.5	46.9	43.2
		油浸自冷/风冷	91.2	49.1	62.4	65.6	69.7	57.8	55.2	47.4	42.2
	330	强迫油循环风冷	93.3	50.4	65.1	68.5	71.5	58.4	57.3	48.5	40.3
	500	油浸自冷/风冷	95.5	52.3	72.7	71.3	74.3	60.3	58.1	49.7	41.5
		强迫油循环风冷	97.5	55.1	74.2	72.6	76.3	63.5	60.2	51.6	45.3
	750	强迫油循环风冷	98.6	68.2	76.2	75.4	76.3	65.9	62.6	53.7	45
	1000	强迫油循环风冷	102.0	70.5	101.5	78.8	91.6	78.4	72.8	69.1	63.0
高压电抗器	330	单相油浸自冷	82.0	63.4	65.9	70.9	50.6	56.6	49.2	45.7	44.3
	500	单相油浸自冷	88.3	66.2	68.3	75.4	60.8	61.5	53.9	49.5	45.2
	750	单相油浸自冷	93.4	70.9	73.5	78.7	64.3	64.7	55.7	51.3	45.3
	1000	强迫油循环风冷	99.3	74.9	76.2	80.6	67.7	66.2	58.2	55.2	46.7

表 5-6　　110～1000kV 主变压器（高压电抗器）面源大小和高度　　（m）

源	1000kV 主变压器	1000kV 高压电抗器	750kV 主变压器	750kV 高压电抗器	500kV 主变压器		500kV 高压电抗器	330kV 主变压器	330kV 高压电抗器	220kV 主变压器	110kV 主变压器
					单相	三相					
长	15.0	12.0	10.0	7.5	8.0	16.0	5.0	10.4	6.0	10.0	5.0
宽	12.0	8.0	7.0	5.3	7.0	5.0	4.0	8.0	4.0	8.5	4.0
高	8.0	6.0	4.5	3.9	5.0	5.0	4.0	4.0	2.0	3.5	3.5

二、噪声影响预测

（一）噪声预测模型

1. 声源描述

声环境影响预测，一般采用声源的倍频带声功率级、A 声功率级或靠近声源某一位置的倍频带声压级、A 声级来预测计算距声源不同距离的声级。

火电厂及变电站声源有室外和室内两种声源，应分别计算。

在环境噪声预测计算中，可根据预测点和声源之间的距离 r，根据声源发出声波的波阵面，将声源划分为点声源、线声源、面声源后进行预测。

实际的室外声源组，可以用处于该组中部的等效点声源来描述。一般要求组内的声源具有大致相同的强度和离地面的高度；到接收点有相同的传播条件；从单一等效点声源到接收点间的距离 r 超过声源的最大几何尺寸 H_{max} 二倍（$r>2H_{max}$）。假若距离 r 较小（$r\leqslant 2H_{max}$），或组内的各点声源传播条件不同时（例如加屏蔽），其总声源必须分为若干分量点声源。

一个线源或一个面源也可分为若干线的分区或若干面积分区，而每一个线或面的分区可用处于中心位置的点声源表示。

2. 单个室外的点声源在预测点产生的声级计算基本公式

如已知声源的倍频带声功率级（从 63～8kHz 标称频带中心频率的 8 个倍频带），预测点位置的倍频带声压级 $L_p(r)$可按式（5-1）计算：

$$L_p(r)=L_w+D_c-A \tag{5-1}$$

$$A=A_{div}+A_{atm}+A_{ar}+A_{bar}+A_{misc} \tag{5-2}$$

式中　$L_p(r)$ ——预测点位置的倍频带声压级，dB；

L_w ——倍频带声功率级，dB；

D_c ——指向性校正，dB；

A——倍频带衰减，dB；

A_{div}——几何发散引起的倍频带衰减，dB；

A_{atm}——大气吸收引起的倍频带衰减，dB；

A_{gr}——地面效应引起的倍频带衰减，dB；

A_{bar}——声屏障引起的倍频带衰减，dB；

A_{misc}——其他多方面效应引起的倍频带衰减，dB。

指向性校正 D_c 描述点声源的等效连续声压级与产生声功率级 L_W 的全向点声源在规定方向的级的偏差程度。指向性校正等于点声源的指向性指数 D_I 加上计到小于 4π 球面度（sr）立体角内的声传播指数 D_Ω。对辐射到自由空间的全向点声源，D_c=0dB。

（1）几何发散引起的倍频带衰减（A_{div}）。

1）点声源的几何发散衰减。无指向性点声源几何发散衰减的基本公式是：

$$A_{div}=[20\lg(r/r_0)+11] \tag{5-3}$$

声源在自由空间中辐射声波时，其强度分布的一个主要特性是指向性。例如，喇叭发声，其喇叭正前方声音大，而侧面或背面就小。对于自由空间的点声源，其在某一 θ 方向上（具有指向性）距离 r 处几何发散衰减的计算公式：

$$A_{div}=[20\lg(r/r_0)-D_{I\theta}+11] \tag{5-4}$$

$$D_{I\theta}=10\lg R_\theta$$

$$R_\theta=I_\theta/I$$

式中　$D_{I\theta}$——θ 方向上的指向性指数；

R_θ——指向性因数；

I——所有方向上的平均声强，W/m²；

I_θ——某一 θ 方向上的声强，W/m²。

当点声源与预测点处在反射体同侧附近时，到达预测点的声级是直达声与反射声叠加的结果，从而使预测点声级增高，如图 5-6 所示。当满足下列条件时，需考虑反射体引起的声级增高：反射体表面平整光滑，坚硬的；反射体尺寸远远大于所有声波波长λ；入射角 θ<85°。

$r_r-r_d \gg \lambda$反射引起的修正量与 ΔL_r、r_r/r_d 有关（$r_r=IP$、$r_d=SP$），可按表 5-7 计算。

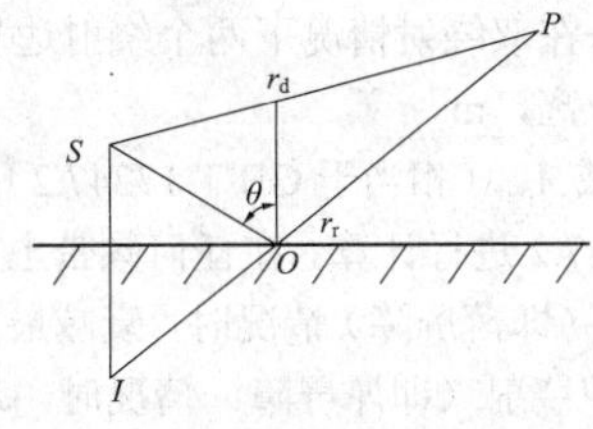

图 5-6　反射体的影响

表 5-7　反射体引起的修正量

r_r/r_d	修正量（dB）
≈1	3
≈1.4	2
≈2	1
>2.5	0

2）面声源的几何发散衰减。如果已知面声源单位面积的声功率为 W，各面积元噪声的位相是随机的，面声源可看作由无数点声源连续分布组合而成，其合成声级可按能量叠加法求出。

图 5-7 给出了长方形面声源中心轴线上的声衰减曲线。当预测点和面声源中心距离 r 处于以下条件时，可按下述方法近似计算：当 $r<a/\pi$ 时，几乎不衰减（$A_{div}\approx0$）；当 $a/\pi<r<b/\pi$ 时，距离加倍衰减 3dB 左右，类似线声源衰减特性［$A_{div}\approx10\lg(r/r_0)$］；当 $r>b/\pi$ 时，距离加倍衰减趋近于 6dB，类似点声源衰减特性［$A_{div}\approx20\lg(r/r_0)$］其中，面声源的 $b>a$。图中虚线为实际衰减量。

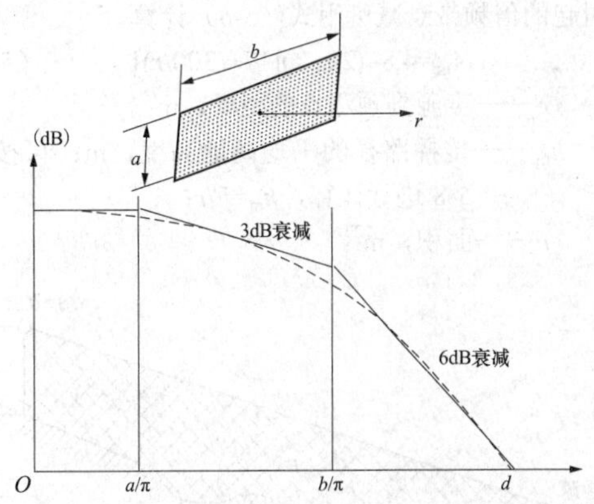

图 5-7　长方形面声源中心轴线上的衰减特性

（2）空气吸收引起的衰减（A_{atm}）。

空气吸收引起的衰减按式（5-5）计算：

$$A_{atm}=\alpha(r-r_0)/1000 \tag{5-5}$$

式中：α为温度、湿度和声波频率的函数，预测计算中一般根据建设项目所处区域常年平均气温和湿度选择相应的空气吸收系数（见表 5-8）。

表 5-8　倍频带噪声的大气吸收衰减系数α

温度（℃）	相对湿度（%）	大气吸收衰减系数α（dB/km）							
		倍频带中心频率（Hz）							
		63	125	250	500	1000	2000	4000	8000
10	70	0.1	0.4	1.0	1.9	3.7	9.7	32.8	117.0

续表

温度（℃）	相对湿度（%）	大气吸收衰减系数α（dB/km）							
		倍频带中心频率（Hz）							
		63	125	250	500	1000	2000	4000	8000
20	70	0.1	0.3	1.1	2.8	5.0	9.0	22.9	76.6
30	70	0.1	0.3	1.0	3.1	7.4	12.7	23.1	59.3
15	20	0.3	0.6	1.2	2.7	8.2	28.2	28.8	202.0
15	50	0.1	0.5	1.2	2.2	4.2	10.8	36.2	129.0
15	80	0.1	0.3	1.1	2.4	4.1	8.3	23.7	82.8

（3）地面效应衰减（A_{gr}）。地面类型可分为：

1）坚实地面，包括铺筑过的路面、水面、冰面以及夯实地面。

2）疏松地面，包括被草或其他植物覆盖的地面，以及农田等适合于植物生长的地面。

3）混合地面，由坚实地面和疏松地面组成。

声波越过疏松地面传播时，或大部分为疏松地面的混合地面，在预测点仅计算 A 声级前提下，地面效应引起的倍频带衰减可用式（5-6）计算。

$$A_{gr}=4.8-(2h_m/r)[17+(300/r)] \tag{5-6}$$

式中 r——声源到预测点的距离，m；

h_m——传播路径的平均离地高度，m；可按图 5-8 进行计算，$h_m=F/r$；

F——面积，m^2。

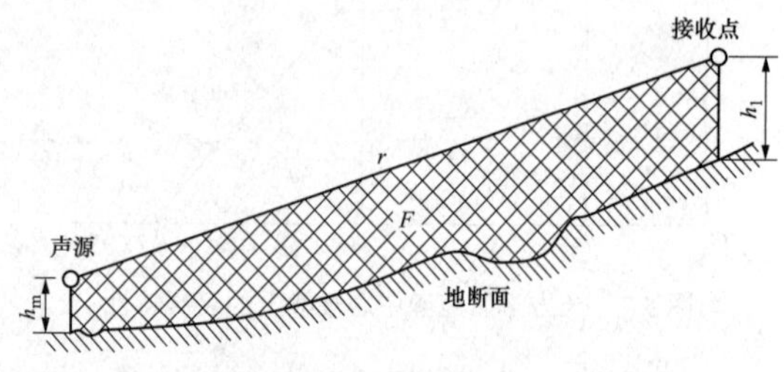

图 5-8 估计平均高度 h_m 的方法

若 A_{gr} 计算出负值，则 A_{gr} 可用“0”代替，其他情况可参照 GB/T 17247.2 进行计算。

（4）声屏障引起的倍频带衰减（A_{bar}）。位于声源和预测点之间的实体障碍物，如围墙、建筑物、土坡或地堑等起声屏障作用，从而引起声能量的较大衰减。计算时，可将各种形式的屏障简化为具有一定高度的薄屏障。

如图 5-9 所示，S、O、P 三点在同一平面内且垂直于地面。

定义 $\delta=SO+OP-SP$ 为声程差，$N=2\delta/\lambda$ 为菲涅尔数，其中，λ 为声波波长。

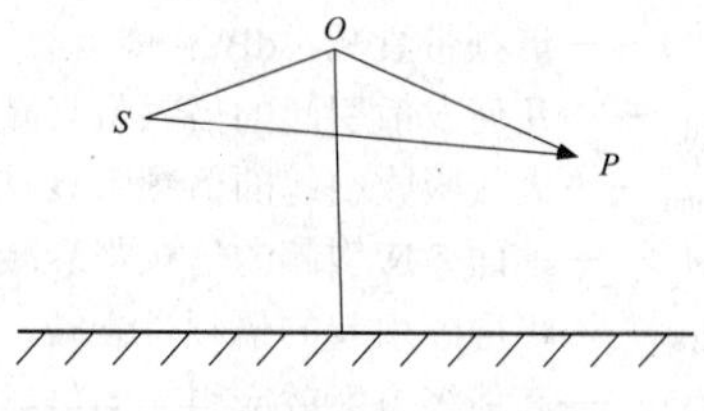

图 5-9 无限长声屏障示意图

在噪声预测中，声屏障插入损失的计算方法应需要根据实际情况作简化处理。

1）有限长薄屏障在点声源声场中引起的衰减计算。首先计算图 5-10 所示三个传播途径的声程差 δ_1、δ_2、δ_3 和相应的菲涅尔数 N_1、N_2、N_3，再计算声屏障引起的衰减：

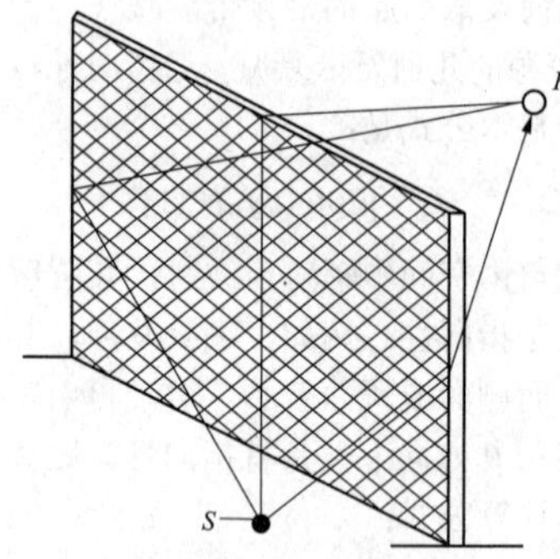

图 5-10 在有限长声屏障上不同的传播路径

$$A_{bar}=-10\lg\left(\frac{1}{3+20N_1}+\frac{1}{3+20N_2}+\frac{1}{3+20N_3}\right) \tag{5-7}$$

当屏障很长（作无限长处理）时，则

$$A_{bar}=-10\lg\left(\frac{1}{3+20N_1}\right) \tag{5-8}$$

2）双绕射计算。对于图 5-11 所示的双绕射情景，可由式（5-9）计算绕射声与直达声之间的声程差 δ：

$$\delta=[(d_{ss}+d_{sr}+e)^2+a^2]^{\frac{1}{2}}-d \tag{5-9}$$

式中 a——声源和接收点之间的距离在平行于屏障上边界的投影长度，m；

d_{ss}——声源到第一绕射边的距离，m；

d_{sr}——（第二）绕射边到接收点的距离，m；

e——在双绕射情况下两个绕射边界之间的距离，m。

屏障衰减 A_{bar}（相当于 GB/T 17247.2 中的 D_Z）参照 GB/T 17247.2 进行计算。在任何频带上，屏障衰减 A_{bar} 在单绕射（即薄屏障）情况时，衰减最大取 20dB；屏障衰减在双绕射（即厚屏障）情况时，衰减最大取 25dB。

计算了屏障衰减后，不再考虑地面效应衰减。

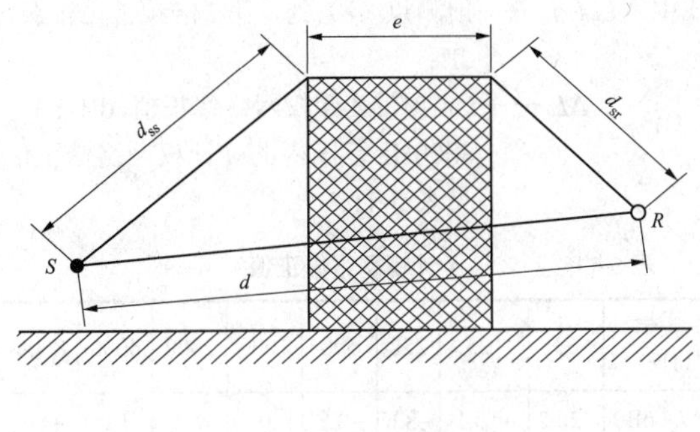

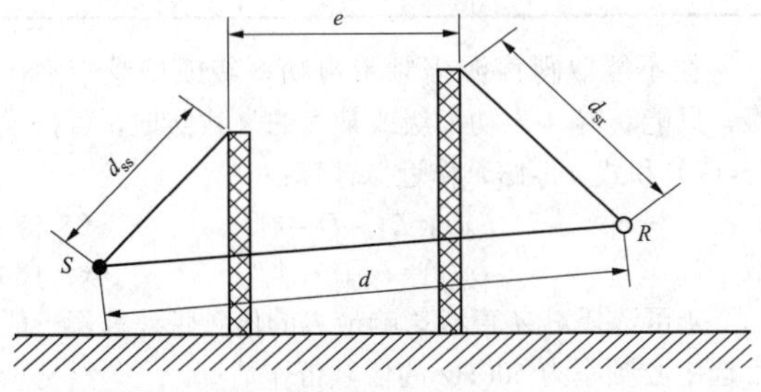

图 5-11　利用建筑物、土堤作为厚屏障

（5）其他多方面效应引起的倍频带衰减（A_{misc}）。

1）绿化林带噪声衰减计算。绿化林带的附加衰减与树种、林带结构和密度等因素有关。在声源附近的绿化林带，或在预测点附近的绿化林带，或两者均有的情况都可以使声波衰减，见图 5-12。

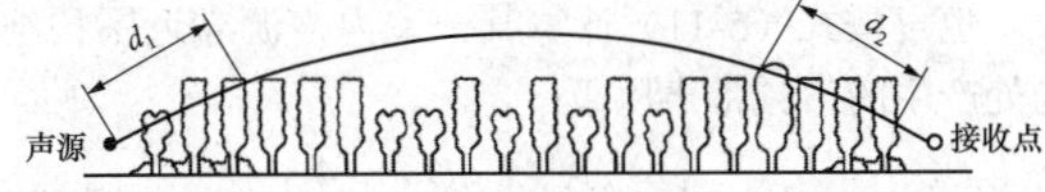

图 5-12　通过树和灌木时噪声衰减示意图

通过树叶传播造成的噪声衰减随通过树叶传播距离 d_f 的增长而增加，其中，$d_f=d_1+d_2$，为了计算 d_1 和 d_2，可假设弯曲路径的半径为 5km。

表 5-9 中的第一行给出了通过总长度为 10～20m 之间的密叶时，由密叶引起的衰减；第二行为通过总长度 20～200m 之间密叶时的衰减系数；当通过密叶的路径长度大于 200m 时，可使用 200m 的衰减值。

2）工业场所噪声衰减计算。在工业场所，由于设备（或其他物体）对声波的散射可能产生传播衰减。如果在 A_{bar} 中，或者声源辐射特性中没有考虑，则当在此考虑。工业场所噪声衰减与场所类型有很大关系，所以一般以测量值确定其值，但表 5-10 中的值可作为此衰减的估计。衰减随通过设备的弯曲路径的长度 d_s（见图 5-13）而线性增加，以 10dB 为其最大值。

表 5-9　　倍频带噪声通过密叶传播时产生的衰减

项目	传播距离 d_f（m）	倍频带中心频率（Hz）							
		63	125	250	500	1000	2000	4000	8000
衰减（dB）	$10 \leq d_f < 20$	0	0	1	1	1	1	2	3
衰减系数（dB/m）	$20 \leq d_f < 200$	0.02	0.03	0.04	0.05	0.06	0.08	0.09	0.12

表 5-10　　倍频带噪声通过工场设备传播时产生的衰减

倍频带中心频率（Hz）	63	125	250	500	1000	2000	4000	8000
衰减系数（dB/m）	0	0.015	0.025	0.025	0.02	0.02	0.015	0.015

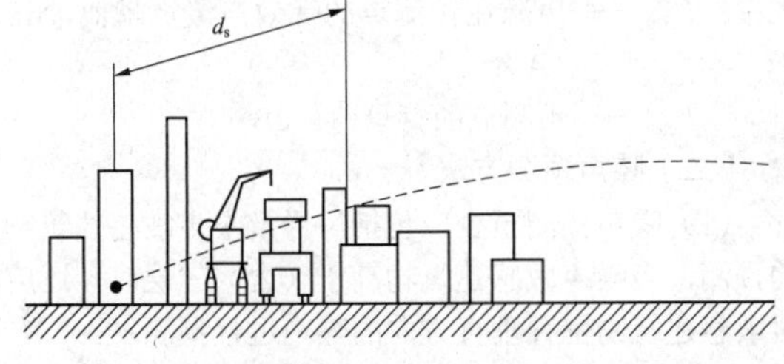

图 5-13　工业场所噪声衰减与通过工场设备的传播距离 d_s 而线性增加

此外还有房屋群等引起的衰减等，可参考 GB/T 17247.2《户外声传播衰减　第 2 部分　一般计算方法》进行计算。

3. 室内声源等效室外声源声功率级计算方法

如图 5-14 所示，噪声源位于室内，室内声源可采用等效室外声源声功率级法进行计算。设靠近开口处（或窗户）室内、室外某倍频带的声压级分别为 L_{p1} 和 L_{p2}。若声源所在室内声场为近似扩散声场，则室外的倍频带声压级可按式（5-10）近似求出：

图 5-14　室内声源等效为室外声源图例

$$L_{p2}=L_{p1}-(\text{TL}+6) \quad (5\text{-}10)$$

式中 TL——隔墙（或窗户）倍频带的隔声量，dB。

也可按式（5-11）计算某一室内声源靠近围护结构处产生的倍频带声压级：

$$L_{p1}=L_W+10\lg\left(\frac{Q}{4\pi r^2}+\frac{4}{R}\right) \quad (5\text{-}11)$$

$$R=S\alpha/(1-\alpha)$$

式中 Q——指向性因数；通常对无指向性声源，当声源放在房间中心时，Q=1；当放在一面墙的中心时，Q=2；当放在两面墙夹角处时，Q=4；当放在三面墙夹角处时，Q=8；

R——房间常数；

S——房间内表面面积，m^2；

α——平均吸声系数；

r——声源到靠近围护结构某点处的距离，m。

然后按式（5-12）计算出所有室内声源在围护结构处产生的 i 倍频带叠加声压级：

$$L_{P1i}(T)=10\lg\left(\sum_{j=1}^{N}10^{0.1L_{P1ij}}\right) \quad (5\text{-}12)$$

式中 $L_{P1i}(T)$——靠近围护结构处室内 N 个声源 i 倍频带的叠加声压级，dB；

L_{P1ij}——室内 j 声源 i 倍频带的声压级，dB；

N——室内声源总数。

在室内近似为扩散声场时，按式（5-13）计算出靠近室外围护结构处的声压级：

$$L_{P2i}(T)=L_{P1i}(T)-(\text{TL}_i+6) \quad (5\text{-}13)$$

式中 $L_{P2i}(T)$——靠近围护结构处室外 N 个声源 i 倍频带的叠加声压级，dB；

TL_i——围护结构 i 倍频带的隔声量，dB。

然后按式（5-14）将室外声源的声压级和透过面积换算成等效的室外声源，计算出中心位置位于透声面积（S）处的等效声源的倍频带声功率级。

$$L_W=L_{P2}(T)+10\lg S \quad (5\text{-}14)$$

然后按室外声源预测方法计算预测点处的 A 声级。

4. 靠近声源处的预测点噪声预测模式

如已知靠近声源处某点的倍频带声压级 $L_P(r_0)$时，相同方向预测点位置的倍频带声压级 $L_P(r)$可按式（5-15）计算：

$$L_P(r)=L_P(r_0)-A \quad (5\text{-}15)$$

如预测点在靠近声源处，但不能满足点声源条件时，需按线声源或面声源模式计算。

5. 预测点处 A 声级的计算

预测点的 A 声级 $L_A(r)$，可利用 8 个倍频带的声压级按式（5-16）计算：

$$L_A(r)=10\lg\left\{\sum_{i=1}^{8}10^{0.1\left[L_{Pi}(r)-\Delta L_i\right]}\right\} \quad (5\text{-}16)$$

式中 $L_{Pi}(r)$——预测点（r）处，第 i 倍频带声压级，dB；

ΔL_i——i 倍频带 A 计权网络修正值，dB。63～8000Hz 范围内的 A 计权网络修正值见表 5-11。

表 5-11 A 计权网络修正值

频率（Hz）	63	125	250	500	1000	2000	4000	8000
ΔL_i(dB)	−26.2	−16.1	−8.6	−3.2	0	1.2	1.0	−1.1

在不能取得声源倍频带声功率级或倍频带声压级，只能获得 A 声功率级或某点的 A 声级时，可按式（5-17）和式（5-18）作近似计算：

$$L_A(r)=L_{Aw}-D_c-A \quad (5\text{-}17)$$

或

$$L_A(r)=L_{A0}(r)-A \quad (5\text{-}18)$$

A 可选择对 A 声级影响最大的倍频带计算，一般可选中心频率为 500Hz 的倍频带作估算。

6. 多个噪声源噪声贡献值计算

设第 i 个室外声源在预测点产生的 A 声级为 L_{Ai}，在 T 时间内该声源工作时间为 t_i；第 j 个等效室外声源在预测点产生的 A 声级为 L_{Aj}，在 T 时间内该声源工作时间为 t_j，则拟建工程声源对预测点产生的贡献值（L_{eqg}）为：

$$L_{eqg}=10\lg\left[\frac{1}{T}\left(\sum_{i=1}^{N}t_i10^{0.1L_{Ai}}+\sum_{j=1}^{M}t_j10^{0.1L_{Aj}}\right)\right] \quad (5\text{-}19)$$

式中 t_j——在 T 时间内 j 声源工作时间，s；

t_i——在 T 时间内 i 声源工作时间，s；

T——用于计算等效声级的时间，s；

N——室外声源个数；

M——等效室外声源个数。

7. 预测值计算

预测点的预测等效声级（L_{eq}）计算公式：

$$L_{eq}=10\lg(10^{0.1L_{eqg}}+10^{0.1L_{eqb}}) \quad (5\text{-}20)$$

式中 L_{eqg}——声源在预测点的等效声级贡献值，dB（A）；

L_{eqb}——预测点的背景值，dB（A）。

（二）噪声预测方法

（1）噪声预测至少应包括厂界及噪声敏感建筑物的预测，当噪声敏感建筑物高于（含）三层时，还应对敏感建筑物位置垂直方向的噪声进行预测。

（2）噪声预测须严格按 HJ/T 2.4—2009《环境影响评价技术导则 声环境》的规定执行，Cadna/A 及 SoundPLAN 预测软件中的相关默认设置有可能与 HJ/T 2.4—2009 不尽一致，计算前须进行检查和更正。

（3）噪声预测时应考虑几何发散衰减、大气吸收引起的衰减、地面效应引起的衰减、遮挡物引起的衰减及其他类型（树叶、工业场所等）引起的衰减。

（4）噪声源参数可采用实测数据或厂家提供的同型号设备参数；当实测数据和厂家资料难以获得时，可参考表 5-3～表 5-6 的噪声源参数。

（5）大型厂房可简化为工业建筑物声源，中型建筑物声源及大中型高噪声设备一般简化为面声源，小型高噪声设备可简化为点声源。

（6）噪声源位于室内时，应将室内声源等效为室外声源进行预测。

（7）噪声预测应考虑火电厂及变电站竖向布置、周围地形、厂界外高大建筑及障碍物对声波传播的影响。

（三）噪声预测软件

电力工程中的噪声影响预测一般采用 Cadna/A 或 SoundPLAN 软件。

1. Cadna/A

Cadna/A 系统是一套基于 ISO 9613 标准方法、利用 Windows 作为操作平台的噪声模拟和控制软件。Cadna/A 软件广泛适用于多种噪声源的预测、评价、工程设计和研究，以及城市噪声规划等工作，其中包括工业设施、公路和铁路、机场及其他噪声设备。软件界面输入采用电子地图或图形直接扫描，定义图形比例按需要设置。对噪声源的辐射和传播产生影响的物体进行定义，简单快捷。按照各国的标准计算结果和编制输出文件图形，显示噪声等值线图和彩色噪声分布图。

Cadna/A 软件计算原理源于国际标准化组织规定的 ISO 9613-2：1996《户外声传播的衰减的计算方法》。软件中对噪声物理原理的描述、声源条件的界定、噪声传播过程中应考虑的影响因素以及噪声计算模式等方面与国际标准化组织的有关规定完全相同。我国公布的 GB/T 17247.2—1998《声学户外声传播的衰减　第 2 部分：一般计算方法》，等效采用了国际标准化组织规定的 ISO9613-2：1996 标准。Cadna/A 软件的计算方法和我国声传播衰减的计算方法原则上是一致的。

Cadna/A 具有较强的计算模拟功能：可以同时预测各类噪声源（点声源、线声源、任意形状的面声源）的复合影响，对声源和预测点的数量没有限制，噪声源的辐射声压级和计算结果既可以用 A 计权值表示，也可以用不同频段的声压值表示，任意形状的建筑物群、绿化林带和地形均可作为声屏障予以考虑。由于参数可以调整，可用于噪声控制设计效果分析，其屏障高度优化功能可以广泛用于道路等噪声控制工程的设计。

Cadna/A 软件流程设计合理，功能齐全，用户界面友好，操作方便，易于掌握使用。从声源定义、参数设定、模拟计算到结果表述与评价构成一个完整的系统，可实现功能转换和源、构建物与受体点的确定，具有多种数据输入接口和输出方式。特别是三维彩色图形输出方式使预测结果更加可视化和形象化。

2. SoundPLAN

SoundPLAN 软件自 1986 年由 Braunstein + Berndt GmbH 软件设计师和咨询专家颁布以来，迅速成为德国户外声学软件的标准，并逐渐成为世界关于噪声预测、制图及评估的领先软件。

SoundPLAN 包括墙优化设计、成本核算、工厂内外噪声评估、空气污染评估等的集成软件。目前 SoundPLAN 的销售范围已覆盖超过 25 个国家，有 3500 多个用户，是噪声评估界使用最广泛的软件。

该软件的应用范围如下：

（1）各种国际标准的道路、铁路、飞机噪声的预测、规划；

（2）降噪方案优化，声屏障设计；

（3）石油化工厂、炼铁厂、发电站、采矿厂、制造厂等项目根据噪声限值的规划；

（4）OSHA［职业安全与卫生条例（美）］标准的鉴定，社区噪声控制，工人工作环境噪声控制等；

（5）此软件还具有对空气污染物的扩散、传播的预测和分析功能。

该软件的特点如下：

（1）模块方式：人性化软件包，模块式结构，用户可根据需要购买所需要的模块；

（2）合理的软件结构：清晰的数据结构定义，CAD 文件兼容，虚拟三维显示，详尽的工厂噪声数据库；

（3）结果可靠：完全符合国际标准，计算速度快，可进行在线和批处理分布式计算；

（4）品质保证：详尽的计算协议，深入彻底的结果表述，可进行输入数据的校准，提供计算过程的日志。

该软件的技术指标如下：

（1）公路、铁路和工业噪声模拟预测、声屏障优化设计；

（2）点声源，线声源，面声源和其他复杂声源的环境声传播的计算；

（3）厂界、小区和各功能区的噪声评估和预测；

（4）飞机噪声和机场周围环境的预测，计算和分析功能，各种国际标准的火车噪声和周围环境的预测，计算和分析功能；

（5）声屏障的计算方法和理论模型和优化；

（6）声屏障的降噪效果的计算和经济核算；

（7）计算和预测的噪声量包括：L_A、L_{eq}、L_{10}、L_{dn}、NEF、EPNL 等；

（8）显示噪声分布的等值分布图，噪声敏感点的噪声预测值和三维噪声分布；

（9）测量值对预测模型的修正功能；

（10）软件的算法应根据国际标准，并考虑地面吸收，空气吸收，温度影响和风速影响；

（11）预处理应能与通用的 CAD 软件相连，能输入复杂的地形、建筑物、公路、铁路、机场、工业园等。

（四）噪声预测操作指南

1. Cadna/A 软件噪声预测

Cadna/A 软件噪声预测中参数设置，以变电站噪声预测为例，需进行如下设置。

（1）源强设定。

1）Cadna 基本工具栏介绍。

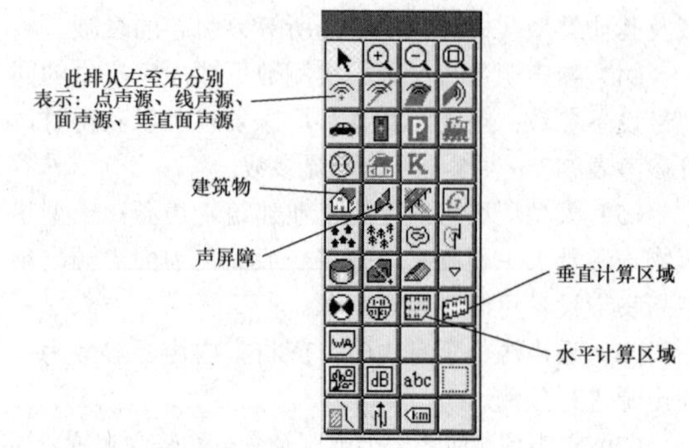

2）声源设定。

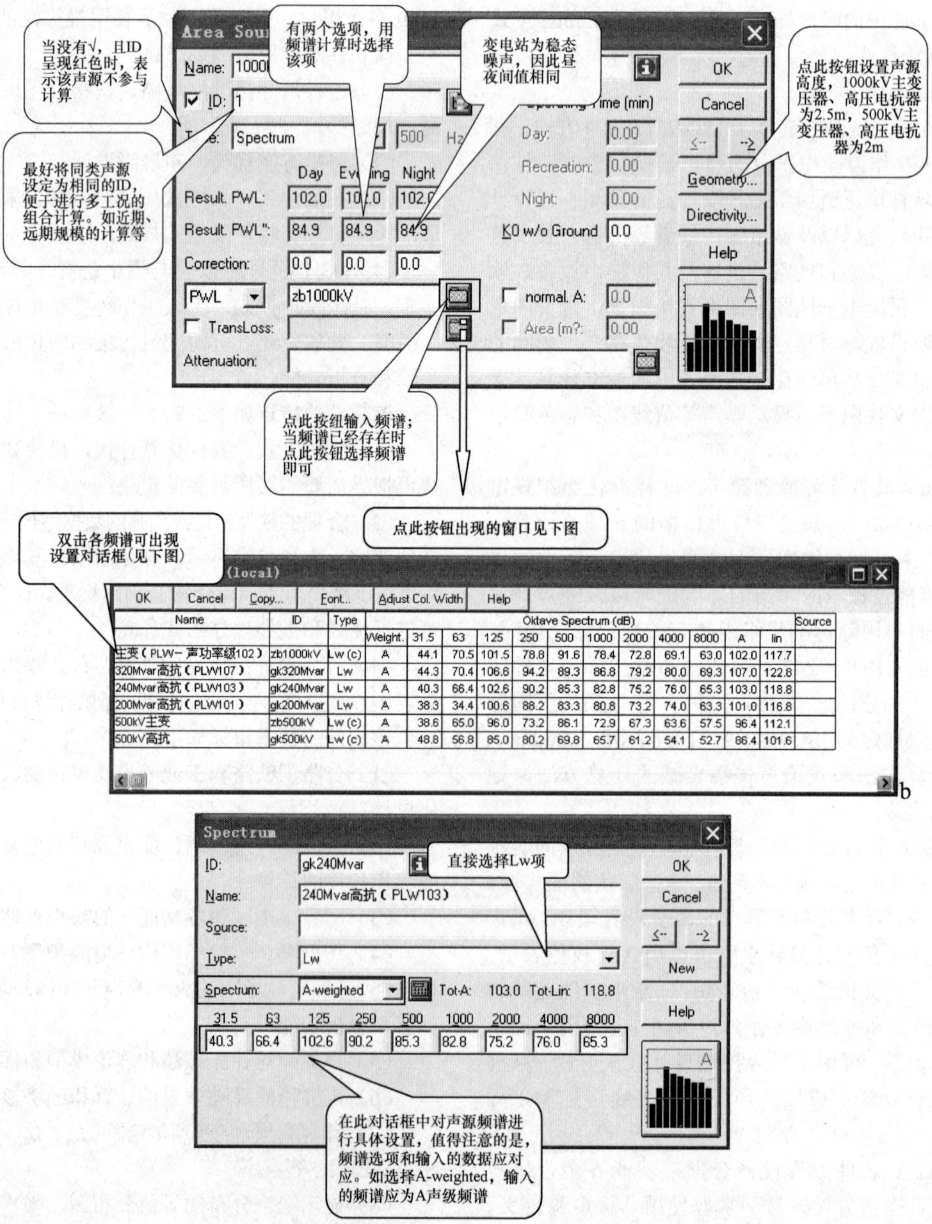

当没有√，且ID呈现红色时，表示该声源不参与计算

最好将同类声源设定为相同的ID，便于进行多工况的组合计算。如近期、远期规模的计算等

有两个选项，用频谱计算时选择该项

变电站为稳态噪声，因此昼夜间值相同

点此按钮设置声源高度，1000kV主变压器、高压电抗器为2.5m，500kV主变压器、高压电抗器为2m

点此按钮输入频谱；当频谱已经存在时点此按钮选择频谱即可

点此按钮出现的窗口见下图

双击各频谱可出现设置对话框(见下图)

Name	ID	Type	Oktave Spectrum (dB)												Source
			Weight.	31.5	63	125	250	500	1000	2000	4000	8000	A	lin	
主变（PLW－声功率级102）	zb1000kV	Lw (c)	A	44.1	70.5	101.5	78.8	91.6	78.4	72.8	69.1	63.0	102.0	117.7	
320Mvar高抗（PLW107）	gk320Mvar	Lw	A	44.3	70.4	106.6	94.2	89.3	86.8	79.2	80.0	69.3	107.0	122.8	
240Mvar高抗（PLW103）	gk240Mvar	Lw	A	40.3	66.4	102.6	90.2	85.3	82.8	75.2	76.0	65.3	103.0	118.8	
200Mvar高抗（PLW101）	gk200Mvar	Lw	A	38.3	34.4	100.6	88.2	83.3	80.8	73.2	74.0	63.3	101.0	116.8	
500kV主变	zb500kV	Lw (c)	A	38.6	65.0	96.0	73.2	86.1	72.9	67.3	63.6	57.5	96.4	112.1	
500kV高抗	gk500kV	Lw (c)	A	48.8	56.8	85.0	80.2	69.8	65.7	61.2	54.1	52.7	86.4	101.6	

直接选择Lw项

在此对话框中对声源频谱进行具体设置，值得注意的是，频谱选项和输入的数据应对应。如选择A-weighted，输入的频谱应为A声级频谱

通过以上设定方法对工程涉及的所有声源进行设定。

3）对设置好的声源进行检查。为防止在设定声源时出现错误，可调出源强表格对声源进行检查（检查声源数量、源强值、位置等），而且可直接在该表格中对声源进行快速修改。

Area Source

Close | Sync. Graphic | Copy... | Print... | Font... | Help

Name	M.	ID	Result. PWL			Result. PWL"			Lw / Li			Correction		
			Day	Evening	Night	Day	Evening	Night	Type	Value	norm.	Day	Evening	Night
			(dBA)	(dBA)	(dBA)	(dBA)	(dBA)	(dBA)			dB(A)	dB(A)	dB(A)	dB(A)
1000kV主变	+	1	102.0	102.0	102.0	84.9	84.9	84.9	Lw	zb1000kV		0.0	0.0	0.0
1000kV高抗	+	2	103.0	103.0	103.0	[illegible]	[illegible]	[illegible]	[illegible]	[illegible]		0.0	0.0	0.0
1000kV主变	+	1	102.0	102.0	102.0	[illegible]	[illegible]	[illegible]	[illegible]	[illegible]		0.0	0.0	0.0
1000kV主变	+	1	102.0	102.0	102.0	[illegible]	[illegible]	[illegible]	[illegible]	[illegible]		0.0	0.0	0.0
1000kV主变	+	1	102.0	102.0	[illegible]	[illegible]	[illegible]	[illegible]	[illegible]	[illegible]		0.0	0.0	0.0
1000kV主变	+	[illegible]	[illegible]	[illegible]	[illegible]	[illegible]	[illegible]	[illegible]	[illegible]	[illegible]		0.0	0.0	0.0
1000kV主变	+	1	102.0	102.0	102.0	[illegible]	[illegible]	[illegible]	[illegible]	[illegible]		0.0	0.0	0.0
1000kV主变	+	1	102.0	102.0	102.0	84.9	84.9	84.9	Lw	zb1000kV		0.0	0.0	0.0
1000kV主变	+	1	102.0	102.0	102.0	84.9	84.9	84.9	Lw	zb1000kV		0.0	0.0	0.0
1000kV主变	+	1	102.0	102.0	102.0	84.9	84.9	84.9	Lw	zb1000kV		0.0	0.0	0.0
1000kV主变	+	1	102.0	102.0	102.0	84.9	84.9	84.9	Lw	zb1000kV		0.0	0.0	0.0
1000kV主变	+	1	102.0	102.0	102.0	84.9	84.9	84.9	Lw	zb1000kV		0.0	0.0	0.0
1000kV主变	+	1	102.0	102.0	102.0	84.9	84.9	84.9	Lw	zb1000kV		0.0	0.0	0.0
1000kV高抗	+	2	103.0	103.0	103.0	86.5	86.5	86.5	Lw	gk240Mvar		0.0	0.0	0.0
1000kV高抗	+	2	103.0	103.0	103.0	86.5	86.5	86.5	Lw	gk240Mvar		0.0	0.0	0.0
1000kV高抗	+	2	103.0	103.0	103.0	86.5	86.5	86.5	Lw	gk240Mvar		0.0	0.0	0.0
1000kV高抗	+	2	103.0	103.0	103.0	86.5	86.5	86.5	Lw	gk240Mvar		0.0	0.0	0.0
1000kV高抗	+	2	103.0	103.0	103.0	86.5	86.5	86.5	Lw	gk240Mvar		0.0	0.0	0.0
500kV主变	+	1	96.4	96.4	96.4	82.0	82.0	82.0	Lw	zb500kV		0.0	0.0	0.0
500kV主变	+	1	96.4	96.4	96.4	82.0	82.0	82.0	Lw	zb500kV		0.0	0.0	0.0
500kV主变	+	1	96.4	96.4	96.4	82.0	82.0	82.0	Lw	zb500kV		0.0	0.0	0.0
500kV主变	+	1	96.4	96.4	96.4	82.0	82.0	82.0	Lw	zb500kV		0.0	0.0	0.0
500kV主变	+	1	96.4	96.4	96.4	82.0	82.0	82.0	Lw	zb500kV		0.0	0.0	0.0
500kV主变	+	1	96.4	96.4	96.4	82.0	82.0	82.0	Lw	zb500kV		0.0	0.0	0.0
500kV主变	+	1	96.4	96.4	96.4	82.0	82.0	82.0	Lw	zb500kV		0.0	0.0	0.0
500kV主变	+	1	96.4	96.4	96.4	82.0	82.0	82.0	Lw	zb500kV		0.0	0.0	0.0
500kV主变	+	1	96.4	96.4	96.4	82.0	82.0	82.0	Lw	zb500kV		0.0	0.0	0.0
500kV主变	+	1	96.4	96.4	96.4	82.0	82.0	82.0	Lw	zb500kV		0.0	0.0	0.0
500kV主变	+	1	96.4	96.4	96.4	82.0	82.0	82.0	Lw	zb500kV		0.0	0.0	0.0
500kV主变	+	1	96.4	96.4	96.4	82.0	82.0	82.0	Lw	zb500kV		0.0	0.0	0.0
500kV主变	+	1	96.4	96.4	96.4	82.0	82.0	82.0	Lw	zb500kV		0.0	0.0	0.0
500kV主变	+	1	96.4	96.4	96.4	82.0	82.0	82.0	Lw	zb500kV		0.0	0.0	0.0
500kV主变	+	1	96.4	96.4	96.4	82.0	82.0	82.0	Lw	zb500kV		0.0	0.0	0.0
500kV主变	+	1	96.4	96.4	96.4	82.0	82.0	82.0	Lw	zb500kV		0.0	0.0	0.0
500kV主变	+	1	96.4	96.4	96.4	82.0	82.0	82.0	Lw	zb500kV		0.0	0.0	0.0
500kV主变	+	1	96.4	96.4	96.4	82.0	82.0	82.0	Lw	zb500kV		0.0	0.0	0.0

“+”表示参与计算，当缺省时亦参与计算，为“-”时表示不参与计算

（2）声屏障、构筑物设定。

1）防火墙、围墙设置。

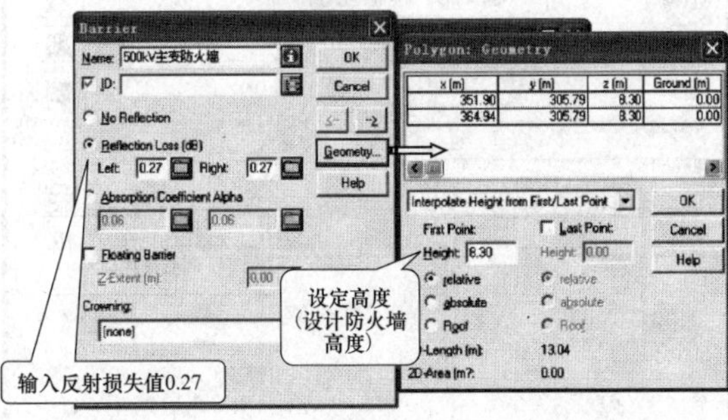

2）建筑物设置。

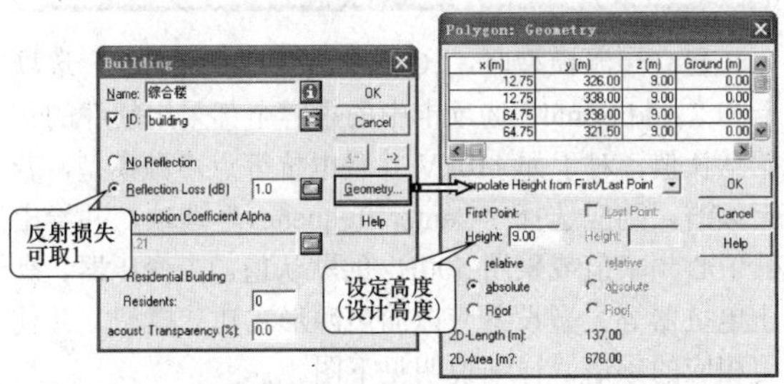

3）对设置的各构筑物进行检查。

路径：Table\obstacles\building（barrier）

对声屏障、房屋的数量、位置、参数设置等进行检查。

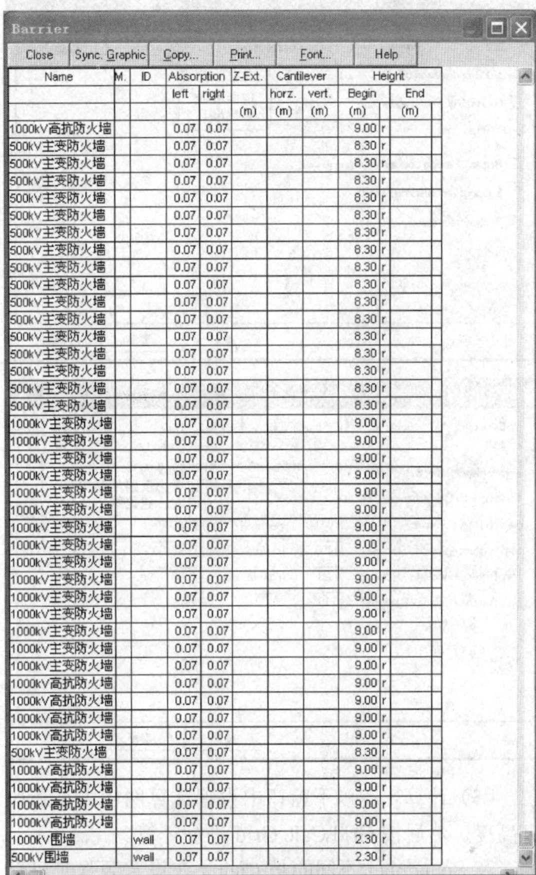

Barrier

Close | Sync. Graphic | Copy... | Print... | Font... | Help

Name	M.	ID	Absorption		Z-Ext.	Cantilever		Height		
			left	right		horz.	vert.	Begin		End
					(m)	(m)	(m)	(m)		(m)
1000kV高抗防火墙			0.07	0.07				9.00	r	
500kV主变防火墙			0.07	0.07				8.30	r	
500kV主变防火墙			0.07	0.07				8.30	r	
500kV主变防火墙			0.07	0.07				8.30	r	
500kV主变防火墙			0.07	0.07				8.30	r	
500kV主变防火墙			0.07	0.07				8.30	r	
500kV主变防火墙			0.07	0.07				8.30	r	
500kV主变防火墙			0.07	0.07				8.30	r	
500kV主变防火墙			0.07	0.07				8.30	r	
500kV主变防火墙			0.07	0.07				8.30	r	
500kV主变防火墙			0.07	0.07				8.30	r	
500kV主变防火墙			0.07	0.07				8.30	r	
500kV主变防火墙			0.07	0.07				8.30	r	
500kV主变防火墙			0.07	0.07				8.30	r	
500kV主变防火墙			0.07	0.07				8.30	r	
500kV主变防火墙			0.07	0.07				8.30	r	
500kV主变防火墙			0.07	0.07				8.30	r	
1000kV主变防火墙			0.07	0.07				9.00	r	
1000kV主变防火墙			0.07	0.07				9.00	r	
1000kV主变防火墙			0.07	0.07				9.00	r	
1000kV主变防火墙			0.07	0.07				9.00	r	
1000kV主变防火墙			0.07	0.07				9.00	r	
1000kV主变防火墙			0.07	0.07				9.00	r	
1000kV主变防火墙			0.07	0.07				9.00	r	
1000kV主变防火墙			0.07	0.07				9.00	r	
1000kV主变防火墙			0.07	0.07				9.00	r	
1000kV主变防火墙			0.07	0.07				9.00	r	
1000kV主变防火墙			0.07	0.07				9.00	r	
1000kV主变防火墙			0.07	0.07				9.00	r	
1000kV主变防火墙			0.07	0.07				9.00	r	
1000kV主变防火墙			0.07	0.07				9.00	r	
1000kV主变防火墙			0.07	0.07				9.00	r	
1000kV高抗防火墙			0.07	0.07				9.00	r	
1000kV高抗防火墙			0.07	0.07				9.00	r	
1000kV高抗防火墙			0.07	0.07				9.00	r	
1000kV高抗防火墙			0.07	0.07				9.00	r	
500kV主变防火墙			0.07	0.07				8.30	r	
1000kV高抗防火墙			0.07	0.07				9.00	r	
1000kV高抗防火墙			0.07	0.07				9.00	r	
1000kV高抗防火墙			0.07	0.07				9.00	r	
1000kV高抗防火墙			0.07	0.07				9.00	r	
1000kV围墙		wall	0.07	0.07				2.30	r	
500kV围墙		wall	0.07	0.07				2.30	r	

Building

Close | Sync. Graphic | Copy... | Print... | Font... | Help

Name	M.	ID	RB	Residents	Absorption	Height	
						Begin	
						(m)	
综合楼	+	building		0	0.21	9.00	a
消防泵房	+	building		0	0.21	9.00	a
站用电室	+	building		0	0.21	4.00	a
主控通信楼	+	building		0	0.21	7.20	a
备品备件库	+	building		0	0.21	11.50	a
阀门室	+	building		0	0.21	4.00	a
主控通信楼	+	building		0	0.21	7.20	a
消防泵房	+	building		0	0.21	9.00	a
所用电室	+	building		0	0.21	4.00	a

（3）视图检查。在模型构建完毕后，用 3D 视图进行模型检查，确认声源、各构筑物正确无误。

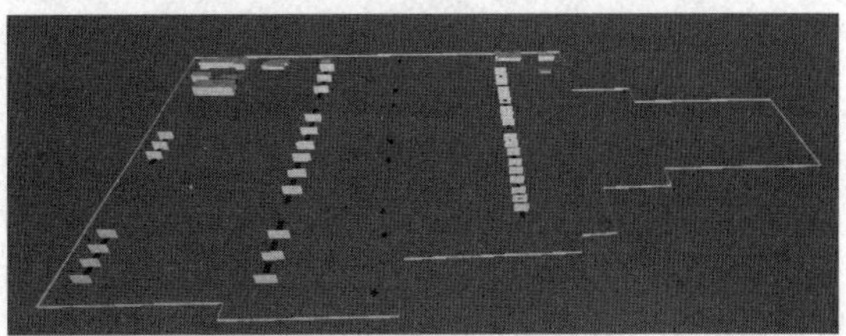

（4）计算参数设置。在计算之前，设置程序的基本计算参数，主要有两个参数：一个为地面吸收系数，另一个为反射级数。

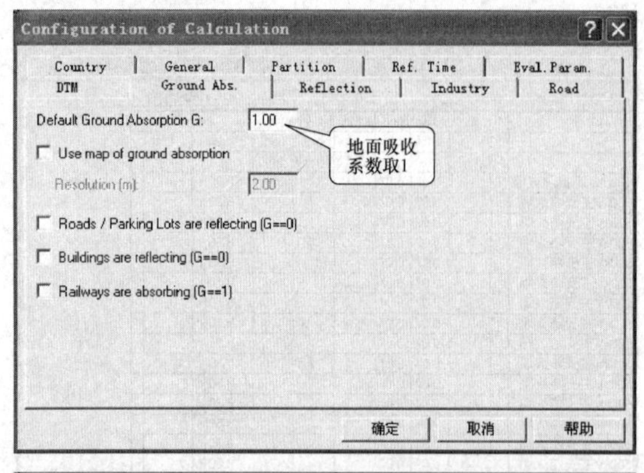

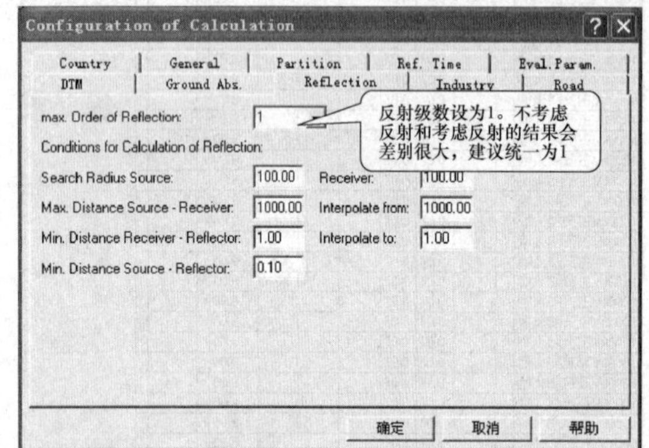

（5）计算。在以下窗口中设置计算网格大小和计算高度，然后按 Grid\Calc Grid 进行计算。

和 Soundplan 不同的是 Cadna 在设定源强时可直接输入昼间、夜间的噪声值，其计算的噪声等值线分布图默认为 L_d。

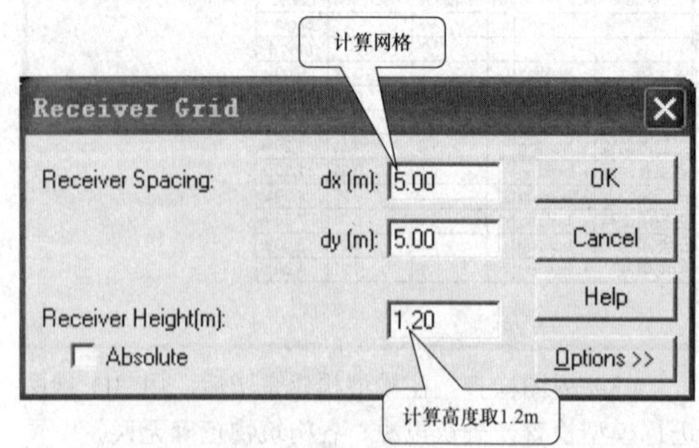

2\. SoundPLAN 软件噪声预测

SoundPLAN 软件噪声预测中参数设置，以变电站噪声预测为例，需进行如下设置。

（1）建立物理模型时各参数的设定。建筑物建立模型时，建筑物高度必须给出，同时可给出建筑物名称，其余各项数值均采用默认值。

变电站围墙及主变压器、高压电抗器等设备的防火墙均采用墙体模型建模。墙体的高度（Wall height）必须给出，墙体的反射损失（Reflection loss）如下图选择和输入。

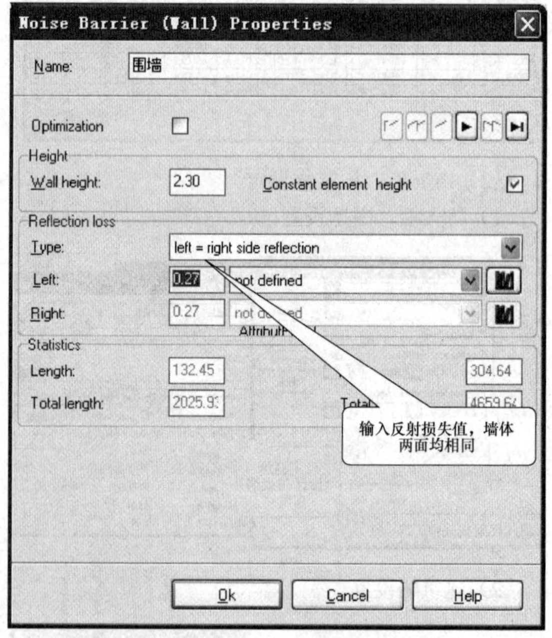

建立声源模型时，“Geometry/Building Ref.”选项卡和“Additional”选项卡中的内容全部采用软件的初始默认值。对于如 110kV 并联电抗等点声源模型，若无频谱，则应选择“Center frequency”选项，并给出其中心频率值或采用 500Hz 的默认值。主变压器、高压电抗器等大型设备应以面声源形式建立模型，并使用相应的频谱，详细说明见下图。

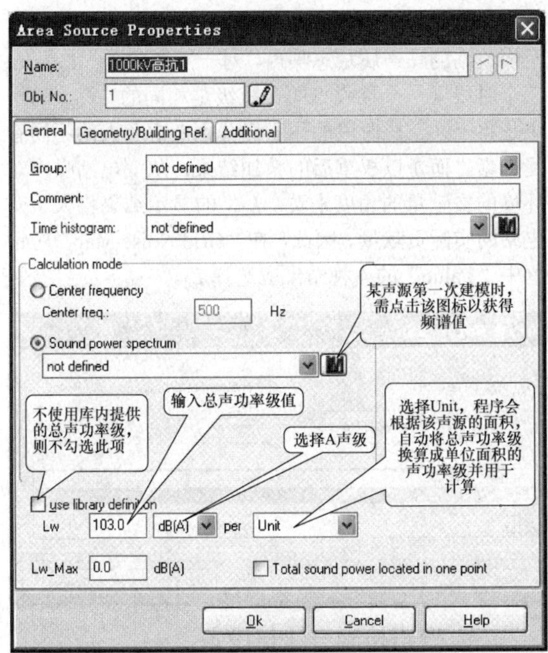

点击频谱设置图标后将弹出三个对话框，请在“Global”对话框的“Emission spectra”栏目中做相应的选择并点击“Accept”。

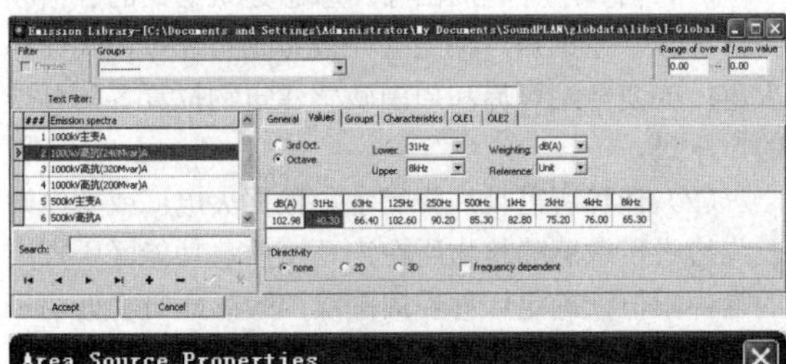

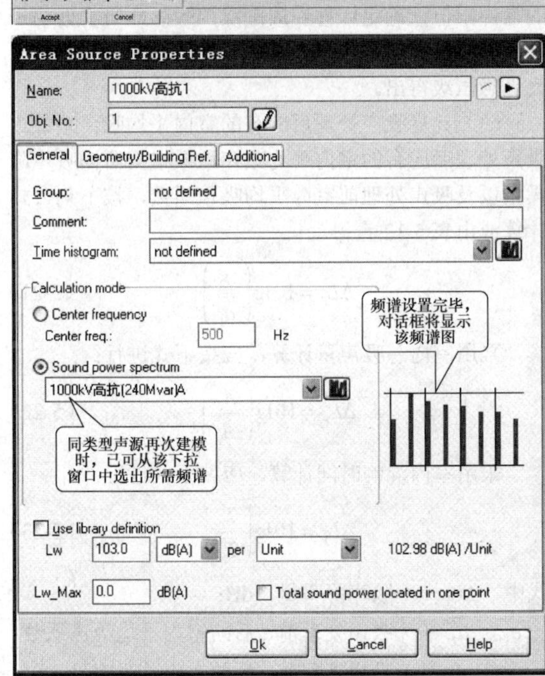

模型建立完成后，可用三维视图检查，是否有不妥当的地方需要纠正。

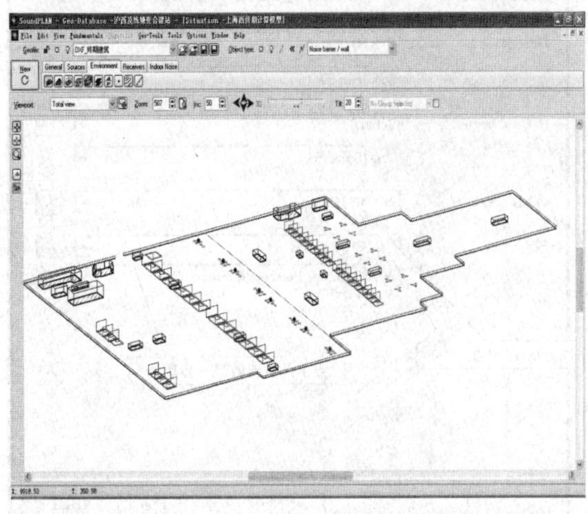

最后应注意，物理模型必须定义预测范围和参照面。

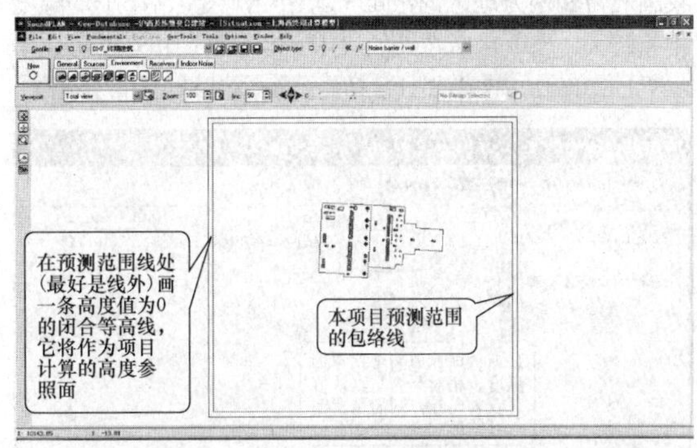

（2）计算模式的相关参数设置。对项目进行计算时，“General”选项卡的输入和选择如下图所示。

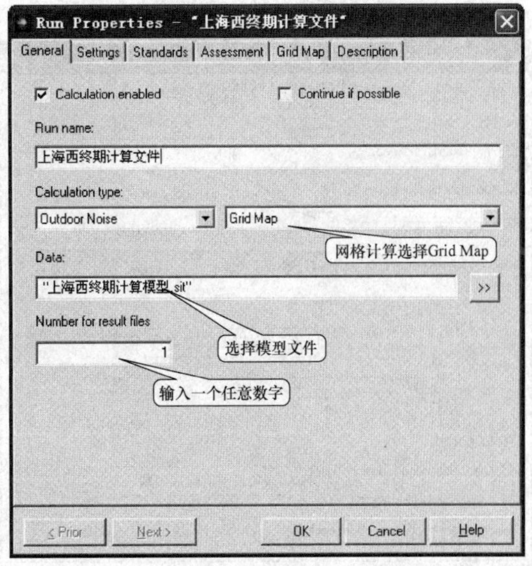

“Standards”选项卡的输入和选择如下图所示。

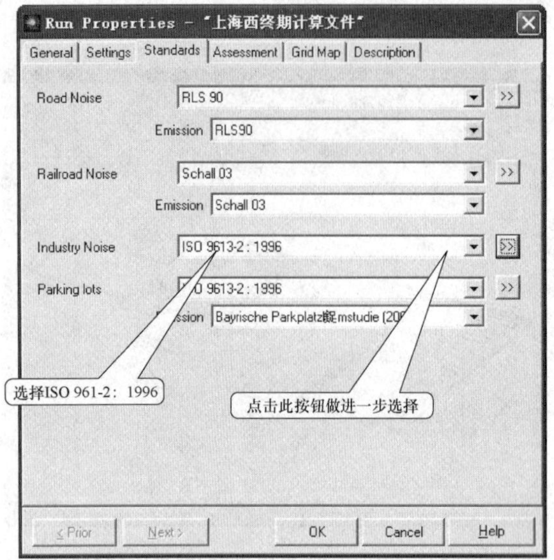

点击“>>”图标后将弹出如下图的对话框。由于我国北方和南方地区的常年平均相对湿度、常年平均温度相差较大，当项目所在地的气压、多年平均相对湿度、多年平均温度与下图中的默认值有较大差异时，应重新输入。

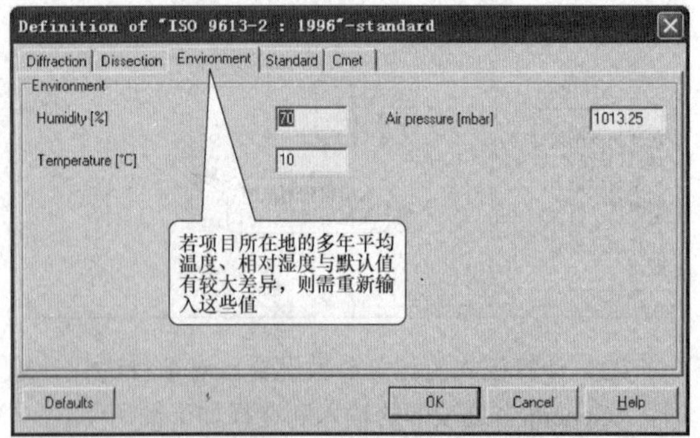

“Grid Map”选项卡的输入和选择如下图所示。

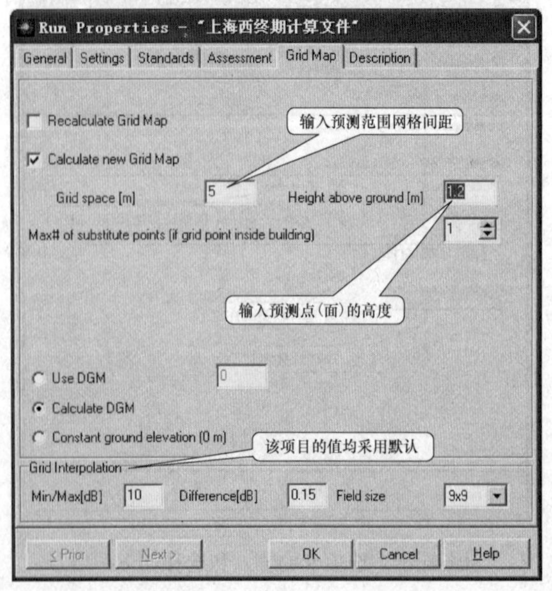

（3）图形生成模式操作时需注意的问题。变电站及换流站的噪声属稳态噪声，对于下图中 L_d、L_e 及 L_n 三个时段同一个接收点的声压级是相同的。L_{den} 的结果是将上述三个时段的声压级分别考虑了人的不同感受因素，而予以权重后的叠加结果，从变电站噪声对环境的贡献量的角度来看，L_{den} 的显示结果将大于变电站的实际贡献量。因此，在“Grid Noise Map”对话框中“Value”的 4 种结果应选择 L_d。

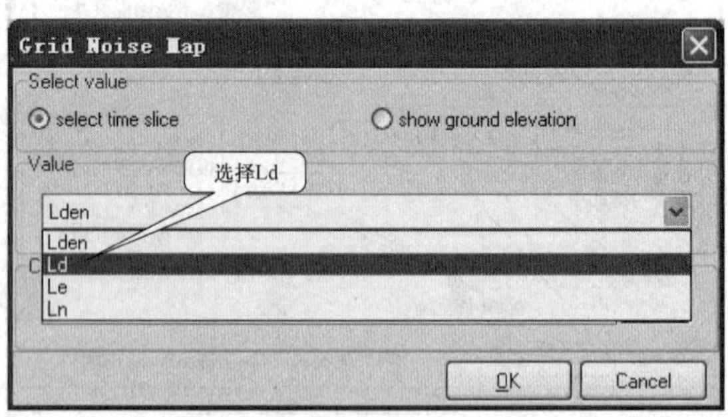

三、噪声控制方法与设备

（一）噪声控制原理及方法

1. 吸声

（1）估算厂界和周围噪声敏感建筑物处的各倍频带声压级。通过噪声预测软件按照噪声计算模式计算火电厂或变电站厂界和周围敏感建筑物位置各倍频带的声压级。

（2）计算所需吸声降噪量。根据火电厂或变电站及周边噪声敏感建筑物所在声环境质量功能区所规定的噪声限值，确定厂界和周围噪声敏感建筑物处的声压级。所需吸声降噪量可将吸声处理前的声压级减去允许声压级得出。

（3）计算吸声处理后应有的室内平均吸声系数。吸声处理后应有的室内平均吸声系数根据所需吸声降噪量以及吸声处理前室内平均吸声系数，按下列公式计算或由表 5-12 查得。

$$\Delta L_P = 10\lg\left(\frac{\overline{a_2}}{\overline{a_1}}\right) \tag{5-21}$$

采用室内总吸声量计算，应按下式进行：

$$\Delta L_P = 10\lg\left(\frac{A_2}{A_1}\right) \tag{5-22}$$

采用室内混响时间计算，应按下式进行：

$$\Delta L_P = 10\lg\left(\frac{T_1}{T_2}\right) \tag{5-23}$$

式中 ΔL_P——吸声降噪量，dB；

$\overline{a_1}$、$\overline{a_2}$——吸声处理前、后的室内平均吸声系数；

A_1、A_2——吸声处理前、后的室内总吸声量，m^2；

T_1，T_2——吸声处理前、后的室内混响时间，s。

注：公式可适用于 $\overline{a_2} \leqslant 0.5$ 的场合。

表 5-12　室内吸声降噪量（ΔL_P）估算表

$\overline{a_2}$ \ $\overline{a_1}$	0.05	0.10	0.15	0.20	0.25	0.30
0.20	6.0	3.0	1.2	—	—	—
0.25	7.0	4.0	2.2	1.0	—	—
0.30	7.8	4.8	3.0	1.8	0.8	—
0.35	8.5	5.4	3.7	2.4	1.5	0.7
0.40	9.0	6.0	4.3	3.0	2.0	1.2
0.45	9.5	6.5	4.8	3.5	2.6	1.8
0.50	10.0	7.0	5.2	4.0	3.0	2.2
0.55	10.4	7.4	5.6	4.4	3.4	2.6
0.60	10.8	7.8	6.0	4.8	3.8	3.0
0.65	11.1	8.1	6.4	5.1	4.1	3.4
0.70	11.2	8.5	6.7	5.4	4.5	3.7

（4）确定吸声材料（或结构）的类型、数量与安装方式。吸声材料（或结构）的类型、数量与安装方式，根据吸声处理后所需的室内平均吸声系数（或总吸声量、混响时间）的要求来确定。

（5）吸声设计的效果。可采用吸声降噪量及室内工作人员的主观感觉效果来评价。通常，吸声降噪量应通过实测或计算吸声处理前后室内相应位置的噪声水平（A、C 声级及 63～8000Hz 8 个倍频带声压级）来求得，也可通过测量混响时间、声级衰减等方法求得吸声降噪量。

2. 隔声

（1）估算厂界和周围噪声敏感建筑物处的各倍频带声压级。通过噪声预测软件按照噪声计算模式计算火电厂、变电站厂界和周围敏感建筑物位置各倍频带的声压级。

（2）确定允许噪声级和各倍频带的允许声压级。根据火电厂或变电站及周边噪声敏感建筑物所在声环境质量功能区所规定的噪声限值，由表 5-13 确定厂界和周围噪声敏感建筑物处的声压级。

表 5-13　倍频带允许声压级查算表

噪声限制值（dB）	倍频带允许声压级							
	63	125	250	500	1000	2000	4000	8000
70	87	77	70	64	61	60	60	62
65	82	72	65	59	56	55	55	57
60	77	67	60	54	51	50	50	52

续表

噪声限制值（dB）	倍频带允许声压级							
	63	125	250	500	1000	2000	4000	8000
55	72	62	55	49	46	45	45	47
50	67	57	50	44	41	40	40	42
45	62	52	45	39	36	35	35	37

（3）计算各倍频带的需要隔声量。各倍频带需要隔声量的计算，应按式（5-24）进行：

$$R=L_P-L_{Pa}+5 \tag{5-24}$$

式中　R——各倍频带的需要隔声量，dB；

L_P——计算得到厂界或噪声敏感建筑物处各倍频带的声压级，dB；

L_{Pa}——厂界或噪声敏感建筑物各倍频带的允许声压级，dB。

（4）选择适当的隔声结构与构件。厂界可采用隔声屏的形式，具体设计参考 HJ/T 90《声屏障声学设计和测量规范》。

隔声构件的共振频率可按式（5-25）计算：

$$f_\tau=\frac{\pi}{2}\sqrt{\frac{B}{M}\left(\frac{p^2}{a^2}+\frac{q^2}{b^2}\right)} \tag{5-25}$$

$$B=\frac{1}{12}Et^3$$

式中　B——板的劲度；

E——板的弹性模量，N/m²；

t——板的厚度，m；

M——板的面密度，kg/m²；

a、b——板的长宽尺寸，m；

p、q——任意正整数。

隔声构件的临界频率可按式（5-26）计算：

$$f_c=\frac{c^2}{2\pi}\sqrt{\frac{B}{M}}=\frac{c^2}{2\pi t}\sqrt{\frac{12\rho}{E}} \tag{5-26}$$

式中　c——声速，m/s；

M——板的面密度，kg/m²；

ρ——板的面密度，kg/m³。

单层均质隔声屏障的隔声量可按式（5-27）计算：

$$R=16\lg M+14\lg f-29 \tag{5-27}$$

式中　R——隔声量；

M——板的面密度，kg/m²；

f——入射声波的频率，Hz。

双层隔声屏障的隔声量可按式（5-28）计算：

$$R=16\lg[(M_1+M_2)f]M-30+\Delta R \tag{5-28}$$

式中　R——隔声量；

M_1、M_2——板的面密度，kg/m²；

f——入射声波的频率，Hz；

ΔR——空气层附加隔声量，可由图 5-15 查得。

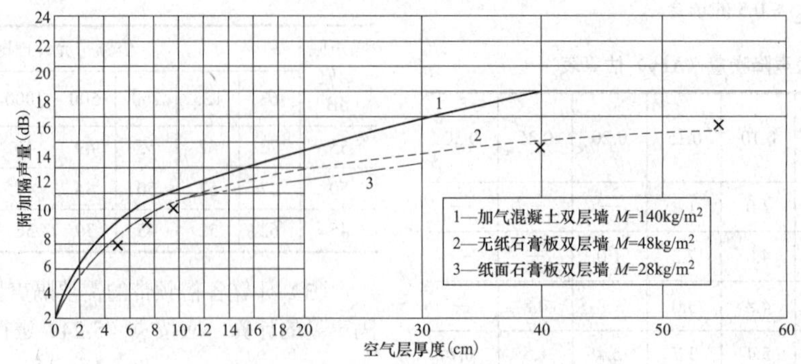

图 5-15 双层板空气层厚度和附加隔声量的关系

全封闭隔声罩的插入损失可按式（5-29）计算：

$$\mathrm{IL}=10\lg\left(\frac{\alpha+\tau}{\tau}\right)=R+10\lg(\alpha+\tau) \qquad (5\text{-}29)$$

式中 IL——罩的插入损失，dB；

R——罩的隔声量，dB；

α——罩内表面的平均吸声系数；

τ——罩的透射系数。

局部封闭隔声罩的插入损失可按式（5-30）计算：

$$\mathrm{IL}=10\lg[(S_0/S_1+\alpha+\tau)/(S_0/S_1+\tau)] \qquad (5\text{-}30)$$

式中 IL——罩的插入损失，dB；

S_1——罩内表面积，m^2；

S_0——局部开口罩开口面积，m^2；

α——罩内表面的平均吸声系数；

τ——罩的透射系数。

3. 消声

（1）估算厂界和周围噪声敏感建筑物处的各倍频带声压级。通过噪声预测软件按照噪声计算模式计算火电厂、变电站厂界和周围敏感建筑物位置各倍频带的声压级。

（2）确定允许噪声级和各倍频带的允许声压级。根据火电厂或变电站及周边噪声敏感建筑物所在声环境质量功能区所规定的噪声限值，确定厂界和周围噪声敏感建筑物处的声压级。

（3）计算所需消声量。将计算得到厂界（站界）或噪声敏感建筑物各倍频带的声压级减去厂界（站界）或噪声敏感建筑物各倍频带的允许声压级得出计算所需消声量。

当噪声低频特性时，可采用抗性消声器。单节扩张室消声器的消声量，可按下式计算：

$$D=10\lg\left[1+\frac{1}{4}\left(m-\frac{1}{m}\right)^2\sin^2(kl)\right] \qquad (5\text{-}31)$$

$$m=S_2/S_1$$

式中 D——抗性消声器的消声量，dB；

m——膨胀比或扩张比；

k——波数，$k=2\pi/\lambda$（k 值变化相当于频率变化）；

l——膨胀室的长度，m。

当噪声呈中高频宽带特性时，消声器的类型可采用阻性形式。直管式阻性消声器的静态消声量，可按下式计算：

$$D=\frac{\varphi(a_0)Pl}{S} \qquad (5\text{-}32)$$

$$\varphi(a_0)=4.34\times\frac{1-\sqrt{1-\alpha_0}}{1+\sqrt{1-\alpha_0}}$$

式中 D——消声器内无气流情况（即静态）下的消声量，dB；

$\varphi(a_0)$——消声系数，由驻波管法吸声系数 a_0 决定，也可由表 5-14 查得；

P——消声器通道内吸声材料的饰面周长，m；

l——消声器的有效长度，m；

S——消声器通道截面积，m^2。

表 5-14 消声系数 $\varphi(a_0)$ 与吸声系数（a_0）的关系

a_0	$\varphi(a_0)$	a_0	$\varphi(a_0)$	a_0	$\varphi(a_0)$ 理论值	$\varphi(a_0)$ 经验值	a_0	$\varphi(a_0)$ 理论值	$\varphi(a_0)$ 经验值
0.1	0.11	0.35	0.47	0.55	0.86	0.82	0.80	1.66	1.2
0.15	0.17	0.40	0.55	0.60	0.98	0.90	0.85	1.92	1.3
0.20	0.24	0.45	0.64	0.65	1.11	1.0	0.90	2.25	1.35
0.25	0.31	0.50	0.75	0.70	1.27	1.05	0.95	2.75	1.42
0.30	0.39			0.75	1.45	1.12	1.00	4.34	1.5

注 当消声器内吸声材料的吸声系数大于 0.6 时，建议采用表中经验值计算。以使计算值接近实际值。如对阻性消声器效果作粗略估算时，则可取 $\varphi(a_0)$ 值为 1。

（4）确定消声器的类型。应根据所需消声量、空气动力性能要求以及空气动力设备管道中的防潮、耐高温等特殊使用要求确定消声器的类型；根据现有定型系列化消声器的性能参数确定消声器的型号。有条件时，也可自行设计符合要求的消声器。

4. 阻尼与减振

（1）确定隔振设计所需的振动传递比（或隔振效率）。根据实测或估算得到的需隔振设备或地点的振动水平及机器设备的扰动频率，设备型号规格、使用工况以及环境要求等因素确定。简单隔振系统（质量弹簧系统）的振动传递比，可按下式计算：

$$T_r = \left| \frac{1}{1-\left[\frac{f}{f_n}\right]^2} \right| \tag{5-33}$$

式中　T_r——隔振系统的振动传递比；

f——机器设备的扰动频率，Hz；

f_n——隔振系统的固有频率，Hz。

（2）确定隔振元件的荷载、型号大小和数量的确定。隔振元件承受的荷载，应根据设备（包括机组和机座）的重量、动态力的影响以及安装时的过载等情况确定。设备重量均匀分布时，每个隔振元件的荷载可将设备重量除以隔振元件数目得出。设备重量不均匀分布时，各个隔振元件的选择，也可采用机座（混凝土块或支架），并根据重心位置来调整支承点。隔振元件的数量，一般宜取4～6个。

（3）确定隔振系统静态压缩量、频率比以及固有频率。静态压缩量应根据振动传递比（或隔振效率）、设备稳定性及操作方便等要求确定。

频率比中的扰动频率，通常可取为设备最低扰动频率。频率比应大于1.41，通常宜取2.5～4；严禁采用接近于1的频率比。

隔振系统的固有频率可根据扰动频率及频率比确定，并可按下式估算：

$$f_n = 4.98\sqrt{\frac{K_D}{W}} \approx 5\sqrt{\frac{d}{\delta}} \tag{5-34}$$

式中　K_D——隔振元件动刚度，kg/cm；

W——隔振系统重量，kg；

d——隔振元件的动、静刚度比，钢弹簧可取1.0；橡胶可取1.5～2.3；

δ——隔振元件在设备总重量下的静态压缩量，cm。

（4）验算隔振参量，估计隔振设计的降噪效果。在隔振系统确定之后进行，通常应包括振动传递比或隔振效率、静态压缩量、动态系数等参数的验算；同时，尚应包括对隔振的降噪效果做出的估计。对于楼板上的隔振系统，其楼下房间内的降噪量可用下式估算：

$$\Delta L_P \approx \Delta L_V \approx 20\lg\left(\frac{1}{T_r}\right) \tag{5-35}$$

式中　ΔL_P——隔振前、后楼下房间内声压级的改变量，dB；

ΔL_V——隔振前、后楼板振动速度级的改变量，dB。

（二）噪声与振动控制设备

噪声与振动控制要用噪声与振动控制设备来保证治理措施的实现，最终都要落实在噪声与振动控制设备、材料、装置的应用上。

1. 吸声材料与吸声结构

利用吸声处理的办法在噪声传播途径上进行控制，是一种传统的、常用的、有效的噪声污染控制方法，在工业生产和民用建筑中被广泛使用。吸声措施必须与消声、隔声等噪声控制措施相结合才能取得最佳效果。理论与实践证明，吸声处理只能降低反射声的影响，对直达声是无能为力的，吸声降噪的效果是有限的，一般不会超过10dB。

我国目前生产的吸声材料大体分为以下四类：①无机纤维材料类：如离心玻璃棉、岩棉、超细玻璃棉、矿棉及其制品等；②泡沫塑料类：如聚氨酯泡沫塑料、脲醛泡沫塑料和氨基甲酸酯泡沫塑料凳；③有机纤维材料类：如棉、麻、木屑、植物纤维、海草、棕丝及其制品等；④吸声建筑材料类：如泡沫玻璃、膨胀珍珠岩、陶土吸声砖、加气混凝土等。

吸声结构的种类也很多，大体分为如下四类：薄板共振吸声结构，穿孔板吸声结构，微穿孔板吸声结构和各类空间吸声体。

电力工程中常用的吸声材料与吸声结构有如下几种：

（1）离心玻璃棉板。离心玻璃棉板是一种高效保温、隔热、吸声材料，也是一种很好的节能产品，具有热导率低、密度小、化学稳定性高、无渣球、吸湿率低、通气性好、有排潮机能、不老化、不刺手、不燃烧、不霉、不蛀、弹性恢复力好、线膨胀系数小、可压缩包装运输、施工性能好、可切割加工、无现场损耗、不产生有害气体、长期使用性能不变等优点。

常用的离心玻璃棉板分为光身无面层的原板和黏附各种饰面的玻璃棉板（如粘贴纸面、PVC面、铝箔面等），花纹自选，可一面贴，也可两面帖。离心玻璃棉板广泛应用于建筑物的顶棚和内墙的保温、保冷和吸声，空调设备的隔热、保温、消声，其他设备的防冲、降噪等。

（2）岩棉。在众多的吸声材料中，岩棉制品具有密度小、热导率低、吸声好、不燃、不蛀、不霉、使用温度范围广、使用时间长等突出特点，因而在建筑、石油化工、传播制造、冶金、电力等部门被广泛应用，鉴于其纤维细、密度小、好加工，是一种比较理想的吸声材料。

（3）超细玻璃棉。超细玻璃棉在噪声控制工程中应用比较广泛，它具有直径细、纤维长、密度低、不燃、不蛀、无毒、耐热、抗冻、柔软等特点。一般超细玻璃棉吸湿、吸水性大，受潮后吸声性能下降。为克服此缺点，可对超细玻璃棉进行憎水处理，制成防水超细玻璃棉，但其成本较高。

（4）矿棉吸声板。矿棉吸声板是一种新型的吸声材料，具有质轻、保温、隔热、吸声、装饰性强、施工装配化等特点。矿棉吸声板可用于工厂企业的噪声控制工程的吸声与装饰。直接将矿棉吸声板钉装于室内顶棚和四壁即可。

矿棉吸声板的特点是：

1）防火性能好，达到难燃一级标准，为不燃材料。

2）保温性好，节约能源。

3）吸声性能好，平均吸声系数高。

4）规格品种多，表面花色多。

5）施工进度快，装配式施工，干法作业，装修方便灵活，可锯可刨。

（5）金属穿孔板。金属穿孔板饰面板多数是由厚度为 0.60～1.20mm 防锈铝、0.50～1.00mm 镀锌钢板或 0.50～1.00mm 普通钢板冲制而成的，铝板面经过样机氧化处理或喷漆处理，既起护面作用，又起装饰作用。

（6）微穿孔板。在板厚小于 1.0mm 的薄金属板上钻孔径小于 1.0mm 的微孔，穿孔率在 1%～5%之间，后部留有一定厚度的空气层，这样就构成了微穿孔板吸声结构。微穿孔板吸声结构比普通穿孔板吸声结构的吸声系数高，吸声频带宽。同时可用于高温、高速气流，有水、汽以及要求特别洁净的场所，可以是单层微穿孔板吸声结构，也可以组合成双层或多层微穿孔板吸声结构。微穿孔板吸声结构由薄金属板构成，在这些薄金属板间无需衬垫多孔性纤维吸声材料，因此，不怕水和蒸汽，能承受较高风速的冲击，用途越来越广泛。

2. 隔声材料与隔声构件

隔声是噪声控制工程中常用、有效的方法之一。利用隔声材料和隔声构件隔离或阻挡声能的传播，把噪声源引起的吵闹环境限制在局部范围内，或在吵闹的环境中隔离出一个安静的场所。

按施工方法不同，隔声可分为建筑围护结构的隔声和轻型隔声构件的隔声两大类。建筑围护结构一般属于重型结构，如砖墙、钢筋混凝土墙板和楼板等；在工业噪声控制中，常用的是轻型隔声结构，例如钢结构隔声室、隔声罩、隔声屏、隔声门、隔声窗等。建筑围护结构或轻型隔声构件可以是单层的，也可以是双层的或多层复合的。隔声构件可以选用现成产品，也可以按需要进行专门的设计制造。

在噪声控制中常用的隔声板材，归纳起来有下列几种：

单层板材——金属板、塑料板、石膏板、五合板、石棉水泥板、草纸板等；

双层板材——双层金属板、双层铅丝网抹灰板、双层复合板等；

单层墙体——炭化石灰板墙、加气混凝土墙、矿渣珍珠岩砖墙、硅酸盐砌块、硅酸盐条板、矿渣三孔空心砖、石膏蜂窝板墙等；

双层墙体——塑料贴面压榨板双层墙、纸面石膏板双层墙、炭化石灰板双层墙、加气混凝土双层墙、加气混凝土双层墙、五合板蜂窝双层墙、厚砖墙两面抹灰、空心砖墙双面抹灰、双层厚砖墙等。

电力工程中常用的隔声材料与隔声构件有以下几种：

（1）FC 板。FC 纤维水泥加压板简称 FC 板，包括 FC 穿孔板、FC 鱼鳞板、FC 轻质复合墙板等。

以上板材适合于不同场所使用，都有较好的隔声性能。特点是大幅面，高强度，防火、防水、隔声。主要技术参数：横向抗折强度 28MPa，纵向抗折强度 20MPa，冲击韧度 2450J/m^2，吸水率小于 17%，密度大于 1.8g/cm^3，耐火极限 77min（6mm 厚复合墙体），隔声指数 50dB（6mm 厚复合墙体）。FC 板表面可喷、可涂、可贴各种装饰材料，施工便捷，可锯、可钻、可切、可钉钉子。

（2）PC 板。PC 板又称为聚碳酸酯耐击板，具有耐冲击、打不破、阻燃、重量轻、绝缘、可冷弯曲加工、可切、可锯、可钻孔、透光、耐候强、耐低温、适合室外使用等特点，可用于封闭隔声罩、工程机械防噪声屏障等。

主要技术参数：密度 1.2g/cm^3，拉伸屈服强度 64.5MPa，拉伸断裂强度 58.5MPa，平均隔声量 21.5dB，隔声指数 24dB。

（3）金属复合隔声板。金属复合隔声墙板和隔声顶板是组成隔声结构的基本隔声构件，隔声板块的长度和宽度有多种尺寸，一般按噪声源性质的不同选择不同厚度规格。以高频声为主的小型设备选用 50mm 厚，以高频声为主的大型设备选用 80mm 厚，以低中频声为主的小型设备选用 100mm 厚，以低中频声为主的大型设备选用 120mm 厚，中间再加阻尼层和吸声材料。

（4）隔声罩。鉴于机器设备种类繁多，场地大小不一，采用标准隔声罩适应性较差，通常都是按现场实际情况设计、制造非标准隔声罩，例如各类风机、空压机、发电机组、电动机、水泵、磨煤机等。

（5）隔声屏障。使用隔声屏障，应根据噪声源的种类、声源特性、安装位置等来选择隔声屏障的形状和尺寸。隔声屏障分为固定式和移动式两种。按声学特性不同，可分为反射型、吸声型以及反射吸声结合型等三种。由于声屏障是敞开结构，有利于机械设备的散热及操作维修。如果声源侧适当进行吸声处理，隔声屏障的降噪效果还会提高。

3. 消声器

消声器的形式很多，按其消声原理及结构的不同，大体可分为五大类：一是阻性消声器；二是抗性消声器；三是微穿孔板消声器；四是各种复合式消声器；五是扩容减压小孔喷注、排气放空消声器。按消声器所配备的设备不同以及使用场所的不同，大体分为各种风机消声器、空压机消声器、排气喷流消声器、柴油机排气消声器、电机消声器、消声弯头、特殊用途消声器等。

下面列举几种在电力工程中常用的消声器。

（1）ZP_{100} 型片式消声器。ZP_{100} 型片式消声器系列主要应用于各类通风空调系统中的噪声治理，可有效地降低空气动力性噪声，具有适用风量范围大、系列规格全、与标准风管配套性好、消声量高、气流阻力小、防火、防潮、防霉、防蛀等特点，特别适用于各类大型公共建筑，也适用于工厂企业的通风空调系统消声。

ZP_{100} 型片式消声器系列适用风量为 720～90000m^3/h，消声量为 15dB（A）/m，压力损失 14～55Pa（风速 5～10m/s）。ZP_{100} 型片式消声器消声片厚 100mm，单节有效长度为 1000mm。根据消声量需要及现场安装位置不同，可以几节消声器串联组合使用。

（2）ZP_{200} 型片式消声器。ZP_{200} 型片式消声器的特点和适用范围与 ZP_{100} 型片式消声器系列基本相同。ZP_{200} 型片式消声器适用风量为 1800～36000m^3/h，消声量为 15dB（A）/m，压力损失为 40～159Pa（风速 5～10m/s）。消声片厚 200mm，单节有效长度为 1000mm，按需要可多节组合。

（3）F 型阻抗复合式消声器。该系列消声器主要用于 9～27、9～19 等各种高压离心通风机进排气口、管道以及机房进气口等辐射的噪声，也可提供锅炉鼓风机降噪选用。国内很多消声器厂均生产该系列消声器。

适用风量范围为 2000～50000m^3/h，流速为 12～18m/s。消声量低频为 10～15dB（A），中高频为 20～35 dB（A）。压力损失阻力系数为 1.5，在额定风速（18m/s）下，总压力损失一般小于 300Pa，气流再生噪声为 67dB（A）。

（4）D 型阻性折板式消声器。该系列主要用于降低罗茨风机进气口辐射的噪声，必要时也可用于降低排气口（或排气管）噪声或其他高压风机的噪声。

消声量：在额定风速下，实际消声量不小于 30dB（A）。

压力损失：一般将 D 型罗茨鼓风机消声器流速控制在 20m/s 以下，当消声器的流速不大于 18m/s 时，压力损失不大于 500Pa。

（5）ZWB-50/100 消声弯头系列。该系列主要适用于各类通风空调系统中的噪声治理，它使用风量范围大、系列规格全，可以同标准风管配套连接，具有消声性能优、气流阻力小、配套性好、安装方便等特点。使用该系列弯头消声器在管道转弯处消声，既利用了空间，又提高了消声效果，特别适用于管道长度有限、安装直管消声器受限制的空调通风系统。50 和 100 分别表示吸声层厚度为 50mm 和 100mm，适用风量为 720～40500m^3/h，消声量为 10dB（A），压力损失不超过 30Pa。

4. 隔振器

从理论上来说，凡是具有弹性的材料，均能作为隔振元件。但在实际工程应用上，还应满足性能稳定、防水、防油、耐腐蚀、使用寿命长、加工安装方便的性能。

（1）金属弹簧隔振器。金属弹簧的种类繁多，用于机器设备隔振的多数是用弹簧圆钢制成的螺旋弹簧。

金属弹簧隔振器的优点是：①低频隔振性能好，适用频率范围为 1.5～5Hz；②性能稳定，弹簧的动刚度、静刚度的计算值与实测值基本一致，而且受到长期大载荷作用也不产生松弛现象；③适用范围广，耐高温，耐低温，耐油，耐腐蚀，不老化，寿命长；④适应性强，能适用于不同要求的弹性支撑系统，既可制成压缩型，又可制成悬吊型。

其缺点是：阻尼性能较差，为改善阻尼性能，有些金属弹簧隔振器专门做了阻尼处理；高频隔振效果差，但它与橡胶隔振垫串联使用时，高频隔振性能会有较大改善。

（2）橡胶隔振器。目前在实际工程中应用最多的是橡胶隔振器，它具有持久的高弹性和优良的隔冲、隔振性能。橡胶隔振器阻尼大，吸收机械能量强，尤其是吸收高频能量更为突出。橡胶隔振器的缺点是，橡胶容易老化，寿命一般为 3～5 年，因此需要定期检查和更换。

常用墙板、门窗的隔声量，常用消声器的消声量，常用吸声材料的吸声系数见表 5-15～表 5-19。

表 5-15　　常 用 墙 板 隔 声 量

类别	材料	面密度（kg/m²）	厚度/尺寸（mm）	倍频带消声量（dB）						$R_{平均}$（dB）	R_W（dB）
				125Hz	250Hz	500Hz	1000Hz	2000Hz	4000Hz		
空心砖及砌块墙	矿渣三孔空心砖	120	100	30	35	36	43	53	51	40	43
	矿渣三孔空心砖	210	210	33	38	41	46	53	52	43	46
	黏土空心砖	289	240	39	42	44	47	56	52	46	48
	黏土空心砖	380	240	42	45	46	51	60	61	50	51
	混凝土空心砌块	299	190	39	40	42	49	49	49	44	47
	混凝土空心砌块	332	280	40	41	47	52	55	56	48	50
	陶粒混凝土空心砌块	273	190	42	44	50	55	57	59	51	53
砖墙	实心砖	160	60	26	30	30	34	41	40	32	35
		240	120	37	34	41	48	55	53	45	47
		480	240	42	43	49	57	64	62	53	55
		700	370	40	48	52	60	63	60	53	57
		833	490	45	58	61	65	66	68	61	62
双层砖墙	实心砖	258	a=b=60，d=60	25	28	33	47	50	47	38	38
		484	a=b=120，d=20	28	31	33	43	45	46	38	38
		800	a=b=240，d=150	50	51	58	71	78	80	64	63
		960	a=b=240，d=100	46	55	65	80	95	103	71	68
		1400	a=b=370，d=300	53	63	69	78	83	/	69	73
		1400	a=b=370，d=230	61	79	80	89	89	/	79	85
		720	a=120b=240，d=300	37	45	47	67	66	78	56	52
		1180	a=240b=370，d=1000	48	58	64	78	/	/	68	68
		1660	a=370b=490，d=200	51	61	69	81	95	/	72	73
		2140	a=490b=620，d=200	52	64	73	79	83	/	70	73
备注		$R_{平均}$：各频带隔声量的算术平均值；R_W：将隔声频率特性曲线与标准曲线按一定方法进行比较而读得之数。a、b 为墙的厚度，d 为空隙宽度。									
单层金属板	铝板	2.6	1	13	12	17	23	29	33	21	22
		5.2	2	17	18	23	28	32	35	25	27
	镀锌铁皮	7.8	1		20	26	30	36	43	29	30
	钢板	7.8	1	19	20	26	31	37	39	28	31
		11.7	1.5	21	22	27	32	39	43	30	32
		15.6	2		26	29	34	42	45	34	35
		19.5	2.5	29	31	32	35	41	43	34	35
		23.4	3	28	31	32	35	42	32	33	35
		31.2	4	31	34	36	37	41	33	35	37
金属板加超细玻璃棉	钢板加超细玻璃棉	15.5	钢板 1.5，玻璃棉 80	29	35	45	54	61	61	47	47
		19.1	钢板 2，玻璃棉 80	32	33	43	52	60	64	46	46
		22.2	钢板 2.5，玻璃棉 80	29	38	46	54	61	62	47	49
		27.1	钢板 3，玻璃棉 80	29	40	44	54	60	57	47	48
		34.7	钢板 4，玻璃棉 80	28	39	46	53	60	56	46	49

续表

类别	材料	面密度（kg/m²）	厚度/尺寸（mm）	倍频带消声量（dB）						$R_{平均}$（dB）	R_W（dB）
				125Hz	250Hz	500Hz	1000Hz	2000Hz	4000Hz		
复合板	彩色钢板中夹聚苯板	13	钢板 0.6，聚苯板 100	14	24	23	26	53	51		21
双层金属板	铝板	5.2	$a=b=1$，$d=70$	17	12	22	31	48	52	30	26
		10.4	$a=b=2$，$d=70$	9	21	30	37	46	49	31	32
		62.4	$a=b=4$，$d=80$	34	40	44	51	57	45	46	48
	复塑钢板	13	$a=b=0.8$，$d=140$	19	30	36	48	56	64	41	39
	钢板	15.3	$a=b=1$，$d=80$	25	29	39	45	54	56	40	41
		23.4	$a=b=1.5$，$d=80$	26	36	44	50	58	61	46	46
		37.4	$a=b=2.5$，$d=80$	36	37	45	51	59	59	46	48
		46.8	$a=b=3$，$d=80$	32	28	42	50	58	44	44	45
备注		$R_{平均}$：各频带隔声量的算术平均值；R_W：将隔声频率特性曲线与标准曲线按一定方法进行比较而读得之数。a、b 为板的厚度，d 为空隙宽度。									
双层金属板腔内填吸声材料	铝板加超细玻璃棉	12	$a=b=2$，$d=70/70$	19	27	40	42	48	53	37	39
	贴塑钢板加岩棉	17.2	$a=b=0.7$，$d=50/50$	16	23	24	29	39	37	27	30
	贴塑钢板加矿棉毡	22.8	$a=b=0.8$，$d=140/50$	23	39	48	57	62	68	48	46
	钢板加超细玻璃棉	19.1	$a=b=1$，$d=80/80$	28.4	42	50	57	58	60	48	51
		22.5	$a=1.5$，$b=1$，$d=65/65$	30	38	49	55	63	66	49	51
		23.2	$a=1.5$，$b=1$，$d=80/80$	32	45	53	58	58	60	51	53
		26.8	$a=b=1.5$，$d=65/65$	32	41	49	56	62	66	50	51
		26.1	$a=2$，$b=1$，$d=65/65$	31	40	48	55	62	66	49	53
		27.5	$a=b=1.5$，$d=80/80$	31	43	52	59	62	63	51	54
		26.8	$a=2$，$b=1$，$d=80/80$	36	43	52	58	63	66	52	55
		27.6	$a=2$，$b=1$，$d=100/100$	39	43	51	58	66	70	53	55
		31	$a=2$，$b=1.5$，$d=80/80$	40	43	52	58	62	65	53	55
		29.9	$a=2.5$，$b=1$，$d=80/80$	33	47	54	57	58	60	51	51
		33.5	$a=2.5$，$b=1.5$，$d=65/65$	36	43	49	56	63	67	51	53
		34.2	$a=2.5$，$b=1.5$，$d=80/80$	36	46	51	58	63	65	53	55
		35	$a=2.5$，$b=1.5$，$d=100/100$	40	43	50	57	64	69	53	55
		37.8	$a=2.5$，$b=2$，$d=80/80$	39	42	51	55	61	63	51	54
		40.9	$a=2.5$，$b=2.5$，$d=80/80$	34	41	49	66	62	61	50	52
		38.4	$a=3$，$b=1$，$d=80/80$	33	47	53	67	58	58	51	54
		39.2	$a=3$，$b=1.5$，$d=80/80$	37	44	52	58	62	60	52	54
		45.8	$a=3$，$b=2.5$，$d=80/80$	36	42	50	56	61	57	50	53
		50.3	$a=3$，$b=3$，$d=80/80$	33	42	50	56	61	47	49	53
备注		$R_{平均}$：各频带隔声量的算术平均值；R_W：将隔声频率特性曲线与标准曲线按一定方法进行比较而读得之数。a、b 为板的厚度，d 为空隙宽度。									

表 5-16 门 隔 声 量

类别	门缝处理	门的厚度/尺寸（mm）	倍频带消声量（dB）						$R_{平均}$（dB）	R_W（dB）
			125Hz	250Hz	500Hz	1000Hz	2000Hz	4000Hz		
普通保温隔声门（单扇）	全密封	40～50	29.0	22.9	31.1	35.7	42.6	45.2	33.3	35
	双橡胶 9 字形条	40～50	23.2	21.4	27.1	33.1	41.0	39.6	30.6	32
	单道软橡胶 9 字形条	40～50	21.1	20.2	25.1	25.3	37.7	38.7	27.6	28
	单道硬橡胶 9 字形条	40～50	21.8	20.9	26.0	24.1	29.7	35.4	25.6	27
	不处理	40～50	19.5	18.8	21.5	17.1	19.5	22.7	19.8	18
普通保温隔声门（双扇）	单道软橡胶 9 字形条	40～50	23.0	24.1	28.3	29.8	30.6	35.5	28.7	31
铝板隔声门	包毛毡	—	26.1	36.4	29.0	28.8	35.9	51.8	33.1	32
	门缝消声器	—	22.8	24.2	23.5	34.3	40.2	33.6	29.2	30
	无	—	23.0	28.6	24.1	29.2	23.1	24.2	25.1	25
钢板隔声门	包毛毡	74	41.5	41.3	34.3	36.9	45.2	58.0	41.1	41
	门缝消声器	74	26.8	25.8	26.3	41.1	44.3	36.2	32.9	35
	无	74	25.5	25.9	23.3	28.1	23.4	24.1	24.8	25
国标 J649 隔声门	橡胶 9 字形条	900×1800/1000×2100 1500×2100/2400×2400 3000×3300/3300×3600	21.0	26.2	35.3	45.0	43.5	52.5	37.3	38
	海绵橡胶条	900×1800/1000×2100 1500×2100/2400×2400 3000×3300/3300×3600	35.5	36.7	37.0	44.0	44.5	55.5	41.3	41
	斜企口人造革包泡沫塑料压缝（不附吸声体）	900×1800 1000×2100	36.1	39.6	39.8	50.2	50.4	53.7	44.4	44
	斜企口人造革包泡沫塑料压缝（附吸声体）	900×1800 1000×2100	38.3	46.6	44.7	52.3	54.6	56.9	48.3	49
备注	$R_{平均}$：各频带隔声量的算术平均值；R_W：将隔声频率特性曲线与标准曲线按一定方法进行比较而读得的数值。									

表 5-17 窗 隔 声 量

类别	窗面积（m^2）	厚度（mm）	倍频带消声量（dB）						$R_{平均}$（dB）	R_W（dB）
			125Hz	250Hz	500Hz	1000Hz	2000Hz	4000Hz		
普通单层玻璃窗	2	3	21	22	23	27	30	30	25.5	27
	3	4	22	24	28	30	32	29	27.5	29
	3	6	25	27	29	34	29	30	29.0	29
	2	8	31	28	31	32	30	37	30.5	31
	2	10	32	31	32	32	32	38	32.8	32
	2	12	32	31	32	33	33	41	33.7	33
	2	15	36	33	33	28	39	41	35.0	30
普通双层玻璃窗（*表示边框有吸声处理）	1.9	3/8/3	17	24	25	30	38	38	28.7	30
	1.9	3/32/3	18	28	36	41	36	40	33.2	36
	*1.8	3/100/3	24	34	41	46	52	55	42	43
	*3.0	3/200/3	36	29	43	51	46	47	42	41

续表

类别	窗面积（m^2）	厚度（mm）	倍频带消声量（dB）						$R_{平均}$（dB）	R_W（dB）
			125Hz	250Hz	500Hz	1000Hz	2000Hz	4000Hz		
普通双层玻璃窗（*表示边框有吸声处理）	1.13	4/8/4	20	19	22	35	41	37	29	27
	*1.8	4/100/4	29	35	41	46	52	43	41	44
	*3.0	4/254/4	31	41	50	50	51	44	44.5	45
	3.8	6/10/6	22	21	28	36	30	32	28.2	30
	*1.8	6/100/6	32	38	40	45	50	42	41.2	43
	1.8	6/100/3	26	32	39	39	46	47	38.2	41
	*1.8	6/100/3	30	35	41	46	51	54	42.8	45
铝合金单层平开窗（门缝处理）	—	5	20.4	27.0	28.5	32.5	34.6	35.2	29.3	32
双层平开钢窗（*表示窗缝、窗框处理）	—	4/120/4	23.5	25.5	29.5	32.5	34.0	40.5	30.9	33
	—	5/100/5	22	19	29	32	42	56	33.2	32
	—	*6/150/6	31.1	39.3	41.4	45.8	35.8	46.2	39.9	36

表 5-18 常用消声器的消声量

消声器类型	外形尺寸（mm）	风速（m/s）	倍频带消声量（dB）								ΔL_A（dB）
			63Hz	125Hz	250Hz	500Hz	1000Hz	2000Hz	4000Hz	8000Hz	
管式消声器（内衬 50mm 厚聚酯氨泡沫，长度为 1m）	300×300	—	—	3	11	26	19	24	26	—	—
	400×300	—	—	3	10	22	16	20	14	—	—
	500×300	—	—	2	8	19	14	18	12	—	—
	350×350	—	—	2	9	21	15	19	13	—	—
	475×350	—	—	2	7	17	12	16	11	—	—
	600×350	—	—	2	7	16	11	15	10	—	—
	400×400	—	—	2	7	17	12	16	11	—	—
	550×400	—	—	1	6	14	10	13	9	—	—
	700×400	—	—	1	5	13	9	12	8	—	—
ZP_{100} 型片式消声器	400×300（有效长度 1m）	静态	5	6.5	16	33.5	30	19	13	11.5	21
		3	4	6.5	15.5	32.5	30	18	13	11.5	20.5
		6	3.5	6	15.5	32.5	30	18.5	13	11.5	20.5
		9	3.5	5.5	15.5	32	30	19	14	11.5	20
	600×300（有效长度 1m）	静态	4.5	8.5	15	17	13.5	14	12	10.5	15
		3	4.5	9	14	17	13	15	12	11.5	15.5
		5	4.5	9	14	16.5	12.5	15.5	11.5	12	15.5
		8	6	9.5	14	17	13.5	15.5	12	11.5	15.5
ZP_{200} 型片式消声器	400×630（有效长度 1m）	静态	5	9	17.5	31	37.5	28.5	22	19	24.5
		3	5.5	8.5	17.5	31.5	38.5	28.5	23	22	25
		5	4	9	18	31.5	38.5	30	23	19	25.5
D 型阻性折板式消声器	Φ450×1400	17	9	24	27	36	28	24	23	21	30
	Φ600×1600	19	7	29	29	36	29	27	24	27	33
	Φ900×1800	19	13	12	28	33	39	32	30	30	29

续表

消声器类型	外形尺寸（mm）	风速（m/s）	倍频带消声量（dB）								ΔL_A（dB）
			63Hz	125Hz	250Hz	500Hz	1000Hz	2000Hz	4000Hz	8000Hz	
ZKS 型折板式消声器	长 900（片距 150，片厚 100）	3～4	—	7.5	14	22	22	27	28	—	—
		5～6	—	7	14	20	21	26	26	—	—
		7～8	—	7	14	18	19.5	24	25	—	—
	长 1800（片距 150，片厚 100）	3～4	—	13	27	38	39	48	50	—	—
		5～6	—	13	25.5	35	37	39	41	—	—
		7～8	—	11	22	31	32	40	41	—	—
	长 2700（片距 150，片厚 100）	3～4	—	17	35	45	50	62	64	—	—
		5～6	—	16	32	45	46.5	57	59	—	—
		7～8	—	13	27	37	39	48	49	—	—
菱形声流式消声器	长 2400	3	—	19	37.5	43	42.5	35.5	31	—	—
		5	—	17	27	34	32	30	25	—	—
		8	—	17	22	31	30	30	26	—	—
不同吸声衬里消声弯头	无吸声衬里	3.3	—	8	15	6	7	8	8	—	7
		6.0	—	6	12	7	5	7	8	—	8
	50mm 厚超细棉，棉布饰面	3.3	—	8	16	19	24	25	23	—	17
		6.0	—	11	14	15	23	26	24	—	15
	50mm 厚超细棉，棉布饰面，加导流片	3.3	—	10	17	18	20	22	17	—	16
		6.0	—	11	19	19	21	24	18	—	17
	50mm 厚超细棉，穿孔板饰面	3.3	—	10	19	18	20	18	20	—	15
		6.0	—	8	14	17	17	17	19	—	15

消声器类型	外形尺寸/法兰尺寸（mm）	风速（m/s）	倍频带消声量（dB）								ΔL_A（dB）
			63Hz	125Hz	250Hz	500Hz	1000Hz	2000Hz	4000Hz	8000Hz	
ZWB-50 消声弯头	630×320（吸声壁面厚度 50）	静态	7	8	15	16	12.5	9	7.5	—	9
		3	6.5	8	15.5	16	12	9	7	—	9.5
		5	6.5	7.5	15.5	15.5	11.5	9	7.5	—	10
		8	6.5	8	15	15.5	12.5	9.5	8.5	—	10
ZWB-100 消声弯头	630×320（吸声壁面厚度 100）	静态	10	12	17.5	23	14.5	10.5	7.5	—	11.5
		3	9.5	12	18.5	23	14	10.5	7	—	11.5
		5	9.5	12	18.5	23	14	10.5	7.5	—	12
		8	9.5	12	18	22.5	14	11	8	—	12
消声百叶	300（薄片）	—	—	3	5	10	13	17	18	15	—
	600（薄片）	—	—	5	8	17	27	37	38	34	—
	300（厚片）	—	—	7	9	11	14	13	17	17	—
	600（厚片）	—	—	8	16	21	27	27	24	21	—
	R 型厚 300	—	11	13	17	18	19	20	18	15	—
	LP 型厚 300	—	10	11	14	15	18	15	13	12	—

续表

消声器类型	外形尺寸/法兰尺寸（mm）	风速（m/s）	倍频带消声量（dB）								ΔL_A（dB）
			63Hz	125Hz	250Hz	500Hz	1000Hz	2000Hz	4000Hz	8000Hz	
消声百叶	厚 100	—	11	10	11	12	15	19	20	19	—
	厚 150	—	12	12	14	17	20	24	25	23	—
F 型阻抗复合式消声器	—	0	10	12	15	28	30	35	22	25.5	—
		9.5	7	12	14	18	22	31	21	18.5	—
		14.1	7	11.5	14	14.5	17.5	25.5	19.5	14	—
		17.2	6	10.5	12.5	10	12	19.5	16	5.5	—
		20.5	5	9	10	6	7	16.5	12	1.5	—
		21.6	4.5	9	10	8	5	15.5	9	1	—
备注	$R_{平均}$：各频带隔声量的算术平均值；R_W：将隔声频率特性曲线与标准曲线按一定方法进行比较而读得之数；ΔL_A：综合隔声量。										

表 5-19　　常用吸声材料的吸声系数

材料名称	尺寸（mm）	体积密度（kg/m^3）	倍频（Hz）吸声效果/（吸声系数）					
			125	250	500	1000	2000	4000
离心玻璃棉板	厚度 50	24	0.45	0.91	1.12	1.08	1.04	1.10
矿棉装饰吸声板	厚度 10	10	0.63	0.48	0.48	0.56	0.74	0.82
陶土吸声砖	厚度 80	1250	0.18	0.55	0.62	0.56	0.58	—
陶粒吸声砖	厚度 115	780	0.43	0.80	0.75	0.74	0.83	0.89
金属穿孔板	孔距 55，孔径 6，空腔距 100，填玻璃棉	—	0.31	0.37	1.0	1.0	1.0	1.0
单层微穿孔板	孔径 0.8，板厚 0.8	—	0.1	0.46	0.92	0.31	0.40	—
双层微穿孔板	孔径 0.8，板厚 0.8，空腔距离 100	—	0.28	0.79	0.70	0.64	0.41	0.42
砖墙抹灰	—	—	0.02	0.02	0.02	0.03	0.03	0.04
砖墙拉毛水泥			0.04	0.04	0.05	0.06	0.07	0.05

第三节　噪声控制应用实例

一、燃气轮机电厂噪声控制

（一）燃气轮机电厂各工艺、设备噪声控制

1. 燃机、汽轮机区域

（1）声源特性。燃机、汽轮机区域主要设备是燃机、汽轮机及其辅助设备。其中，燃机、汽轮机噪声通常由四部分组成，即气体动力性噪声、主副机产生的机械噪声、发电机产生的机械噪声、箱壁振动所辐射的二次空气噪声。此部分噪声覆盖高中低频全频带。燃机本体 A 声级在 89～95dB（A）之间，汽轮机本体 A 声级在 87～92dB（A）。

其次在±0.000m 层、中间层、运转层设置各种辅助设备（真空泵、凝结水泵、热网疏水泵等），管道，阀门等，A 声级均大于 85dB（A），以及厂房内墙体和屋面反射所产生的混响，结构传声等。

燃机、汽轮机区域声源均属于高声压级噪声，会通过不同途径向外传播：如室内声源通过墙体透声或通过门、窗、通风进排口向外传播，会对周边厂界和敏感点产生影响。

（2）降噪措施。燃机房、汽轮机房区域主要采取以下降噪措施（见图 5-16～图 5-21）：

1）墙体降噪措施。该区域墙体一般有砌块结构和轻型板结构两种结构型式，不同结构型式的墙体分别采取不同的降噪墙体。

a. 砌块结构墙体降噪措施。当厂房墙体采用砌块

结构时，隔声量已能满足噪声治理设计要求，可以采用吸声构造墙体以降低厂房内部的混响声，提高厂房整体的隔声量。一般吸声系数可取 0.7～0.9。

b. 轻型板结构墙体降噪措施。当厂房墙体采用轻型板结构时，降噪措施可采用复合吸隔声结构墙体。复合吸隔声结构由吸声层、隔声层等。复合吸隔声结构的型式、隔声量可以根据具体工程要求选择。

(a)

(b)

图 5-16 降噪墙体示意图

(a) 吸声墙体构造示意图；(b) 复合吸隔声墙体构造示意图

2）屋面降噪措施。该区域屋面一般有重型结构屋面和轻型板结构屋面两种结构型式，不同结构型式屋面分别采取不同的降噪措施。

a. 重型结构屋面降噪措施。目前，重型结构屋面一般采用现浇混凝土板，此种结构型式的隔声量满足降噪要求，可仅对屋面采用内吸声结构，最内层为穿孔吸声护面板，内填高效吸声材料，吸声材料后留有空气层，以增加低频的吸声。一般吸声系数可取 0.7～0.9。

b. 轻型板结构屋面降噪措施。当厂房屋面采用轻型板结构时，屋面降噪措施可采用复合吸隔声结构，复合吸隔声结构由吸声层、隔声层等组成。复合吸隔声结构的型式、隔声量可以根据具体工程要求选择。

3）进风口降噪措施。该区域进风口的降噪措施，主要是在进风口设计进风消声器，消声器内外安装百叶窗。其中，外侧百叶窗为防雨百叶窗，内侧百叶窗为防火百叶（此部分有特殊防火要求百叶窗由建筑专业确定具体位置），满足工艺上对于防雨、防火的要求，消声器的型式、消声量可以根据具体工程要求选择。

图 5-17 厂房进风消声器工程案例图

（单层消声器和两层的消声器）

4）排风口降噪措施。该区域屋顶通风口的降噪措施，主要是在屋顶通风口和轴流风机的外侧安装排风消声器，消声器顶部设置防雨帽，满足工艺上对于防雨的要求。消声器的型式、消声量可以根据具体工程要求选择。

图 5-18 屋顶风机排风消声器工程案例图

5）门、窗降噪措施。该区域所有朝向室外的门、窗均采用隔声门、隔声窗。隔声门和隔声窗的型式、隔声量可以根据具体工程要求选择。

6）其他降噪措施。其他降噪措施主要是对该区域的各类工艺管线穿墙部分做密封处理，密封处理采用隔声套管，开口处用阻尼材料填补，外部用密封胶做防水及漏声处理，防止漏声。

图 5-19　主厂房声闸门工程案例图

图 5-20　夹胶玻璃隔声窗工程案例图

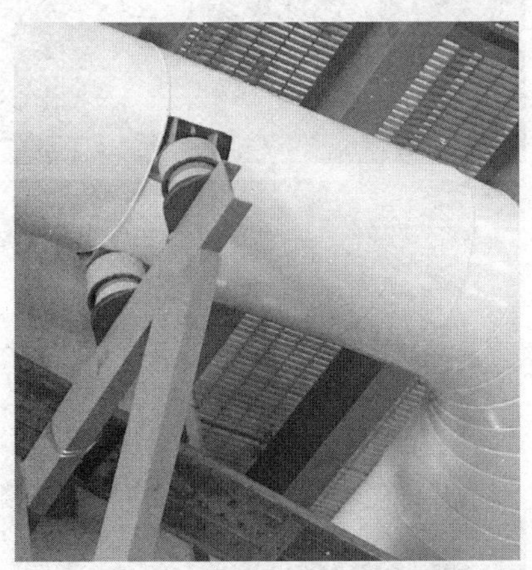

图 5-21　管线降噪包裹工程案例图

2. 余热锅炉区域

（1）声源特性。余热锅炉区域包括锅炉给水泵区、锅炉本体、烟囱等，余热锅炉区域除锅炉本体产生噪声外，还有多个区域多种附属设备会产生不同程度的噪声，主要有余热锅炉本体噪声、余热锅炉排水泵区噪声、天然气前置模块区域噪声、余热锅炉顶部（汽包、除氧器等）噪声、余热锅炉排汽（气）口噪声、余热锅炉维护结构屋面顶排风风机噪声、余热锅炉烟囱噪声等。

余热锅炉本体 A 声级在 70～80dB（A）之间，汽包区约为 71～74dB（A）。其他噪声声级较高的如给排水泵 A 声级在 85～90dB（A）、燃气前置模块 A 声级达到 85～90dB（A），均布置在±0.000m 层，会对周边厂界和敏感点产生影响。

（2）降噪措施。余热锅炉区域主要采取以下降噪措施：

1）墙体降噪措施（见图 5-22）。该区域一般有砌块结构和轻型板结构两种结构型式，不用结构型式的墙体分别采用不同的降噪墙体。

a. 砌块结构墙体降噪措施。当厂房墙体采用砌块结构时，隔声量已能满足噪声治理设计要求，可以采用吸声构造墙体以降低厂房内部的混响声，提高厂房整体的隔声量。一般吸声系数可取 0.7～0.9。

b. 轻型板结构墙体降噪措施。当厂房墙体采用轻型板结构时，降噪措施可采用复合吸隔声结构墙体。复合吸隔声结构由吸声层、隔声层等。复合吸隔声结构的型式、隔声量可以根据具体工程要求选择。

图 5-22　余热锅炉吸声墙体工程案例图

2）屋面降噪措施（见图 5-23）。该区域屋面一般有重型结构屋面和轻型板结构屋面两种结构型式，不同结构型式屋面分别采取不同的降噪措施。

a. 重型结构屋面降噪措施。重型结构屋面一般采用现浇混凝土板，此种结构型式的隔声量满足降噪要求，可仅对屋面采用内吸声结构，最内层为穿孔吸声护面板，内填高效吸声材料，吸声材料后留有空气层，以增加低频的吸声。一般吸声系数可取 0.7～0.9。

图 5-23 余热锅炉吸隔声墙体工程案例图

b. 轻型板结构屋面降噪措施。当厂房屋面采用轻型板结构时，屋面降噪措施可采用复合吸隔声结构，复合吸隔声结构由吸声层、隔声层等组成。复合吸隔声结构的型式、隔声量可以根据具体工程要求选择。

3）进风口降噪措施（见图 5-24）。该区域进风口的降噪措施，主要是在进风口设计进风消声器，消声器内外安装百叶窗，其中外侧百叶窗为防雨百叶窗，满足工艺上对于防雨的要求，消声器的型式、消声量可以根据具体工程要求选择。

图 5-24 余热锅炉房进风消声器工程案例图

4）排风口降噪措施（见图 5-25）。该区域屋顶通风口的降噪措施，主要是在屋顶通风口和轴流风机的外侧安装排风消声器，消声器顶部设置防雨帽，满足工艺上对于防雨的要求。消声器的型式、消声量可以根据具体工程要求选择。

5）烟囱降噪措施（见图 5-26）。要求设备厂家在余热锅炉烟囱管道内安装消声器，烟囱出口的声压级应根据厂界和厂址周边声环境敏感目标的执行标准、分布情况，并结合噪声软件模拟计算后确定，详见图 5-26。

图 5-25 余热锅炉屋顶排风消声器工程案例图

图 5-26 余热锅炉烟囱管道内消声器工程案例图

6）门、窗降噪措施（见图 5-27）。该区域所有朝向室外的门、窗均采用隔声门、隔声窗。隔声门和隔声窗的型式、隔声量可以根据具体工程要求选择。

图 5-27 隔声窗、隔声门工程案例图

7）排汽（气）放空装置降噪措施（见图 5-28）。余热锅炉排汽（气）放空口噪声为间歇式排放，但由于其噪声声级高，对厂区以及厂界声环境影响较为严重，因此，在排汽（气）放空口安装排气放空消声器，详见图 5-28。

图 5-28 排汽（气）放空消声器工程案例图

8）其他降噪措施。其他降噪措施主要是对该区域的各类工艺管线穿墙部分做密封处理，密封处理采用隔声套管，开口处用阻尼材料填补，外部用密封胶做防水处理，防止漏声。

3. 燃机—余热锅炉过渡段区域

（1）声源特性。过渡段区域一般指汽轮机房和余热锅炉连接的部分，该区域噪声值较高，此部分噪声频谱覆盖高中低频全频带，一般 A 声级 95～100dB（A）。如果不采取任何措施，则对厂界和环境的影响较大。

（2）降噪措施（见图 5-29）。为保证噪声达标，需要对燃机—余热锅炉过渡段烟道采取顶部和烟道两侧的降噪封闭措施。封闭结构采用带外护板的复合吸隔声墙体结构，结构型式、隔声量可以根据具体工程要求选择。

为保证过渡段降噪封闭后仍能良好的通风散热，满足设备正常运行。在过渡段顶部安装轴流风机，与下部敞开的进风口形成进排风通道，使整个过渡段形成下部进风、顶部强制排气的空气流（即自然进风、机械排风）。

在屋顶轴流风机的外侧安装排风消声器。消声器顶部设置防雨帽，满足工艺上对防雨的要求。消声器的型式、消声量可以根据具体工程要求选择。

封闭后罩壳内设置照明设备，并与设备厂家沟通在适当位置配备隔声门，满足设备检修的要求。

4. 燃机进风口区域

（1）声源特性。燃机进风口也是燃机电厂里需要关注的噪声源，其中 E 级、F 级等大型燃机，设备厂家会在进风口喉部安装消声器，A 声级在 80～85dB（A）；部分中小型燃机，设备厂家一般不会在进风口喉部安装消声器，A 声级一般会高于 90dB（A）。

图 5-29 燃机—余热锅炉过渡段吸隔声包裹工程案例图

（2）降噪措施（见图 5-30）。当为大型燃机时，根据噪声治理要求的不同，燃机进风口区域的降噪措施有“吸隔声屏障”和“消声器+声屏障”两种。

若是中小型燃机，且噪声要求较高时，建议由燃机设备厂家在进风口喉部安装消声器，再采取上述大型燃机的降噪措施。

1）吸隔声屏障。为控制燃机进风口噪声对厂区声环境以及厂界噪声排放的影响，在进风口前部采用吸隔声屏障，吸隔声屏障朝向燃机进风口一侧设计吸声结构，以降低燃机进风口区域半封闭空间内的混响声，吸隔声屏障的计权隔声量一般为 30～35dB。吸隔声屏障下部采用砖混结构，上部采用复合吸隔声材料。

图 5-30 燃机进风口声屏障工程案例图

2）消声器+吸隔声屏障。当项目声环境较敏感时，可对燃机进风口采用消声器加声屏障联合治理的降噪措施。

声屏障可参考上一节内容。当进行消声器设计时，需要与燃机进风口设备厂家及时沟通，将消声器阻力损失、流通面积等参数与厂家配合，征得同意后方可实施。消声器一般安装在进风口设备的防雨帽和滤筒之间，消声器长度可以根据所需消声量计算得出。消声器和滤筒之间需考虑检修通道，另外在消声器和防雨帽间也需留有检修通道，宽度 800mm 左右，并预留检修门（见图 5-31）。

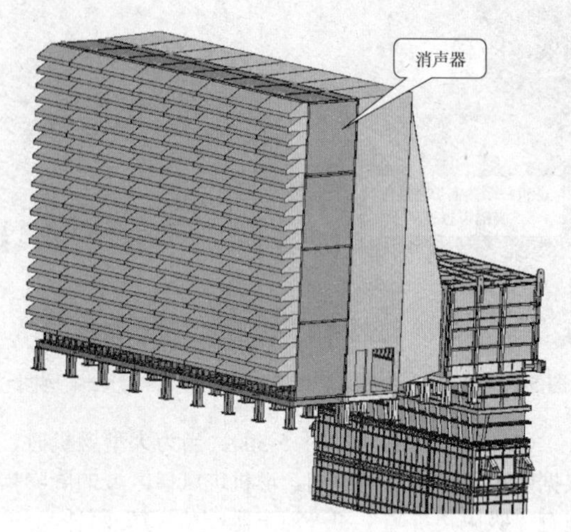

图 5-31 燃机进风口消声器示意图

5. 变压器

（1）声源特性。变压器区域主要的噪声源包括主变压器、厂用变压器和启动/备用变压器，电力变压器噪声主要由两部分组成，即铁心磁致伸缩振动引起的电磁噪声；冷却风扇产生的机械噪声与气流噪声。变压器的电磁噪声是一个由基频和一系列谐频组成，低频成分突出（31.5～500Hz）。由于低频噪声的绕射和穿透能力强，且空气吸收非常小，因此衰减很慢，会对周边厂界和敏感点产生较大影响。

变压器本体 A 声级为 68～75 dB（A）。

（2）降噪措施（见图 5-32、图 5-33）。该区域的噪声治理措施是在变压器靠近厂界侧设置吸隔声屏障。一般吸隔声屏障的计权隔声量 30～35dB；声屏障高度可以结合景观，综合考虑屏障总高度。

吸隔声屏障一般下部采用砖混结构，上部采用内吸声外隔声的声屏障结构。

变压器与燃机厂房大门正对位置设计隔声大门，隔声门的型式、隔声量可以根据具体工程要求选择。

图 5-32 变压器区域声屏障工程案例图（屏障外侧）

图 5-33 变压器区域声屏障工程案例图（屏障内侧）

6. 机力通风冷却塔

（1）声源特性。冷却塔声源组成：①风机排风口辐射的空气动力性噪声；②电机及减速机高速运转产生的机械噪声；③进风口辐射的淋水噪声和风机通过填料反向传播的空气动力性噪声；④风机旋转引起冷却塔顶部平台及双曲线导流筒振动产生的二次噪声。

根据声源频谱分析，冷却塔进、排风口噪声均以中低频噪声成分为主，总声级较高，其中，进风口由于淋水噪声的影响，高频部分声压级也较高，冷却塔区域噪声对厂界噪声排放影响较为严重。

机力通风冷却塔进风口（淋水）A 声级一般为 88 dB（A）左右，冷却塔排风口 A 声级一般为 87dB（A）左右。

（2）降噪措施（见图 5-34～图 5-38）。机力通风冷却塔区域考虑降噪的要求，整体采用砌块墙体，此墙体的设计即可隔离冷却塔本体噪声，也为进、排风口消声设计提供了混凝土框架，具体降噪措施如下：

1）该区域外墙采用砌块墙体，降噪墙计权隔声量可以达到 46dB，可以满足噪声控制的要求。

2）进风口降噪措施。冷却塔进风侧安装进风消声器，消声器的型式、消声量可以根据具体工程要求选择。

图 5-34 机力通风冷却塔进风消声器工程案例图

3）排风口降噪措施。冷却塔排风口设计排风消声器，由于排风口噪声低频成分较为突出，排风消声器可以降低排风口低频噪声对厂界以及敏感点的影响。消声器的型式、消声量可以根据具体工程要求选择。

图 5-35　机力通风冷却塔排风消声器工程案例图

4）冷却塔安装导流筒，导流筒的设计可增加气流的稳定性，避免气流紊乱产生的气流再生噪声，同时还可增加通流面积，改善冷却工艺。

图 5-36　冷却塔导流筒工程案例图

5）减震设计。该区域的震动影响比较突出，故对冷却塔的电机及其减速箱安装减震系统。

图 5-37　机力通风冷却塔电机减震系统工程案例图

6）电机层通风降噪措施。冷却塔电机位置处设计通风消声器，可满足保证电机正常通风散热的工艺要求。

图 5-38　电机层通风消声器工程案例图

7）其他措施。在厂界噪声要求比较高的区域，可以在冷却塔侧厂界设置吸隔声屏障，可进一步减少其对厂界的影响。

7. 天然气调压站区域

天然气调压站的主要功能是把输送至厂内的天然气进行调压，经天然气前置模块加热和过滤后输送到燃机燃烧做功。天然气调压站噪声主要包括压缩机噪声和管汇区噪声。

（1）压缩机。

1）声源特性。天然气压缩机的噪声中低频噪声较突出，总声级较高，压缩机本体 A 声级一般为 95～103dB（A），由压缩机厂家在设备本体外安装罩壳的情况下，可以达到 80～90dB（A）。

2）降噪措施（见图 5-39～图 5-44）。根据噪声治理要求的不同，压缩机的降噪措施可以分为降噪型机房和轻质降噪型厂房。在满足降噪的同时还要满足厂房泄爆要求，厂房的泄爆要求依据 GB 50016—2014《建筑设计防火规范》中的相关要求。同时根据 GB 50016—2014 的相关要求，该区域的降噪墙体、降噪屋面的室内侧材料，隔声门、隔声窗的材料均应为不发火材料。

a. 降噪型机房。压缩机噪声较高，对于噪声控制标准极严格的项目，可以采用降噪型机房控制、降低压缩机组噪声向外辐射。

——墙体降噪措施。降噪型机房墙体结构由岩绵夹芯板和模块式吸隔声结构设计构成。

墙体吸隔声结构采用双层结构，内层吸隔声体朝向厂房内侧采用吸声护面板，内填高效吸声材料，外层采用复合吸隔声结构；内外两层吸隔声墙体结构之间留有空气层，空气层的设计可增加声波的反射；最后，在吸隔声墙体板外安装岩棉夹芯板，在增加隔声量的同时，还可做外装饰墙体板使用。

图 5-39　降噪型机房及隔声罩工程案例图

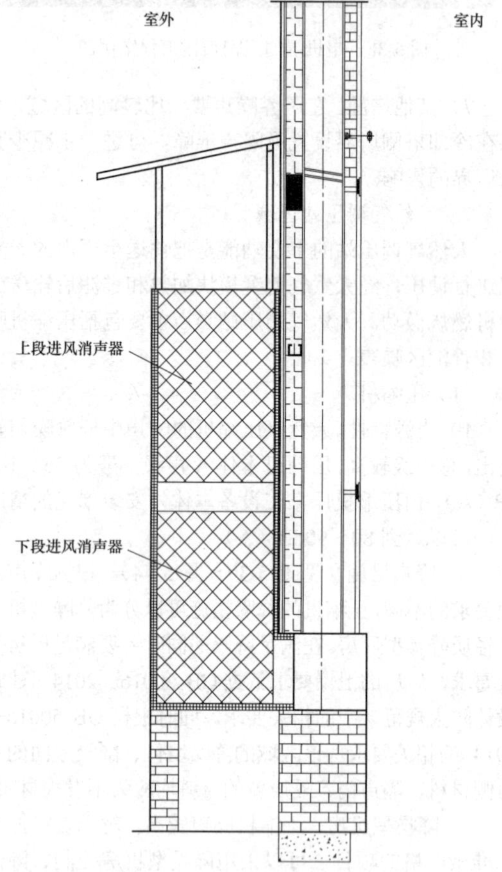

图 5-40　压缩机房进风消声器示意图

——屋面降噪措施。该区域屋面采用内吸外隔复合吸隔声屋面结构，结构型式和降噪墙体类似。

——通风口降噪措施。为保证机房具有良好的通风散热能力，设计一套室内通风系统，在屋顶安装轴流风机，与进风口形成进排风通道，使整个厂房形成下部进风、顶部强制排气的空气流（即自然进风、机械排风）。

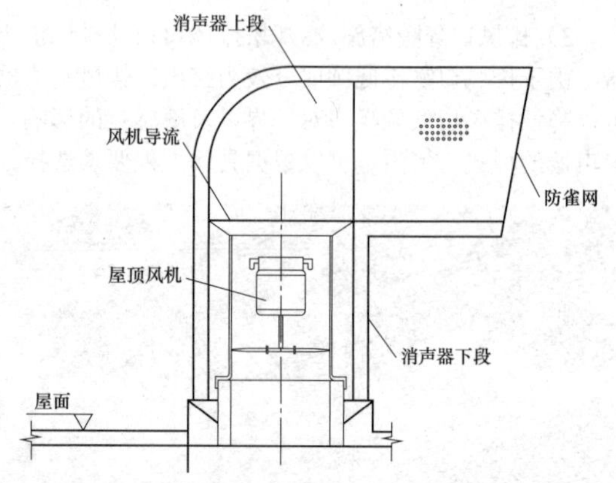

图 5-41　屋顶排风消声器示意图

图 5-42　天然气调压站排风消声器工程案例图

图 5-43　调压站进风消声器工程案例图

图 5-44　调压站隔声门、隔声窗工程案例图

在通风系统的进风口安装进风消声器，消声器内外安装防雨帽，满足工艺上对于防雨的要求，消声器的型式、消声量可以根据具体工程要求选择。

在屋顶通风口和轴流风机的外侧安装排风消声器。消声器增加消声弯头，使消声器朝向厂区内侧，最外侧设置防雀网，满足防雨、防鸟类的工艺要求。消声器的型式、消声量可以根据具体工程要求选择。

——门、窗降噪措施。该区域的门采用声闸结构隔声门，窗户采用中空玻璃构成的双层隔声窗。

——其他降噪措施。对该区域进出口单元管线进行隔声包扎。

b．轻质降噪型厂房。

——墙体降噪措施。压缩机厂房采用了砌块结构墙体，双面抹灰，墙体隔声量能够满足设计降噪量要求可仅对墙体进行吸声设计，以降低厂房内部的混响声，提高厂房整体的隔声量。一般吸声系数可取0.7～0.9。且厂房朝向厂界侧的墙体为全封闭结构，不设置大门及窗户，其隔声性能较好。

——屋面降噪措施。考虑屋面泄爆的荷载要求，设计屋面降噪结构为轻型吸隔声复合结构。复合隔声结构可替代原保温板，可不再增加保温材料。

——通风口降噪措施。在该区域的进风口安装进风消声器，消声器内外安装百叶窗，其中外侧百叶窗为防雨百叶窗，满足工艺上对于防雨的要求，消声器的型式、消声量可以根据具体工程要求选择。

在屋顶通风口和轴流风机的外侧安装排风消声器。消声器顶部设置防雨帽，满足工艺上对于防雨的要求。消声器的型式、消声量可以根据具体工程要求选择。

——门、窗降噪措施。该区域门、窗降噪措施主要是采用隔声门、隔声窗。由于调压站特殊防火要求，门、窗材质均要求，隔声门和隔声窗的型式、隔声量可以根据具体工程要求选择。

（2）管汇区。

1）声源特性。调压站管汇区域的噪声声级也较高，该区域声源的组成包括：调压模块、各类工艺管线、计量调压单元以及过滤分离单元等，管汇区域管道噪声主要由以下几种情况构成：

a．管道所连接的鼓风机及阀门等所产生的噪声通过管道中的介质或管道本身传递出来。

b．流体在管道中由于湍流而产生流动噪声，流动噪声随流动速度的增加而增加，管道系统的急拐弯及扼流区也会引起气流流向的突变而产生湍流发出噪声，这种噪声的频谱以中高频噪声为主。

c．管道受到某种机械或气流激振，通过管壁传播而发出噪声，噪声以低中频噪声为主。

管汇区域中高频噪声较为突出，A 声级 70～80dB（A）。

2）降噪措施。

根据噪声治理要求的不同，管汇区的降噪措施可以分为隔声罩和吸隔声屏障。

a．隔声罩。对于噪声标准要求高的项目（噪声控制标准为1类），管汇区可采用隔声罩的降噪方案。隔声罩的室内侧材料应为不发火材料。

对整个管汇区域设计隔声罩，将工艺管线、计量调压单元以及过滤分离单元等封闭在隔声罩内。为满足设备散热要求，在隔声罩设计进、排风消声器。在罩体设有吸隔声大门供设备检修，同时罩体上还设计有安全逃生门，罩内安装可燃气检测探头及报警装置、H_2S 气体检测（可视气体中的硫化氢含量确定是否安装）装置。

另外，隔声罩在入口、出口单元管线处开口，开口部分设计隔声套管，并做密封处理，防止漏声，管汇区入口、出口单元外露部分进行隔声包扎。

b．吸隔声屏障。对于噪声控制要求不高的项目，可以考虑在管汇区靠近厂界侧采用吸隔声屏障，声屏障高度要求高于管汇区内的最高设备，建议与管汇区防护围栏合并设置。

吸隔声屏障一般下部采用砖混结构，上部采用内吸声外隔声的声屏障结构。

8．其他区域

（1）声源特性。其他区域包括厂区内的循环水泵房、综合水泵房、空压机房、化学水车间，工业废水集中处理站、制冷站等，这些区域的设备均布置于混凝土结构厂房内，设备产生的噪声主要是通过建筑物透声或通过门窗及通风系统向外传播。

（2）降噪措施。

1）厂房布置优化。建议上述区域的厂房在设备布置、门窗及通风口设计时，高噪声设备远离厂界布置，减少朝向厂界方向的门窗及通风口布置。

2）门、窗降噪措施。上述区域所有朝向室外的门、窗均采用隔声门、隔声窗。隔声门和隔声窗的型式、隔声量可以根据具体工程要求选择。

3）通风口降噪措施。该区域主体设计已考虑通风方式采用自然进风、机械排风。

对于进风口的降噪措施，主要是在进风口设计进风消声器，消声器内外安装百叶窗，其中外侧百叶窗为防雨百叶窗，满足工艺上对于防雨的要求，消声器的型式、消声量可以根据具体工程要求选择。

屋顶通风口的降噪措施，主要是在屋顶通风口和轴流风机的外侧安装排风消声器，消声器顶部设置防雨帽，满足工艺上对于防雨的要求。消声器的型式、消声量可以根据具体工程要求选择。

（二）燃气轮机电厂噪声控制应用实例

本次燃气轮机电厂噪声控制应用实例选择北京某燃气热电厂，该电厂位于北京市西部地区，环评批复结果为厂界执行 GB 12348—2008《工业企业厂界环境噪声排放标准》中 2 类标准，厂区周边住宅区及敏感建筑物满足 GB 3096—2008《声环境质量标准》中 2 类标准。

1. 工程概况

（1）工程简述。该电厂建设规模为 3 台 9FB 型燃机组成的 1 套“二拖一”和 1 套“一拖一”燃气—蒸汽联合循环发电供热机组。“二拖一”机组包括 2 台 9FB 型燃机组成的燃气轮发电机组、2 台余热锅炉和 1 台 320MW 容量蒸汽轮发电供热机组；“一拖一”机组包括 1 台 9FB 型燃机组成的燃气轮发电机组、1 台余热锅炉和 1 台 158MW 容量蒸汽轮发电供热机组。

（2）总平面布置及敏感目标的位置关系。厂区总平面布置见图 5-45。最近敏感点离厂界最近水平距离约为 29m，离变压器最近水平距离约为 49m。离主厂房最近的水平距离约为 61m。

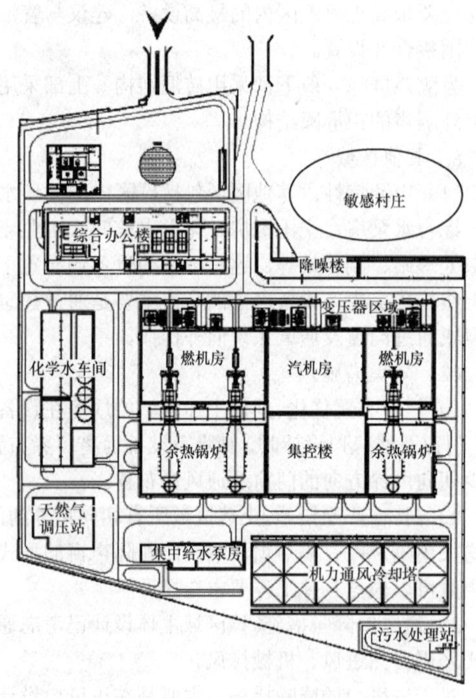

图 5-45 厂区总平面布置图

2. 声环境现状

为使降噪方案更符合现场环境，由北京市环监部门对厂区周边现有声环境质量的现状进行了监测，监测结果显示，建成后的厂界位置背景 A 声级昼间达 48～57dB（A），夜间 A 声级达 46～49dB（A），满足 GB 12348—2008《工业企业厂界环境噪声排放标准》中 2 类标准；敏感点位置背景 A 声级昼间达 49～52dB（A），夜间 A 声级达 45～48dB（A），满足 GB 3096—2008《声环境质量标准》中 2 类标准。

3. 噪声源强

燃机电厂的噪声源强见表 5-20。

表 5-20 燃机电厂的噪声源强

设备名称	A 声级［dB（A）］	备注
燃气轮机	89～95	罩壳外 1m
燃气轮机进风口	80～85	距离 1.5m
蒸汽轮机	87～92	距机组 1m
厂房屋顶风机	80～85	风机轴线 45°方向 1m
锅炉本体	75～80	距机组 1m
锅炉给水泵	85～90	距机组 1m
余热锅炉烟囱	70	加消声器后
燃机—余热锅炉过渡段	95～100	距设备 1m
冷却塔进风口（淋水）	88	距进风口 1m
冷却塔排风口	87	风机排风口 45°方向 1m
变压器	68～75	距机组 1m
天然气调压站	95～103（压缩机） 70～80（管汇区）	距管线及设备外 1m
其他区域	60～65	厂房外 1m

4. 噪声治理措施

在前期总平面布置阶段就考虑了噪声控制，根据电厂各主要设备噪声源大小和敏感点的位置分布，将噪声较大且治理难度大的设备布置在远离噪声敏感点的一端，尽量利用噪声衰减的距离和各建筑物的阻碍作用。且在靠近敏感村庄的厂界设计了降噪楼，利用障碍减少了噪声对敏感村庄的影响，减少了噪声治理费用。

对主厂房区域、余热锅炉区域、变压器区域、冷却塔区域、调压站区域、循环水及综合水泵房、化学水车间等区域具体噪声控制措施如下：

（1）主厂房区域（包含燃机、汽轮机、集控楼、热网站）。主厂房区域是厂区内主要的噪声源之一，根据上述对噪声源的分析，结合厂区总平面布置图，对该区域的降噪设计采用如下措施：

1）主厂房（燃机房、汽机房）墙体 13.000m 以下为砌块结构墙体，对该部分墙体降噪措施采用吸声结构，以降低厂房内部的混响声，提高厂房整体的隔声量。主厂房 13.000m 以上墙体部分为复合压型板，对该区域墙体设计采用复合吸隔声板结构，复合吸隔声板由吸声层、隔声层等组成。详见图 5-46 和图 5-47。

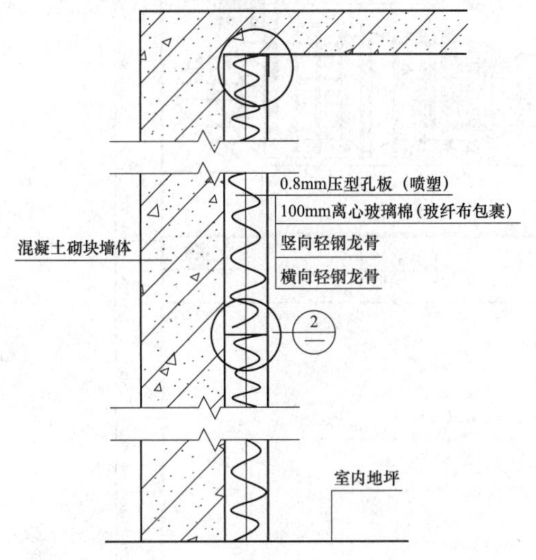

图 5-46　砌块吸声墙体构造示意图

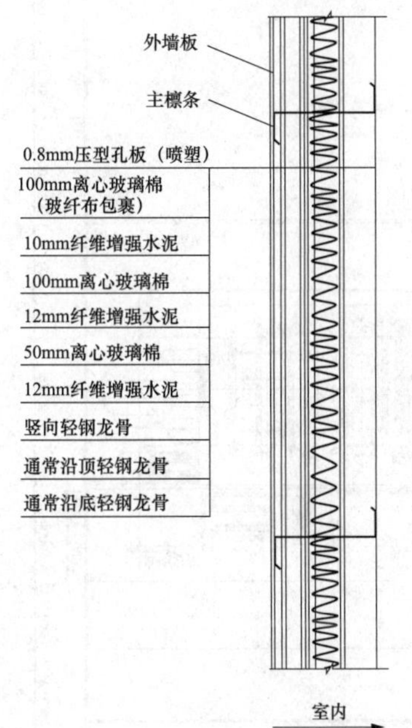

图 5-47　复合吸隔声板结构示意图

墙体结构在满足总体结构载荷的同时，设计厂房复合吸隔声墙体板计权隔声量不低于 48dB。由于主厂房外墙板设计为 75mm 复合墙板，荷载为 25kg/m^2，导热系数≤0.034W/m·K。复合墙体板+复合吸隔声墙体板（其计权隔声量 37dB，纤维水泥板导热系数≤0.34W/m·K、玻璃棉导热系数≤0.038W/m·K、防火阻尼导热系数≤0.16W/m·K）总荷载约为 100kg/m^2，进行噪声治理后并没有增加结构工程量，同时还比原设计增加了其整体的保温效果。由于单板为波形钢板，景观效果不及复合墙板，复合墙板的景观效果将大大好于单板。复合吸隔声板可替代原建筑设计对墙体采用的保温板，只需在降噪墙体外安装外装饰护面板即可，将降噪所用声学材料与保温材料融为一体，导热系数将大大好于传统保温做法，保温性能明显提高。

对彩色涂层复合压型钢板的施工接缝进行声封漏处理，采用防火阻尼进行胶接密封处理。

2）为控制燃机进风口噪声对厂区声环境以及厂界噪声排放的影响，在进风口前部设计“L”型吸隔声屏障，吸隔声屏障朝向燃机进风口一侧设计吸声结构，以降低燃机进风口区域半封闭空间内的混响声，设计吸隔声屏障墙体板计权隔声量 R_W≥35dB，设计屏障顶部标高 34.5m。

燃机进风口区域采用上述降噪措施后，与燃机、汽机厂房形成了一个半封闭空间，顶部敞开，燃机布置方式将燃机进风口朝向吸隔声屏障一侧，正前方的吸隔声屏障能有效降低声波反射，且该区域顶部敞开，基本不会形成混响声，详见图 5-30、图 5-48 和图 5-49。

3）燃机过渡段噪声声级较高，且露天布置，对过渡段采取措施如下：

过渡段布置在燃机房与余热锅炉房的中间地带，中心线标高 5.500m，四周燃机房高 34.000m，余热锅炉高 40.000m，汽机房高 36.000m，燃机房与余热锅炉相连的外侧挡墙高 15.000m，该区域仅顶部敞开。对燃机过渡段可采取计权隔声量不低于 35dB 的吸隔声板封闭即能满足现有降噪设计要求，且吸隔声板施工方便，可利用过渡段区域钢结构进行安装，避免额外增加钢结构用量。吸隔声板为可拆卸结构，在设备大修期间，拆装也较为便利。封闭结构墙体上设计隔声门，作为日常巡检通道，详见图 5-50。

4）主厂房所有朝向室外的门、窗采用隔声门、隔声窗，隔声门的计权隔声量 R_w≥35dB，隔声窗的计权隔声量 R_w≥32dB，考虑 3dB 的设计余量，参见图 5-19 和图 5-20。

主厂房屋顶采光窗采用双层玻璃纤维增强聚酯采光板，此设计后不会影响主厂房的声环境及厂界噪声排放要求，详见图 5-51。

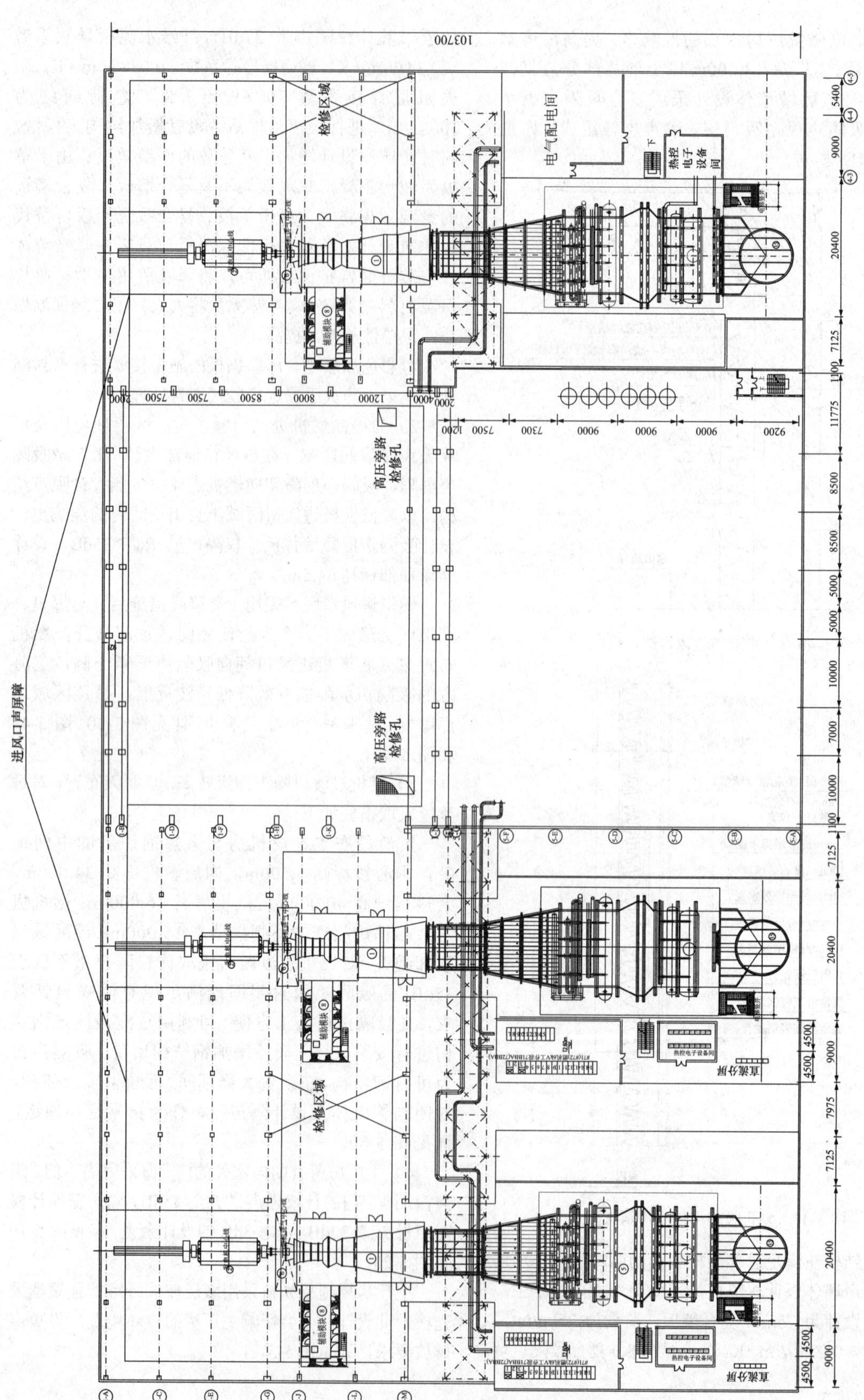

图 5-48 进风口声屏障平面布置图

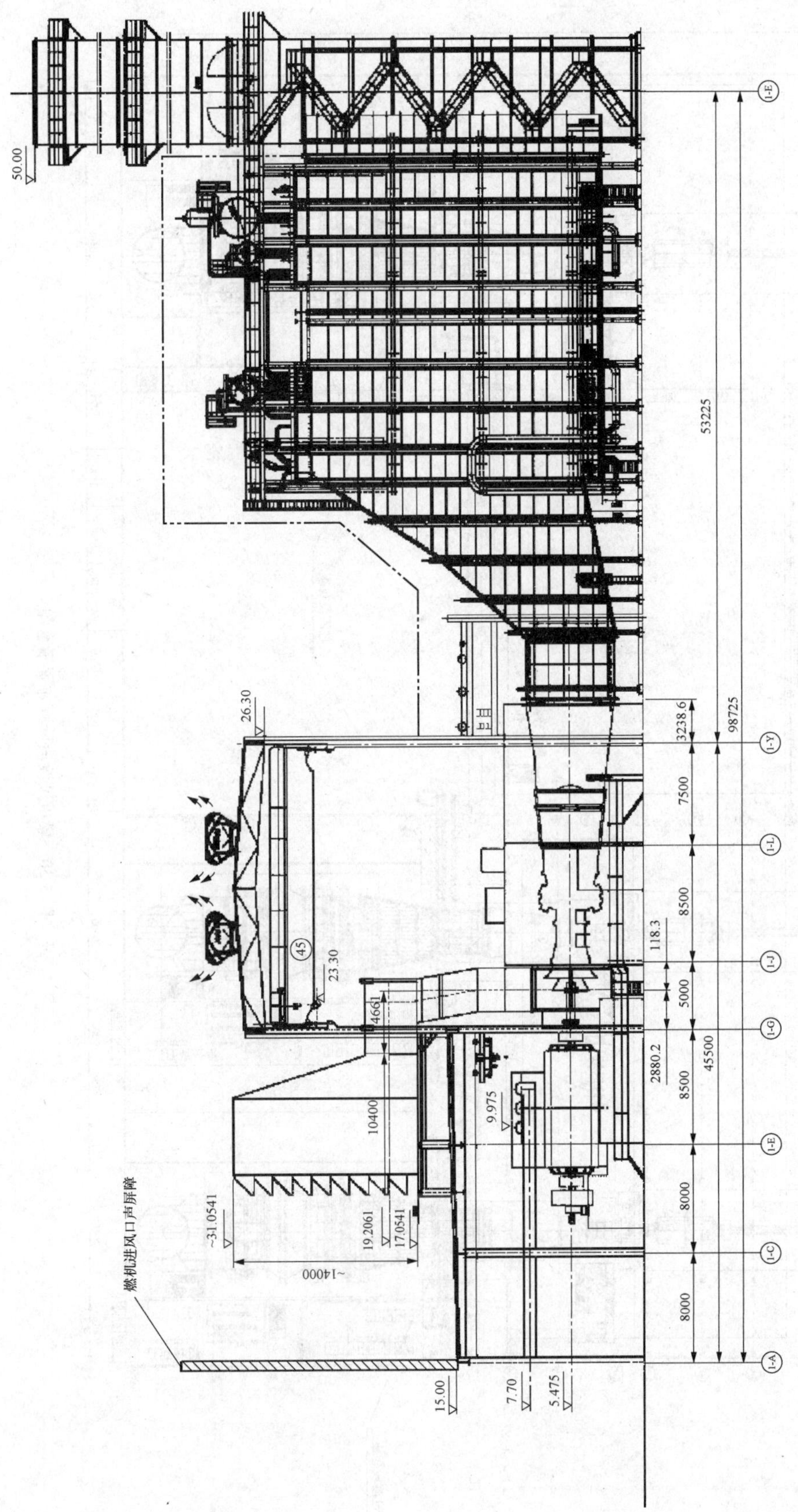

图 5-49　燃机进风口声屏障立面剖面示意图

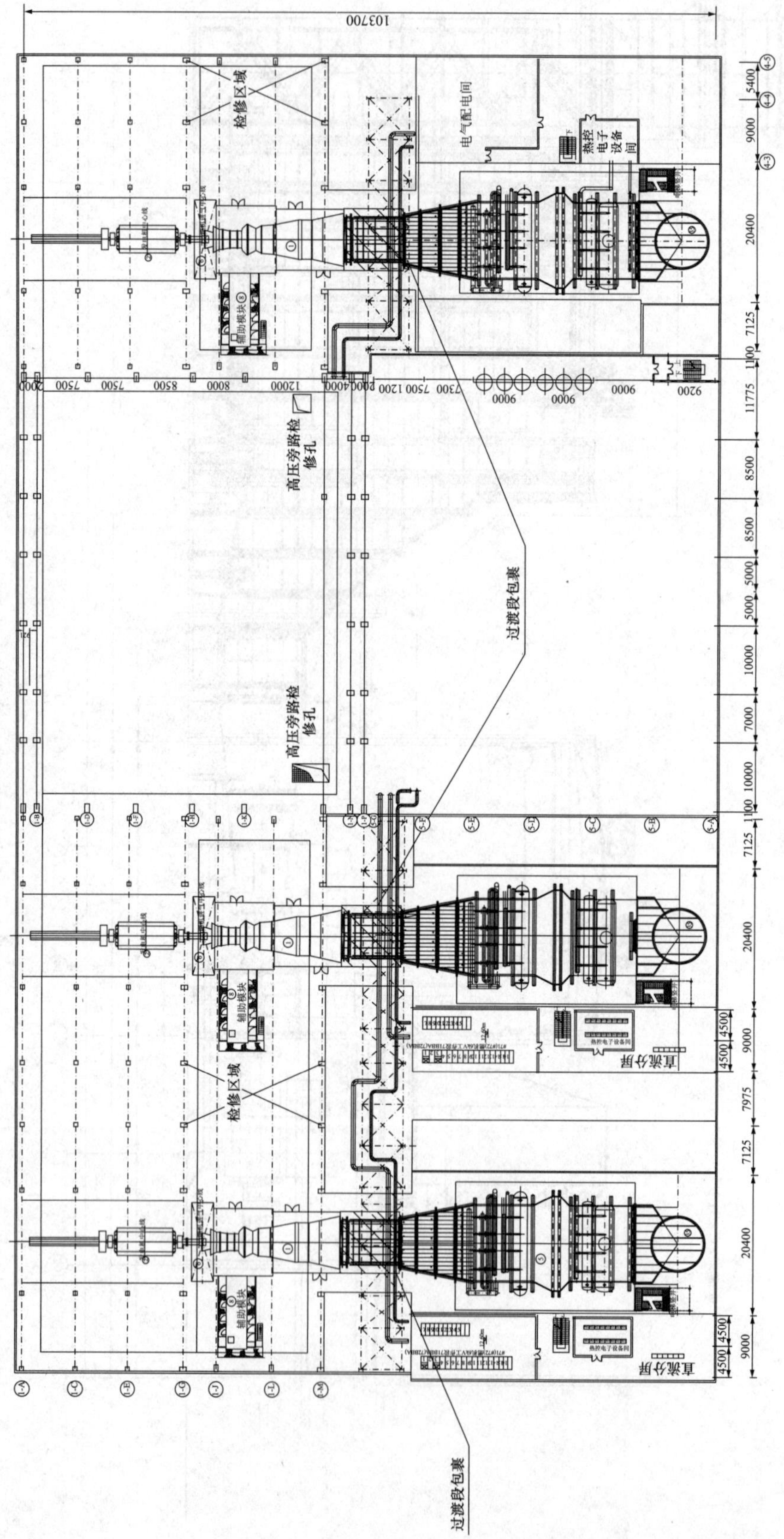

图 5-50 燃机过渡段降噪布置示意图

图 5-51　主厂房屋顶采光窗工程案例图

5）主厂房进风口采用进风消声器，进风消声器的插入损失不低于 25dB，进风消声器内侧安装电动防火百叶窗（此部分有特殊防火要求百叶窗由建筑专业确定具体位置），消声器外侧安装防雨百叶窗，参见图 5-17 和图 5-52。

6）主厂房屋顶有通风口，通风口外侧安装有轴流风机，当轴流风机开启时，排风口噪声为厂房内噪声以及风机旋转产生的噪声叠加之和，根据平面布置图，屋顶风机距最近的厂界均在 100m 之外，排风消声器的插入损失不低于 25dB 即能满足厂房整体的降噪需要。另外，设计的排风消声器可利用风机基础固定，排风消声器顶部安装防雨帽，此设计避免了重复设计排风消声器安装基础及顶部防雨设施，参见图 5-53 和图 5-18。

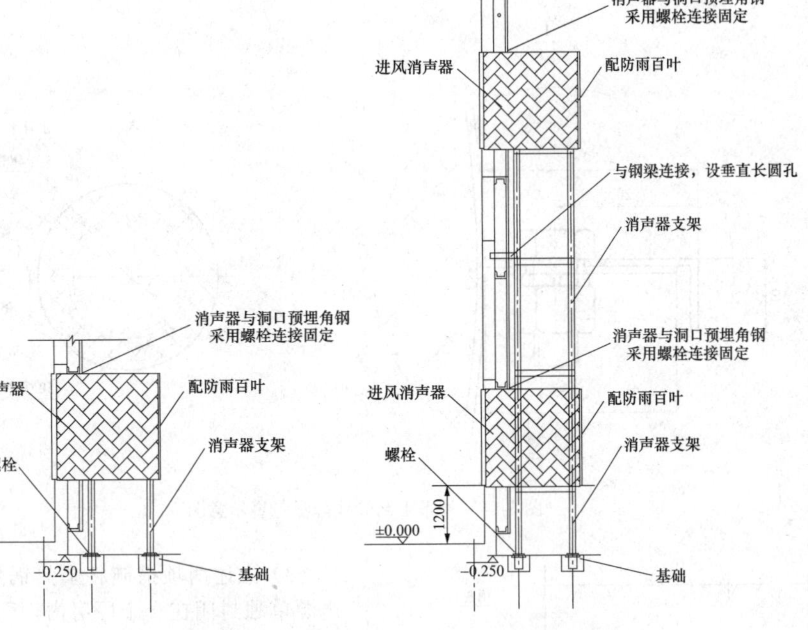

图 5-52　进风消声器示意图（单层消声器和两层的消声器）

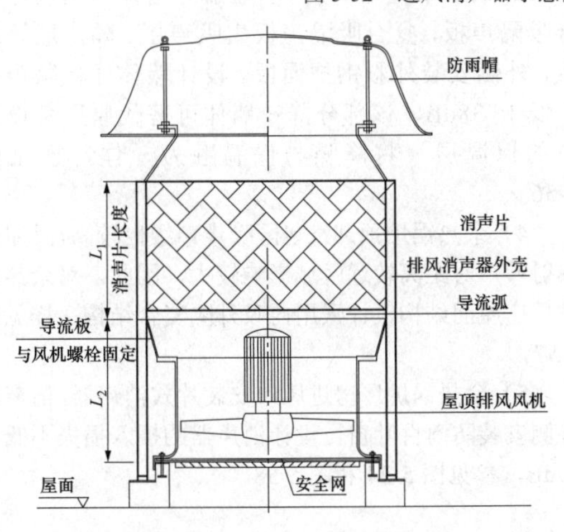

图 5-53　屋顶风机排风消声器示意图

7）集控楼内的空压机布置在单独的砌块墙体厂房内，顶部封闭，厂房墙体、屋面计权隔声量均在 46dB 以上，能够满足厂房隔声要求。空压机房布置在集控楼中间，不设窗户，也无对外通风进排风口，不对外环境设置门。此设计后不会影响集控楼内的声环境及厂界噪声排放要求。

8）主厂房各类工艺管线穿墙部分做密封处理，密封处理采用隔声套管，开口处用阻尼材料填补，外部用密封胶做防水处理，防止漏声。参见图 5-21、图 5-54 和图 5-55。

（2）余热锅炉区域。余热锅炉区域也是厂区内主要的噪声源之一，其他噪声声级较高的如烟气热网循环泵、燃气前置模块均布置在±0.000m 层，余热锅炉厂房内噪声值呈现由低到高逐级递减的趋势，因此，对该区域的降噪设计采用如下措施：

1）对余热锅炉区域噪声声级较高的燃气前置模块单独封闭在一个厂房内，该厂房墙体采用砌块结构墙体。

2）将热网循环泵单独封闭在一个厂房内，厂房采用砌块结构墙体。

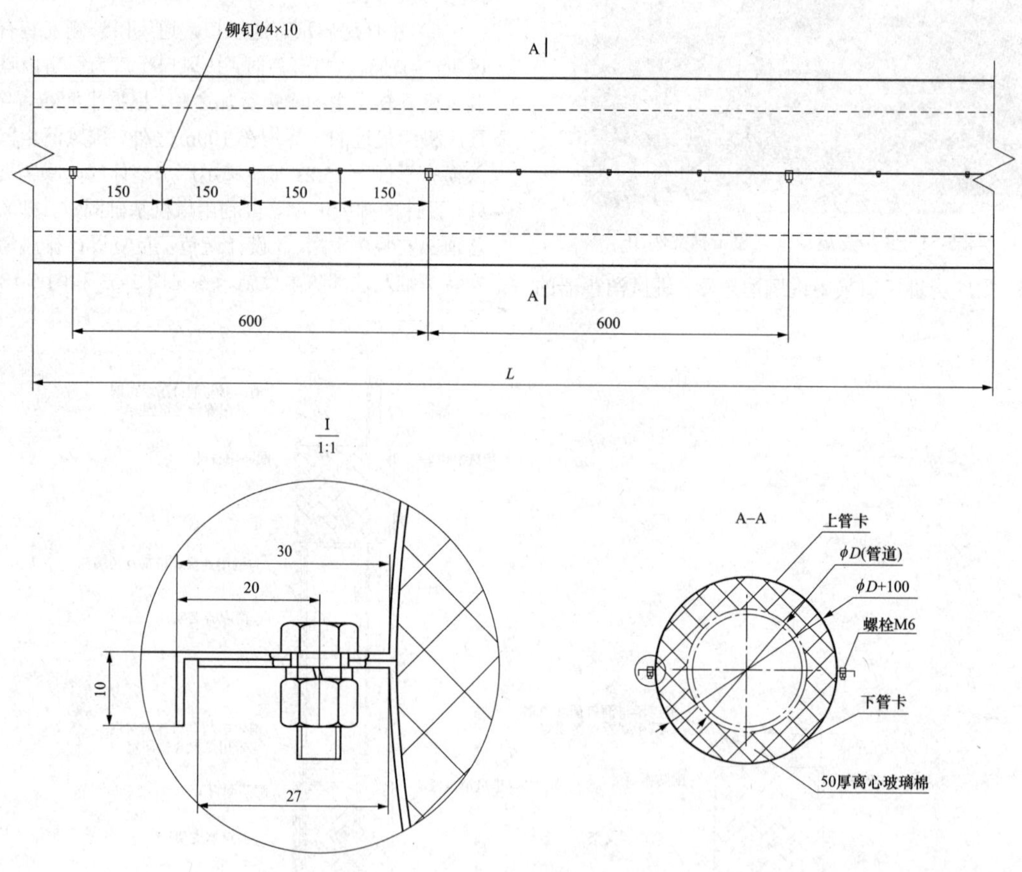

图 5-54 外露工艺管线降噪包裹示意图

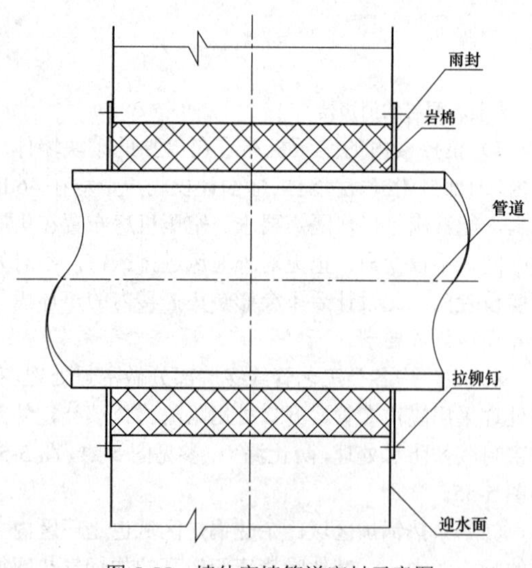

图 5-55 墙体穿墙管道密封示意图

3）上述两项措施将余热锅炉区域主要的高噪声源单独封闭在一个厂房内，厂房内噪声声级主要为余热锅炉本体噪声，对于这部分墙体结构设计复合吸隔声板，复合吸隔声板由吸声层、隔声层等组成，外侧安装外彩钢护面板。设计墙体计权隔声量不低于 38dB，该部分降噪墙体可替代原厂房设计中的保温层，将降噪与保温融为一体，详见图 5-56。

4）余热锅炉顶部汽包区噪声声级也较高，且屋面辐射噪声对距离较远区域影响较大，因此，对余热锅炉厂房屋面结构设计采用内吸外隔复合结构，详见图 5-57。

5）余热锅炉厂房进风口安装片式消声器，消声器外侧安装防雨百叶窗，设计消声器的插入损失不低于 25dB，参见图 5-24 和图 5-58。

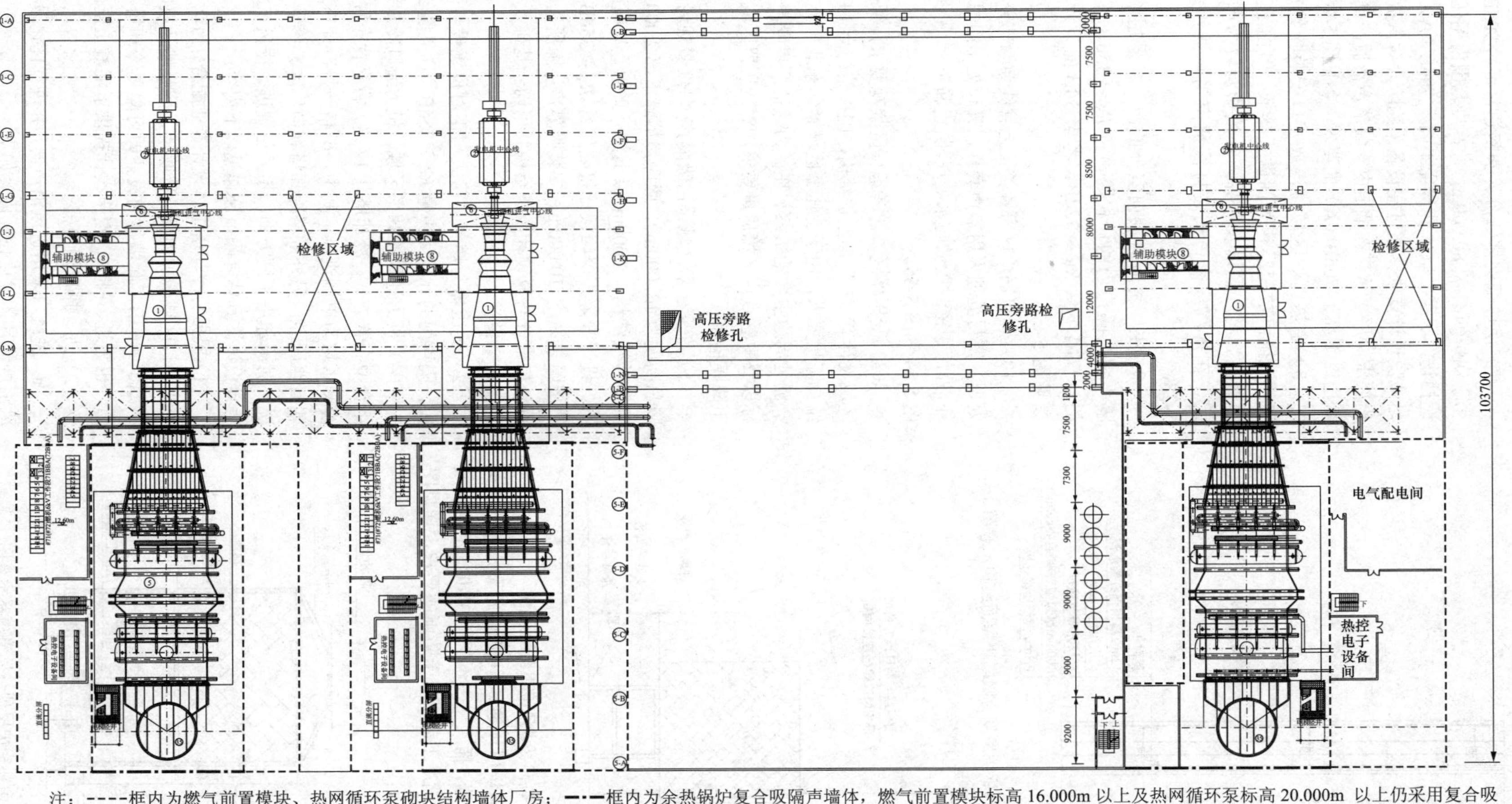

注：----框内为燃气前置模块、热网循环泵砌块结构墙体厂房；—·—框内为余热锅炉复合吸隔声墙体，燃气前置模块标高 16.000m 以上及热网循环泵标高 20.000m 以上仍采用复合吸隔声墙体。

图 5-56　余热锅炉区域降噪设计布置图

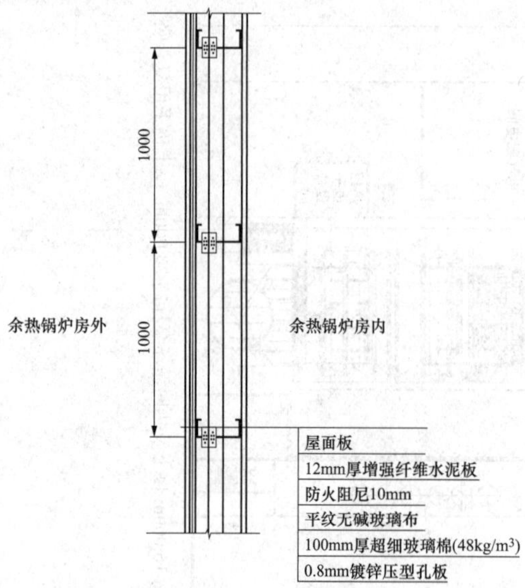

图 5-57 余热锅炉房复合吸隔声屋面结构示意图

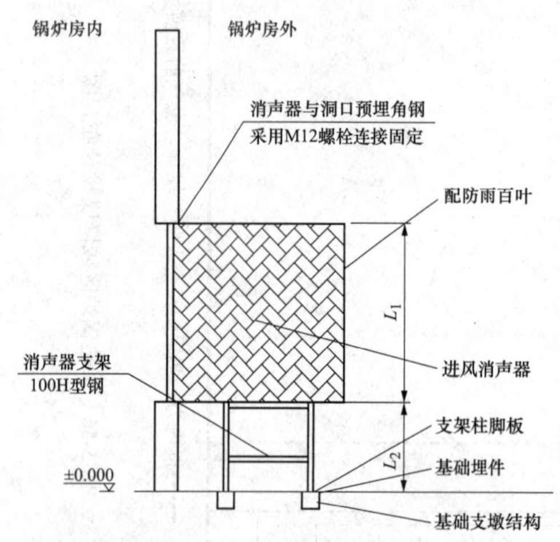

图 5-58 进风消声器示意图

6）在余热锅炉屋顶通风口和轴流风机的外侧安装片式排风消声器，插入损失不低于 30dB，消声器顶部设置防雨帽，满足工艺上对于防雨的要求，详见图 5-25 和图 5-59。

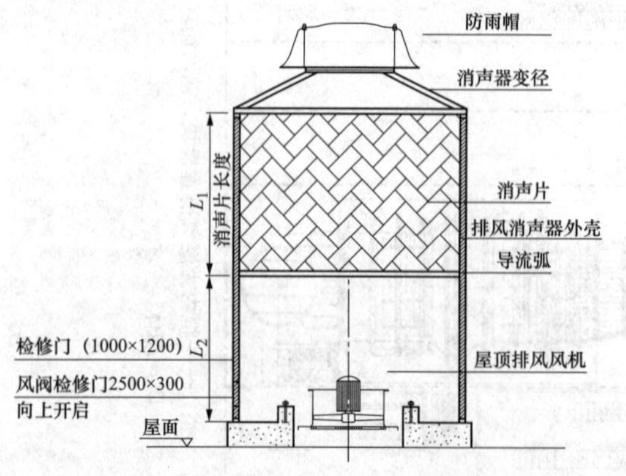

图 5-59 余热锅炉屋顶排风消声器示意图

7）锅炉烟囱排气口 A 声级通常可达 90dB（A），由于锅炉烟囱高 80.000m，此高度范围内无任何建筑遮挡物，烟囱出口 A 声级需不高于 70dB（A）方能满足降噪设计要求。通过在设备采购阶段对供货厂家提出要求，厂家承诺在烟道内安装消声器后，可满足排烟出口不高于 70dB（A）的要求，参见图 5-26。

8）余热锅炉区域排汽放空口安装排气放空消声器，排汽放空噪声为间歇式排放，但由于其噪声声级高，对厂区以及厂界声环境影响较为严重，因此，在排汽放空口安装排汽放空消声器，参见图 5-28。

9）主厂房所有朝向室外的门、窗采用隔声门、隔声窗，隔声门的计权隔声量 $R_W \geqslant 35$dB，隔声窗的计权隔声量 $R_W \geqslant 32$dB，考虑 3dB 的设计余量，参见图 5-27。

10）余热锅炉厂房各类工艺管线穿墙部分做密封处理，密封处理采用隔声套管，开口处用阻尼材料填补，外部用密封胶做防水处理，防止漏声，参见图 5-21、图 5-54 和图 5-55。

（3）变压器区域。考虑厂区景观要求，原变压器区域设计有“U”形围护结构，围护结构高 13.000m。结合降噪要求，由于变压器区域紧邻东北厂界，东北一侧是周边主要的敏感村庄。为保证厂界噪声排放达标以及敏感点声环境质量要求，对变压器区域设计如下降噪措施：

1）在变压器区域采用吸隔声屏障（景观考虑该屏障总高度为 13. 000m），吸隔声屏障下部 2.000m 设计采用砖混结构，2.000m 以上部分采用金属吸隔声屏障，设计吸隔声屏障板计权隔声量 $R_W \geqslant 35$dB，设计声屏障总高度 10.000m。安装吸隔声屏障所需基础及钢结构部分与原设计围护结构共用同一基础及钢柱，避免重复设计。

2）变压器与燃机厂房大门正对位置设计隔声大门，隔声门的计权隔声量 $R_W \geqslant 35$dB，详见图 5-60。

（4）机力通风冷却塔区域。机力通风冷却塔采用组合型布置方式，冷却塔共 12 格，背靠背布置，每格冷却塔均为单侧进风。其中，6 格一排冷却塔进风口朝向西厂界，另外 6 格冷却塔朝向厂区。鉴于上述情况，对冷却塔不同方向、不同位置进、排风口将进行差异设计。具体降噪措施详见以下内容：

1）根据与冷却塔主体设计专业配合，为满足降噪要求，该区域增加混凝土降噪墙，降噪墙计权隔声量不低于 46dB，此墙体的设计即可隔离冷却塔本体噪声，也为进、排风口消声设计提供了混凝土框架；

2）进、排风消声器。

a. 进风口采用进风消声器，并进行优化设计，进风消声器具体优化设计内容如下：

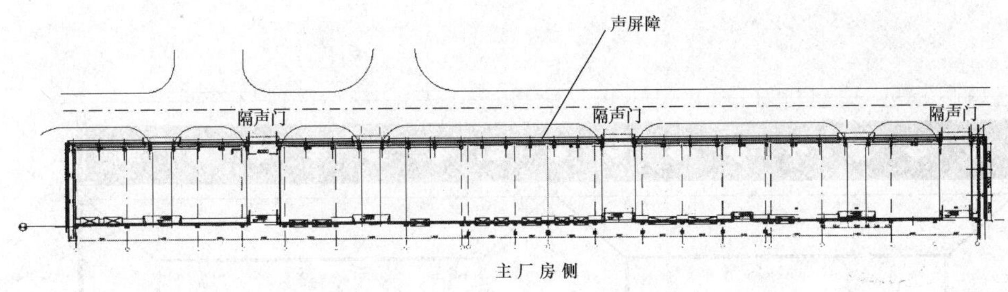

图 5-60 变压器区域声屏障方案示意图

——6 格一排进风口朝向西厂界一侧的冷却塔，对该侧进风口设计进风消声器，设计该区域进风消声器的插入损失≥30dB；西南一侧的三格冷却塔设计单格冷却塔进风插入损失，进风消声器的插入损失≥28dB。

——6 格一列进风口朝向厂区一侧的冷却塔，对该侧进风口设计进风消声器，设计消声器的插入损失不低于 25dB；紧邻两端的 2 格冷却塔设计单格进风消声器，设计的插入损失不低于 20dB；中间两格冷却塔设计单格进风消声器，设计的插入损失不低于 15dB，详见图 5-34 和图 5-61。

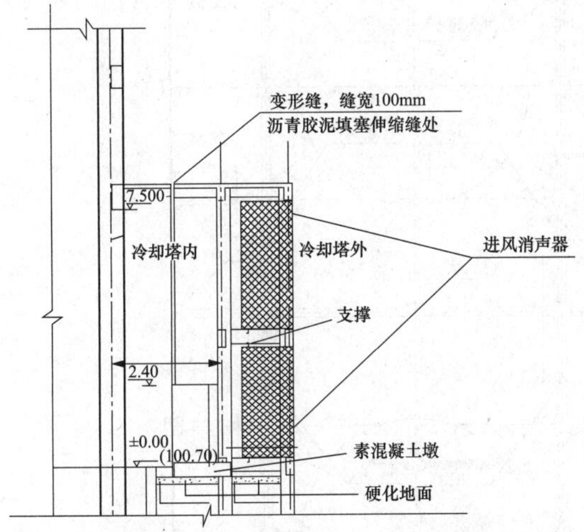

图 5-61 冷却塔进风消声器示意图

b. 排风消声器：冷却塔塔顶有 12 格排风口，安装排风消声器，共 12 台，设计插入损失不小于 30dB，详见图 5-35 和图 5-62。

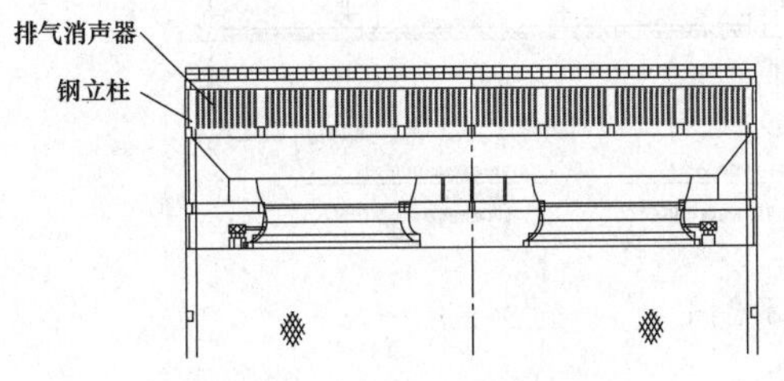

图 5-62 冷却塔排风消声器示意图

冷却塔进、排风消声器的阻力损失合计 50Pa。

3）冷却塔排风口设计排风导流筒，详见图 5-36 和图 5-63。

4）冷却塔电机及其减速箱的噪声较高，为满足噪声治理要求，需要安装减振系统，详见图 5-37 和图 5-64。

5）冷却塔电机位置处的进风口安装通风消声器，可在保证电机正常通风散热的同时，又能满足噪声达标的要求，详见图 5-38 和图 5-65。

6）冷却塔西侧厂界设置吸隔声屏障（见图 5-66、图 5-67）。为保证本项目的厂界噪声达标，在机力通风冷却塔的西侧厂界设置声屏障。

（5）调压站区域。调压站区域位于厂区西北角，在厂区内所占区域面积较小，但由于调压站区域噪声源较多，包括增压机、主调压模块、旁路调压切换模块、锅炉调压模块、计量站以及工艺管线，其声压级高，对厂界噪声排放影响较大，对该区域的降噪设计可采用如下措施：

将增压机及调压模块布置在厂房内，厂房设计成轻质降噪型厂房，在满足降噪的同时还要满足厂房泄爆要求，厂房泄爆要求依据 GB 50016—2014《建筑设计防火规范》中的相关要求，安全性系数符合 GB50016—2014《建筑设计防火规范》中泄压面积与厂房容积之比为 0.05～0.22 的要求。降噪厂房与周边建筑协调一致，不影响厂区整体的外观要求。

1）厂房墙体结构。调压站压缩机厂房采用了砌块结构墙体，双面抹灰，墙体计权隔声量达 46dB 以上，能够满足设计降噪量要求。且厂房朝向北厂界和西厂界一侧的墙体为全封闭结构，不设置大门及窗户，其隔声性能较好。

2）吸隔声屋面。设计屋面结构为内吸外隔复合板，设计复合隔声板的计权隔声量不小于 40dB。复合吸隔声板可替代原保温板，无需再增加保温材料，详见图 5-68。

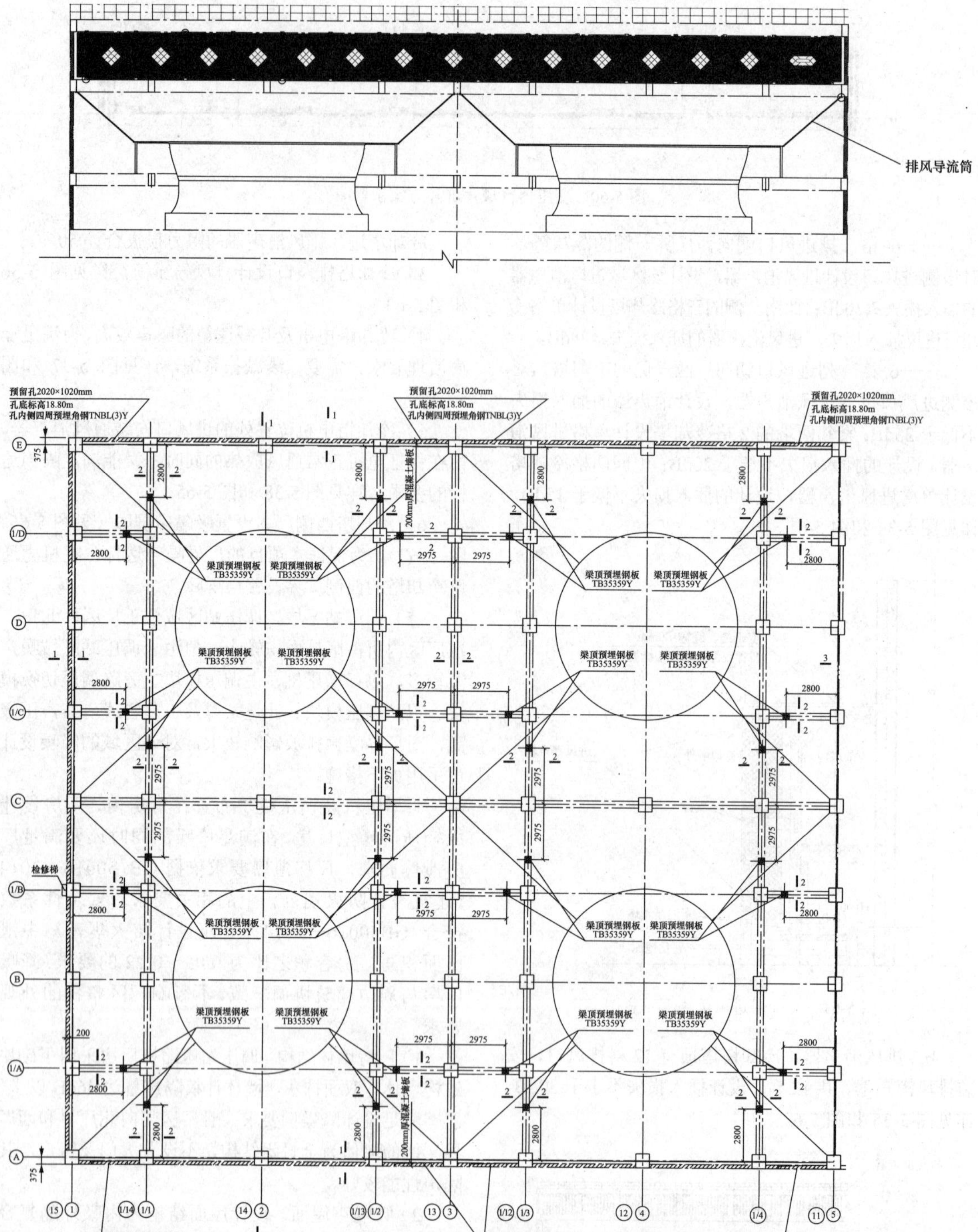

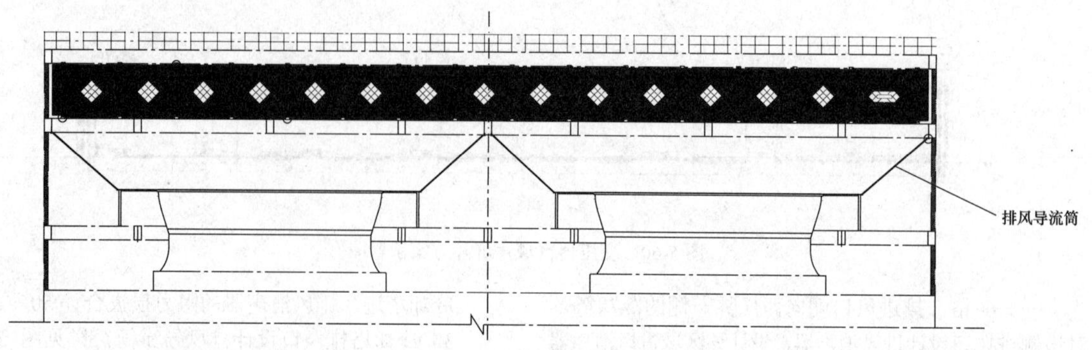

图 5-63 导流筒示意图

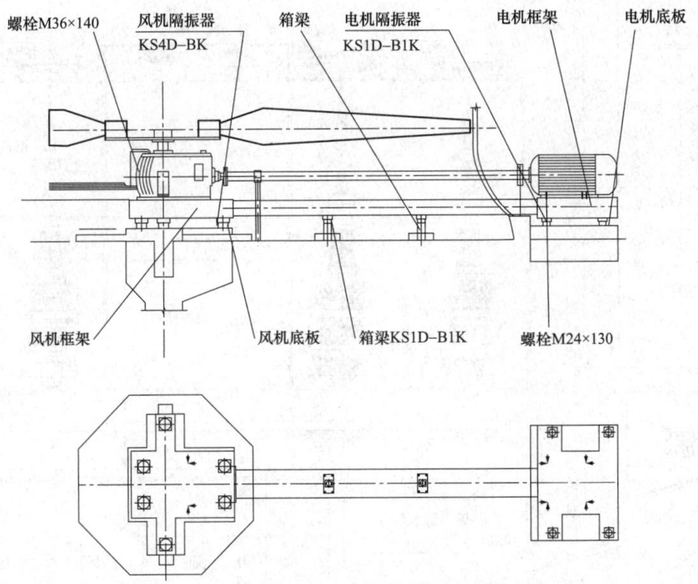

图 5-64　机力通风冷却塔电机减震系统示意图

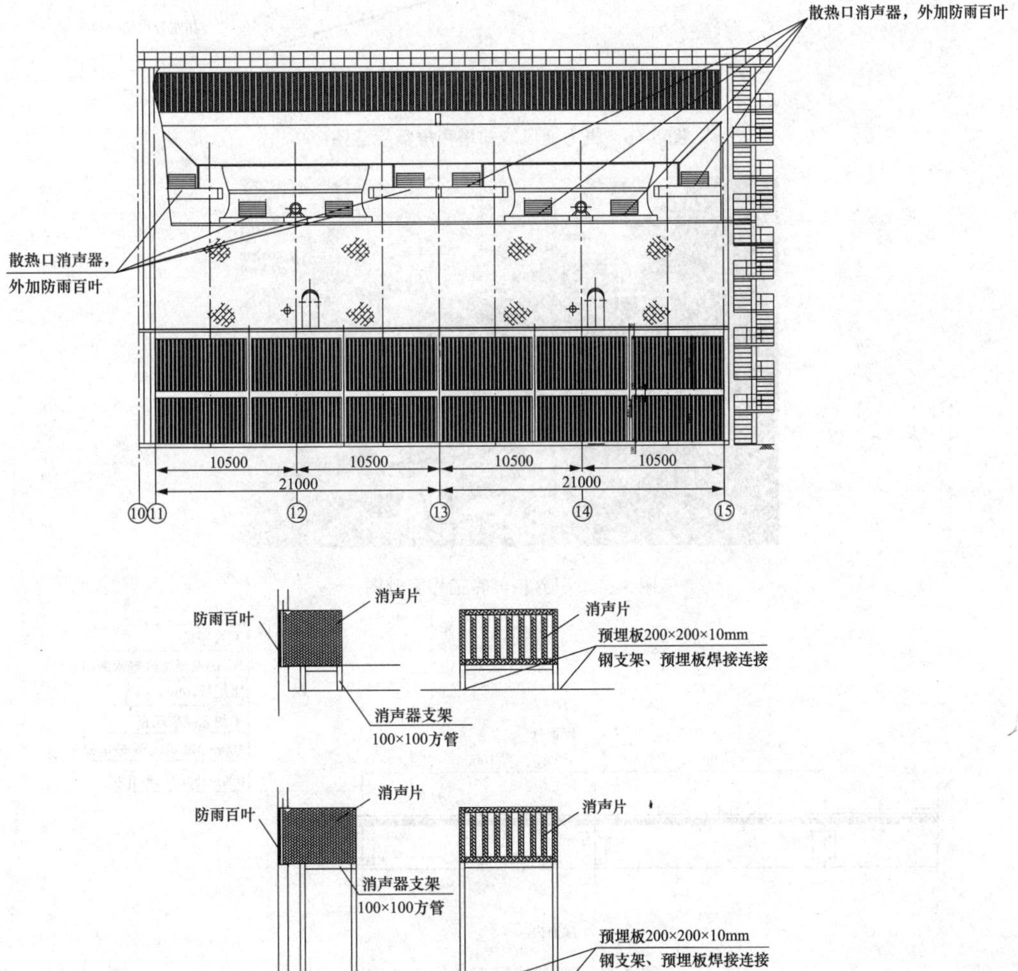

图 5-65　电机层消声器示意图

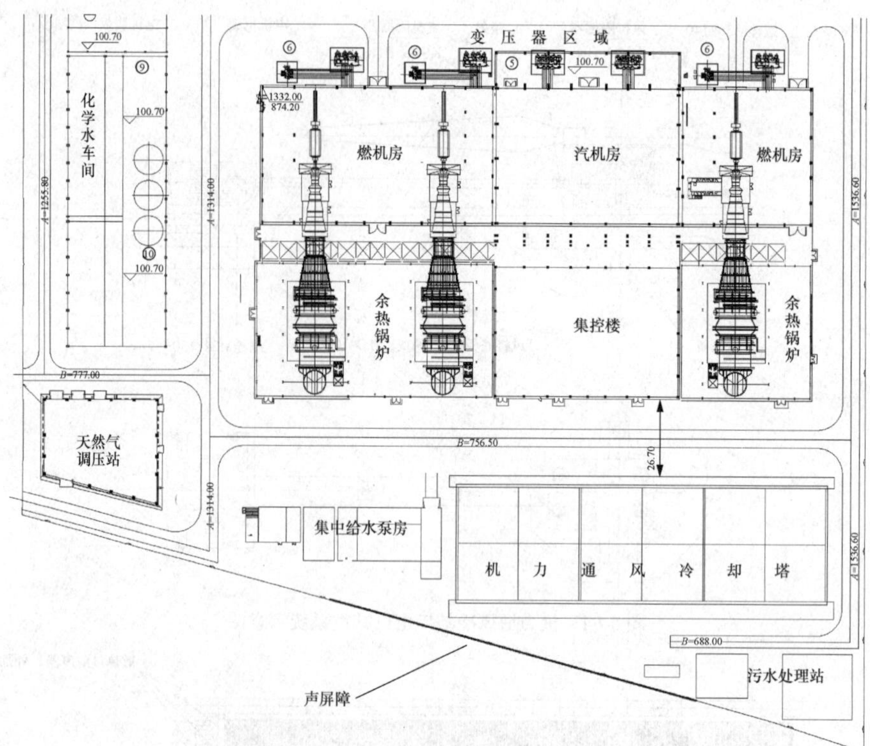

图 5-66 机力通风冷却塔声屏障示意图

图 5-67 厂界声屏障工程案例图

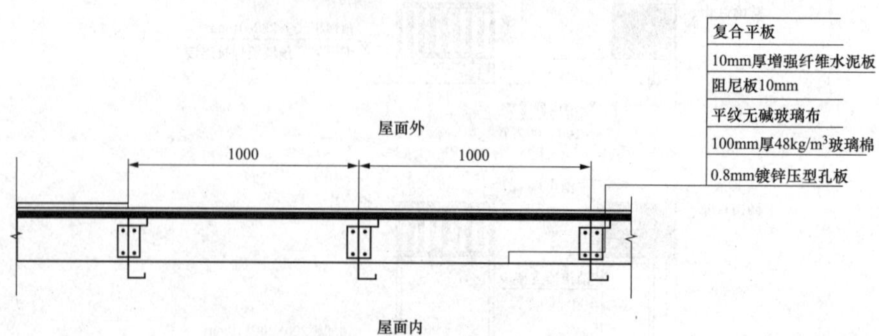

图 5-68 调压站屋面结构示意图

3）厂房进风口安装片式消声器（见图 5-69），插入损失不低于 30dB。消声器内外安装百叶窗，其中，外侧百叶窗为防雨百叶窗，满足工艺上对于防雨的要求。

在屋顶通风口和轴流风机的外侧安装片式排风消声器（见图 5-70），插入损失不低于 30dB。消声器增加消声弯头，使消声器朝向厂区内侧，最外侧设置防雀网，满足防雨、防鸟类的工艺要求。

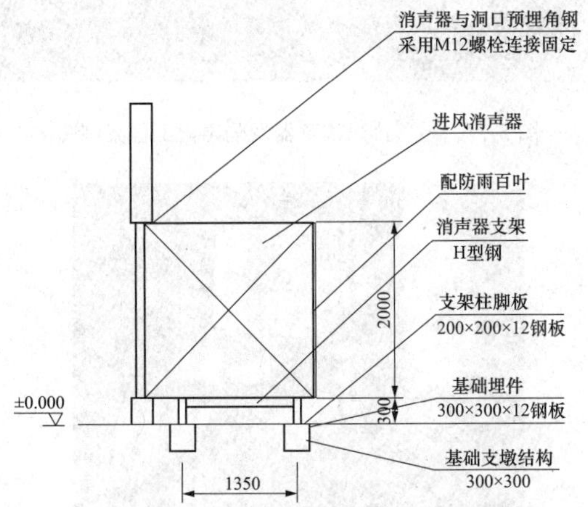

图 5-69　调压站进风消声器示意图

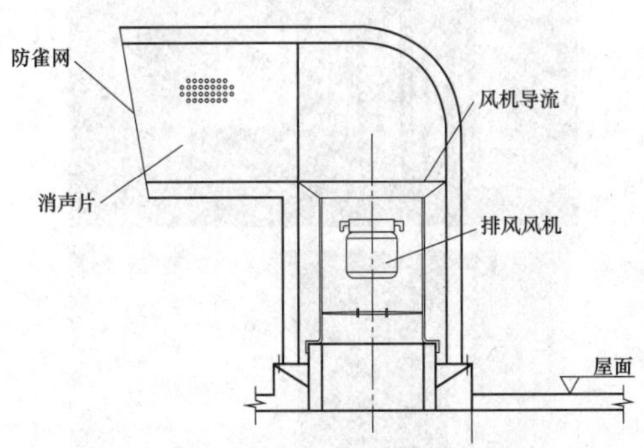

图 5-70　调压站屋顶排风消声器示意图

4）厂房窗户、大门设计采用塑钢隔声窗、隔声大门，参见图 5-44。

（6）循环水泵房和综合水泵房。循环水泵房和综合水泵房位于冷却塔西北侧，泵房内泵体噪声声级较高，且距西南厂界较近，两厂房墙体均采用了砌块结构墙体，双面抹灰，墙体隔声量已能满足降噪设计要求，厂房主要的透声点为门窗以及通风散热口。对该区域采用如下措施：

1）厂房的大门设计采用隔声门；厂房的窗户布置在朝向厂区一侧，窗户设计采用隔声窗，参见图 5-71 和图 5-72。

2）对于进风口的降噪措施，主要是进风口安装片式消声器，插入损失不低于 30dB。消声器内外安装百叶窗，其中，外侧百叶窗为防雨百叶窗，满足工艺上对于防雨的要求。

图 5-71　隔声门工程案例图

图 5-72　隔声窗工程案例图

屋顶通风口的降噪措施，是在屋顶通风口和轴流风机的外侧安装片式排风消声器，插入损失不低于 30dB。消声器外侧安装百叶窗，百叶窗为防雨百叶窗，满足工艺上对于防雨的要求，参见图 5-73～图 5-76。

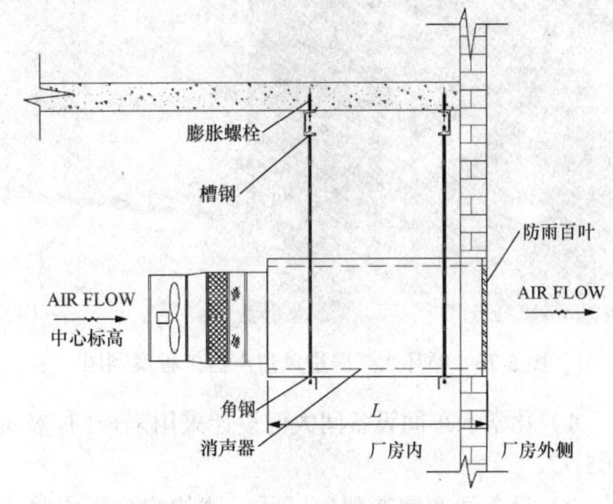

图 5-73　轴流风机排风消声器示意图

（7）化学水车间。化学水车间距离北厂界仅 9m，厂房设备间内各类泵体噪声声级较高，厂房墙体采用砌块结构后，门窗以及通风散热口辐射噪声对厂界影响较大，对该类厂房采用如下降噪措施：

图 5-74 轴流风机排风消声器工程案例图

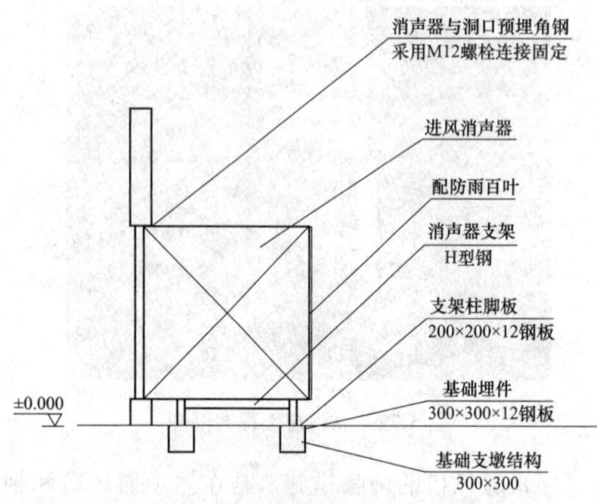

图 5-75 循环水泵房进风消声器示意图

图 5-76 循环水泵房进风消声器工程案例图

1）化学水车间设备间大门设计采用隔声门，参见图 5-77。

2）设备间布置在朝向厂区一侧的窗户采用隔声窗，设备间布置在朝向厂界一侧的窗户采用双层隔声窗，参见图 5-78。

3）在厂房的进风口安装进风消声百叶，消声百叶外侧安装防雨百叶，满足工艺上对于防雨的要求。采用折板式消声百叶，插入损失不低于 10dB。

图 5-77 屋顶排风消声器及隔声门工程案例图

图 5-78 隔声窗工程案例图

墙上通风口的轴流风机外侧安装片式排风消声器，插入损失不低于 30dB。消声器外侧安装百叶窗，百叶窗为防雨百叶窗，满足工艺上对于防雨的要求，参见图 5-79～图 5-83。

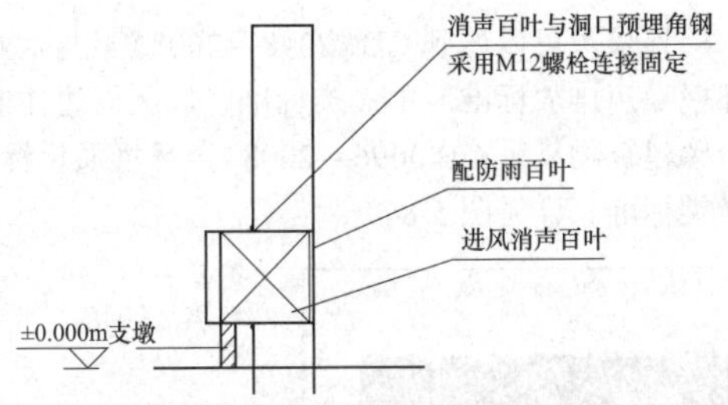

图 5-79 工业废水处理站进风消声百叶示意图

图 5-80 进风消声百叶工程案例图

图 5-81 轴流风机消声器工程案例图（室内）

图 5-82 轴流风机消声器工程案例图（室外）

图 5-83 隔声窗工程案例图

（8）管道穿墙处理。管道穿墙密封处理采用阻尼板+玻璃棉+密封胶+单层彩色压型钢板。

1）阻尼板。厚度不小于 3mm，拉伸强度不小于 6.2MPa，阻尼系数大于 0.35，工作温度为−55～150℃。

2）玻璃棉。

a．玻璃棉采用超细玻璃棉；

b．超细玻璃棉的容重不小于 $48kg/m^3$，含水率应不大于 1%，质量吸湿率应不大于 5%，憎水率应不小于 98%，且应流阻适当，孔隙均匀，有较高的吸声性能和化学稳定性。离心玻璃棉允许容重误差应不超过±5%，含杂质量不大于 3%，吸声系数 NRC≥0.90，纤维直径小于 6×10^{-6}m，不含渣球，防潮、不吸水。

3）包裹吸声材料的玻璃布为平纹无碱憎水玻璃布。

4）密封胶应采用耐候型产品。

5）单层彩色压型钢板与厂房外墙板的颜色和压型波纹一致，参见图 5-21、图 5-54 和图 5-55。

5. 噪声治理预期效果

实施本方案的噪声治理措施后，CadnaA 软件模拟各主要噪声源区域以及厂区内噪声声场分布如图 5-84 所示。从预测图上可以看出，采取如上降噪措施后，厂界噪声可以达到 GB 12348—2008《工业企业厂界环境噪声排放标准》中 2 类标准，厂区周边住宅区及敏感建筑物满足 GB 3096—2008《声环境质量标准》中 2 类标准。详见图 5-84。

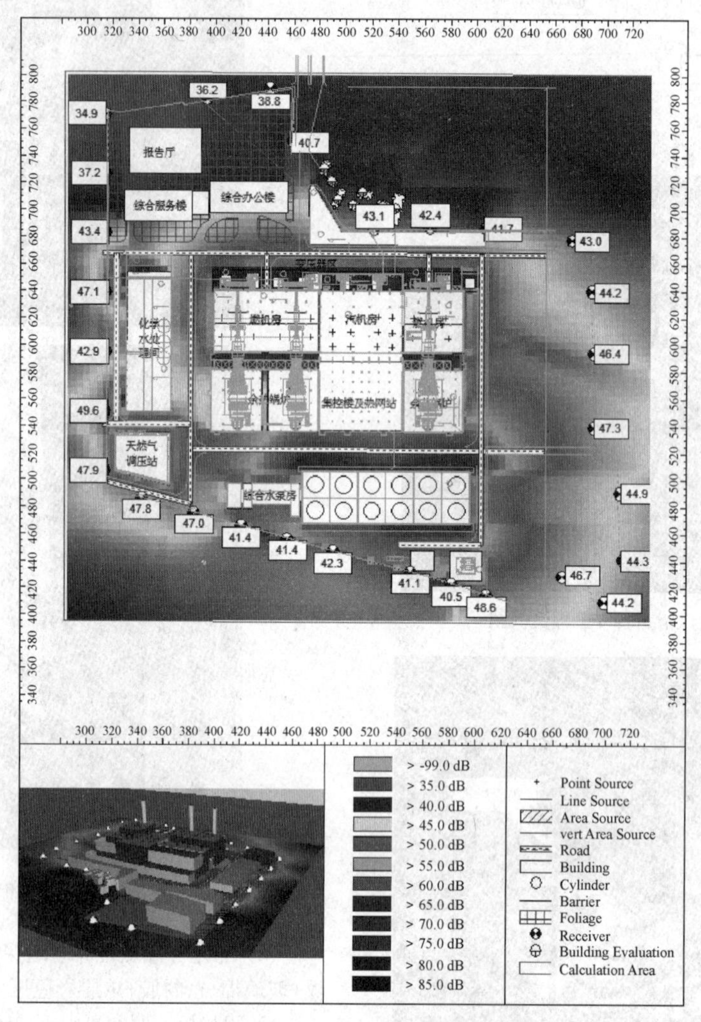

图 5-84 治理后厂区声场模拟图（高度 1.200m）

6. 投产后运行效果

该项目投产后，于 2014 年 10 月 11 日，使用爱华 6228+声级计对厂界及敏感点进行了监测，监测结果显示，厂界 A 声级昼间 46.5～52.3dB（A），夜间 44.1～49.2dB（A），可以达到 GB 12348—2008《工业企业厂界环境噪声排放标准》中 2 类标准。敏感点昼间 45.2dB（A），夜间 44.1dB（A），可以满足 GB 3096—2008《声环境质量标准》中 2 类标准。

二、燃煤电厂噪声控制

（一）燃煤电厂各工艺、设备噪声控制

1. 汽机房

（1）声源特性。汽机房一般为多层建筑，±0.000m 层、中间层、运转层均布置高噪声设备。噪声源主要有：汽轮机本体噪声、辅机噪声（凝汽器、供油装置、冷却器、高压加热器、低压加热器、除氧器、减温减压器等）、各类泵体噪声（疏水泵、输油泵、真空泵、循环冷却水泵、凝结水泵、给水泵等）、蒸汽管线和各类阀门等噪声。

其中，汽轮机本体噪声覆盖高中低频全频带，低、高频成分比较突出，距汽轮机机组外 1m 处 A 声级 90～105dB（A），其他设备技术协议规定设备外 1m A 声级 85dB（A）。

该区域声源均属于高声压级噪声，会通过不同途径向外传播，如室内声源通过墙体透声或通过门、窗、通风进排口向外传播，会对周边厂界和敏感点产生影响。

（2）降噪措施。

1）墙体降噪措施。该区域墙体一般分为砌块结构和轻型板结构两种结构型式。不同结构的墙体采取不同的降噪措施。

a. 砌块结构墙体降噪措施。当厂房墙体采用砌块结构时，隔声量已能满足噪声治理设计要求，可仅对墙体进行吸声设计，以降低厂房内部的混响声，提高厂房整体的隔声量。吸声结构为穿孔吸声护面板，内填高效吸声材料，吸声材料后留有空气层。一般吸声系数可取 0.7～0.9。

b. 轻型板结构墙体降噪措施。当厂房墙体采用轻型板结构时，墙体降噪措施可采用复合吸隔声结构。复合吸隔声结构由吸声层、隔声层等。复合吸隔声结构的型式、隔声量可以根据具体工程要求选择。

2）门、窗降噪措施。汽机房朝向室外的门、窗均采用隔声门、隔声窗。隔声门和隔声窗的型式、隔声量可以根据具体工程要求选择（见图 5-85）。

（a）

（b）

图 5-85　主厂房隔声门、窗工程案例图

（a）隔声门工程案例图；（b）隔声窗工程案例图

3）通风口降噪设计（见图 5-86～图 5-88）。目前，汽机房有两种通风方案：一是自然进风、机械排风的通风方式；二是自然进风、自然排风的通风方式。

a. 当采用自然进风、机械排风的通风方式时，需对进风口增加消声装置，可以根据具体工程要求选择消声器或者消声百叶，同时还应对屋顶风机加装消声器。

图 5-86　主厂房进风消声器工程案例图

图 5-87　墙体安装消声百叶

图 5-88　屋顶风机降噪工程案例照片

b. 当采用自然进风、自然排风的通风方式时，降噪设计需对进风口安装消声百叶。房顶排风采用自然通风器，可不增加降噪设备。当噪声标准较高时，也可根据具体工程要求在进风口和屋顶排风口安装进、排风消声器，但要满足暖通专业的通风设计要求。

4）其他降噪措施。其他降噪措施主要是对该区域的各类工艺管线穿墙部分做密封处理，密封处理采用隔声套管，开口处用阻尼材料填补，外部用密封胶做防水处理，防止漏声。

2. 锅炉区域

（1）声源特性。锅炉区域（锅炉和煤仓间）的噪声包括锅炉本体噪声、锅炉给水泵噪声、锅炉顶部噪声、脱硝设施稀释风机等，锅炉的各类管线噪声、一次风机噪声、送风机噪声，以及磨煤机噪声等。主要噪声源为一次风机、送风机产生的噪声。

锅炉本体A声级为80～85dB（A）左右，一次风机A声级为90～105dB（A），送风机A声级为85～98dB（A）。

（2）降噪措施（见图5-89）。

1）锅炉下部封闭措施。该区域的降噪措施首先是考虑对锅炉下部进行封闭处理。封闭范围从锅炉房0m到运转层，封闭结构墙体采用带外护板的复合吸隔声墙体结构，结构型式、隔声量可以根据具体工程要求选择。锅炉封闭后设置照明，增加通风口并配备消声器等，满足工艺上对通风、照明等的要求。

图5-89 锅炉区域降噪工程案例

2）风机降噪措施（见图5-90、图5-91）。

a. 隔声间。一次风机及送风机的本体和电机一般地面布置，对此设备可采用隔声间（复合吸隔声结构墙体及顶板），为方便设备检修，隔声间可设计成可拆卸结构，隔声间的门、窗采用隔声门、隔声窗。为保证隔声间的通风散热，在隔声间设置通风口和轴流风机。在通风口外安装消声百叶（有防雨功能），在风机外侧安装消声器（含防雨帽）。

b. 通风口消声器。一次风机和送风机进风口一般高位布置，可采取在进风口安装进风消声器的降噪措施，其中消声器的外框维护采用吸隔声模块。消声器的阻力损失满足设备工艺要求。

3. 变压器

（1）声源特性。变压器的噪声主要由两部分组成：铁心磁致伸缩振动引起的电磁噪声；冷却风扇产生的机械噪声与气流噪声。变压器噪声特性为峰值频率为100Hz的全频带声源，低频突出。变压器区域最高A声级（100%机力通风时）在75～79dB（A）。

图5-90 一次风机及送风机隔声间照片

图5-91 风机消声器工程案例

变压器区域一般距离厂界较近，虽然变压器噪声声级相对不高，但低频成分较为突出，传播距离远，衰减慢。

（2）降噪措施。该区域的降噪设计是在变压器靠近厂界侧设置吸隔声屏障。一般吸隔声屏障的计权隔声量30～35dB；声屏障高度可以结合景观，综合考虑屏障总高度。

吸隔声屏障一般下部采用砖混结构，上部采用内吸声外隔声的声屏障结构。

变压器与汽机房大门正对位置设计隔声大门，隔声门的型式、隔声量可以根据具体工程要求选择。

4. 除尘脱硫区域

（1）声源特性。除尘脱硫区域内主要的噪声源是除尘器区域的电机，脱硫区域的引风机、各类泵体等。

由于除尘器的电机布置在除尘器区域内，声波受各除尘器的遮挡衰减较大，对周边声环境影响较小。

引风机区域A声级90～95dB（A），中低频噪声成分较为突出，对环境及敏感点的影响较大。

（2）降噪措施（见图5-92、图5-93）。引风机厂房的建筑型式有砌块结构厂房和轻型板结构厂房或露天布置。故针对不同的建筑型式采取不同的降噪措施。

图 5-92 引风机房工程案例照片

图 5-93 引风机隔声间工程案例

1）砌块结构厂房建筑型式的降噪措施。

a. 墙体及屋面降噪措施。当引风机布置在混凝土砌块的房间内时，混凝土砌块结构的隔声量可以满足降噪要求。

b. 通风降噪措施。该区域主体设计已考虑通风方式采用自然进风、机械排风。

进风口的降噪措施，是在进风口安装进风消声器，消声器外侧安装防雨百叶窗，满足工艺上对于防雨的要求，消声器的型式、消声量可以根据具体工程要求选择。

屋顶通风口的降噪措施，是在屋顶通风口和轴流风机的外侧安装排风消声器，消声器顶部设置防雨帽，满足工艺上对于防雨的要求。消声器的型式、消声量可以根据具体工程要求选择。

c. 窗降噪措施。该区域所有朝向室外的门、窗均采用隔声门、隔声窗。隔声门和隔声窗的型式、隔声量可以根据具体工程要求选择。

2）轻型板结构厂房或露天布置建筑型式的降噪措施。

a. 墙体及屋面降噪措施。当引风机布置在轻型板结构厂房内时，墙体及屋面的降噪措施是采用复合吸隔声结构。为方便设备检修，隔声间的墙体及屋面可以设计成可拆卸结构。

b. 通风降噪措施。为保证机房具有良好的通风散热能力，在屋顶安装轴流风机，与进风口形成进排风通道，使整个厂房形成进风、强制排气的空气流（即自然进风、机械排风）。

在该区域的进风口安装进风消声器，消声器外侧安装防雨百叶窗，满足工艺上对于防雨的要求，消声器的型式、消声量可以根据具体工程要求选择。

在屋顶通风口和轴流风机的外侧安装排风消声器。消声器顶部设置防雨帽，满足工艺上对于防雨的要求。消声器的型式、消声量可以根据具体工程要求选择。

c. 窗降噪措施。该区域所有朝向室外的门、窗均采用隔声门、隔声窗。隔声门和隔声窗的型式、隔声量可以根据具体工程要求选择。

5. 冷却系统

（1）声源特性。

1）自然通风冷却塔。自然通风冷却塔在正常运转时产生的噪声包括淋水噪声、水泵噪声、输水管道和阀门震动噪声，其中淋水噪声是主要噪声源。一般冷却塔外 1m 处的 A 声级为 85dB（A）左右。

2）高位冷却塔。高位收水塔的噪声源和普通自然通风冷却塔类似，所不同的是，高位收水塔自由跌落高度仅为常规自然塔自由跌落高度的四分之一，而且其自由跌落区均在塔的筒壁之内，相当跌落于天然隔声墙，因此噪声排放较低。一般冷却塔外 1m 处的 A 声级为 75～80dB（A）左右。

（2）降噪措施（见图 5-94～图 5-96）。冷却塔的降噪措施有进风消声器和吸隔声屏障两种。

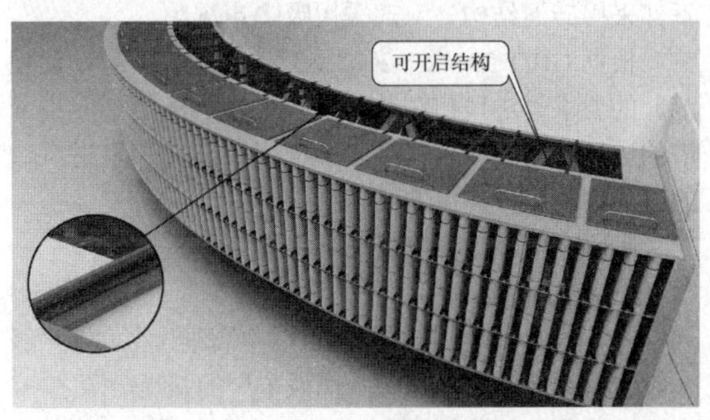

图 5-94 冷却塔区域消声器外部示意图

1）进风消声器。该区域降噪设计采取在靠近厂界侧的在冷却塔进风口设置进风消声器（消声器的消声量、类型及长度可以根据具体工程要求选择确定），消声器布置为圆弧形。

为满足冷却塔工艺要求，消声器顶部与冷却塔之

图 5-95　冷却塔区域消声器内部示意图

图 5-96　冷却塔吸隔声屏障工程案例图

间的盖板可以设计成可开启结构，当夏天气温较高时，可以打开顶部盖板。

进风消声器措施可保证厂界及敏感点噪声均达标。

2）吸隔声屏障。降噪设计采取在冷却塔的厂界侧设置吸隔声屏障，声屏障高度可根据冷却塔进风口高度确定，一般要高于冷却塔进风口高度。吸隔声屏障下部采用砖混结构，上部采用吸隔声屏障。

根据 GB/T 50102—2003《工业循环水冷却设计规范》的要求“进风口侧与其他建筑物的净距不应小于塔的进风口高的 2 倍”，吸隔声屏障距离冷却塔进风口的距离为进风口高度的两倍以上。

吸隔声屏障方案可保证厂界噪声均达标。

6. 空压机房

（1）声源特性。空压机噪声以中高频为主，A 声级一般为 95～100 dB(A)，是火力发电厂的强噪声源之一，空压机的设备布置于混凝土结构厂房内，设备产生的噪声主要是通过建筑物透声或通过门窗及通风系统向外传播。空压机厂房外 A 声级实测值约为 82.1dB（A)。

（2）降噪措施（见图 5-97)。

1）厂房布置优化。建议该区域在设备布置、门窗及通风口设计时，将高噪声设备远离厂界布置，同时减少朝向厂界方向的门窗及通风口布置。

图 5-97　空压机房采取降噪措施后工程案例图

2）门、窗降噪措施。上述区域所有朝向室外的门、窗均采用隔声门、隔声窗。隔声门和隔声窗的型式、隔声量可以根据具体工程要求选择。

3）通风口降噪措施。该区域主体设计已考虑通风方式采用自然进风、机械排风。

对于进风口的降噪措施，主要是在进风口设计进风消声器，消声器内外安装百叶窗，其中，外侧百叶窗为防雨百叶窗，满足工艺上对于防雨的要求，消声器的型式、消声量可以根据具体工程要求选择。

屋顶通风口的降噪措施，主要是在屋顶通风口和轴流风机的外侧安装排风消声器，消声器顶部设置防雨帽，满足工艺上对于防雨的要求。消声器的型式、消声量可以根据具体工程要求选择。

7. 其他辅助厂房

厂区内有很多其他辅助厂房如氧化风机房、浆液循环泵房、碎煤机房、气化风机房和循环水泵房等，这类厂房一般为混凝土结构建筑，建筑本身有很高的隔声量。但此类厂房的门窗以及通风散热口是隔声的薄弱环节，只需将辅助厂房的门、窗更换为隔声门、隔声窗，进风口增加消声器/百叶，排风口安装排风消声器（见图 5-98)。

图 5-98　其他辅助车间降噪工程案例

（二）燃煤电厂噪声控制应用实例

本次燃煤电厂噪声控制应用实例选择安徽省某燃煤发电厂，该电厂厂界噪声标准执行 GB 12348—2008《工业企业厂界环境噪声排放标准》中 3 类标准。厂界周边无敏感目标。

1. 工程概况

（1）工程简述。本期工程扩建 2×1000MW 超超临界、燃煤湿冷机组，同步建设脱硫、脱硝、除尘设施。

本期工程锅炉采用超超临界参数、一次中间再热、单炉膛、平衡通风，对冲或切园燃烧方式、固态排渣，露天布置，全钢构架的变压直流锅炉，∏型或塔式炉。同步建设脱硝装置。

汽轮机为超超临界、一次中间再热、四缸、四排汽、单轴、凝汽式汽轮机。发电机为 1000MW 水氢氢冷却、自并励静止励磁发电机。

（2）总平面布置。

1）一期工程主厂房区位于整个厂区的中北部，汽机房朝北，固定端向西，向东扩建。汽机房 A 外布置有 220kV 屋外配电装置。在主厂房固定端的西面，布置有化水区、制氢站、材料库、生活污水处理站。运煤铁路专用线从厂区的西南角进入厂区，卸煤及贮煤设施布置在厂区的西南部。在煤场的东面及炉后的位置布置有净水站、灰渣车库、输煤综合楼、循环水泵房、燃油库区、集中废水处理站、雨水泵房、启动锅炉房及灰渣设施。在厂区北大门（主出入口）处的西面集中布置有生产办公及生活福利设施。

电厂主出入口（北大门）布置在厂区北围墙的中部，进厂道路接直通安庆市区的皖江大道。在厂区南围墙的中部设有通往长江大堤的出入口，在厂区西端设有运输灰渣及材料的物流出入口。

2）二期工程采用三列式布置，由北向南依次为主厂房区、冷却水塔区和煤场区。

主厂房布置采用∏型炉—侧煤仓形式，汽机房横向尺寸为 187.500m，纵向尺寸为 209.630m（A 列至烟囱中心）。采用自然通风冷却塔二次循环水冷却形式，一机一塔，塔底直径为 137.500m。采用 500kV GIS 屋内配电装置布置。煤场采用圆形储煤场，本期设置 2 个直径为 110.000m 的圆形储煤场。

配电装置与变压器场地平行布置，输煤栈桥在两圆形煤场、两冷却水塔之间通过，穿越烟囱，由两除尘器之间直接进入侧煤仓。两机脱硫吸收塔和浆液泵房布置在烟囱两侧，石膏脱水车间、石灰石浆液制备车间和石灰石棚库布置在脱硫区域扩建端侧场地，通过管架进行工艺连接。

综合检修楼、空气压缩机房和灰库区和尿素储备区布置在一、二期厂房脱开的区域内。

原水处理净化站布置在煤场西侧，靠近冷却水塔区，补水管线短捷，详见图 5-99 和图 5-100。

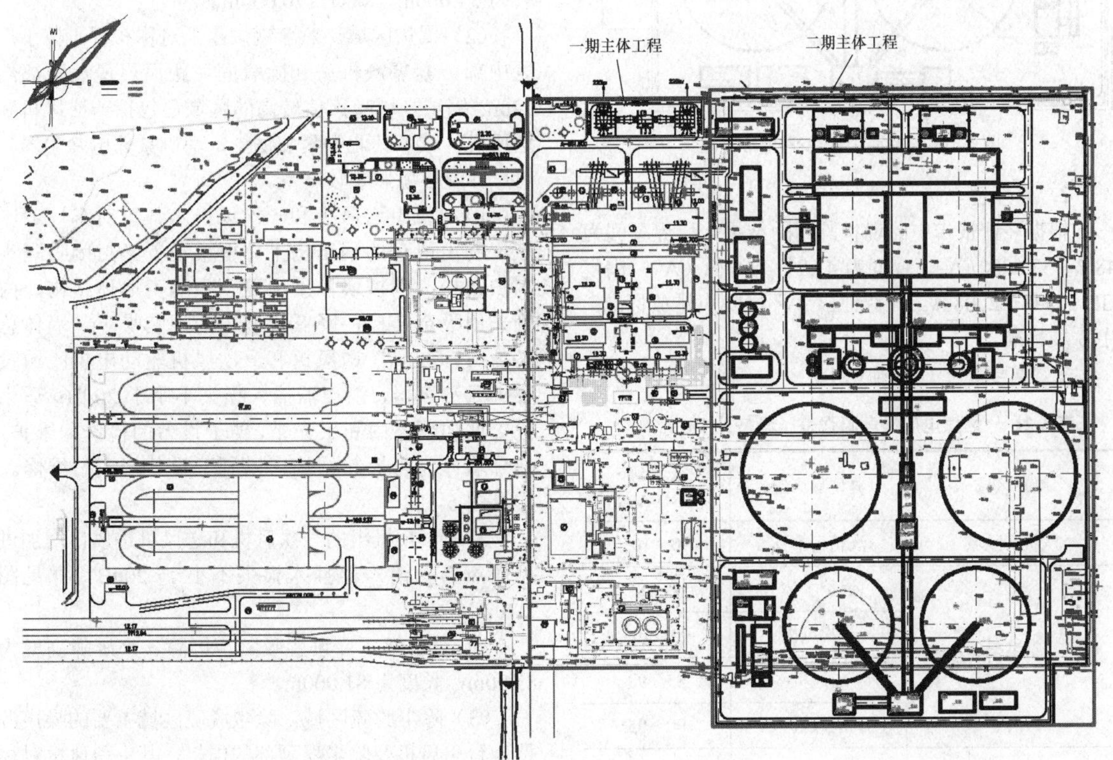

图 5-99　全厂总平面布置图

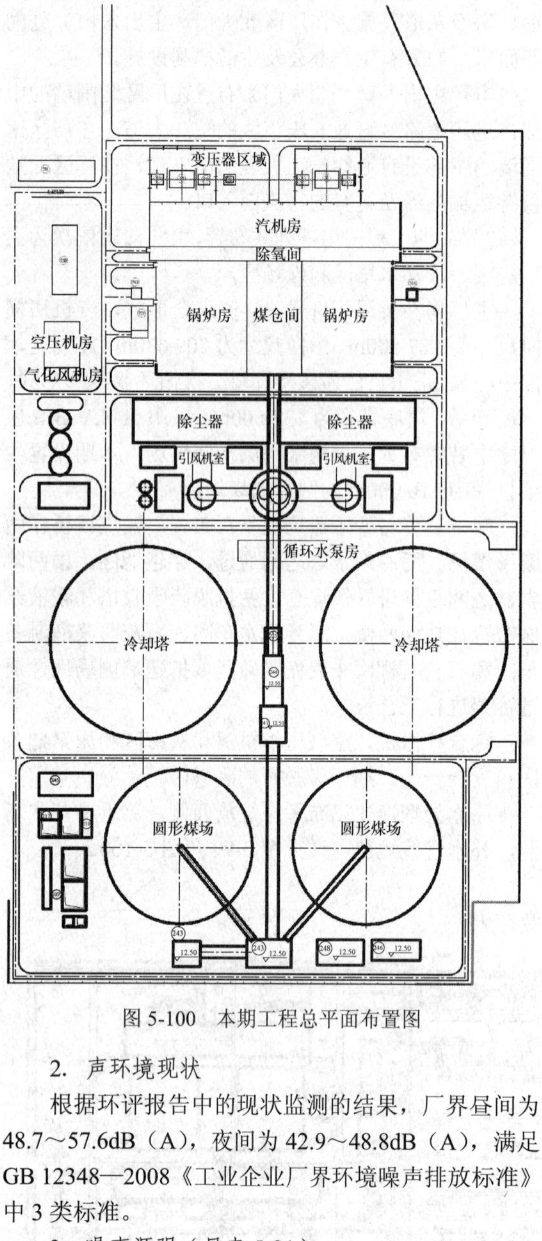

图 5-100 本期工程总平面布置图

2. 声环境现状

根据环评报告中的现状监测的结果，厂界昼间为 48.7～57.6dB（A），夜间为 42.9～48.8dB（A），满足 GB 12348—2008《工业企业厂界环境噪声排放标准》中 3 类标准。

3. 噪声源强（见表 5-21）

表 5-21 燃煤电厂噪声源强表（设备外 1m）

噪声区域	典型噪声源	A 声级［dB（A）］
汽机房区域	汽轮机本体	90～105
锅炉区域	锅炉本体	80～85
	一次风机	90～105
	送风机	85～98
	磨煤机	90～95
除尘脱硫区域	引风机	90～95
排烟冷却塔		75～80
变压器区域		75～79
其他噪声	各种泵	85
	电机	85

4. 噪声治理措施

（1）汽机房区域降噪措施。汽机房跨度 32.000m，长度为 187.500m。汽轮发电机中心线距 A 列的距离为 15m。汽机房布置分三层，主要设备有：低压缸的下方布置有两台带热井的凝汽器，凝汽器上部与低压缸排汽口柔性连接，下部刚性支撑在汽轮机机座底板上。管道层布置有主蒸汽、再热冷段蒸汽管道、抽汽管道等，布置有汽轮机主油箱、轴封冷却器及轴封风机、轴封供汽站、氢气干燥器、汽动给水泵排汽管道等设备。汽机房 17.000m 层布置有汽轮发电机组和两台带前置泵的汽动给水泵组。

本次汽机房噪声治理措施采用在受该区域影响的厂界东北角的东侧和北侧到大门的厂界处设置 8.000m 高隔声屏障，隔声屏障（计权）隔声量不小于 35dB。东侧厂界屏障长度为 116m，北侧厂界屏障长为 54.000m，共计 170.000m。

（2）锅炉区域。2 台锅炉露天对称布置，位于厂区中部，紧靠汽机房和除氧间，距厂界最近距离约 94m。锅炉区域噪声值较高的区域还包括一次风机和送风机区域，其北侧紧邻锅炉，南侧紧邻电除尘器，对厂界及环境影响较严重。

1）4#机组送风机和一次风机本体正对东厂界区域，利用现有的钢结构主体框架设置半封闭吸隔声围护结构，围护墙体采用复合吸隔声墙体结构，内侧采用吸声结构，降低区域内的混响噪声，墙体总高为 17.000m。送风机和一次风机驱动电机区域设置进风消声器，消声器插入损失不小于 20dB；适当位置增加隔声门和采光带，便于设备的检修和维护；部分墙体为可拆卸结构，以利于设备的正常维修。详见图 5-101。

2）3#、4#机组的一次风机和送风机进风口增加进风消声器，消声器插入损失不小于 20dB，详见图 5-102。

3）对东部厂界设置吸隔声屏障，声屏障高度为 8.000m，长度为 81.000m。

（3）除尘脱硫区域。除尘脱硫区域主要的噪声源是 4 台引风机及除尘器顶部的电机，其中引风机对称分布，对厂界影响较大。

图 5-101　送风机、一次风机半封闭吸隔声围护工程案例图

1）对除尘器的电机的降噪措施，是考虑在其对应的东厂界设计吸隔声屏障，吸隔声屏障的高度为 8.000m，长度为 103.000m。

2）引风机降噪措施，是利用现有的钢结构主体框架，设置半封闭可拆卸隔声罩，隔声罩总高约 11.000m，墙体采用轻质吸隔声结构，详见图 5-103。

图 5-102　进风口消声器工程案例图

引风机隔声罩在驱动电机处设置进风消声器，消声器插入损失≥20dB；

增加隔声门和隔声窗，便于设备和人员的正常进出；

墙体采用可拆卸结构，便于设备的正常检修；

降噪设备墙体内侧采用吸声结构，降低区域内的混响噪声。

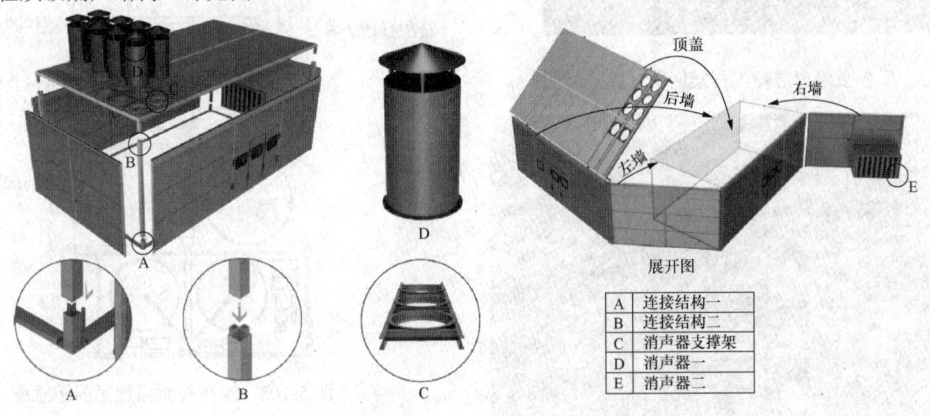

图 5-103　隔声罩示意图

（4）冷却塔区域。本次采用高位冷却塔，共两台，对称分布在厂区中部，该类冷却塔进风口 A 声级比传统冷却塔低 8～10dB（A），但是其进风口人字梁顶部高度为 13.800m，对厂界影响严重。考虑降噪治理要求，结合针对双曲线冷却塔以往治理经验，对该区域降噪可以采取以下降噪措施：采用在高位冷却塔的东侧厂界设置隔声屏障，一直延伸到圆形煤场，隔声屏障高 9.000m，可以确保高位冷却塔噪声在东侧厂界排放达标，详见图 5-104～图 5-106。

（5）变压器区域降噪措施。该区域降噪措施，是在现有的东厂界和北厂界的隔声屏障基础上，沿着东北厂界向北延长，屏障总高 8.000m，吸隔声屏障板计权隔声量 R_w≥35dB，其具体布置见图 5-107。

（6）南厂界输煤系统。此区域设备为分时段运行，通过运营管理其对周边的声环境影响不大，因此，本区域不予考虑降噪措施。

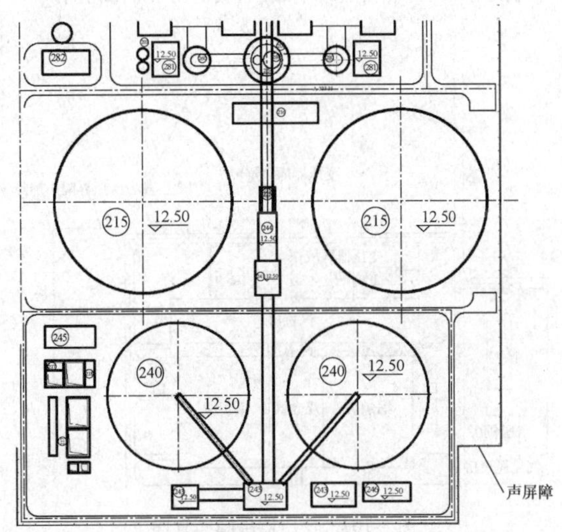

图 5-104　冷却塔区域屏障布置图

（7）噪声控制措施汇总。

图 5-105 厂界吸隔声屏障工程案例图（屏障外侧）

图 5-106 厂界吸隔声屏障工程案例图（屏障内侧）

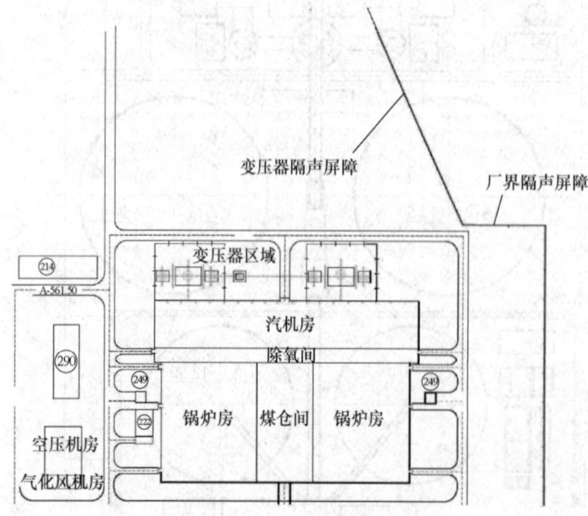

图 5-107 变压器屏障布置图

降噪措施汇总详见表 5-22 和图 5-108。

表 5-22 噪声控制措施汇总表

序号	区域	降噪措施
1	汽机房区域	厂界侧设置吸隔声屏障
2	锅炉区域	（1）厂界侧设置半封闭的复合吸隔声墙体结构，送风机和一次风机驱动电机区域设置进风消声器。 （2）一次风机和送风机进风口增加进风消声器。 （3）厂界侧设置吸隔声屏障
3	除尘脱硫区域	（1）厂界侧设置吸隔声屏障。 （2）引风机区域利用现有的钢结构主体框架，设置半封闭可拆卸隔声罩
4	冷却塔区域	厂界侧设置吸隔声屏障
5	变压器区域	厂界侧设置吸隔声屏障

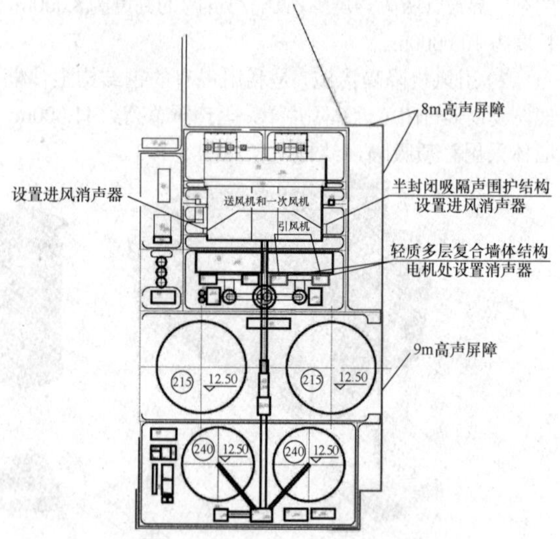

图 5-108 噪声控制措施平面示意图

5. 噪声治理预期效果

在实施本方案后，厂区声场模拟分布图如图 5-109。根据预测图可以看出，采取以上降噪措施后，厂界噪声可以达到 GB 12348—2008《工业企业厂界环境噪声排放标准》中 3 类标准，详见图 5-109。

6. 投产后运行效果

该项目投产后，于 2016 年 6 月 13 日，使用爱华 6228+声级计对厂界进行了监测，监测结果显示，厂界 A 声级昼间 51.6～56.1dB（A），夜间 48.4～53.5dB（A），可以达到 GB 12348—2008《工业企业厂界环境噪声排放标准》中 3 类标准。

三、换流站噪声控制

（一）换流站各工艺、设备噪声控制

换流站内电气设备在运行时会产生各种噪声，主要有换流变压器、平波电抗器、滤波电抗器、电容器、换流阀冷却塔（水冷）、换流阀冷却空冷器（空冷）等。

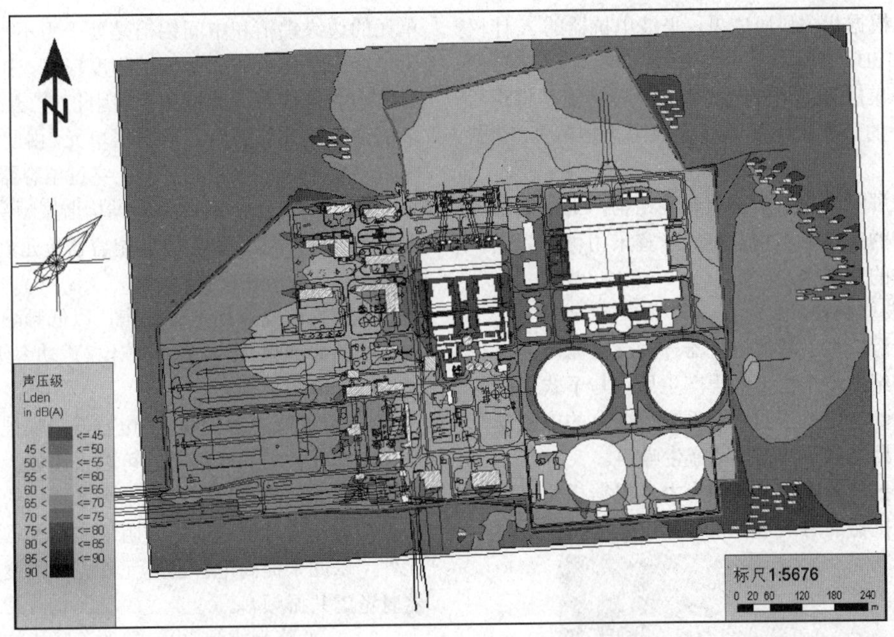

图 5-109　治理后声学模拟图（高度 1.200m）

1. 换流变压器

（1）声源特性。

换流变压器的噪声在换流站中是噪声最大的单个设备，产生噪声的主要因素有：①铁芯硅钢片的磁致伸缩振动噪声；②线圈绕组产生的电磁感应力对换流变压器壳体及磁性材料的作用产生的噪声；③换流变压器冷却风扇等产生的噪声。

换流变压器的本体噪声以中低频为主，声功率级随其负载的增加而增大。而冷却风扇辐射的噪声主要集中在中高频。根据相关科研成果，换流变压器的 A 计权声功率级 120.9dB（A）。

（2）降噪措施。

1）降低噪声源的噪声。控制噪声源是降低噪声的最根本和最有效的方法。它是通过研制和选择低噪声的设备，采取改进机器设备的构造，提高加工工艺和加工精度，使噪声源的噪声功率降低。

换流变压器从设计方面可以采用如高导磁硅钢片、现代型芯材料、低磁通量运行、利用先进的线圈设计来减小阻抗公差、减小制造误差、采用低噪声风扇等方法来降低设备噪声。

2）主要降噪措施。换流变压器噪声治理措施是采用隔声罩（box-in），见图 5-110。box-in 的计权隔声量 Rw 大于 30dB，吸声系数 NRC＞0.8。

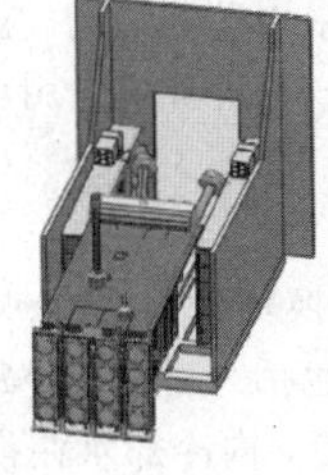

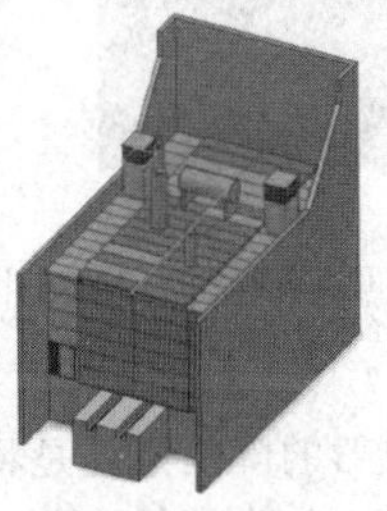

图 5-110　换流变压器隔声罩（box-in）示意图

2. 平波电抗器

（1）声源特性。由于直流电流和谐波电流相互作用，引起线圈振动，这是干式平波电抗器线圈噪声产生的主要原因。

任何载流线暴露于磁场时都会受到磁场力，因此穿过线圈面的磁场就在线圈中产生电磁力。线圈电磁力与线圈电流的平方成比例，对于单频率交流电，电磁力是以两倍电流频率振动的，如果电抗器线圈同时加载了几种不同频率的电流，除了两倍电频率振型外，还有附加的振动频率。设备产生噪声的大小主要有振幅和设备声音辐射面大小决定。因此干式平波电抗器发出的噪声主要取决于线圈在径向的振幅。

平波电抗器的噪声分布频带较宽，中高频段频率成分丰富。根据相关科研成果，平波电抗器的 A 计权声功率级 91dB（A）。

（2）降噪措施。平波电抗器的降噪措施是将距离该设备最近的厂界围墙加高（含吸隔声屏障），见图 5-111。

吸隔声屏障一般下部采用砖混结构，上部采用内吸声外隔声的声屏障结构。声屏障宜采用可拆卸式和可重复利用的钢结构。

3. 滤波电抗器

（1）声源特性。滤波电抗器分为交流滤波器组和直流滤波器组的电抗器，噪声产生原因与干式平波电抗器相同。滤波电抗器的线圈受交替变化的电磁场作用而激发周期性磁致伸缩振动产生噪声。

滤波电抗器的噪声以低频为主。根据相关科研成果，滤波电抗器的 A 计权声功率级 78～79dB（A）。

（a）

（b）

图 5-111 厂界围墙加高（含吸隔声屏障）工程案例图

（a）厂界围墙加高工程案例图；（b）厂界吸隔声屏障工程案例图

（2）降噪措施。滤波电抗器的降噪措施是将距离该设备最近的厂界围墙加高（含吸隔声屏障），见图 5-111。

吸隔声屏障一般下部采用砖混结构，上部采用内吸声外隔声的声屏障结构。声屏障宜采用可拆卸式和可重复利用的钢结构。

4. 电容器

（1）声源特性。电容器噪声是由铝箔振动产生的。电容器组中大多数充电铝箔是处于力平衡状态，因为它们在另一边有一个受吸力的铝箔。只有处在电容器单元的边缘铝箔和中间铝箔是处于力不平衡状态。因为电容器单元中间的薄油层刚度很高，中间的力由于非常小的位移而彼此抵消了。因此对产生噪声贡献最多的部分是顶部和底部电容器单元。由此可知电容器噪声主要与下列因素有关：①穿过电容器的基波和谐波交流电压；②结构刚度；③结构谐振频率（包括电容器单元组，外壳和齿轮）；④电容器单元数目；⑤电容器单元和齿轮所在位置。

电容器的噪声属电磁噪声，以低频噪声为主，根据相关科研成果，电容器的 A 计权声功率级 79dB（A）。

（2）降噪措施。

1）降低噪声源的噪声。电容器降噪技术目标是减小电容器元件表面的振动。可以采用如：通过增加串联电容器元件的数目来减小电容器罐里的电介质应力和振动力；通过改进的机械阻尼来压紧堆栈式电容器元件，以此来提高电容器单元外壳的刚度；设计电容器时考虑共振频率。

2）主要降噪措施。电容器的降噪措施是将距离该设备最近的厂界围墙加高（含吸隔声屏障）。

吸隔声屏障一般下部采用砖混结构，上部采用内吸声外隔声的声屏障结构。声屏障宜采用可拆卸式和可重复利用的钢结构。

5. 换流阀冷却空冷器

（1）声源特性。强制空气冷却器主要用于可控硅换流阀的冷却，由换热器和轴流风机组成。通常每个冷却模块有几个风扇，风扇之间用隔墙彼此分隔。根据冷却需要打开或关闭风扇来实现冷却容量的逐步控制。换流阀冷却空冷器的 A 声级通常 80dB（A）左右。

（2）降噪措施。阀冷却空冷器的降噪措施是将距离该设备最近的厂界围墙加高（含吸隔声屏障）。

吸隔声屏障一般下部采用砖混结构，上部采用内吸声外隔声的声屏障结构。声屏障宜采用可拆卸式和可重复利用的钢结构。

6. 换流阀冷却塔

（1）声源特性。室外换热设备采用水冷却方式时，阀冷却系统主要设备包括：蒸发式冷却塔、循环水泵、补水泵、喷淋水泵等。内冷却水在换流阀内加热升温后，由循环水泵驱动进入室外蒸发式冷却塔内的换热盘管，喷淋水泵从水池抽水均匀喷洒到冷却塔内的换热盘管表面，喷淋水吸热后形成水蒸汽通过风机排至大气，在此过程中，换热盘管内的冷却水将得到冷却，降温后的冷却水由循环水泵再送至换流阀，如此周而复始地循环。系统内水泵、风机等设备以及喷淋等噪声较大。

强制空气冷却器主要用于晶闸管换流阀的冷却。它由换热器（冷却介质有水、乙二醇和空气）和轴流风机组成。通常每个冷却模块有几个风扇，风扇之间用隔墙彼此分隔。根据冷却需要打开或关闭风扇来实现冷却容量的逐级控制。

目前换流站换流阀冷却风扇（冷却塔）所产生A声级为60dB（A）左右（距声源10m处）。

（2）降噪措施。换流阀冷却塔的降噪措施是将距离该设备最近的厂界围墙加高（含吸隔声屏障）。

吸隔声屏障一般下部采用砖混结构，上部采用内吸声外隔声的声屏障结构。声屏障宜采用可拆卸式和可重复利用的钢结构。

7. 站用变压器

（1）声源特性。站用变压器的位置一般比较隐蔽，受其他噪声影响较小。各站站用变压器噪声具有典型的低频特性，其A声级通常在64.9～74.3dB（A）。

（2）降噪措施。站用变压器的降噪措施是将距离该设备最近的厂界围墙加高（含吸隔声屏障）。

吸隔声屏障一般下部采用砖混结构，上部采用内吸声外隔声的声屏障结构。声屏障宜采用可拆卸式和可重复利用的钢结构。

（二）换流站噪声控制应用实例

1. 工程概况

（1）工程简述。本次新建某±800kV换流站，该换流站位于内蒙古自治区。

建设±800kV直流双极出线1回，输送容量10000MW；接地极出线1回；换流变压器按28台（4台备用），每台容量512.34MVA；阀组接线按每极两个12脉动阀组串联考虑；新增3组2100MVA 750/500kV联络变压器；交流750kV出线远期3回，本期3回；交流500kV出线远期10回，本期8回；换流站容性无功补偿总容量5800Mvar，分为4大组、20小组；每组联络变压器低压侧预留3组低压无功装置，本期共装设2组120Mvar低压电抗器和4组120Mvar低压电容器。另外站用变为2台66/10kV和1台35/10kV；单台容量16MVA。

（2）总平面布置（见图5-112，见文后插页）及敏感目标的位置关系。配电装置区的布置按照“直流场－阀厅、换流变－交流场”的流线型布局特点，±800kV直流开关场布置在站区北侧，向北出线；750kV交流配电装置布置在站区西侧，向西出线；500kV交流配电装置布置在站区南侧，向南出线；交流滤波器组布置在站区东侧；站前区布置在站区北侧，从北侧进站。该换流站周边无声环境敏感点。

2. 声环境现状

根据环境影响评价报告，本项目对厂界的噪声进行实测。

根据监测结果，换流站站址厂界周围的声环境现状监测结果范围为昼间38.5～40.0dB(A)，夜间37.0～37.9dB（A）。站址区域厂界处声环境现状满足《声环境质量标准》（GB 3096—2008）2类标准。

3. 噪声源强

表5-23 换流站主要设备噪声表

序号	噪声源	声源类型	A计权声功率级［dB（A）］	声源高度（m）	数量（组）
1	换流变（Box-in）	面声源	99.6	1.5	24
2	换流变风扇	点声源	97	1.5	24
3	阀冷却空冷器	面声源	96	10	4
4	干式平波电抗器	点声源	91	14～22	12
5	直流滤波器电容器	点声源	79	10	8
6	直流滤波器电抗器	点声源	78	2	4
7	交流滤波器电容器	线声源	79	10	144
8	交流滤波器电抗器	点声源	79	4	60
9	750kV联络变	面声源	99.3	2.5	3
10	站用变	面声源	81.3	1.5	2

4. 噪声治理措施

（1）声源控制。通过设备招标优先采用低噪声设备，包括换流变压器、平波电抗器、阀冷却设备、交流滤波器电容器、交流滤波器电抗器、直流滤波器电容器、直流滤波器电抗器、换流变冷却风扇、站用变等设备，提出噪声水平限值，从控制声源角度降低噪声影响。

（2）优化站区总平面布置。将换流变、平波电抗器、换流变风扇、空调机组经过总平面布置优化后均布置在换流站场地中部。滤波器组和联络变因设备功能的原因布置在配电构架附近、靠近围墙处。充分利用站内建构筑物的挡声作用，尽量将声源较大的设备布置在远离围墙的位置。

（3）隔声、吸声措施（见图5-113）。对站内换流变压器采取Box-in（隔声罩）封闭，并在隔声罩内部采取吸声处理，减少换流变对站区和周围环境的噪声影响；换流变与换流变之间采用防火墙隔开，有效控制噪声向侧面传播。换流站围墙加高至5.000m，局部增加 4.000m 吸隔声屏障，见图 5-114。

图 5-113 换流变压器隔声罩（box-in）工程案例图

5. 噪声治理预期效果

在对换流变采用Box-in，围墙高度设置为5.000m，局部增加隔声屏障 4.000m 后，换流站站界四周噪声排放最大值为 41.6～49.0dB（A），满足《工业企业厂界环境噪声排放标准》（GB 12348—2008）2 类标准的要求（见图 5-115）。

6. 投产后运行效果

换流站投产后，使用爱华 6228 声级计对厂界进行了监测，监测结果显示，厂界 A 声级昼间 42.6～48.5dB（A），夜间 41.2～48.1dB（A），可以达到 GB 12348—2008《工业企业厂界环境噪声排放标准》中 2 类标准。

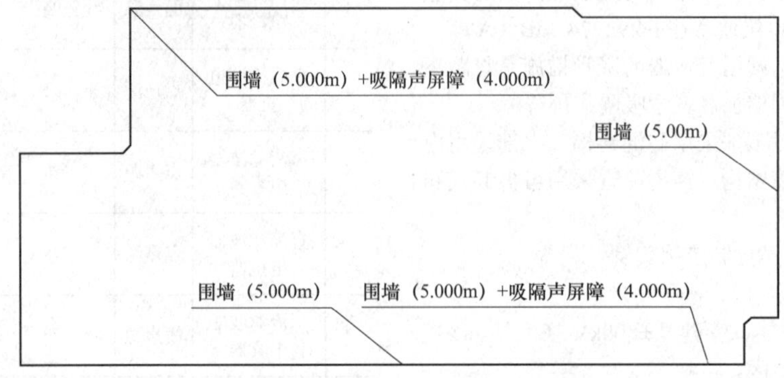

图 5-114 换流站围墙隔声措施示意图

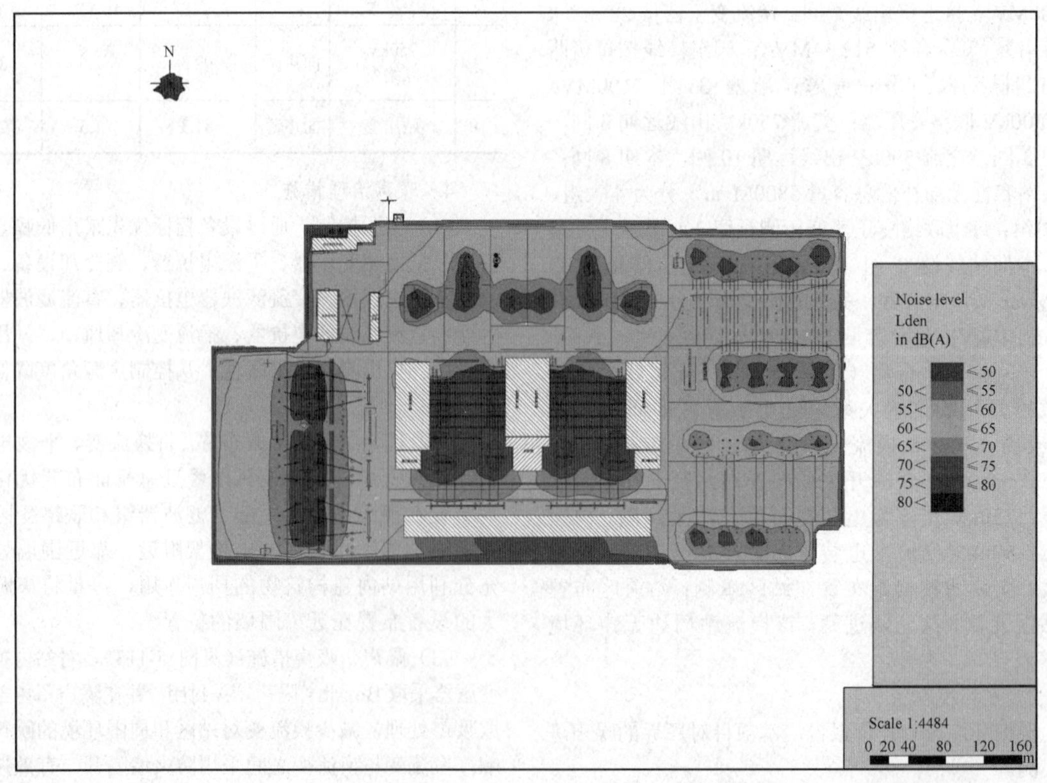

图 5-115 换流站噪声贡献值分布图（地面 1.200m 高度）

第六章

电力工程其他污染防治技术

第一节　大气污染防治技术

一、脱硫技术

（一）硫氧化物生成过程

硫氧化物指的是只由硫、氧两种元素组成的化合物。通常硫有4种氧化物，即一氧化硫（SO）、二氧化硫（SO_2）、三氧化二硫（S_2O_3）、三氧化硫（SO_3）；此外还有2种过氧化物，即四氧化硫（SO_4）、七氧化二硫（S_2O_7）。作为空气污染物的硫氧化物（SO_x）通常指SO_2和SO_3。

燃煤中的硫可分为有机硫和无机硫两类。有机硫构成硫分的一部分，主要存在形式包括硫茂、硫醇、硫醚、二硫化物等。无机硫的主要成分为矿物硫。据分析，低硫煤中主要成分是有机硫，约为无机硫的8倍；高硫煤中主要成分是无机硫，约为有机硫的3倍。

煤受热后，在热解释放挥发分的同时，煤中有机硫与无机硫也挥发出来。松散结合的有机硫在低温（<700K）下分解，紧密结合的有机硫在较高温度（800K）下分解释放。遇到氧气时，它们全部氧化成SO_2和少量的SO_3；在还原气氛下，挥发出的主要是硫化氢（H_2S）和硫化羰（COS），在燃烧过程中也会被氧化为SO_2。焦炭中的硫，与氢气（H_2）反应生成H_2S，也可能与氧反应生成SO_2。

无机硫的分解速度较慢，在还原气氛、温度小于800K以及足够停留时间的条件下，无机硫将分解为硫化亚铁（FeS）、单质硫（主要以S_2形式）和H_2S。生成的FeS在更高的温度下（≥1700K）和更长的时间才能分解，其分解产物为铁（Fe）、S_2和COS等，它们再氧化成SO_2或SO_3，有一部分FeS残留在焦炭中。

煤中硫的含量一般为0.1%～10%，含硫量的高低与成煤时的沉积环境有关系。总体上说，我国煤炭质量较好，含硫量小于1%的低硫煤约占65%，含硫量为1%～2%的煤约占15%～20%，含硫量2%以上的煤约占10%～20%。

一般情况下，火电厂燃煤1%的收到基硫分，在燃烧后产生烟气中的SO_2浓度大致为2000～3500mg/m^3。

（二）脱硫技术概述

脱硫技术概括起来可分为三大类：燃烧前脱硫、燃烧中脱硫及燃烧后脱硫。

燃烧前脱硫技术主要是指煤炭选洗技术，采用物理方法、化学方法或微生物法去除或减少原煤中所含的硫分和灰分等杂质，从而达到脱硫的目的。化学洗选技术目前有数十余种，但因普遍存在操作过程复杂、化学添加剂成本高等缺点，仍停留在小试或中试阶段，尚无法与其他脱硫技术竞争。微生物法脱硫不仅能脱除无机硫，也能脱除有机硫，但生产成本很高。物理方法主要是煤炭洗选法，因投资少、运行费用低而被广泛采用。物理洗选煤法脱硫最经济，可去除煤中无机硫的80%，占煤中硫总含量的15%～30%，可作为燃煤脱硫的一种辅助手段。

燃烧中脱硫是指煤在炉内燃烧的同时向炉内适当位置喷入脱硫剂，通过脱硫剂与二氧化硫发生化学反应将炉内二氧化硫脱除。典型的技术有煤粉炉直接喷钙脱硫技术、循环流化床燃烧脱硫技术。

燃烧后脱硫是指对燃煤产生的烟气中所含硫氧化物进行脱除的方法。燃煤烟气脱硫技术是当前应用最广的大规模商业化脱硫技术。

（三）烟气脱硫技术

烟气脱硫技术的分类方法和命名方式有很多。如根据脱硫原理，可分为吸收法、吸附法、催化氧化法和催化还原法；根据脱硫产物的用途，可分为抛弃法和回收法；根据脱硫剂是否循环使用，可分为再生法和非再生法；根据脱硫剂的种类划分，可分为钙法、镁法、钠法、氨法、海水法、活性炭吸附法等；根据吸收剂和脱硫产物在脱硫过程中的干湿状态分为湿法、干法和半干法。在工程实践中常采用以脱硫剂命名脱硫工艺流程。

目前技术较为成熟、在国内外有一定应用的典型烟气脱硫技术列举如下。

1. 石灰石/石灰—石膏法烟气脱硫技术

该技术是目前国内外应用最广泛的一种烟气脱硫技术，采用含石灰石粉或石灰的浆液作为吸收剂，可吸收烟气中二氧化硫、氟化氢、氯化氢等酸性气体。

石灰石/石灰—石膏法烟气脱硫装置一般由吸收剂制备系统、烟气系统、烟气吸收剂氧化系统、脱硫副产物处置系统、脱硫废水处理系统、除雾器系统、自控和在线监测系统等组成。石灰石/石灰—石膏法烟气脱硫的典型工艺流程见图 6-1。

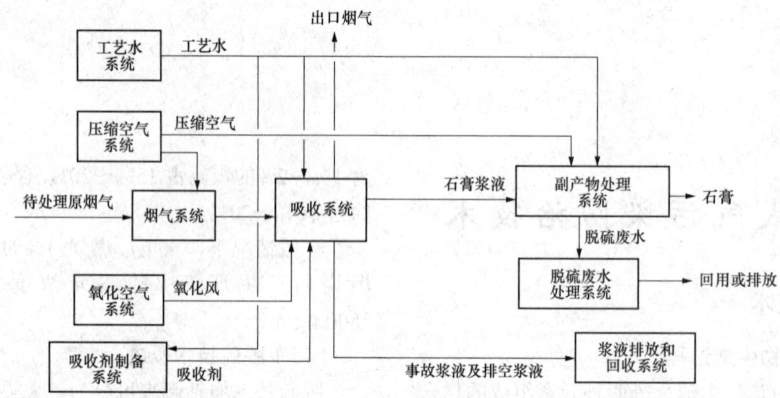

图 6-1 石灰石/石灰—石膏法烟气脱硫的典型工艺流程

石灰石/石灰—石膏湿法脱硫技术成熟度高，对煤种、机组负荷变化具有较强的适应性。吸收塔入口二氧化硫浓度（干基）不宜高于 12000mg/m^3，烟气量宜为 5 万 m^3/h（干基）以上，烟气温度宜为 80～170℃，颗粒物浓度（干基）不宜高于 200mg/m^3。石灰石/石灰—石膏湿法脱硫技术脱硫效率可达 95.0%～99.7%，对入口二氧化硫浓度低于 12000mg/m^3 的燃煤烟气可实现出口二氧化硫排放浓度低于 35mg/m^3。石灰石/石灰—石膏湿法脱硫效率主要受浆液 pH 值、液气比、钙硫比、停留时间、吸收剂品质、吸收塔内气流分布等因素影响。

该技术的主要化学反应过程在吸收塔内进行，为了提高脱硫效率，在常规吸收塔的基础上进行优化是目前的主要研究方向。已应用到工程实际的技术主要有复合塔技术、pH 值分区技术、烟气除雾技术、烟气节水技术和烟气再热技术等。

（1）复合塔技术。在脱硫塔底部浆液池及其上部的喷淋层之间以及各喷淋层之间加装湍流类、托盘类、鼓泡类等气液强化传质装置，形成稳定的持液层，提高烟气穿越持液层时气液固三相传质效率。该类技术目前应用较多的工艺有旋汇耦合、沸腾泡沫、旋流泡沫、双托盘、湍流管栅等。

（2）pH 值分区技术。设置 2 个喷淋塔或在 1 个喷淋塔内加装隔离体对脱硫浆液实施物理分区，或依赖浆液自身特点形成自然分区，达到对浆液 pH 值分区控制。部分脱硫浆液 pH 值维持在较低的 4.5～5.3 区间，以确保石灰石溶解和脱硫石膏品质，部分脱硫浆液 pH 值则提高至较高的 5.8～6.4 区间，以提高对烟气中二氧化硫的吸收效率。该类技术目前应用较多的工艺有单塔双 pH 值、双塔双 pH 值、单塔双区等。

（3）烟气除雾技术。在脱硫塔顶部或塔外安装除雾器或除尘除雾器，减少烟气雾滴排放，在正常运行工况下除雾器出口烟气中的液滴全含量不大于 50mg/m^3。

（4）烟气节水技术。

1）烟气冷却技术。在未采用低低温静电除尘器的情况下，可在脱硫塔前加装烟气换热器，将进入脱硫塔的烟气温度降低到 80℃左右。在提高脱硫效率的同时，可实现节能节水。

2）烟气除水技术。在湿烟气排放前加装烟气冷却凝结装置，使净烟气中饱和水汽冷凝成水回收利用，回收水量与烟气冷却温降及当地环境条件有关，该技术同时可减少外排烟气带水，并减少烟气中可溶解盐类和可凝结颗粒物的排放。

（5）烟气再热技术。在湿烟气排放前通过管式热媒水烟气换热器（MGGH）将净烟气加热至 75℃左右后排放。

石灰石/石灰—石膏湿法脱硫技术主要工艺参数及效果见表 6-1。

表 6-1 石灰石/石灰-石膏湿法脱硫技术主要工艺参数及效果

项目	单位	工艺参数及效果
吸收塔运行温度	℃	50～60

续表

项目	单位	工艺参数及效果
空塔烟气流速	m/s	3～3.8
喷淋层数	—	3～6
钙硫摩尔比	—	＜1.05
液气比	L/m^3	12～25（空塔技术） 6～18（pH 值分区技术） 10～25（复合塔技术）
浆液 pH 值	—	4.5～6.5
石灰石细度	目	250～325
石灰石纯度	%	＞90
系统阻力损失	Pa	＜2500
脱硫效率	%	95.0～99.7
入口烟气 SO_2 浓度	mg/m^3	≤12000
出口烟气 SO_2 浓度	mg/m^3	达标排放或超低排放

2. 烟气循环流化床脱硫技术

该技术一般采用消石灰或生石灰作为吸收剂，利用循环流化床反应器，通过吸收塔内与塔外的吸收剂的多次循环，增加吸收剂与烟气接触时间，提高脱硫效率。

烟气循环流化床脱硫装置一般由吸收剂制备系统、烟气系统、二氧化硫吸收系统、除尘系统、吸收剂再循环系统、自控和在线监测系统等部分组成。烟气循环流化床脱硫的典型工艺流程见图 6-2。

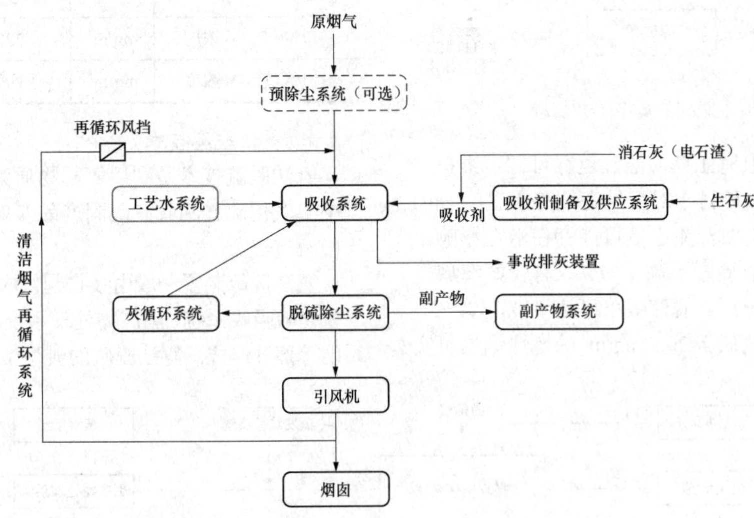

图 6-2　烟气循环流化床烟气脱硫的典型工艺流程

烟气循环流化床脱硫技术具有占地面积小、节水、排烟无需加热、烟囱无需特殊防腐、无废水产生等特点，但脱硫副产物中氧化钙、三氧化硫含量较高，影响其综合利用。该技术适用于燃用中低硫煤或有炉内脱硫的循环流化床机组，特别适合缺水地区。单级塔处理烟气中二氧化硫浓度（干基）不宜高于 $3000mg/m^3$，单塔处理烟气量不宜高于 150 万 m^3/h（干基），入口烟气温度宜为 90～260℃。脱硫效率可达 93%～98%，对入口二氧化硫浓度低于 $3000mg/m^3$ 的燃煤烟气可实现出口二氧化硫排放浓度低于 $100mg/m^3$，对入口二氧化硫浓度低于 $1500mg/m^3$ 的燃煤烟气可实现出口二氧化硫排放浓度低于 $35mg/m^3$。该工艺脱硫效率主要受吸收剂品质、钙硫比、反应温度、喷水量、停留时间等因素影响。

烟气循环流化床脱硫技术主要工艺参数及效果见表 6-2。

表 6-2　烟气循环流化床脱硫技术主要工艺参数及效果

项目	单位	工艺参数及效果
入口烟气温度	℃	≥100
运行烟气温度	℃	高于烟气露点 15～25 之间
吸收塔流速	m/s	4～6
钙硫摩尔比	—	1.2～1.8(循环流化床锅炉炉外部分)
脱硫效率	%	93.0～98.0
入口烟气 SO_2 浓度	mg/m^3	≤3000
出口烟气 SO_2 浓度	mg/m^3	达标排放或超低排放

3. 海水脱硫技术

海水脱硫技术是利用天然海水的碱性，以海水为脱硫剂，脱除烟气中二氧化硫，再利用空气强制氧化为硫酸盐排入海水的一种脱硫方法。海水的 pH 值一般在 7.5～8.2 的范围变化，主要取决于二氧化碳的平衡。

海水脱硫装置一般由海水供应系统、烟气系统、二氧化硫吸收系统、海水恢复系统、自控和在线监测系统等部分组成。海水脱硫的典型工艺流程见图 6-3。

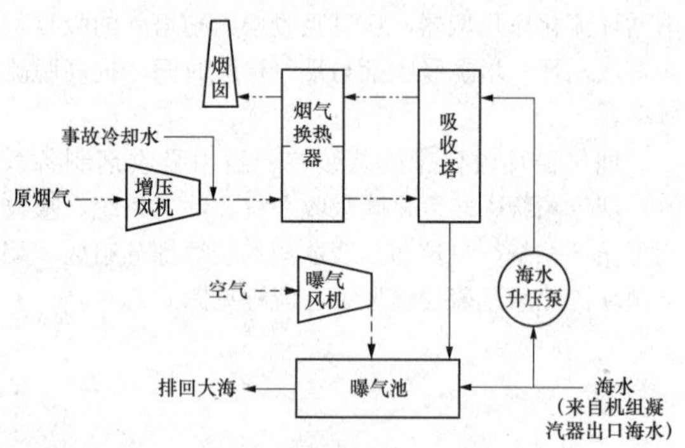

图 6-3 海水脱硫的典型工艺流程

海水脱硫技术具有工艺简洁、运行可靠、维护方便等特点，但海水脱硫排水对受纳海域海水温度、pH 值、盐度、重金属、海洋生态等可能存在潜在影响。该技术适用于燃煤含硫量不高于 1%、有较好海域扩散条件的滨海燃煤电厂。脱硫效率可达 95%～99%，对入口二氧化硫浓度低于 2000mg/m^3 的燃煤烟气可实现出口二氧化硫排放浓度低于 35mg/m^3。该工艺脱硫效率主要受海水碱度、液气比、吸收塔内烟气流场分布等因素影响。

海水脱硫技术主要工艺参数及效果见表 6-3。

表 6-3 海水脱硫技术主要工艺参数及效果

项目	单位	工艺参数及效果
入口烟气温度	℃	≤140（100～120 较好）
吸收塔运行温度	℃	50～60
空塔烟气流速	m/s	3～3.5
喷淋层数	—	3～6
液气比	L/m^3	5～25
系统阻力损失	Pa	＜2500
脱硫效率	%	95.0～99.0
入口烟气 SO_2 浓度	mg/m^3	≤2000
出口烟气 SO_2 浓度	mg/m^3	达标排放或超低排放

4. 氨法脱硫技术

氨法脱硫技术是利用氨基物质为脱硫剂，脱除烟气中二氧化硫并回收脱硫副产品（如硫酸铵等）的烟气脱硫方法。

氨法脱硫装置一般由吸收剂供应系统、烟气系统、二氧化硫吸收系统、副产物处理系统、自控和在线监测系统等部分组成。氨法脱硫的典型工艺流程见图 6-4。

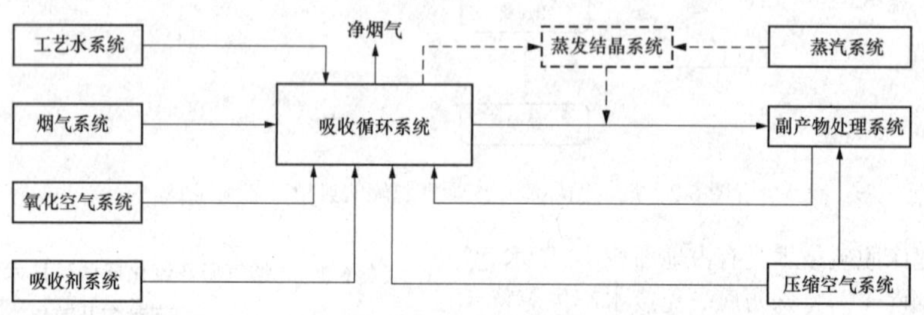

图 6-4 氨法脱硫的典型工艺流程

氨法脱硫技术具有脱硫效率高、副产品易回收利用等特点，但需注意液氨、氨水等脱硫剂的环境风险，脱硫过程中的氨逃逸浓度小时平均值应控制低于 3mg/m^3。该技术对燃煤硫含量适应性广，适用于电厂周围200km范围内有稳定氨源，且电厂周边没有学校、医院、居民密集区等环境敏感目标的 300MW 级及以下规模的燃煤机组。吸收塔入口二氧化硫浓度（干基）不宜高于 30000mg/m^3，烟气量宜为 5 万 m^3/h（干基）以上，烟气温度宜为 80～170℃，颗粒物浓度（干基）不宜高于 50mg/m^3。脱硫效率可达 95%～99.7%，对入口二氧化硫浓度低于 30000mg/m^3 的燃煤烟气可实现出口二氧化硫排放浓度低于 100mg/m^3，对入口二氧化硫浓度低于 10000mg/m^3 的燃煤烟气可实现出口二氧化硫排放浓度低于 35mg/m^3。该工艺脱硫效率主要受浆液 pH 值、液气比、停留时间、吸收塔内气流分布等因素影响。

氨法脱硫技术主要工艺参数及效果见表 6-4。

表 6-4 氨法脱硫技术主要工艺参数及效果

项目	单位	工艺参数及效果
入口烟气温度	℃	≤140（100～120 较好）
吸收塔运行温度	℃	50～60
空塔烟气流速	m/s	3～3.5

续表

项目	单位	工艺参数及效果
喷淋层数	—	3～6
浆液 pH 值	—	4.5～6.5
出口逃逸氨浓度	mg/m^3	＜2
系统阻力损失	Pa	＜1800
硫酸铵的氮含量	%	＞20.5
脱硫效率	%	95.0～99.7
入口烟气 SO_2 浓度	mg/m^3	≤30000
出口烟气 SO_2 浓度	mg/m^3	达标排放或超低排放

5. 活性焦脱硫技术

活性焦脱硫技术是利用活性焦吸附烟气中的二氧化硫，在烟气中氧气、水蒸气存在的条件下，利用活性焦的催化作用将吸附的二氧化硫氧化为硫酸的烟气脱硫技术。随着活性焦表面硫酸的增加，活性焦的吸附能力逐渐降低，需通过洗涤或加热方式再生。

活性焦脱硫装置一般由烟气系统、活性焦吸附脱硫装置、解吸再生系统、脱硫剂输送系统、二氧化硫气体加工处理系统、自控和在线监测系统等部分组成。活性焦脱硫的典型工艺流程见图 6-5。

活性焦脱硫技术具有高度节水、兼具脱硝除汞功能、副产品可回收利用等特点。脱硫效率可达 95%～98%，对入口二氧化硫浓度低于 $5000mg/m^3$ 的燃煤烟气可实现出口二氧化硫排放浓度低于 $100mg/m^3$。该工艺脱硫效率主要受床层温度、氧气浓度、水蒸气浓度、吸收塔内气流速度以及活性焦的再生次数等因素影响。

6. 氧化镁湿法脱硫技术

氧化镁湿法脱硫技术与石灰石/石灰—石膏法脱硫技术类似，是以氧化镁为原料，经熟化生成氢氧化镁作为脱硫剂，脱除烟气中二氧化硫并回收脱硫副产品（如硫酸镁等）的烟气脱硫方法。

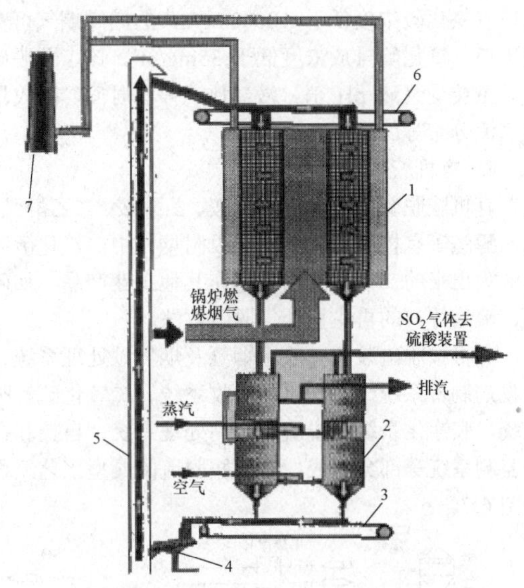

图 6-5　活性焦脱硫的典型工艺流程

1—吸附塔；2—解吸塔；3—裙式皮带机；4—振动筛；5—斗提机；6—槽式皮带机；7—烟囱

氧化镁湿法脱硫装置一般由吸收剂制备系统、烟气系统、二氧化硫吸收系统、脱硫副产品处理系统、脱硫废水处理系统、自控和在线监测系统等部分组成。氧化镁湿法脱硫的典型工艺流程见图 6-6。

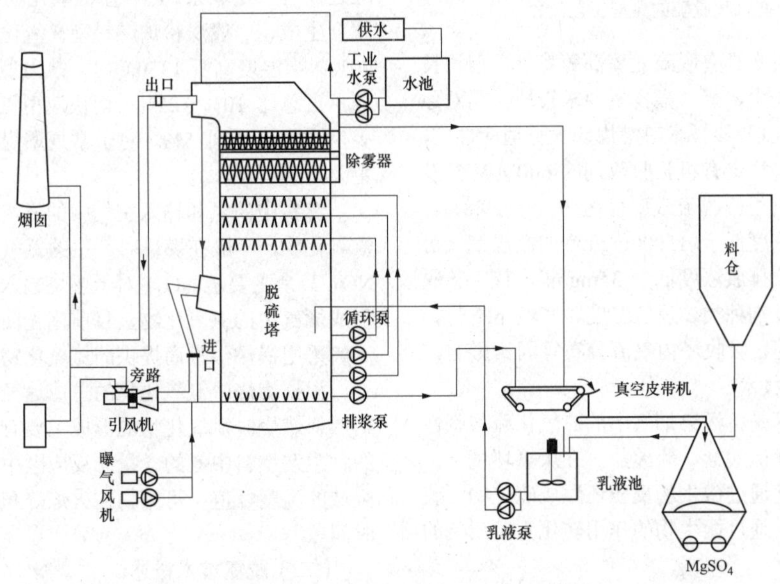

图 6-6　氧化镁湿法脱硫的典型工艺流程

氧化镁湿法脱硫技术具有脱硫效率高、运行可靠、副产品易回收利用等特点。该技术对燃煤硫含量适应性广，适用于电厂周边有稳定镁基脱硫剂的 300MW 级及以下规模的燃煤机组。脱硫效率可达 95%～99.7%，对入口二氧化硫浓度低于 12000mg/m^3 的燃煤烟气可实现出口二氧化硫排放浓度低于 100mg/m^3，对入口二氧化硫浓度低于 10000mg/m^3 的燃煤烟气可实现出口二氧化硫排放浓度低于 35mg/m^3。该工艺脱硫效率主要受浆液 pH 值、液气比、停留时间、吸收塔内气流分布等因素影响。

7. 有机胺脱硫技术

有机胺脱硫技术是以乙二胺、乙醇胺、二乙醇胺、三乙醇胺等有机胺为脱硫剂，吸附烟气中二氧化硫并将解吸出来的二氧化硫用于制作其他工业产品（如硫磺、硫酸等）的再生型烟气脱硫方法。

有机胺脱硫装置一般由烟气及烟气预处理系统、吸收剂制备系统、二氧化硫吸收系统、二氧化硫解吸系统、胺净化系统、脱硫副产品处理系统、自控和在线监测系统等部分组成。有机胺脱硫的典型工艺流程见图 6-7。

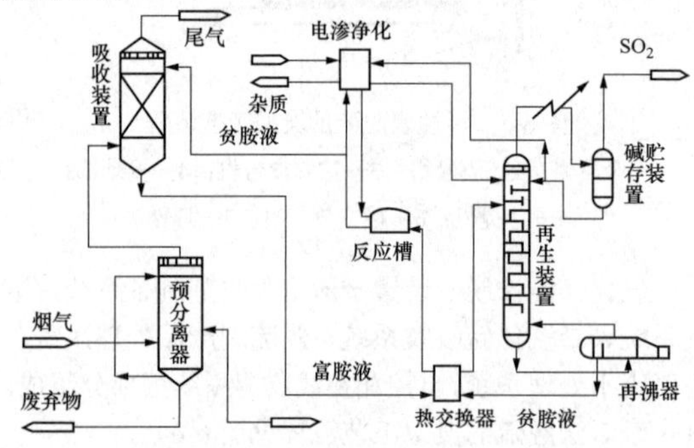

图 6-7 有机胺脱硫的典型工艺流程

有机胺脱硫技术具有脱硫效率高等特点，但该技术对脱硫烟气中粉尘、氯、氟含量要求较严，需对原烟气进行高效预处理。该技术对燃煤硫含量适应性广，适用于电厂周边有稳定有机胺脱硫剂的 600MW 级及以下规模的燃煤机组。脱硫效率可达 95%～99.8%，对入口二氧化硫浓度低于 15000mg/m^3 的燃煤烟气可实现出口二氧化硫排放浓度低于 35mg/m^3。该工艺脱硫效率主要受吸收剂种类、反应温度、浆液 pH 值、液气比、停留时间、吸收塔内气流分布等因素影响。

8. 生物脱硫技术

生物脱硫技术是将污染烟气中的二氧化硫与碱性溶液反应转化为亚硫酸盐、硫酸盐，在厌氧环境下，亚硫酸盐、硫酸盐通过微生物反应还原成硫化物，硫化物在好氧条件下通过微生物的作用转化为单质硫的脱硫方法。

生物脱硫技术具有循环经济特点，无二次污染，有可能将生物脱硫和污水治理有机结合，实现清洁生产、资源的综合利用和循环利用，但该技术需要高浓度含化学需氧量废水作为微生物的营养源，其应用受到废水来源的限制。该技术在我国已有 200MW 燃煤机组的成熟运行案例，脱硫效率可达 95%～98%。

二、脱氮技术

（一）氮氧化物生成过程

氮氧化物指的是只由氮、氧两种元素组成的化合物。常见的氮氧化物有一氧化二氮（N_2O）、一氧化氮（NO）、二氧化氮（NO_2）、三氧化二氮（N_2O_3）、四氧化二氮（N_2O_4）、五氧化二氮（N_2O_5）等，其中除五氧化二氮常态下呈固态外，其他氮氧化物常态下都呈气态。作为空气污染物的氮氧化物（NO_x）通常指 NO 和 NO_2。

煤中氮的质量含量一般不高，在 0.3%～3.5%之间，一般为 1%～2%。目前对于煤中氮的存在形态的了解尚未达成一致，但通常认为都是有机氮，主要是吡啶氯、吡咯型氮和季铵氮。吡咯型氮是煤中氮的主要存在形式，占总量的 50%～80%，吡啶氮占总量的 0～20%，季铵氮占总量的 0～13%。

通常认为燃烧中氮氧化物（NO_x）的生成途径有三类：第一类为由燃料中含氮有机化合物的氧化而生成的氮氧化物，称为燃料型氮氧化物；第二类由大气中的氮生成，主要产生于燃烧过程中空气所含的原子氧和氮在高温下发生的化学反应，称为热力型氮氧化物；第三类是燃烧时空气中的氮和燃料中的碳氢离子团等反应生成的氮氧化物，称为快速型氮氧化物。

三种类型的氮氧化物的生成机理各不相同，但相互之间有一定联系。燃料型氮氧化物在 600～800℃时就会生成，一般煤粉炉燃料型氮氧化物占总比 75%～90%；当温度高于 1350℃时，热力型氮氧化物开始形成，占总比 10%～25%；而快速型氮氧化物生成量很少，占总比不到 5%。对于常规燃煤设备，氮氧化物主要是燃料型。

燃料中的氮和输入空气中的氮，在燃烧时会产生氮氧化物，一般在燃烧时产生的氮氧化物中约 90%为 NO，其余主要是 NO_2。对于燃烧输入空气中的氮转化形成烟气中的氮氧化物，目前尚无简单的计算公式，一般采用锅炉供货商提供的氮氧化物排放浓度值。

根据燃烧中氮氧化物的生成途径和生成机理，影响燃料燃烧时氮氧化物的形成主要有以下因素：燃料的种类及燃料中氮的含量；反应区中氧的含量；燃烧区域的温度峰值；可燃物在火焰峰和反应区中的停留时间。

（二）脱氮技术概述

脱氮技术概括起来可分为三大类：燃烧前脱氮、

燃烧中脱氮及燃烧后脱氮。

燃烧前脱氮技术指对燃料进行脱氮处理，目前有生物脱氮、洗选等技术，因相关技术处理成本较高，且氮氧化物的产生有相当部分来自空气中氮的氧化而不是煤炭本身，因此目前对于燃烧前脱氮技术的研究和应用较少。

燃烧中脱氮是指根据燃烧中氮氧化物的生成机理和特性，通过控制燃烧条件及燃烧器结构的方法来减少燃烧过程中氮氧化物的生成量。典型的技术有空气分级燃烧技术、燃料分级燃烧技术、低氮燃烧器技术、烟气再循环技术等。

燃烧后脱氮是指对燃煤产生的烟气进行脱除氮氧化物的方法，常规称为烟气脱硝技术。燃煤烟气脱硝技术是当前应用最广的大规模商业化脱氮技术。

（三）低氮燃烧技术

由氮氧化物的形成条件可知，燃烧区域的温度和反应区空气量对氮氧化物的生成具有较大影响。低氮燃烧技术是通过合理配置炉内流场、温度场及物料分布以改变氮氧化物的生成环境，从而阻止氮氧化物生成及降低其排放的技术。目前常用的低氮燃烧技术主要包括空气分级燃烧技术、燃料分级燃烧技术、低氮燃烧器技术、烟气再循环技术等。

1. 空气分级燃烧技术

传统的燃烧方式是将所有煤粉与空气都通过燃烧器送入炉膛一起燃烧。这样煤粉与空气充分混合，燃烧强度大，燃烧温度高，但产生的氮氧化物排放量也很高。而空气分级燃烧技术是通过控制空气与煤粉的混合过程，将燃烧所需的空气分级送入炉内，使燃料在炉内分级分段燃烧，从而减少氮氧化物的生成。

空气分级燃烧包括轴向空气分级燃烧和径向空气分级燃烧。轴向空气分级燃烧将所需的空气分两部分送入炉膛，一部分为主二次风，占总二次风量的70%～85%；另一部分为燃尽风，占总二次风量的15%～30%。所谓轴向分级是将一部分燃烧空气即燃尽风从主燃烧器中分离出来，从燃烧器上部送入炉膛。径向空气分级燃烧是将二次风的喷射角偏转，与一次风形成大小不同的切圆，推迟二次风与一次风的混合，形成一定程度的空气分级。

空气分级燃烧技术氮氧化物减排率可达20%～60%。

2. 燃料分级燃烧技术

燃料分级燃烧技术是将锅炉炉膛分成主燃区、再燃区和燃尽区。主燃区供入全部燃料的70%～90%，采用常规的低过剩空气系数燃烧生成氮氧化物；与主燃区相邻的再燃区，只供给10%～30%的燃料，不供入空气，形成很强的还原性气氛，将主燃区中生成的氮氧化物还原成N_2分子；燃尽区只供入燃尽风，在正常的过剩空气条件下，使未燃烧的CO和飞灰中的碳燃烧完全。

燃料分级燃烧技术氮氧化物减排率可达30%～50%。

3. 低氮燃烧器技术

低氮燃烧器技术是将空气分级及燃料分级的原理应用于燃烧器的设计，控制燃烧器喉部燃料和空气动量及流动方向，使燃烧器出口实现分级送风并与燃料合理配比，从而减少氮氧化物的生成。

低氮燃烧器技术的性能主要受燃烧器的种类、煤粉细度、烟气流场等的影响，氮氧化物减排率可达20%～50%。

4. 烟气再循环技术

烟气再循环技术是从锅炉尾部烟道抽取一部分低温烟气（主要成分N_2、O_2和CO_2）返回炉内，参与辅助燃烧和流场整合。烟气再循环技术的关键在于利用烟气所具有的低温低氧特点，将部分烟气再次喷入炉膛合适部位，降低炉膛内局部温度以及形成局部还原性气氛，从而抑制氮氧化物的生成。

烟气再循环技术氮氧化物减排率可达20%～40%。

低氮燃烧技术氮氧化物减排效果因煤种、锅炉炉型、机组容量、锅炉燃料燃烧方式等不同而存在区别，主要低氮燃烧技术及减排效果见表6-5。

表6-5　低氮燃烧技术减排效果

序号	低氮燃烧技术	氮氧化物减排率
1	空气分级燃烧技术	20%～60%
2	燃料分级燃烧技术	30%～50%
3	低氮燃烧器技术	20%～50%
4	烟气再循环技术	20%～40%
5	低氮燃烧器与空气分级燃烧组合技术	40%～60%
6	低氮燃烧器与燃料分级燃烧组合技术	40%～60%
7	低氮燃烧器与烟气再循环组合技术	40%～50%

（四）烟气脱硝技术

烟气脱硝技术的分类方法和命名方式较多。如根据脱硝原理，可分为吸收法、吸附法、催化氧化法和催化还原法。根据吸收剂和脱硝产物在脱硝过程中的干湿状态分为湿法、干法和干湿结合法，其中，干法有选择性催化还原法、吸附法、高能电子活化氧化法等；湿法有水吸收法、酸吸收法、碱吸收法、氧化吸收法、液相还原吸收法和络合吸收法等；干湿结合法是催化氧化和相应的湿法结合而成的脱硝方法。

目前技术较为成熟、在国内外有广泛应用的典型烟气脱硝技术列举如下。

1. 选择性催化还原（Selective Catalytic Reduction，SCR）脱硝技术

该技术是目前国内外应用最广泛的一种烟气脱硝技术，使用的脱硝还原剂为液氨、氨水、尿素等，在催化剂作用下选择性地将烟气中的氮氧化物还原成氮气和水，从而脱除氮氧化物。

选择性催化还原脱硝装置一般由还原剂储存系统、还原剂混合系统、还原剂喷射系统、催化反应系统、烟气系统、自控和在线监测系统等组成。选择性催化还原脱硝的典型工艺流程见图 6-8。

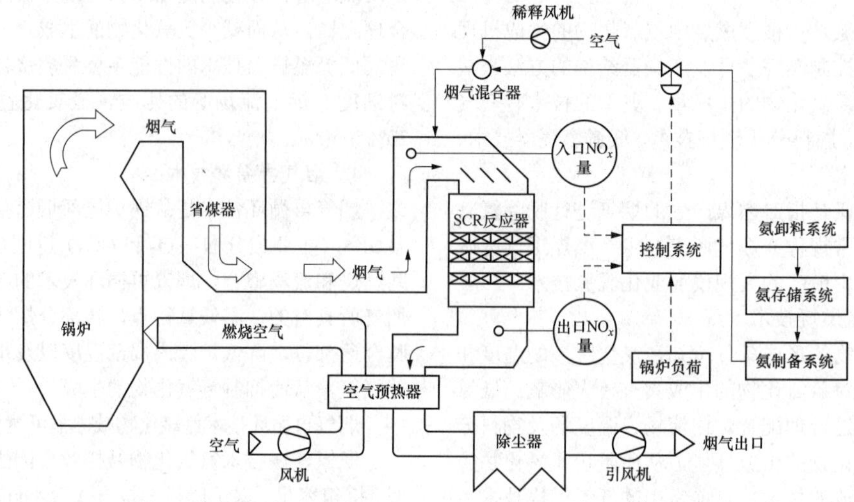

图 6-8 选择性催化还原脱硝的典型工艺流程

选择性催化还原脱硝技术成熟度高，对煤质变化、机组负荷变化具有较强的适应性，脱硝效率可达60%～92%。但当锅炉启停机及低负荷时，烟气温度达不到催化剂运行温度要求，导致脱硝系统不能有效运行，从而可能造成短时氮氧化物排放浓度超标。选择性催化还原脱硝效率主要受催化剂性能、烟气温度、催化反应系统烟气流场分布、脱硝剂投入量等因素影响。

作为主流的烟气脱硝技术，广泛的应用促进了其如下技术发展。

（1）全负荷脱硝技术。锅炉低负荷时烟气温度较低，达不到催化剂运行温度的要求，脱硝系统不能发挥作用，进而导致短时氮氧化物排放浓度超标。有效地降低催化剂活性反应温度或提高锅炉低负荷时烟气温度成为解决全负荷脱硝技术的可能途径。

目前，电厂常用的 SCR 脱硝催化剂主要是 V_2O_5-WO_3/TiO_2 或 V_2O_5/TiO_2，属于中温催化剂，脱硝催化剂活性反应温度大约在 320～420℃之间，SCR 脱硝催化剂最低投运温度约为 290～320℃。因此，采用宽温催化剂能解决低负荷条件下 SCR 脱硝系统的运行。通过添加其他成分改进 SCR 催化剂性能，目前的宽温催化剂能将催化剂活性反应温度降低至约 250℃。

提高低负荷条件下 SCR 反应器入口烟气温度的措施主要有省煤器分级改造、增加省煤器烟气旁路、增加省煤器旁路给水比例、提高锅炉给水温度等。省煤器分级改造技术主要是减少原省煤器的换热面，进而减少进入 SCR 反应区前的烟气热损失，提高进入 SCR 反应区的烟气温度；同时在 SCR 后增加二级省煤器，对给水进一步进行加热。增加省煤器烟气旁路技术主要是采用减少经过省煤器用于给水加热的烟气，通过旁路直接进入 SCR 装置的方法，提高进入 SCR 反应区烟气的温度。通过旁路部分省煤器给水，可以减少省煤器的吸热量，从而提高省煤器的出口烟温。提高锅炉给水温度，可以减少省煤器换热温差，从而减少省煤器换热量，使省煤器出口烟温提高。

（2）脱硝增效技术。采用增加运行催化剂层数或有效层高，提高运行的脱硝效率。

结合实际运行工况，进行流场模拟设计，对还原剂喷射系统进行优化，通过运行时的自动控制优化系统达到 SCR 系统温度场、浓度场、速度场、物料场满足反应条件下的优化，进而提高脱硝效率。

选择性催化还原脱硝技术主要工艺参数及效果见表 6-6。

表 6-6 选择性催化还原脱硝技术主要工艺参数及效果

项目	单位	工艺参数及效果
入口烟气温度	℃	250～420
氨氮摩尔比	—	1.05
脱硝效率	%	50～90

续表

项目		单位	工艺参数及效果
氨逃逸浓度		mg/m^3	≤2.5
SO_2/SO_3 转化率		%	燃煤硫分低于 1.5%时，宜低于 1.0%； 燃煤硫分高于 1.5%时，宜低于 0.75%
催化剂	种类	—	根据烟气中灰的特性确定
	层数	层	2～5
	空间速度	h^{-1}	2500～3000
	烟气速度	m/s	4～6

2. 选择性非催化还原法（Selective Non-Catalytic Reduction，SNCR）脱硝技术

选择性非催化还原法（SNCR）脱硝技术是指不使用催化剂的情况下，在炉膛烟气温度适宜处（850～1150℃）喷入含氨基的还原剂，还原剂一般为氨水或尿素等，利用炉膛内高温促使氨和氮氧化物反应，将烟气中的氮氧化物还原成氮气和水，从而脱除氮氧化物。

选择性非催化还原法脱硝装置一般由还原剂储存系统、还原剂喷射系统、烟气系统、自控和在线监测系统等组成。选择性非催化还原脱硝的典型工艺流程见图 6-9。

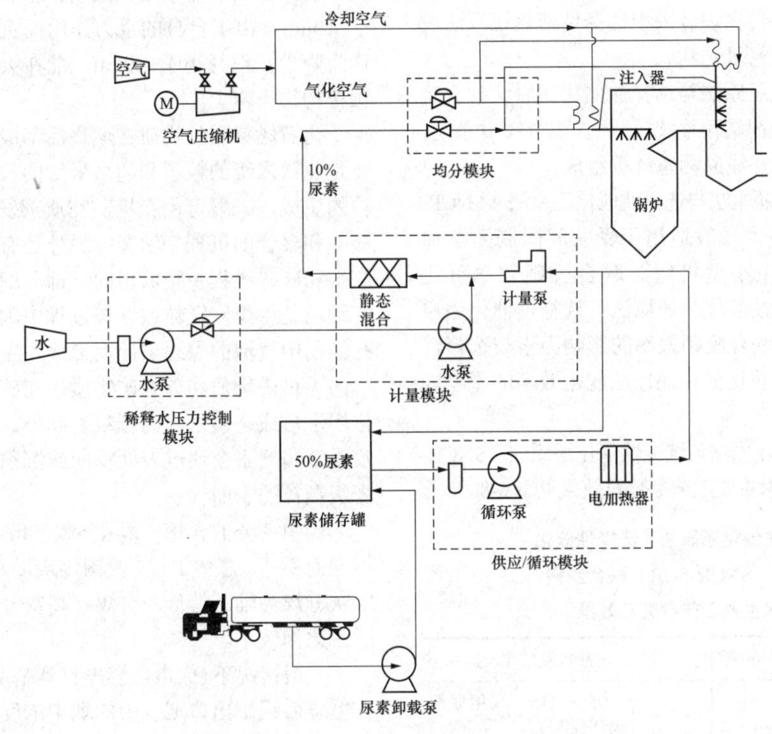

图 6-9　选择性非催化还原脱硝的典型工艺流程

选择性非催化还原脱硝技术不需要催化反应器，对反应温度窗口要求严格，对机组负荷变化适应性较差，适用于小型煤粉炉和循环流化床锅炉。煤粉炉采用选择性非催化还原脱硝技术的脱硝效率可达 30%～50%，循环流化床锅炉采用选择性非催化还原脱硝技术的脱硝效率可达 60%～90%。但选择性非催化还原脱硝技术锅炉运行实际工况波动的影响较大，脱硝效率不稳定，氨逃逸量较大。选择性非催化还原脱硝效率主要受反应区温度、烟气分布均匀性、烟气与还原剂混合均匀度、还原剂停留时间、还原剂投入量、还原剂类型等因素影响。

选择性非催化还原脱硝技术主要工艺参数及效果见表 6-7。

表 6-7　选择性非催化还原脱硝技术主要工艺参数及效果

项目	单位	工艺参数及效果
反应温度	℃	950～1150（采用尿素为还原剂） 850～1050（采用氨水为还原剂）
氨氮摩尔比	—	1.0～2.0（煤粉炉） 1.2～1.5（循环流化床锅炉）
还原剂停留时间	s	≥0.5

续表

项目	单位	工艺参数及效果
脱硝效率	%	30～50（煤粉炉） 60～90（循环流化床锅炉）
氨逃逸浓度	mg/m^3	≤8

3．选择性非催化还原法与选择性催化还原法（Selective Non-Catalytic Reduction and Selective Catalytic Reduction，SNCR-SCR）联合脱硝技术

选择性非催化还原法与选择性催化还原法（SNCR-SCR）联合脱硝技术是指将选择性非催化还原法与选择性催化还原法组合，即在炉膛高温区域（850～1150℃）采用选择性非催化还原法脱硝技术脱除部分氮氧化物，再在炉外采用选择性催化还原法脱硝技术进一步脱除氮氧化物。

选择性非催化还原法与选择性催化还原法联合脱硝装置一般由还原剂储存系统、还原剂混合喷射系统、烟气系统、自控和在线监测系统等组成。

选择性非催化还原法与选择性催化还原法（SNCR-SCR）联合脱硝技术一般适用于受空间限制无法加装大量催化剂的中小型机组。联合脱硝效率可达55%～90%。选择性非催化还原法与选择性催化还原法（SNCR-SCR）联合脱硝效率的影响因素与选择性非催化还原法、选择性催化还原法脱硝效率的影响因素一致。

选择性非催化还原法与选择性催化还原法（SNCR-SCR）联合脱硝技术主要工艺参数及效果见表6-8。

表6-8 选择性非催化还原法与选择性催化还原法（SNCR-SCR）联合脱硝技术主要工艺参数及效果

项目	单位	工艺参数及效果	
反应温度	℃	SNCR	950～1150（采用尿素为还原剂） 850～1050（采用氨水为还原剂）
		SCR	300～420
氨氮摩尔比	—	1.2～1.8	
还原剂停留时间	s	≥0.5（SNCR区域）	
脱硝效率	%	55～90	
氨逃逸浓度	mg/m^3	≤3.8	

三、除尘技术

（一）大气颗粒物生成过程

大气颗粒物是指大气中的固体或液体颗粒状物质。目前，对大气颗粒物尚无统一的分类方法。按来源划分，颗粒物可分为一次颗粒物和二次颗粒物。一次颗粒物是由天然污染源和人为污染源释放到大气中直接造成污染的颗粒物，例如土壤粒子、海盐粒子、燃烧烟尘等。二次颗粒物是由大气中某些污染气体组分（如二氧化硫、氮氧化物、碳氢化合物等）之间，或这些组分与大气中的正常组分（如氧气）之间通过光化学氧化反应、催化氧化反应或其他化学反应转化生成的颗粒物，例如二氧化硫转化生成硫酸盐。按粒径大小分类，空气动力学当量直径不大于100μm的能悬浮在环境空气中的颗粒物，以TSP或PM_{100}表示；空气动力学当量直径不大于10μm的颗粒物称为可吸入颗粒物，以PM_{10}表示；空气动力当量直径不大于2.5μm的颗粒物称为细颗粒物，以$PM_{2.5}$表示；$PM_{0.5}$以下的颗粒物称为超细颗粒物。按状态划分，粒径大于10μm，由于自身的重力作用而沉降下来的颗粒物称为降尘；粒径小于10μm，能在大气中长期漂浮的颗粒物称为飘尘。

化石燃料和生物质在燃烧后形成的大气颗粒物主要是亚微米级的粒子和超微米级的粒子。亚微米级颗粒的生成，一般可由无机矿物质蒸发、成核、凝结、凝并和聚合的机理来解释；另外还有一部分是在焦炭燃烬和破碎过程中释放出的一部分细颗粒。超微米级的颗粒是由煤炭颗粒在燃烧过程中因热应力和内部多孔结构中气泡的爆裂破碎而形成，主要是残留在焦炭中的无机矿物质和外来矿物质，在破碎和聚合的共同作用下形成超微米级的颗粒。此外，亚微米级粒子和痕量金属元素会通过表面反应或沉积作用而附在超微米级颗粒的表面。

煤中灰分的含量一般在5%～40%之间，随产地的不同而不同。总体上说，我国煤炭以中低灰分煤为主，中灰分煤为辅。特低灰分煤、高灰分煤和特高灰分煤所占比例较小。

一般情况下，火电厂燃煤收到基灰分20%的水平，在燃烧后锅炉出口烟气中的烟尘浓度大致为11000～18000mg/m^3。

（二）除尘技术概述

除尘技术概括起来可分为两大类：燃烧前除尘、燃烧后除尘。

燃烧前除尘技术主要是指煤炭选洗技术，应用物理方法、化学法或微生物法去除或减少原煤中所含的硫分和灰分等杂质，达到降低燃煤硫分的同时也降低灰分，从而前端减少燃煤烟尘的产生量。

燃烧后除尘技术是指对燃煤产生的烟气进行除尘的方法。燃煤烟气除尘技术是当前应用最广的大规模商业化除尘技术。

（三）烟气除尘技术

烟气除尘技术的分类方法较多。如按照配置特点，可分为就地除尘系统、分散除尘系统和集中除尘系统；

按照除尘方式，可分为干式除尘器、半干式除尘器、湿式除尘器；按照除尘器和通风机在流程中的相对位置，可分为负压除尘系统和正压除尘系统；按照采用除尘器的段数，可分为单段除尘系统和多段除尘系统；按照除尘设备作用原理，可分为机械力除尘设备（包括重力除尘设备、惯性除尘设备、离心除尘设备等）、洗涤式除尘设备（包括水浴式除尘设备、泡沫式除尘设备，文丘里管除尘设备、水膜式除尘设备等）、过滤式除尘设备(包括布袋除尘设备、颗粒层除尘设备等)、静电除尘设备、磁力除尘设备。

目前技术较为成熟、在国内外有一定应用的典型烟气除尘技术列举如下。

1. 电除尘技术

电除尘技术是指利用高压强电场使气体电离，进而使悬浮于烟气中的烟尘荷电，在电场力的作用下，荷电颗粒物向极性相反的电极板移动并吸附在电极板上，通过振打、水膜清除等方式使其从电极表面脱落，实现将烟尘从烟气中分离出来的技术。

电除尘系统主要包括两大部分，一是电除尘器机械本体系统，二是电气系统。机械本体包括阳极系统、阴极系统、槽板系统、壳体、储灰系统、进出气烟箱等。电气系统包括高压电源设备及其控制系统、低压控制系统等。

电除尘技术成熟度高，具有除尘效率高，适用范围广，运行费用较低，维护方便，无二次污染等优点，除尘效率可达 99.20%～99.90%。但除尘效率受煤种、灰成分、灰分比电阻等影响较大，且占地面积较大。电除尘技术除尘效率主要受工况条件(包括燃煤特性、飞灰特性、烟气特性等)、电除尘器的技术状况（包括极配形式、结构特点、振打方式及振打力、气流分布的均匀性、电场划分等)、运行条件（包括运行电压与电流、积灰情况、振打周期、电气控制特性等）等因素影响。

干式电除尘器对煤种的除尘难易性评价方法见表 6-9。

表 6-9　干式电除尘器对煤种的除尘难易性评价方法

除尘难易性	煤、飞灰组要成分重量百分比含量所满足的条件（满足其中一条即可）
较易	①Na_2O＞0.3%，且 S_{ar}≥1%，且（Al_2O_3+SiO_2）≤80%，同时 Al_2O_3≤40%; ②Na_2O＞1%，且 S_{ar}＞0.3%，且（Al_2O_3+SiO_2）≤80%，同时 Al_2O≤40%; ③Na_2O＞0.4%，且 S_{ar}＞0.4%，且（Al_2O_3+SiO_2）≤80%，同时 Al_2O_3≤40%; ④Na_2O≥0.4%，且 S_{ar}＞1%，且（Al_2O_3+SiO_2）≤90%，同时 Al_2O_3≤40%; ⑤Na_2O＞1%，且 S_{ar}＞0.4%，且（Al_2O_3+SiO_2）≤90%，同时 Al_2O_3≤40%
一般	①Na_2O≥1%，且 S_{ar}≤0.45%，且 85%≤（Al_2O_3+SiO_2）≤90%，同时 Al_2O_3≤40%; ②0.1%＜Na_2O＜0.4%，且 S_{ar}≥1%，且 85%≤（Al_2O_3+SiO_2）≤90%，同时 Al_2O_3≤40%; ③0.4%＜Na_2O＜0.8%，且 0.45%＜S_{ar}＜0.9%，且 80%≤（Al_2O_3+SiO_2）≤90%，同时 Al_2O_3≤40%; ④0.3%＜Na_2O＜0.7%，且 0.1%＜S_{ar}＜0.3%，且 80%≤（Al_2O_3+SiO_2）≤90%，同时 Al_2O_3≤40%
较难	①Na_2O≤0.2%，且 S_{ar}≤1.4%，同时（Al_2O_3+SiO_2）≥75%; ②Na_2O≤0.4%，且 S_{ar}≤1%，同时（Al_2O_3+SiO_2）≥90%; ③Na_2O＜0.4%，且 S_{ar}＜0.6%，同时（Al_2O_3+SiO_2）≥80%

注　S_{ar} 指煤中收到基含硫量，氧化物指飞灰中的成分。

干式电除尘器的主要工艺参数及效果见表 6-10。

表 6-10　干式电除尘器的主要工艺参数及效果

项目	单位	主要工艺参数及效果		
入口烟气温度	℃	低低温电除尘器（90±5）		
同极间距	mm	300～500		
烟气流速	m/s	0.8～1.2		
灰硫比	/	＞100（低低温电除尘器）		
流量分配极限偏差	%	±5		
漏风率	%	≤3（电除尘器、300MW 级及以下的低低温电除尘器） ≤2（低低温电除尘器）		
除尘效率	%	99.20～99.85（电除尘器） 99.20～99.90（低低温电除尘器）		
常规电除尘器比集尘面积	m^2/(m^3/s)	≥100（D1）	≥110（D1）	≥130（D1）
		≥120（D2）	≥140（D2）	/
		≥140（D3）	/	/
低低温电除尘器比集尘面积	m^2/(m^3/s)	≥80（D1）	≥95（D1）	≥110（D1）
		≥90（D2）	≥105（D2）	≥120（D2）
		≥100（D3）	≥115（D3）	≥130（D3）

续表

项目	单位	主要工艺参数及效果		
出口烟尘浓度	mg/m^3	≤50	≤30	≤20

注 D1、D2、D3 分别指除尘器入口烟尘浓度不大于 $30mg/m^3$ 时，电除尘器对煤种的除尘难易性为较易、一般、较难时的比集尘面积。当除尘器入口烟尘浓度大于 $30mg/m^3$ 时，表中的比集尘面积酌情增加 $5\sim15m^2(m^3/s)$。

作为主流成熟的烟气除尘技术，广泛的应用促进了如下技术发展。

（1）高频电源技术。电除尘器传统采用低频整流电源，主要有如下缺点：一是工作频率低，电源转换效率低，耗费电能；二是工作频率低致使变压器和滤波器体积大、重量重，耗费大量的原材料；三是体积庞大的电源控制调节机箱和工频变压器分居两处，占用空间；四是电晕电压低，无法适应飞灰高比电阻的工况。

高频电源是指应用高频开关技术，将工频三相交流电源输出直流高压的高压供电电源。电除尘器采用高频电源技术，电源转换效率可高达95%以上，相比采用常规低频电源可节电20%，节能降耗；电源控制系统体积重量减少至常规低频电源的1/5以下，节省原材料；控制柜和变压器集成为一体，相比采用常规低频电源省去了控制室，节省空间；同等工况下产生更大的电晕输出功率，提高除尘效率，可减少烟尘排放量30%～50%。

（2）脉冲电源技术。当飞灰比电阻较高时，如采用传统工频、高频电源的电除尘器进行除尘，由于高比电阻粉尘在电场中具有高黏附力，会造成振打无法有效地将粉尘从收尘极板上除下，严重时甚至会导致反电晕现象，从而降低除尘器的除尘效率。

脉冲电源通常由一个直流高压单元和一个脉冲单元组成，从而构成基础电压叠加脉冲电压的双电模式，相比于传统的工频、高频电源，能使烟气中粉尘的驱进速度明显提高，并有效抑制反电晕和二次扬尘，从而大幅提高除尘效率，可减少烟尘排放量50%～70%，降低能耗30%～70%。

（3）低低温电除尘技术。低低温电除尘技术是通过在电除尘器上游设置烟气冷却装置，使得电除尘器入口烟气温度降低至酸露点温度以下，从而提高除尘器性能的技术。此技术适用于烟气冷却装置入口灰硫比（烟尘质量浓度与 SO_3 质量浓度之比）大于100的烟气。

烟气冷却装置一般采用低温省煤器或热媒体气气换热装置，降低电除尘器入口烟气温度至90℃左右，使得烟气中的大部分 SO_3 冷凝形成硫酸雾，黏附在粉尘上并被碱性物质中和，大幅降低粉尘的比电阻，避免反电晕现象，从而提高除尘效率，同时去除烟气中大部分的 SO_3。

由于低低温电除尘技术的烟气温度降低，烟气量相应变小。因而与常规干式电除尘器相比，低低温电除尘器可减少电场流通面积，从而节约运行能耗。但粉尘比电阻的降低会削弱捕集到阳极板上的烟尘静电黏附力，从而导致二次扬尘现象比常规电除尘器严重。

（4）湿式电除尘技术。湿式电除尘技术是指利用高压强电场使粉尘或水雾荷电，荷电的粒子在电场力的作用下吸附在电极板上，通过水膜清除的方式使其从电极表面脱落，实现将烟尘从烟气中分离出来的技术。

根据阳极板的形状，湿式电除尘器分为板式和管式；根据运行喷淋方式，分为连续、间歇及无喷淋，喷淋水质分为加碱水和工艺水两种；根据阳极板材质，分为金属阳极板和非金属阳极板。

湿式电除尘技术采用水膜清除方式，由于水的比电阻较小，液滴与粉尘结合以后使得粉尘的比电阻下降，从而提高了除尘效率，且不会产生二次扬尘。对微细颗粒物、气溶胶、酸雾、重金属等有显著的脱除效果。

（5）移动电极技术。移动电极技术是将常规电除尘器的固定电极改变为移动电极，将振打清灰改变为旋转刷清灰，从工艺上改变常规电除尘器的捕集和清灰方式，可避免反电晕现象，更好地适应超细颗粒粉尘和高比电阻颗粒粉尘的收集，以提高除尘效率。

移动电极技术能有效适应燃料品种更迭的变化，高效收集高比电阻粉尘，相较于固定极板电场能节省空间，降低清灰的二次扬尘。

（6）离线振打清灰技术。离线振打清灰技术是将需要清灰的烟气通道出口或进、出口烟气挡板关闭，并停止供电，进行振打清灰，减少清灰过程中的二次扬尘，从而提高除尘效率。

离线振打清灰技术的挡板关闭会影响电除尘器本体内的流场，需通过风量调整装置来防止流场恶化。

（7）机电多复式双区电除尘技术。机电多复式双区电除尘技术将电场中的荷电区、收尘区分开并连续复式配置，对荷电区和收尘区单独供电，使各区段的电气运行条件达到最佳，能分别强化荷电和收尘作用，更能适应工况的变化，较好地防止反电晕的发生，有效提高除尘效率。

常规的电除尘器为单区电除尘器，荷电和收尘在同一区域完成，很难让荷电和收尘都达到最佳状态。新型双区电除尘器的结构不仅可将荷电与收尘分开，而且采用了连续的多个小双区复式配置，荷电与收尘采用分开的电源供电，使各区段的电气运行条件达到最佳化，以适应高比电阻粉尘和低比电阻粉尘的收集，防止高比电阻粉尘反电晕现象的发生和低比电阻粉尘的反弹，提高除尘效率。达到同等除尘效果，双区电除尘器比集尘面积能有效降低，从而节省除尘器的空间占用。

（8）电凝聚技术。电凝聚技术是指通过荷电凝聚装置，提高带有不同电荷的细微粉尘的凝聚效果，从而提高除尘效率，减少细微颗粒的排放。

凝聚是指颗粒在外力作用下与其他颗粒相互碰撞而聚结成较大颗粒的过程。电凝聚装置安装在电除尘器前的烟道上，可以水平安装或垂直安装。荷电凝聚装置形成微细粉尘荷电区，提高带有不同电荷的微细粉尘的凝聚效果。经过凝聚装置后，凝聚后的大颗粒粉尘或者未凝聚的微细粉尘可进一步荷电，提高了微细粉尘与大颗粒粉尘的结合能力或微细粉尘与微细粉尘之间的结合能力，从而提高去除粉尘等细微颗粒的效率。

2. 袋式除尘技术

袋式除尘技术是指利用纤维织物对含尘气体进行过滤的技术。

袋式除尘技术的滤尘机制包括筛滤、惯性碰撞、拦截、扩散、静电及重力作用等。筛滤作用是袋式除尘技术的主要滤尘机制，当粉尘粒径大于滤料中纤维间孔隙或滤料上沉积的粉尘间的孔隙时，粉尘即被筛滤下来。通常的织物滤布，由于纤维间的孔隙远大于粉尘粒径，所以刚开始过滤时，筛滤作用很小，主要是纤维滤尘机制，包括惯性碰撞、拦截、扩散和静电作用。当滤布上逐渐形成了一层粉尘黏附层后，则碰撞、扩散等作用变得很小，而主要靠筛滤作用。一般粉尘或滤料可能带有电荷，当两者带有异性电荷时，则静电作用显现出来，使滤尘效率提高，但却使清灰变得困难。重力作用对较大的粒子才起作用。

按照进气口布置方式，袋式除尘器可分为上进气和下进气方式。使用较多的是下进气方式，具有气流稳定、滤袋安装调节容易等优点，但气流方向与粉尘下落方向相反，清灰后会使细粉尘重新积附于滤袋上，清灰效果变差，压力损失增大；上进气形式可以避免上述缺点，但由于增设了上花板和上部进气分配室，使除尘器高度增大，滤袋安装调节较复杂，上花板易积灰。

按照除尘器内气体压力，可分为正压式和负压式。正压式除尘器内部气体压力高于外部压力，特点是外壳结构简单、轻便，严密性要求不高，且布置紧凑，维修方便，但风机易受磨损。负压式袋式除尘器的突出优点是可使风机免受粉尘的磨损，但对外壳的结构强度和严密性要求高。

按照滤袋断面形状，可分为圆筒形和扁平形。圆筒形滤袋应用较广，直径一般为 120～300mm，最大不超过 600mm，滤袋长度一般为 2～6m，有的长达12m 以上。对于大中型袋式除尘器，一般都分成若干室，每室袋数少则 8～15 只，多则可达 200 只，每台除尘器的室数，少则 3～4 室，多则可达 16 室以上。

按照含尘气流通过滤袋的方向，可分为内滤式和外滤式。内滤式是指含尘气流先进入滤袋内部，粉尘被阻留在袋内侧，净气透过滤料由袋外侧排出；反之，为外滤式。外滤式的滤袋内部通常设有支撑骨架（袋笼），滤袋易磨损。

按照清灰方式，可分为机械振打类、反吹风类、脉冲喷吹类。机械振打类是采用机械装置（含手动、电磁或气动装置）使滤袋产生振动而清灰，有适合间歇工作的非分室结构和适合连续工作的分室结构两种构造形式。反吹风类有分室反吹类和喷嘴反吹类。分室反吹类采取分室结构，利用阀门逐室切换气流，在反向气流作用下，迫使滤袋缩瘪或鼓胀而清灰；喷嘴反吹类采取非分室结构，以反吹气流通过移动的喷嘴进行反吹，使滤袋变形抖动并穿透滤料而清灰。脉冲喷吹类以压缩空气为清灰动力，利用脉冲喷吹的瞬间内放出压缩空气，诱导数倍空气高速射入滤袋，使滤袋急剧鼓胀，依靠冲击振动和反向气流而清灰。

袋式除尘器主要包括灰斗、中箱体、上箱体、清灰系统、滤袋及滤袋框架、进出风烟道系统、控制系统等。

袋式除尘技术适应煤种及工况条件广泛，基本不受燃烧煤种、飞灰性质、烟气工况等的影响，占地面积小，除尘效率可达 99.50%～99.90%及以上。袋式除尘技术除尘效率主要受滤料的结构、粉尘层厚度、过滤速度、粉尘特性、清灰方式等因素影响。滤料选型应与烟气成分匹配，运行温度宜小于 250℃，且高于烟气酸露点 10～20℃。

袋式除尘器的主要工艺参数及效果见表 6-11。

表 6-11　袋式除尘器的主要工艺参数及效果

项目	单位	主要工艺参数及效果		
运行烟气温度	℃	高于烟气酸露点 10～20℃且小于 250℃		
除尘设备漏风率	%	≤2		
滤袋整体使用寿命	a	≥4		
流量分配极限偏差	%	±5		
除尘效率	%	99.50～99.90 及以上		
过滤风速	m/s	≤1.0	≤0.9	≤0.8
滤料型式	/	常规针刺毡	常规针刺毡	高精过滤滤料
出口烟尘浓度	mg/m^3	≤30	≤20	≤10

注　处理干法、半干法脱硫后的高粉尘浓度烟气时，过滤风速宜≤0.7m/s。

3. 电袋复合除尘技术

电袋复合除尘技术是指电除尘与袋式除尘结合的一种复合除尘技术，一般利用前级电除尘器收集大部分粒径较大的烟尘，同时使得烟尘荷电，并利用后级袋式除尘器去除部分剩余细微烟尘，从而实现烟气净化的除尘技术。

按照结构型式，电袋复合除尘器可分为一体式电袋复合除尘器、分体式电袋复合除尘器和嵌入式电袋复合除尘器。其中，一体式电袋复合除尘器技术最为成熟，应用最为广泛。

电袋复合除尘技术不受煤质、烟气工况变化的影响，可长期稳定可靠地控制烟尘排放，尤其适用于排放要求严格的环境敏感地区。电袋复合除尘器具有烟尘长期稳定低排放、运行阻力低、滤袋使用寿命长、占地面积小、适用范围广等特点，适用于国内大多数燃煤机组燃用的煤种，特别是高硅、高铝、高灰分、高比电阻、低硫、低钠、低含湿量的煤种。除尘效率可达 99.50%～99.99%及以上。除尘效率的影响因素同电除尘器和袋式除尘器。

电袋复合除尘器的主要工艺参数及效果见表 6-12。

表 6-12　　电袋复合除尘器的主要工艺参数及效果

项目	单位	主要工艺参数及效果		
运行烟气温度	℃	高于烟气酸露点 10～20℃且小于 250℃		
除尘设备漏风率	%	≤2		
除尘效率	%	99.50～99.99 及以上		
过滤风速	m/s	≤1.2	≤1.0	≤0.95
电区比集尘面积	$m^2/(m^3/s)$	≥20	≥25	≥30
滤袋整体使用寿命	a	≥4	≥5	≥5
滤料型式	/	不低于 JB/T 11829 的要求	不低于 DL/T 1493 的要求	不低于 DL/T 1493 的要求
流量分布均匀性	/	宜符合 JB/T 11829 的要求	宜符合 DL/T 1493 的要求	宜符合 DL/T 1493 的要求
出口烟尘浓度	mg/m^3	≤20	≤10	≤5

注　处理干法、半干法脱硫后的高粉尘浓度烟气时，电区比集尘面积宜≥$40m^2/(m^3/s)$，袋区过滤风速宜≤0.9m/s。

电袋复合除尘技术的主要技术发展如下。

（1）耦合增强电袋复合除尘技术。耦合增强电袋复合除尘技术是将前电后袋整体式电袋技术与嵌入式电袋技术有机结合开发的新型电袋复合除尘技术。

前级电场区预收尘和荷电作用，降低了进入后级混合区的烟尘入口浓度。后级混合区采用电区与袋区相间布置，深度耦合，使荷电粉尘到达滤袋表面的距离极短，有效减少带电粉尘的电荷损失；由于混合区的粉尘可以实现在线反复荷电与电捕集，增强了粉尘的荷电效果和捕集性能。同时可以快速有效地收集滤袋清灰过程中的扬尘，减少粉尘二次飞扬。该技术具有高过滤风速、烟尘超低排放、滤袋更换及维护费用低的优点，可实现除尘器出口烟尘排放浓度小于 $5mg/m^3$。

（2）超净电袋复合除尘技术。超净电袋复合除尘技术是基于最优耦合匹配、高均匀多维流场、微粒凝并、高精过滤技术等多项技术组合形成的新一代电袋复合除尘技术，可实现除尘器出口烟尘排放浓度长期稳定小于 $10mg/m^3$ 甚至小于 $5mg/m^3$。

（3）长袋高效清灰技术。长袋高效清灰技术是指采用 4inch 大口径脉冲阀喷吹 25 条以上大口径长滤袋（8～10m）的高效清灰技术。该技术已广泛应用于大型电袋复合除尘器，确保了长滤袋的清灰效果，提高了电袋复合除尘器空间利用率，可简化总体结构布置。

（4）滤料新技术。

1）高精过滤滤料。常用工业滤料可分为高精过滤滤料和普通滤料，典型的高精过滤滤料有 PTFE 微孔覆膜滤料和超细纤维多梯度面层滤料。在相同条件下，过滤精度高低依次为 PTFE 微孔覆膜滤料、超细纤维梯度面层滤料、普通滤料。

高精过滤滤料指滤袋采用特殊结构和先进的后处理工艺，使滤袋表面的孔径小、孔隙率大，有效防止细微粉尘的穿透，提高过滤精度的新型滤袋技术。典型的高精过滤滤料有 PTFE 微孔覆膜滤料和超细纤维多梯度面层滤料。PTFE 微孔覆膜滤料是当前精度最高的过滤滤料，其次为超细纤维梯度面层滤料，两者均属于高精度过滤滤料。滤料过滤精度越高，电袋除尘器实现超低排放就越可靠，适应工况变化能力也越强，而且中长期运行阻力更低更平稳。

高精过滤滤料制成滤袋后，需进一步采用缝制针眼封堵技术，防止极细微粉尘从针眼穿透。高精过滤技术已广泛应用于超净电袋复合除尘器中。

2）强耐腐滤料。我国燃用煤种多变，烟气成分复杂，烟气性质对不同材质纤维的影响程度不同。燃煤烟气常用滤料纤维主要为PPS（聚苯硫醚）、PI（聚酰亚胺）、PTFE（聚四氟乙烯）。滤料结构分为织造和非织造两种，非织造滤料结构与钢筋混凝土类似，其中基布类似于钢筋，滤料内外层纤维网类似于混凝土，两种结构结合为一体，提高了滤料整体的黏合与抗拉性能。创新开发PPS、PI、PTFE高性能纤维按不同组合、不同比例、不同结构进行混纺的系列滤料配方和生产工艺，形成了PTFE基布+PPS纤维、PPS+PTFE混纺、PI+PTFE混纺的多品种高强度耐腐蚀系列滤料，适应各种复杂的烟气工况，延长了滤袋的使用寿命。

3）金属滤料技术。金属滤料是采用金属材质的原料，经特殊的制造工艺制成的多孔过滤材料。按制作工艺分为烧结金属纤维毡和烧结金属粉末过滤材料。烧结金属纤维毡由具有耐高温、耐腐蚀性的不锈钢材质制成的金属纤维经过无纺铺制后烧结而成，通常采用梯度分层纤维结构。烧结金属粉末过滤材料是由球形或不规则形状的金属粉末或合金粉末经模压成形与烧结而制成，以铁铝金属间化合物膜最为典型。金属滤袋是滤袋技术发展的前沿技术。

四、脱汞技术

（一）汞及其化合物生成过程

煤燃烧中汞的排放有三种形态，一是气相氧化态Hg^{2+}（以$HgCl_2$为主），$HgCl_2$能溶于水，可以用现有控制其他烟气污染物的技术（如湿式脱硫装置）对其实现同时控制；二是气相单质汞Hg^0，以气态的形态排放到大气中；三是细微颗粒状的Hg^p，易于被颗粒物控制装置捕集。

煤中的汞分为有机汞和无机汞。煤粉的燃烧过程中，煤中的汞将因受热挥发并以汞蒸气的形态存在于烟气中。在通常的炉膛温度范围内（1200～1500℃），大部分汞的化合物在温度高于800℃时处于热不稳定状态，将分解成元素汞。因此在炉内高温下，煤中几乎所有的汞（包括无机汞和有机汞）都会转变成元素汞并以气态形式进入烟气。烟气中汞的存在形式主要包括气相汞（单质汞和气相二价汞）和固相颗粒汞，这三者称为总汞。气相汞在小于400℃时以气相$HgCl_2$为主，大于600℃时以单质Hg为主，温度在400～600℃之间，二者共存。固态汞指的是与颗粒表面结合的那部分汞，较容易被除尘器脱除。

煤在炉膛中燃烧时，煤中的汞将会挥发，以气态单质汞（零价汞）的形式存在于烟气中。在烟道中随着烟气温度的降低，气态单质汞Hg^0会有两个转化趋势：单质Hg^0与烟气中的成分发生均相反应生成Hg^{2+}，还会与飞灰颗粒发生吸附作用，转化成颗粒汞Hg^p。一部分被飞灰等颗粒物吸附的汞（颗粒汞Hg^p）会被飞灰表面的化学成分催化氧化为Hg^{2+}，烟气中的Hg^{2+}也可以与飞灰等颗粒发生吸附作用，转化成颗粒汞Hg^p。根据燃烧中汞及其化合物的生成途径和生成机理，烟气中汞的形态转化和分布受到煤种、烟气温度、反应条件、烟气成分、飞灰成分等多种因素的影响。

煤中汞与黄铁矿、碳酸盐、氧化物、有机物均有结合，具体情况取决于煤种和产地。目前煤中汞的赋存形态没有标准的定义。我国多数煤中汞含量分布约为0.05～1.59mg/kg，平均含量约为0.22mg/kg。一般而言，煤中汞含量随着灰分的增大而增大。从我国产煤区分析，煤中汞含量有自北向南增加的趋势。各煤种汞含量由高到低依次为：瘦煤、褐煤、焦煤、无烟煤、气煤、长焰煤。

一般情况下，火电厂燃煤中汞元素含量0.10mg/kg的水平，在燃烧后产生烟气中的汞及其化合物浓度大致为3.5～4.5μg/m³。

（二）脱汞技术概述

汞及其化合物控制技术概括起来可分为三大类：燃烧前脱汞、燃烧中脱汞及燃烧后脱汞。

燃烧前脱汞一般采用物理方法，主要有洗煤技术和煤热处理技术。煤中汞与黄铁矿等矿物质密切相关，采用传统的重介选洗和泡沫浮选，以及更先进的洗煤技术能减少煤中的汞含量，达到减少燃煤汞排放的目的，洗煤技术可去除煤中约30%～60%的汞。由于汞具有高挥发性，在煤热处理的过程中，汞会受热挥发出来，在400℃时最高可达80%的脱汞效率。

燃烧中脱汞是指根据燃烧中汞及其化合物的生成特性，控制燃烧条件减少燃烧过程中汞及其化合物的生成量，或者通过添加吸附剂等方式去除烟气中汞及其化合物的排放量。典型的技术有流化床燃烧、低氮燃烧、炉膛喷入脱汞吸附剂等。

燃烧后脱汞是指对燃煤产生的烟气进行脱除汞及其化合物的方法。根据燃煤烟气中汞及其化合物的特性，现有的烟气除尘和烟气脱硫等污染物脱除措施具有自然的协同脱汞效果。脱汞方法主要有吸附剂法、化学沉淀法和化学氧化法。

（三）烟气脱汞技术

目前，火电厂常规配套建设除尘、脱硫、脱硝设施，其对烟气在燃烧中和燃烧后具有协同脱汞作用。

1. 除尘设施

（1）静电除尘器。静电除尘器在收集颗粒物的过程中，可去除颗粒汞。颗粒汞通常与未燃烧碳相结合，未燃烧碳的数量是影响汞及其化合物吸收的主要因素，与静电除尘器汞及其化合物去除率密切相关。其他影响从飞灰中捕获汞及其化合物的量的主要因素还包括静电除尘器中的烟气温度和煤的类型，上述两个参数会促成二价汞化合物和颗粒汞的形成，因而使其在静电除尘中比气态单质汞更容易被捕获。因影响因素较多且程度不一，静电除尘器的除汞效率约在20%～40%。

（2）袋式除尘器。袋式除尘器能更有效地去除细小颗粒物，因此比静电除尘除汞率更高。其既可以去除颗粒汞，也可去除气态汞。袋式除尘过程中气体与飞灰接触的时间要比在静电除尘过程中对应时间更长，因此促进了汞及其化合物在飞灰中的吸收；而且袋式除尘器除尘过程中气态汞通过滤料过滤而有了更好的接触环境，相比而言，静电除尘器是气体通过电极板表面。袋式除尘器的除汞效率约在20%～80%。

2. 湿法脱硫设施

湿法脱硫设施温度相对较低，有利于气态单质汞的氧化和二价汞化合物的吸收，是目前去除汞及其化合物最有效的净化设备。特别是在湿法脱硫系统中，由于二价汞化合物易溶于水，容易与脱硫吸收剂反应，能去除绝大部分的二价汞化合物。湿法脱硫设施的除汞效率约为80%～90%。

3. 选择性催化还原脱硝设施

选择性催化还原（SCR）脱硝是常用的脱硝工艺。在SCR脱硝设施反应温度区间，通过催化剂催化作用，影响烟气中单质汞的形态转化，使烟气中HCl和O_2形成具有强氧化性的Cl_2及相关联的Cl原子或O原子而作用于单质汞，最终反应形成$HgCl_2$，从而有利于后续过程中尤其是湿法脱硫设施等的脱汞。

第二节 污废水处理技术

一、工业废水集中处理

（一）一般规定

火电厂污废水处理应贯彻清污分流、分散或者集中处理的原则。各种污废水应全厂统筹、梯级回用。

为节约用水，火电厂宜设置工业废水集中处理设施。

工业废水集中处理设施可收集或处理下列废水：原水预处理废水、锅炉补给水处理系统废水、凝结水精处理系统废水、循环水补充水处理系统废水、锅炉化学清洗废水等。

废水应按清污分流的原则分类收集和贮存，并根据废水水质、水量及其变化幅度和回用点的水质要求等，确定最佳处理工艺。

工业废水集中处理应优先采取综合治理的原则，处理后的废水宜回收利用，并根据实际情况设置相应的回用设施。

（二）水量和水质

原水预处理废水、锅炉补给水处理系统废水、凝结水精处理系统废水、循环水补充水处理系统废水等的水量和水质与机组规模、进水水质、水处理工艺、冷却方式等多种因素相关。

原水预处理废水污染因子一般包括悬浮物、化学需氧量、五日生化需氧量等。

锅炉补给水处理系统、凝结水精处理系统、循环水补充水处理系统的废水污染因子一般包括pH值、化学需氧量等。

锅炉化学清洗废水的水量和水质与采用的清洗方式、清洗药剂有关，可参照类似火电厂的运行数据确定。在无参考数据时，排水量宜按清洗水容积的7～10倍确定。不同容量的锅炉化学清洗水容积的参考数据见表6-13。

（三）处理工艺

1. 含酸碱废水处理

阳、阴离子交换器的再生排水宜优先采用残余酸碱中和。

设有废水集中处理设施的酸碱中和宜采用连续处理。当酸碱废水的中和采用连续处理时，宜设置经常性废水贮存池调节水量，均衡水质，其容积按一天的酸碱废水发生量（容积）设计或一系列阳、阴离子交换器一个周期的再生排放量总和；当酸碱废水的中和采用间断处理时，其中和池（箱）应能接纳、处理至少一系列阳、阴离子交换器一个周期的再生排放量。

表6-13 不同容量的锅炉化学清洗水容积

机炉容量	清洗介质	清洗范围	清洗水容积（m^3）
125MW机组（400t/h汽包炉）	HCl或EDTA	炉前、炉本体	135～155
200MW机组（670t/h锅炉）	HCl或EDTA	炉前、炉本体	290～310
300MW机组（约1000t/h汽包炉）	HCl或EDTA	炉前、炉本体	480～500
300MW机组（约1000t/h直流炉）	柠檬酸、复合酸或EDTA	炉前、炉本体	480～500
600MW机组（约2000t/h汽包炉）	HCl或EDTA	炉前、炉本体	～650

续表

机炉容量	清洗介质	清洗范围	清洗水容积（m^3）
600MW 机组（约 2000t/h 直流炉）	柠檬酸、复合酸或 EDTA	炉前、炉本体	250～650
1000MW 等级机组（约 3000t/h 直流炉）	柠檬酸、复合酸或 EDTA	炉前、炉本体、过热器	1000～1200

注　EDTA 即乙二胺四乙酸。

中和后的废水宜单独贮存回用。

2. 含悬浮物废水处理

仅悬浮物超标的排水且含盐量与原水相当时宜优先回至原水预处理系统。

对悬浮物含量超标的废水，宜采用沉淀或絮凝、澄清处理工艺，当用水点对水质中悬浮物有较高要求时可采取过滤等相应的处理工艺。采用絮凝或沉淀处理工艺前宜加入絮凝剂和助凝剂。

3. 含铁、铜等金属的废水处理

含铁、铜等金属的废水，主要包括锅炉无机酸酸洗排水、空气预热器冲洗排水、锅炉烟气侧冲洗排水和凝结水精处理系统排水等。

含铁、铜等金属废水宜采用氧化、pH 值调整和絮凝、澄清以及污泥脱水为主的处理工艺。当火电厂设有水力除灰场且满足环境保护要求时，可采用氧化、pH 值调整的简易工艺流程。

4. 锅炉化学清洗废液处理

锅炉化学清洗废液的处理应按所采用的不同清洗药剂（如盐酸、柠檬酸、复合酸和 EDTA 等）所排出的废液，有针对性地制定处理方案。

锅炉盐酸清洗废液处理系统设计应符合下列要求：当 pH 值、悬浮物指标超标时，可采用酸碱中和及澄清处理；采用水力除灰的火电厂，此部分废水处理至满足 GB 8978—1996《污水综合排放标准》对第一类污染物的要求，经 pH 值调节后，宜作为水力除灰系统用水；要求重复利用时，可按用户或用水点的要求进行深度处理；COD 值较高时，应进行氧化分解处理。

锅炉氨化柠檬酸或其他有机酸清洗废液处理可采用焚烧法或氧化分解法处理。当采用焚烧法处理时，柠檬酸清洗废液宜中和至 pH 值为 8～9，经过滤后均匀喷入炉膛焚烧，注入量宜为锅炉蒸发量的 0.5%～1%。当采用氧化分解法处理时，可分步采用生物氧化处理及化学氧化处理，处理后的排水宜小流量用于喷洒煤场或送至水力除灰系统。

锅炉乙二胺四乙酸（EDTA）清洗废液处理系统中，回收 EDTA 后的废液宜采用以下方式处理：当发电厂采用水力除灰时，排至水力除灰系统；当发电厂采用干除灰时，按含铁、铜等金属的废水处理方式进行处理。

5. 工业废水集中处理

化学废水集中处理系统宜根据废水的种类和回用点水质采用相应的处理流程，包括氧化、pH 值调节、絮凝、澄清、过滤及污泥脱水处理。

工业废水集中处理系统可采用以下流程：

（1）废水贮存池→pH 值调整池（箱）→混合池（箱）→澄清池（箱）→最终中和池→清净水池→过滤器→回收利用或排放。

（2）废水贮存池→氧化池（箱）→反应池（箱）→pH 值调整池（箱）→絮凝池（箱）→澄清池（箱）→最终中和池→清净水池→过滤器→回收利用或排放。

（3）废水贮存池→pH 值调整池（箱）→反应池（箱）→絮凝池（箱）→澄清池（箱）→最终中和池→清净水池→过滤器→回收利用或排放。

（4）废水贮存池→澄清池（箱）→气浮池→中间水池→过滤器→回收利用或排放。

仅 pH 值超标的废水进入废水贮存池后可直接去最终中和池处理，经处理合格后回收利用或排放。原水预处理排泥进入废水处理系统集中处理时，可直接进到浓缩池，然后进行浓缩脱水处理。废水 pH 值及氨氮不合格时，废水处理宜采用 pH 调整、曝气和氧化，也可采用生物或脱气膜处理工艺。

二、含煤废水处理

（一）一般规定

含煤废水应设置独立的收集系统并进行处理，其他生产性废污水不应进入。

有条件时，火电厂输煤系统除尘水、冲洗水、煤场含煤雨水等含煤废水宜设置共用的处理系统。

含煤废水处理达标后应尽量重复利用。优先回用于运煤系统冲洗和煤场喷洒，处理后的水质应符合 GB/T 18920《城市污水再生利用　城市杂用水水质》的规定。也可回用于除灰渣补充水和干灰场喷洒，处理后的水质应符合 GB 8978《污水排放综合标准》的规定。

（二）水量和水质

含煤废水处理设施进口的水质指标宜根据火电厂燃煤种类以及同地区、同类电厂的实际运行参数确定，必要时通过试验确定。用于回用的含煤废水原水和处理后的水质指标一般可参照表 6-14 确定。

表 6-14　含煤废水主要水质控制指标

阶段	处理前		处理后	
项目	SS（mg/L）	pH 值	SS（mg/L）	pH 值
含煤废水	200～5000	6～9	＜10	6～9

含煤废水处理系统的处理能力应能满足废水悬浮物含量 2000～3000mg/L，短时间内允许达到 5000mg/L 的负荷要求，超过此值应增加沉淀处理停留时间。

（三）处理工艺

含煤废水处理系统一般采用以下工艺流程：

（1）采用混凝、沉淀、过滤的工艺流程，其处理工艺流程如下：

露天煤场初期雨水、输煤转运站和栈桥冲洗水、输煤系统除尘排污水→煤水沉淀池→一体化净水器（混凝、沉淀、过滤、反冲洗）→清水池→回用或其他工艺用水。

（2）采用混凝、沉淀、气浮的工艺流程，其处理工艺流程如下：

露天煤场初期雨水、输煤转运站和栈桥冲洗水、输煤系统除尘排污水→煤水沉淀池→混凝沉淀设备→气浮处理设备→清水池→回用或其他工艺用水。

（3）采用电子絮凝、澄清、过滤的工艺流程，其处理工艺流程如下：

露天煤场初期雨水、输煤转运站和栈桥冲洗水、输煤系统除尘排污水→煤水沉淀池→电子絮凝装置→离心式沉淀器→中间水池→机械过滤装置→清水池→回用或其他工艺用水。

煤水沉淀池或调节池应设置除煤泥设备，煤泥宜送往煤场回收利用。

三、含油废水处理

（一）一般规定

含油废水处理设施宜设置调节池，调节池可与隔油池统一考虑，其容积应按污水水质、水量变化情况及处理要求等因素确定。

含油废水宜设置单独的收集和输送设施，不应与其他废水混合处理。

含油废水采用集中处理或分散处理，可视情况而定。

含油废水处理设施宜布置在油库区附近或工业废水集中处理站。

（二）水量和水质

含油废水处理系统主要应收集下列废水：油罐区内油罐脱水，含油场所（卸油栈台和油泵房等）的冲洗废水，含油场所（油罐区防火堤内、整体道床卸油线和卸油栈台等）的地面雨水，变压器油坑排水。含油废水水量宜按连续排水量与其中一项最大周期性排水量之和计算或参照类似火电厂的运行数据确定。

新建火电厂的含油废水含油量可按 500～2000mg/L 设计。扩建、改建项目宜根据现有运行数据进行设计。

（三）处理工艺

含油废水处理系统设计方案应根据工程建设规模、含油类别、废水水量、水质及排放标准确定。

含油废水处理工艺应根据污水中含油的成分（轻油、重油及是否含乳化油）确定工艺，对于乳化油含量较高的废水宜设有自动化程度较高的气浮或其他除乳化油工艺。系统主体工艺可采用以下流程：

（1）含油污水→隔油池→油水分离器→非经常性废水池→工业废水处理系统→回收利用或排放。

（2）含油废水→隔油池→油水分离器→过滤器→回收利用或排放。

（3）含油废水→隔油池→气浮池→过滤器→回收利用或排放。

（4）含油废水→隔油池→油水分离器→气浮池→过滤器→回收利用或排放。

（5）含油废水→隔油池→油污水净化装置（除乳化油及游离态油）→过滤器→回收利用或排放。

当经过滤器处理，某些污染物指标仍不符合国家污水排放标准，且需经化学处理时，经技术经济比较确定可行后，可送到工业废水集中处理站进一步处理。

四、脱硫废水处理

（一）一般规定

脱硫废水处理装置应单独设置，并按连续运行方式设计。

脱硫废水应优先考虑回用，如无回用条件且允许外排至环境时，应处理后达标排放。

脱硫废水主要回用方式如下：回用于干灰调湿或灰场喷洒；作为补充水回用于水冷式机械除渣系统，但应考虑对除渣系统设备的腐蚀；对于水力除灰火电厂，可直接回用作为冲灰用水。

（二）水量和水质

脱硫废水的水质、水量应根据烟气脱硫系统物料平衡计算确定。

石灰石—石膏湿法烟气脱硫废水参考水质指标见表 6-15。

表 6-15　石灰石—石膏湿法烟气脱硫废水参考水质指标

污染物项目	单位	数值
温度	℃	40～50
pH 值	—	4～6

续表

污染物项目	单位	数值
可沉淀物	mg/L	＜10000
Ca^{2+}	mg/L	2000～16000
Mg^{2+}	mg/L	500～6000
$NH_3NH_4^+$	mg/L	＜500
Cl^-	mg/L	7000～20000
F^-	mg/L	50～100
SO_4^{2-}	mg/L	800～5000
SO_3^{2-}	mg/L	200～700
PO_4^{3-}	mg/L	100～200
COD	mg/L	140～240
总铁量	mg/L	＜15
Al	mg/L	＜60
Cu	mg/L	＜2

续表

污染物项目	单位	数值
Co	mg/L	＜1
Pb	mg/L	＜1
Cd	mg/L	＜0.2
总铬	mg/L	＜2
Ni	mg/L	＜2
Hg	mg/L	＜0.1
Zn	mg/L	＜4
Mn	mg/L	＜50

（三）处理工艺

脱硫废水处理系统应根据脱硫废水水质、回用或排放水质要求，设备和药品供应条件等确定。脱硫废水处理系统主体工艺可采用以下流程：

（1）采用中和、沉降、絮凝、澄清的工艺流程，其处理工艺流程如下：

脱水机→泥饼

↑

废水池（箱）→pH 值调整箱→反应沉降箱→絮凝霜→澄清浓缩池（器）→最终中和/氧化箱→出水箱→回用或排水

此工艺配备氢氧化钙或石灰、酸、凝聚剂、有机硫化物、氧化剂、助凝剂和脱水剂等加药装置。

（2）采用澄清、中和、凝聚、絮凝、澄清、过滤的工艺流程，其处理工艺流程如下：

废水池（箱）→预澄清浓缩箱→反应箱 1→反应箱 2→凝聚箱→絮凝箱→

↓

一级澄清浓缩箱→污泥贮存箱→脱水处理

↓　↑

凝聚箱　↑

↓　↑

絮凝箱→二级澄清浓缩箱→过滤水箱→砂过滤器→中和箱→出水箱→回用或排放

此工艺配备碱、酸、凝聚剂、有机硫化物、氧化剂、絮凝剂和脱水剂等加药装置。

五、灰水处理

（一）一般规定

贮灰场经常性排水简称灰水。

水力除灰系统宜采用灰水闭路循环处理，在满足环境要求的前提下冲灰水可处理达标后排放。干灰场的雨水宜贮存回用，在满足环境要求的前提下可处理达标排放。

（二）水量和水质

灰水的水质超标项目应根据燃煤和粉煤灰的化学成分、除尘和除灰工艺、灰水比、冲灰水的水质等具体条件，经分析判断或参照类似发电厂的运行数据确定。必要时，可进行浸出试验。

冲灰水呈碱性，污染物因子主要有 pH 值、化学需氧量、悬浮物、总硬度、氟化物、汞、砷、镉、铬、锌等。

（三）处理工艺

冲灰水在贮灰场澄清分离后的上层清水汇集至回水池，加酸中和处理后用返回泵抽取至厂内清水池再用作冲灰水，或经深度处理满足要求后回用于脱硫系统用水、循环水的补充水等。

灰水排放应确保灰、渣水在灰场内有足够的停留时间，以去除灰、渣水中的悬浮物。必要时，可设澄清池或过滤器。可采用增大灰场内灰、渣水的曝气面积，加速自然降解；加酸中和处理；采用浓浆输送等方法调节灰水 pH 值。

采用灰渣浓缩池（沉灰、渣池）除灰工艺时，排水宜回收再循环，或根据工程具体条件经处理后回收利用或排放。灰渣浓缩池（沉灰、渣池）排水采用再循环工艺时，回水系统宜添加阻垢剂或采取其他处理措施。

六、冷却水排水处理

（一）一般规定

冷却水排水处理设施的设置及处理深度应结合排水量、重复利用及排放要求等因素综合确定。

根据 DL/T 5339《火力发电厂水工设计规范》，火电厂循环水冷却方式主要分为冷却塔和水面冷却两种方式。冷却塔冷却包括自然通风冷却、机械通风冷却、直接空冷冷却等方式，水面冷却是指利用水库、湖泊、河道或海湾等水体的自然水面冷却循环水。

根据 HJ/T 2.3-93《环境影响评价技术导则 地面水环境》，污水排放量中不包括间接冷却水、循环水以及其他含污染物极少的清净下水的排放量，但包括含热量大的冷却水的排放量。

为实现节约用水，保护环境，条件许可时冷却水排水经处理后应尽量重复利用。

（二）水量和水质

冷却水水量与机组规模、冷却方式、进水水质、浓缩倍率等因素相关。

因水源水质的不同，火电厂冷却水用水需根据情况进行沉淀、澄清、杀菌等处理后方可使用。因此冷却水排水的可能污染因子包括可溶性固体总量、磷酸盐、温升、余氯等。

（三）处理工艺

直流冷却排水、海水二次循环冷却排水一般采取直接排放方式。当条件允许时，淡水循环冷却排水应尽量回用，剩余部分在满足环境要求的前提下可排至外环境水体。

直流冷却排水、海水二次循环冷却排水应适当考虑降温处理，减轻对受纳水体的环境影响。淡水二次循环冷却排水可溶性固体总量很高，还有一定量不易沉降的悬浮物，回收再利用一般采用澄清、过滤、脱盐处理，以除去悬浮物，降低含盐量。

七、生活污水处理

（一）一般规定

生活污水处理设施的设置及处理深度应结合污水产生量、重复利用及排放要求等因素综合确定。一般情况下，生活污水必须经过处理，水质达到 GB 8978《污水综合排放标准》或当地环保标准后才能排放。

有条件时，生活污水应纳入城镇污水处理系统中，由城镇污水处理系统统一处理，排入城镇污水处理系统的生活污水水质应符合城镇污水收纳的要求。

火电厂生活污水主要来源于厂区。如生活区和火电厂一并建设时，应考虑生活区的生活污水。

为实现污水资源化，节约用水，保护环境，生活污水经处理后应尽量重复利用。当回用于绿化、道路及地面水力清扫、煤场喷洒、冲厕时，处理后的水质应符合 GB/T 18920《城市污水再生利用　城市杂用水水质》的规定。当回用于脱硫工艺、循环冷却水补充水等用途时，处理后的水质应符合 GB/T 19923《城市污水再生利用　工业用水水质》的规定。当回用于除灰渣补充水、干灰场喷洒用途时，处理后的水质应符合 GB/T 18918《城镇污水处理厂污染物排放标准》一级 B 的规定。当回用于综合用途时，处理后的水质应符合上述标准中的较高要求。

（二）水量和水质

生活污水量的确定应与厂内生活用水量相协调，结合 GB 50013《室外给水设计规范》和 DL/T 5339《火力发电厂水工设计规范》规定的用水定额，以及建筑内部给排水设施水平等因素确定。也可按电厂生活用水定额的 80%～90%确定。

生活污水处理设施进口的污水水质设计指标宜根据计算厂区和生活区污水水质指标的加权平均值后确定。火电厂生活污水处理设施进口水质设计指标见表 6-16。

表 6-16　　火电厂生活污水处理设施进口水质设计指标

<table>
<tr><th colspan="2">项目</th><th>BOD$_5$（mg/L）</th><th>SS（mg/L）</th><th>总氮（mg/L）</th><th>总磷（mg/L）</th><th>pH 值（25℃）</th></tr>
<tr><td colspan="2">厂区生活污水</td><td>＜100</td><td>＜150</td><td>＜50</td><td>＜150</td><td>6～9</td></tr>
<tr><td rowspan="2">生活区生活污水</td><td>设化粪池</td><td>100～150</td><td>150～200</td><td rowspan="2">50～115</td><td rowspan="2">10～20</td><td>6～9</td></tr>
<tr><td>不设化粪池</td><td>150～200</td><td>200～250</td><td>6～9</td></tr>
</table>

（三）处理工艺

根据不同的回用要求，生活污水处理可以采用不同的工艺流程。

当生活污水经处理后作为生活、生产杂用水时，应进一步进行过滤深度处理。当生活污水经处理后作为除灰渣补充水、干灰场喷洒或排放时，应采用二级处理。当生活污水经处理后作为循环水系统或脱硫系统的补充水时，应充分考虑回用水质、水量对循环水系统或脱硫系统的影响，必要时可增加深度处理。生活污水处理消毒装置的设置，应根据污水重复利用和排放的综合要求来确定。

生活污水处理根据排放及回用要求可采用以下工艺流程：

（1）二级处理可采用生物氧化法如生物膜法（含生物接触氧化法、生物滤池等）、活性污泥法，电厂宜采用生物接触氧化法结合缺氧-好氧活性污泥脱氮工艺。可采用的处理流程如下：生活污水→格栅→调节池→缺（厌）氧池→生物接触氧化池→二沉池→消毒池→出水。

（2）深度处理宜在二级处理之后再进行过滤处理，一般采用机械过滤方式。确有需要也可组合采用膜生物反应器（MBR）、活性炭吸附等处理方式。可采用的处理流程如下：生活污水→格栅→调节池→缺（厌）氧池→生物接触氧化池→二沉池→消毒池→过滤池→出水。

八、废水零排放处理

（一）一般规定

根据 GB/T 21534—2008《工业用水节水　术语》，“零排放”是指企业或主体单元的生产用水系统达到无工业废水外排，“工业废水”是指生产过程中使用过、在质量上已不符合生产工艺要求、对该过程无进一步利用价值的水。火电厂废水零排放是指火电厂不向地面水域排放任何形式的废水。

当火电厂污废水要求零排放时，宜在全厂水量平衡及对各类污废（排）水梯级回用的基础上，对高含盐量废水进行浓缩、蒸发和结晶处理，实现固、液两相分离，水中的盐类和污染物经过浓缩结晶以固体形式回收利用。当地区的蒸发量远大于降雨量时，宜采用自然蒸发方案。

（二）处理工艺

废水零排放处理工艺一般包括预处理、浓缩减量和蒸发结晶三种工艺或其组合工艺。

预处理工艺一般采用混凝澄清处理工艺。根据进水水质设置加药处理系统，一般考虑调节原水的 pH 值，去除 Ca、Mg 硬度，将废水中的悬浮物、COD、BOD_5、部分重金属离子等污染物脱除。

减量浓缩工艺可分为减量化和再浓缩两个步骤。减量化一般采用常规超（微）滤、一级反渗透、纳滤等，或者根据水质需要设置二级、三级反渗透等。一般废水经减量化后，浓水含盐量在 50000～60000mg/L 左右。再浓缩工艺是对减量化后的反渗透浓水进一步浓缩，此时浓水含盐量很高，需要根据水质情况判断是否需要再进行硬度去除，以防止对后续再浓缩工艺造成影响。再浓缩工艺主要分为膜浓缩工艺和蒸发浓缩工艺，膜浓缩工艺包括碟管式反渗透（DTRO）或 STRO（网管式反渗透）等高压反渗透膜浓缩、正渗透膜浓缩、电渗析浓缩等技术，蒸发浓缩工艺包括多效蒸发（MED）、蒸汽机械再压缩（MVR）、热力蒸汽再压缩（TVR）、自然蒸发、烟气余热蒸发等技术。

蒸发结晶是将盐通过结晶器结晶下来，有分盐和混盐两种结晶方式。分盐方式主要是对氯化钠进行单独回收，回收的氯化钠可以达到工业级的精度。混盐方式是所有物质混合结晶，作为固体废物进行处理。

第三节　固体废物处理处置技术

一、灰渣

（一）灰渣形成

煤粉在锅炉炉膛中呈悬浮状态燃烧，燃煤中的绝大部分可燃物都能在炉内燃尽，而不燃物大量混杂在高温烟气中。其中，随烟气从锅炉尾部排出的主要经除尘装置收集下来的固体颗粒物为粉煤灰；颗粒较大或呈块状的，从炉膛底部收集的为炉渣。根据国家发展和改革委员会等十部委 2013 年第 19 号令《粉煤灰综合利用管理办法》，从综合利用角度定义的粉煤灰包括粉煤灰和炉渣，习惯性统称为灰渣。

（二）粉煤灰分类

我国粉煤灰目前尚无公认的分类方法，一般将氧化钙含量较高的粉煤灰称作高钙粉煤灰；反之，则称为低钙粉煤灰。

GB/T 1596—2005《用于水泥和混凝土中的粉煤灰》将粉煤灰按煤种分为 C 类粉煤灰和 F 类粉煤灰。C 类粉煤灰是指由褐煤或次烟煤煅烧收集的粉煤灰。其氧化钙含量一般大于 10%，一般灰中组分 $SiO_2+Al_2O_3+Fe_2O_3\geqslant 50\%$，其主要特征是 CaO 含量较高、$SiO_2$ 含量较低，外观偏淡黄-浅灰色。F 类粉煤灰是指由无烟煤或烟煤煅烧收集的粉煤灰。一般灰中组分 $SiO_2+Al_2O_3+Fe_2O_3\geqslant 70\%$，其主要特征是 CaO 含量较低、$SiO_2$ 和 Al_2O_3 含量较高，外观偏淡灰-灰黑色。

（三）粉煤灰特性

1. 物理性质

粉煤灰的物理性质包括颜色、密度、堆积密度、细度、比表面积、含水率、28d 抗压强度比、需水量比、安息角、抗剪强度、渗透性等。粉煤灰的物理性质取决于燃煤的种类、煤粉的细度、燃煤方式和温度、除尘设备类型和除尘效率、排灰方式等。一般而言，粉煤灰主要物理性质见表6-17。

2. 化学成分

粉煤灰的化学成分是衡量粉煤灰质量的重要指标，主要化学成分有 SiO_2、Al_2O_3、Fe_2O_3、FeO，约占总量的80%以上；次要化学成分有CaO、MgO、SO_3、Na_2O、K_2O 等。粉煤灰的化学成分不仅影响粉煤灰的大众化用途，而且制约着粉煤灰高技术应用领域的经济性。商品粉煤灰应用部门将有关化学成分作为粉煤灰品质分类分级的重要依据。粉煤灰的化学成分取决于燃煤的种类、制粉设备、锅炉炉型、除尘设备类型和除尘效率、运行条件等多种因素。一般而言，粉煤灰主要化学成分见表6-18。

表6-17　一般粉煤灰主要物理性质

项目	密度	堆积密度	粒径	孔隙度	比表面积	需水量比	热值	28d抗压强度比
单位	kg/m^3	kg/m^3	μm	%	cm^2/g	%	kJ/kg	%
范围	1900～2900	500～1300	15～40	60～75	2000～4000	85～130	6000～7500	35～85

表6-18　一般粉煤灰主要化学成分

项目	SiO_2	Al_2O_3	Fe_2O_3	CaO	MgO	Na_2O+K_2O	SO_3
单位	%	%	%	%	%	%	%
范围	40～60	20～30	4～10	2.5～7	0.5～2.5	0.5～2.5	0.1～1.5

3. 矿物组成

粉煤灰的矿物组成是影响其品质的重要因素，不同的矿物组成关系到粉煤灰资源化综合利用的方向和程度。粉煤灰的矿物组成包括两大类，包括无定形相和结晶相。无定形相包括玻璃体和未燃尽碳粒；结晶相主要包括石英（SiO_2）、莫来石矿物（$3Al_2O_3·2SiO_2$）、赤铁矿（Fe_2O_3）、磁铁矿（Fe_3O_4）、无水石膏、云母、长石、氧化镁矿物、方解石（$CaCO_3$）、金红石（TiO_2）和硫酸盐矿物等。粉煤灰的主要矿物组成见表6-19。

4. 微量元素

粉煤灰含有一定量的镉、砷、铬、铅、汞、铜、锌、镍等微量元素。粉煤灰中的主要微量元素含量见表6-20。

表6-19　粉煤灰主要矿物组成

项目	石英	莫来石	赤铁矿	磁铁矿	玻璃体
单位	%	%	%	%	%
范围	0.9～18.5	2.7～34.1	0～4.7	0.4～13.8	50.2～79.0

表6-20　粉煤灰中的主要微量元素

项目	镉	铬	砷	铅	汞
单位	mg/kg	mg/kg	mg/kg	mg/kg	mg/kg
范围	0.13～0.43	37.81～99.33	0.8～13.2	23.87～60.18	0.01～0.54

（四）炉渣特性

炉渣的化学成分与粉煤灰相似，但含碳量通常比粉煤灰高，一般在15%左右，热值一般为3500～6000kJ/kg。

炉渣的矿物组成也与粉煤灰相似，主要由无定形相的玻璃体和未燃尽碳粒与结晶相的石英、莫来石矿物、赤铁矿、磁铁矿、硫酸盐矿物等组成。

（五）灰渣综合利用

环境保护部发布的《2017年全国大、中城市固体废物污染环境防治年报》显示，2016年，重点发表调查工业企业的粉煤灰（不包括炉渣）产生量为4.5亿t，综合利用量为3.8亿t（其中，利用往年贮存量为336.5万t），综合利用率为83.3%。粉煤灰产生量最大的行业是电力、热力生产和供应业，其产生量为3.7亿t，综合利用率为82.6%。2016年，重点发表调查工业企业的炉渣产生量为2.8亿t，综合利用量为2.4亿t（其中，利用往年贮存量为214.6万t），综合利用率为82.7%。炉渣产生量最大的行业是电力、热力生产和供应业，其产生量为1.5亿t，综合利用率为80.0%。

20世纪50年代，我国开始研究利用粉煤灰制作建筑材料。目前我国粉煤灰的综合利用技术约有200余项，其中得到实施应用的70余项，主要集中在建筑材料、建筑制品、建筑工程、填筑工程、高附加值组分提取、农业应用、环境治理等。

1. 建筑材料

利用粉煤灰制作建筑材料占我国粉煤灰综合利用数量的首位，主要应用于制作混凝土、砂浆、水泥等领域。

（1）混凝土。混凝土是指由胶凝材料将骨料胶结成整体的工程复合材料的统称。混凝土有多种分类方法，按定额可划分为普通混凝土和抗冻混凝土；按使用功能可划分为结构混凝土、保温混凝土、装饰混凝土、防水混凝土、耐火混凝土、水工混凝土、海工混凝土、道路混凝土、防辐射混凝土等；按配筋方式可划分为素（即无筋）混凝土、钢筋混凝土、钢丝网混凝土、纤维混凝土、预应力混凝土等；按掺和料可划分为粉煤灰混凝土、硅灰混凝土、矿渣混凝土、纤维混凝土等；按抗压强度可划分为低强度混凝土、中强度混凝土、高强度混凝土。

根据 GB/T 1596—2005《用于水泥和混凝土中的粉煤灰》，混凝土和砂浆用粉煤灰分为三个等级：Ⅰ级、Ⅱ级、Ⅲ级。混凝土用粉煤灰技术要求见表 6-21。

表 6-21　混凝土用粉煤灰技术要求

项目		技术要求		
		Ⅰ级	Ⅱ级	Ⅲ级
细度（45μm 方孔筛筛余），不大于（%）	F 类粉煤灰	12.0	25.0	45.0
	C 类粉煤灰			
需水量比，不大于（%）	F 类粉煤灰	95.0	105.0	115.0
	C 类粉煤灰			
烧失量，不大于（%）	F 类粉煤灰	5.0	8.0	15.0
	C 类粉煤灰			
含水量，不大于（%）	F 类粉煤灰	1.0		
	C 类粉煤灰			
三氧化硫，不大于（%）	F 类粉煤灰	3.0		
	C 类粉煤灰			
游离氧化钙，不大于（%）	F 类粉煤灰	1.0		
	C 类粉煤灰	4.0		
安定性（雷氏夹沸煮后增加距离），不大于（mm）	C 类粉煤灰	5.0		

根据 JGJ 55—2011《普通混凝土配合比设计规程》，矿物掺合料在混凝土中的掺量应通过试验确定。钢筋混凝土中矿物掺合料的最大掺量宜符合表 6-22 的规定，预应力钢筋混凝土中矿物掺合料最大掺量宜符合表 6-23 的规定。

表 6-22　钢筋混凝土中矿物掺合料最大掺量

矿物掺合料种类	水胶比	最大掺量（%）	
		硅酸盐水泥	普通硅酸盐水泥
粉煤灰	≤0.40	≤45	≤35
	＞0.40	≤40	≤30
粒化高炉矿渣粉	≤0.40	≤65	≤55
	＞0.40	≤55	≤45
钢渣粉	—	≤30	≤20
磷渣粉	—	≤30	≤20
硅灰	—	≤10	≤10
复合掺合料	≤0.40	≤60	≤50
	＞0.40	≤50	≤40

注　1．采用其他通用硅酸盐水泥时，宜将水泥混合材掺量 20%以上的混合材量计入矿物掺合料；
2．复合掺合料各组分的掺量不宜超过单掺时的最大掺量；
3．在混合使用两种或两种以上矿物掺合料时，矿物掺合料总掺量应符合表中复合掺合料的规定。

表 6-23　预应力钢筋混凝土中矿物掺合料最大掺量

矿物掺合料种类	水胶比	最大掺量（%）	
		硅酸盐水泥	普通硅酸盐水泥
粉煤灰	≤0.40	≤35	≤30
	＞0.40	≤25	≤20
粒化高炉矿渣粉	≤0.40	≤55	≤45
	＞0.40	≤45	≤35
钢渣粉	—	≤20	≤10
磷渣粉	—	≤20	≤10
硅灰	—	≤10	≤10
复合掺合料	≤0.40	≤50	≤40
	＞0.40	≤40	≤30

注　1．采用其他通用硅酸盐水泥时，宜将水泥混合材掺量 20%以上的混合材量计入矿物掺合料；
2．复合掺合料各组分的掺量不宜超过单掺时的最大掺量；
3．在混合使用两种或两种以上矿物掺合料时，矿物掺合料总掺量应符合表中复合掺合料的规定。

根据 JGJ 55—2011《普通混凝土配合比设计规程》，对基础大体积混凝土，粉煤灰、粒化高炉矿渣粉和复合掺合料的最大掺量可增加 5%。采用掺量大于 30%的 C 类粉煤灰的混凝土应以实际使用的水泥和粉煤灰掺量进行安定性检验。抗渗混凝土粉煤灰应采用F类，并不应低于Ⅱ级。高强混凝土宜复合掺用粒化高炉矿渣粉、粉煤灰和硅灰等矿物掺合料；粉煤灰等级不应低于Ⅱ级。

根据GB/T 50146—2014《粉煤灰混凝土应用技术规范》，粉煤灰在混凝土中的掺量应通过试验确定，最大掺量宜符合表6-24。

表6-24　粉煤灰在混凝土中的最大掺量　（%）

混凝土种类	硅酸盐水泥		普通硅酸盐水泥	
	水胶比≤0.4	水胶比＞0.4	水胶比≤0.4	水胶比＞0.4
预应力混凝土	30	25	25	15
钢筋混凝土	40	35	35	30
素混凝土	55		45	
碾压混凝土	70		65	

注　1．对浇筑量比较大的基础钢筋混凝土，粉煤灰最大掺量可增加5%～10%；

2．当粉煤灰掺量超过本表规定时，应进行试验论证。

根据GB/T 14902—2012《预拌混凝土》，矿物掺合料中的粉煤灰应符合GB/T 1596—2005《用于水泥和混凝土中的粉煤灰》的规定。

根据JGJ/T 281—2012《高强混凝土应用技术规程》，用于高强混凝土的矿物掺合料可包括粉煤灰、粒化高炉矿渣粉、硅灰、钢渣粉和磷渣粉。粉煤灰应符合GB/T 1596—2005《用于水泥和混凝土中的粉煤灰》的规定。配置高强度混凝土宜采用Ⅰ级或Ⅱ级的F类粉煤灰。

根据GB/T 18736—2017《高强高性能混凝土用矿物外加剂》，矿物外加剂按照其矿物组成分为五类：磨细矿渣、粉煤灰、磨细天然沸石、硅灰、偏高岭土。高强高性能混凝土用矿物外加剂的技术要求见表6-25。

根据GB 50496—2009《大体积混凝土施工规范》，原材料中的粉煤灰，其质量应符合GB/T 1596—2005《用于水泥和混凝土中的粉煤灰》的规定。粉煤灰掺量不宜超过胶凝材料用量的40%；矿渣粉掺量不宜超过胶凝材料用量的50%；粉煤灰和矿渣粉掺合料的总量不宜超过胶凝材料用量的50%。

根据JGJ/T 178—2009《补偿收缩混凝土应用技术规程》，矿物掺合料的粉煤灰应符合GB/T 1596—2005《用于水泥和混凝土中的粉煤灰》的规定，不得使用高钙粉煤灰。

表6-25　高强高性能混凝土用矿物外加剂（质量分数）的技术要求

试验项目		单位	磨细矿渣		粉煤灰	磨细天然沸石	硅灰	偏高岭土
			Ⅰ	Ⅱ				
氧化硅		%	14.0					4.0
三氧化硫		%	4.0		3.0			1.0
烧失量		%	3.0		5.0		6.0	4.0
氯离子		%	0.06		0.06	0.06	0.10	0.06
二氧化硅		%					85	50
三氧化二铝		%						35
游离氧化钙		%			1.0			1.0
吸铵值		mmol/kg				1000		
含水率		%	1.0		1.0		3.0	1.0
细度	比表面积	m^2/kg	600	400			15000	
	45μm方孔筛筛余	%			25.0	5.0	5.0	5.0
需水量比		%	115	105	100	115	125	120
活性指数	3d	%	80				90	85
	7d	%	100	75			95	90
	28d	%	110	100	70	95	115	105

根据JGJ 206—2010《海砂混凝土应用技术规范》，海砂混凝土宜采用粉煤灰、粒化高炉矿渣粉、硅灰等矿物掺合料，且粉煤灰等级不宜低于Ⅱ级。粉煤灰质量应符合GB/T 1596—2005《用于水泥和混凝土中的

粉煤灰》的规定。矿物掺合料和外加剂的品种和掺量应经混凝土试配确定，并应满足海砂混凝土强度和耐久性设计要求以及施工要求。对于重要工程结构，混凝土中碱含量（以 Na_2O_{eq} 计）不宜大于 3.0kg/m³；对于与预防碱-骨料反应措施有关的混凝土总碱含量计算，粉煤灰碱含量计算可取粉煤灰碱含量测试值的 1/6。

根据 JGJ/T 221—2010《纤维混凝土应用技术规程》，粉煤灰等矿物掺合料应符合 GB/T 1596—2005《用于水泥和混凝土中的粉煤灰》的规定。矿物掺合料掺量和外加剂掺量应经混凝土试配确定，并应满足纤维混凝土强度和耐久性设计要求以及施工要求；钢纤维混凝土矿物掺合料掺量不宜大于胶凝材料用量的 20%。用于公路路面的钢纤维混凝土的配合比设计应符合 JTG F30—2003《公路水泥混凝土路面施工技术规范》的规定。

根据 JGJ/T 241—2011《人工砂混凝土应用技术规程》，矿物掺合料宜采用粉煤灰、粒化高炉矿渣粉、钢渣粉、硅灰和磷渣粉等，粉煤灰的性能应符合 GB/T 1596—2005《用于水泥和混凝土中的粉煤灰》的规定。矿物掺合料可单独使用，亦可混合使用。对于掺加矿物掺合料的人工砂混凝土，掺合料的品种和用量应通过试验确定。

根据 JGJ/T 283—2012《自密实混凝土应用技术规程》，配置自密实混凝土可采用粉煤灰、粒化高炉矿渣粉、硅灰等矿物掺合料，且粉煤灰应符合 GB/T 1596—2005《用于水泥和混凝土中的粉煤灰》的规定。

根据 DL/T 5055—2007《水工混凝土掺用粉煤灰技术规范》，用于水工混凝土的粉煤灰应满足 GB/T 1596—2005《用于水泥和混凝土中的粉煤灰》的要求。水工混凝土掺 C 类粉煤灰时，掺量应通过试验论证确定。永久建筑物水工混凝土 F 类粉煤灰的最大掺量应符合表 6-26。

表 6-26　永久建筑物水工混凝土 F 类粉煤灰的最大掺量

混凝土种类		硅酸盐水泥	普通硅酸盐水泥	矿渣硅酸盐水泥
重力坝碾压混凝土	内部	70	65	40
	外部	65	60	30
重力坝常态混凝土	内部	55	50	30
	外部	45	40	20
拱坝碾压混凝土		65	60	30
拱坝常态混凝土		40	35	20
结构混凝土		35	30	—
面板混凝土		35	30	—
抗磨蚀混凝土		25	20	—
预应力混凝土		20	15	—

注　1. 本表适用于 F 类Ⅰ、Ⅱ级粉煤灰，F 类Ⅲ级粉煤灰的最大掺量应适当降低，降低幅度应通过试验论证确定。
2. 中热硅酸盐水泥、低热硅酸盐水泥混凝土的粉煤灰最大掺量与硅酸盐水泥混凝土相同；低热矿渣硅酸盐水泥、火山灰质硅酸盐水泥、粉煤灰硅酸盐水泥混凝土的粉煤灰最大掺量与矿渣硅酸盐水泥混凝土相同。
3. 本表所列的粉煤灰最大掺量不包含代砂的粉煤灰。

（2）砂浆。砂浆用指无机胶凝材料、细集料和水按比例拌和而成，也称灰浆。砂浆和混凝土的区别在于不含粗骨料。砂浆按用途可划分为砌筑砂浆、抹灰砂浆、黏结砂浆等；按所用材料不同可划分为水泥砂浆、石灰砂浆、石膏砂浆和混合砂浆等。

根据 GB/T 1596—2005《用于水泥和混凝土中的粉煤灰》，砂浆用粉煤灰技术要求与混凝土用粉煤灰技术要求相同，见表 6-21。

根据 JGJ/T 220—2010《抹灰砂浆技术规程》，粉煤灰应符合 GB/T 1596—2005《用于水泥和混凝土中的粉煤灰》的规定。抹灰砂浆在施工前应进行配合比设计。水泥粉煤灰抹灰砂浆应符合下列规定：强度等级应为 M5、M10、M15；配置水泥粉煤灰抹灰砂浆不应使用砌筑水泥；拌合物的表观密度不宜小于 1900kg/m³；保水率不宜小于 82%，拉伸黏结强度不应小于 0.15MPa。水泥粉煤灰抹灰砂浆的配合比设计应符合下列规定：粉煤灰取代水泥的用量不宜超过 30%；用于外墙时，水泥用量不宜少于 250kg/m³。

根据 JGJ/T 98—2010《砌筑砂浆配合比设计规程》，粉煤灰应符合 GB/T 1596—2005《用于水泥和混凝土中的粉煤灰》的规定，不宜采用Ⅲ级粉煤灰，高钙粉煤灰使用时必须检验安定性指标是否合格，合格后方可使用。水泥粉煤灰砂浆材料用量见表 6-27。

表 6-27　水泥粉煤灰砂浆材料用量

强度等级	水泥和粉煤灰总量（kg/m³）	粉煤灰	砂	用水量
M5	210～240	粉煤灰掺量可占胶凝材	砂的堆积密度值	270～330
M7.5	240～270			

续表

强度等级	水泥和粉煤灰总量（kg/m^3）	粉煤灰	砂	用水量
M10	270～300	料总量的15%～25%		
M15	300～330			

注 1．表中水泥强度等级为32.5级。
2．当采用细砂或粗砂时，用水量分别取上限或下限。
3．稠度小于70mm时，用水量可小于下限。
4．施工现场气候炎热或干燥季节，可酌量增加用水量。

（3）水泥。加水拌和成塑性浆体，能胶结砂石等适当材料并能在空气和水中硬化的粉状水硬性胶凝材料称为水泥。

水泥按用途及性能可划分为通用水泥、专用水泥、特性水泥，其中，通用水泥主要指六大类水泥，即硅酸盐水泥、普通硅酸盐水泥、矿渣硅酸盐水泥、火山灰质硅酸盐水泥、粉煤灰硅酸盐水泥和复合硅酸盐水泥。按主要水硬性物质名称可划分为硅酸盐水泥、铝酸盐水泥、硫铝酸盐水泥、铁铝酸盐水泥、氟铝酸盐水泥、磷酸盐水泥、以火山灰或潜在水硬性材料及其他活性材料为主要组分的水泥。按主要技术特性可划分为快硬性（水硬性）水泥、水化热水泥、抗硫酸盐性水泥、膨胀性水泥、耐高温性水泥。

硅酸盐水泥的强度等级分为42.5、42.5R、52.5、52.5R、62.5、62.5R六个等级。普通硅酸盐水泥的强度等级分为42.5、42.5R、52.5、52.5R四个等级。矿渣硅酸盐水泥、火山灰质硅酸盐水泥、粉煤灰硅酸盐水泥、复合硅酸盐水泥的强度等级分为32.5、32.5R、42.5、42.5R、52.5、52.5R六个等级。

根据GB 175—2007《通用硅酸盐水泥》，粉煤灰硅酸盐水泥组分要求见表6-28，通用硅酸盐水泥的化学指标见表6-29。

表6-28　　通用硅酸盐水泥组分要求

品种	代号	组分（%）				
		熟料+石膏	粒化高炉矿渣	火山灰质混合材料	粉煤灰	石灰石
硅酸盐水泥	P·Ⅰ	100	—	—	—	—
	P·Ⅱ	≥95	≥5	—	—	—
		≥95	—	—	—	≤5
普通硅酸盐水泥	P·O	≥80且<95	>5且≤20			—
矿渣硅酸盐水泥	P·S·A	≥50且<80	>20且≤50	—	—	—
	P·S·B	≥30且<50	>50且≤70	—	—	—
火山灰质硅酸盐水泥	P·P	≥60且<80	—	>20且≤40	—	—
粉煤灰硅酸盐水泥	P·F	≥60且<80	—	—	>20且≤40	—
复合硅酸盐水泥	P·C	≥50且<80	>20且≤50			

表6-29　　通用硅酸盐水泥的化学指标

品种	代号	不溶物（质量分数）	烧失量（质量分数）	三氧化硫（质量分数）	氧化镁（质量分数）	氯离子（质量分数）
硅酸盐水泥	P·Ⅰ	≤0.75	≤3.0			
	P·Ⅱ	≤1.50	≤3.5	≤3.5	≤5.0[a]	
普通硅酸盐水泥	P·O	—	≤5.0			
矿渣硅酸盐水泥	P·S·A	—	—	≤4.0	≤6.0[b]	≤0.06[c]
	P·S·B	—	—		—	
火山灰质硅酸盐水泥	P·P	—	—			
粉煤灰硅酸盐水泥	P·F	—	—	≤3.5	≤6.0[b]	
复合硅酸盐水泥	P·C	—	—			

[a] 如果水泥压蒸试验合格，则水泥中氧化镁的含量（质量分数）允许放宽至6.0%。
[b] 如果水泥中氧化镁的含量（质量分数）大于6.0%时，需进行水泥压蒸安定性试验并合格。
[c] 当有更低要求时，该指标由买卖双方协商确定。

在生产水泥时，为改善水泥性能，调节水泥标号，而添加到水泥中的人工的或天然的矿物材料，称为水泥混合材料。水泥混合材料通常分为活性混合材料和非活性混合材料两大类。水泥中常用的活性混合材料主要有粒化高炉矿渣、火山灰质混合材料、粉煤灰等三种。根据 GB/T 1596—2005《用于水泥和混凝土中的粉煤灰》，水泥活性混合材料用粉煤灰要求见表 6-30。

表 6-30 水泥活性混合材料用粉煤灰技术要求

项目		技术要求
烧失量，不大于（%）	F 类粉煤灰	8.0
	C 类粉煤灰	
含水量，不大于（%）	F 类粉煤灰	1.0
	C 类粉煤灰	
三氧化硫，不大于（%）	F 类粉煤灰	3.5
	C 类粉煤灰	
游离氧化钙，不大于（%）	F 类粉煤灰	1.0
	C 类粉煤灰	4.0
安定性（雷氏夹沸煮后增加距离），不大于（mm）	C 类粉煤灰	5.0
强度活性指数，不大于（%）	F 类粉煤灰	70.0
	C 类粉煤灰	

2. 建筑制品

粉煤灰主要用于建筑制品中的硅酸盐建筑制品。硅酸盐建筑制品是指用硅质材料和钙质材料以一定的工艺方法，在自然或人工水热合成条件下反应生成以水化硅酸钙、水化铝酸钙为主要胶结料的建筑制品。粉煤灰的硅酸盐建筑制品种类较多，包括硅酸盐砖、硅酸盐砌块、硅酸盐板、硅酸盐瓦、硅酸盐地面砖、硅酸盐绝热制品等类别，具体细分则包括粉煤灰砖、炉渣砖、粉煤灰砌块、炉渣砌块、加气混凝土砌块、粉煤灰硅酸盐板、粉煤灰硅酸盐瓦、炉渣硅酸盐瓦、粉煤灰地面砖等。

根据 JC/T 409—2001《硅酸盐建筑制品用粉煤灰》，硅酸盐建筑制品用粉煤灰按细度、烧失量、二氧化硅和三氧化硫含量分为Ⅰ、Ⅱ两个级别，硅酸盐建筑制品用粉煤灰的技术指标要求见表 6-31，其中，高钙粉煤灰需经试验证明后方可使用。

表 6-31 硅酸盐建筑制品用粉煤灰的技术指标要求

技术指标			单位	级别	
				Ⅰ	Ⅱ
细度	0.045mm 方孔筛筛余量	不大于	%	30	45
细度	0.080mm 方孔筛筛余量	不大于	%	15	25
烧失量		不大于	%	5.0	10.0
SiO_2		不小于	%	45	40
SO_3		不大于	%	1.0	2.0

注 细度可选用 0.045mm 或 0.080mm 方孔筛筛余量判定。

3. 建筑工程

（1）公路工程。根据 JTG D30—2015《公路路基设计规范》，用于高速公路、一级公路路堤的粉煤灰烧失量宜小于 20%，烧失量超过标准的粉煤灰应做对比试验，分析论证后采用。

粉煤灰路堤可全部采用粉煤灰或灰土分层间隔填筑。粉煤灰路堤底部应离开地下水位或地表长期积水位 0.5m 以上，否则应设置隔离层，隔离层厚度不宜小于 0.3m，隔离层横坡不宜小于 3%。高度大于 5.0m 的粉煤灰路堤，应验算路堤自身的稳定性，使抗滑安全系数符合要求。

根据 JTG F10—2006《公路路基施工技术规范》，用于高速公路、一级公路路堤的粉煤灰，烧失量宜小于 20%；烧失量超过标准的粉煤灰应作对比试验，分析论证后采用。粉煤灰的粒径宜在 0.001～1.18mm 之间，小于 0.075mm 的颗粒含量宜大于 45%。粉煤灰中不得含团块、腐殖质及其他杂质。软土地区路基施工时，加固土桩用粉煤灰中的二氧化硅和三氧化二铝含量应大于 70%，烧失量应小于 10%；水泥粉煤灰碎石桩宜选用袋装Ⅱ、Ⅲ级粉煤灰。

根据 JTG/T B07-01-2006《公路工程混凝土结构防腐蚀技术规范》，公路工程一般环境下除长期处于湿润环境、水中环境或潮湿土中环境的构件可以采用大掺量粉煤灰（掺量可不大于 50%，而水胶比应随掺量增加而减小）混凝土外，对暴露于空气中的一般构件混凝土，粉煤灰掺量不宜大于 20%，且单方混凝土胶凝材料中的硅酸盐水泥用量不宜小于 240kg。冻融环境下混凝土胶凝材料中的粉煤灰掺量不宜超过 30%，并应限制所用粉煤灰的含碳量（宜不大于 2%）。在海水和除冰盐等氯盐环境下，不宜单独采用硅酸盐或普通硅酸盐水泥作为胶凝材料配置混凝土，应掺加大掺量或较大掺量矿物掺合料，并宜加入少量的硅灰。

配置耐久混凝土所用的粉煤灰等矿物掺合料，应保证品质稳定、来料均匀。矿物掺合料的用量与水泥中的粉煤灰、矿渣等混合材料加在一起，在混凝土胶凝材料总量中的比例应符合不同环境类别下的要求，其中粉煤灰选用通过电收尘、干排放的Ⅰ、Ⅱ级低钙粉煤灰（CaO≤10%），重点控制其含碳量（以烧失量表示）。最好不用商品复合矿物掺合料，而在配置混凝土时根据工程需要而灵活变动复合的比例。

配置处于潮湿环境中的耐久混凝土，因条件限制不得不使用有潜在碱活性的集料时，应限制水泥中的含碱量，并掺用大掺量的矿物掺合料（粉煤灰≥40%，矿渣 50%，火山灰 30%）。

（2）铁路工程。根据 TB 10001—2016《铁路路基设计规范》，用作填料的化学改良土的掺合料可采用水泥、石灰、粉煤灰等。填料改良应通过试验提出最佳掺合料、最佳配比及改良后的强度等指标。

根据 Q/CR 9602—2015《高速铁路路基工程施工技术规程》，基床底层及以下路堤化学改良土填料的外掺料为粉煤灰时，矿物成分（SiO_2+Al_2O_3+Fe_2O_3）含量不宜小于 70%，0.045mm 方孔筛筛余不应大于 25%，三氧化硫（SO_3）含量不应大于 3%，烧失量不应大于 8%。

根据 TB/T 3275—2011《铁路混凝土》，铁路混凝土用粉煤灰的性能应满足表 6-32 的要求。

表 6-32　铁路混凝土用粉煤灰的性能

序号	检验项目	技术要求	
		C50 及以上（%）	C50 以下（%）
1	细度	≤12.0	≤25.0
2	需水量比	≤95.0	≤105
3	烧失量	≤5.0	≤8.0
4	Cl^-含量	≤0.02	
5	含水量	≤1.0（干排灰）	
6	三氧化硫含量	≤3.0	
7	氧化钙含量	≤10	
8	游离氧化钙含量	≤1.0	

注　混凝土结构所处的环境为严重冻融破坏环境时，混凝土宜采用烧失量不大于 3.0%的粉煤灰。

不同环境下，铁路混凝土矿物掺合料的掺量宜满足表 6-33 的要求。

表 6-33　不同环境下铁路混凝土矿物掺合料的掺量范围

序号	环境类别	矿物掺合料种类	水胶比	
			≤0.40	>0.4
1	碳化环境	粉煤灰	≤40%	≤30%
		磨细矿渣粉	≤50%	≤40%
2	氯盐环境	粉煤灰	30%～50%	20%～40%
		磨细矿渣粉	40%～60%	30%～50%
3	化学侵蚀环境	粉煤灰	30%～50%	20%～40%
		磨细矿渣粉	40%～60%	30%～50%
4	盐类结晶破坏环境	粉煤灰	≤40%	≤30%
		磨细矿渣粉	≤50%	≤40%
5	冻融破坏环境	粉煤灰	≤30%	≤20%
		磨细矿渣粉	≤40%	≤30%
6	磨蚀环境	粉煤灰	≤30%	≤20%
		磨细矿渣粉	≤40%	≤30%

注　1. 本表中的掺量是指单掺一种矿物掺合料时的适宜范围。当采用多种矿物掺合料复掺时，不同矿物掺合料的掺量可参考本表，并经过试验确定。
2. 本表规定的矿物掺合料的掺量范围仅限于使用硅酸盐水泥或普通硅酸盐水泥的混凝土。
3. 对于预应力混凝土结构，混凝土中粉煤灰的掺量不宜超过 30%。
4. 严重氯盐环境与化学侵蚀环境下，混凝土中粉煤灰的掺量应大于 30%，或磨细矿渣粉的掺量大于 50%。

（3）水运工程。根据 JTS 202—2011《水运工程混凝土施工规范》，水运工程混凝土掺加的粉煤灰应质量稳定并附有质量证明文件，粉煤灰的品质应满足表 6-34 的要求。其中，当粉煤灰中 CaO 含量大于 5%时需经试验证明安定性合格；采用干排法的粉煤灰，含水率不大于 1%；预应力混凝土采用Ⅰ级粉煤灰；钢筋混凝土、强度等级 C30 及以上的素混凝土采用Ⅰ级、Ⅱ级粉煤灰，海水环境浪溅区钢筋混凝土采用蓄水量比不大于 100%的Ⅰ级、Ⅱ级粉煤灰；强度等级 C30 以下素混凝土允许采用Ⅲ级粉煤灰；有抗冻要求的混凝土，采用Ⅰ级、Ⅱ级粉煤灰。

表 6-34　水运工程混凝土用粉煤灰质量指标

粉煤灰等级	细度（45μm 方孔筛筛余）（%）	烧失量（%）	蓄水比量（%）	SO_3 含量（%）
Ⅰ	≤12	≤5	≤95	≤3
Ⅱ	≤25	≤8	≤105	≤3
Ⅲ	≤45	≤15	≤115	≤3

水运工程高性能混凝土掺合料中的粉煤灰掺量（以占胶凝材料质量计）见表 6-35。同时掺入粉煤灰、粒化高炉矿渣粉时，其总量不超过胶凝材料总量的 65%，其中粉煤灰掺入量不超过 20%；掺粒化高炉矿渣粉或粉煤灰的高性能混凝土必要时同时掺入 2%～4%的硅灰。

表 6-35　水运工程高性能混凝土掺合料掺量

粒化高炉矿渣粉（%）	粉煤灰（%）	硅灰（%）
50～80	25～40	3～8

水运工程掺用粉煤灰的混凝土掺入减水剂，减水剂的适用性和合理掺量由试验确定。根据各类工程和各种施工条件的不同要求，粉煤灰可以与各类外加剂同时使用，外加剂的适用性和掺量由试验确定。粉煤灰取代水泥率按混凝土和易性、强度、耐久性等指标，混凝土工程部位和水泥品种进行选择，当采用 P·I 型和 P·II 型硅酸盐水泥时不超过 30%；当采用 P·O 型普通硅酸盐水泥时不超过 20%；泵送混凝土或流态混凝土按泵送或浇筑要求确定最佳掺量。当混凝土有耐久性要求时，采用超量取代法，超量系数按表 6-36 选用；当混凝土超强较多或配置大体积混凝土时，采用等量取代法；当主要为改善混凝土和易性时，采用外加法；在采用超量取代法时，同时掺加减水剂。

表 6-36　水运工程混凝土粉煤灰超量选用系数

粉煤灰等级	超量系数
I	1.1～1.4
II	1.3～1.7
III	1.5～2.0

（4）海港工程。根据 JTS 257-2—2012《海港工程高性能混凝土质量控制标准》，海港工程高性能混凝土胶凝材料的组成中矿物单一掺合料掺量范围见表 6-37。同时掺入粉煤灰、粒化高炉矿渣粉时，其总量不宜大于胶凝材料总量的 70%，其中粉煤灰掺入量不宜大于 25%。

表 6-37　海港工程高性能混凝土矿物单一掺合料掺量范围

组成胶凝材料的水泥品种	掺合料品种		
	粒化高炉矿渣粉（%）	粉煤灰（%）	硅灰（%）
P·I 或 P·II 型硅酸盐水泥	50～80	25～40	3～8
PO 型普通硅酸盐水泥	40～70	20～35	3～8

海港工程高性能混凝土粉煤灰的质量应符合表 6-38 的规定。粉煤灰中 CaO 含量不大于 10%，大于 5%时需经试验证明安定性合格；粉煤灰含水率不大于 1%。预应力高性能混凝土或浪溅区的钢筋混凝土应采用 I 级粉煤灰或烧失量不大于 5%、需水量比不大于 100%的 II 级粉煤灰。

表 6-38　海港工程高性能混凝土粉煤灰质量指标

粉煤灰等级	细度（45μm 方孔筛筛余）（%）	烧失量（%）	需水量比（%）	SO_3 含量（%）	活性指数（%）	
					7d	28d
I	≤12	≤5	≤95	≤3	≥80	≥90
II	≤25	≤8	≤105	≤3	≥75	≥85

（5）地下工程。根据 GB 50208—2011《地下防水工程质量验收规范》，地下建筑防水工程防水混凝土矿物掺合料中的粉煤灰级别不应低于二级，烧失量不应大于 5%；防水混凝土粉煤灰掺量宜为胶凝材料总量的 20%～30%。

4. 填筑材料

粉煤灰替代土或其他材料用于建筑物的地基、桥台、挡土墙等回填，由于其容重轻，可在较差的低层土上应用，减少基土上的荷载，降低沉降量。同时粉煤灰最佳压实含水率较高，对含水率变化不敏感，抗剪强度比一般天然材料高，便于潮湿天气施工，可缩短建设工期，降低造价。

在市政道路工程中，各种地下管线回填施工作业空间狭窄，很难夯击和碾压，土体填筑后很难达到规定的压实度，容易发生不均匀沉降或局部沉陷，达不到道路工程的设计要求，直接影响道路工程、管线工程的质量和使用寿命。同时受施工条件限制，靠近桥台处施工作业面狭窄，不易靠近桥头，仅能采用人工夯实或小型夯实机械，不能保证填土压实质量，而造成桥头路基达不到设计要求和规范标准。粉煤灰质量轻，采用粉煤灰填筑市政管线和桥涵台背可减少地基的附加荷载，从而降低地基沉降及填土对结构的侧压力。同时为解决粉煤灰遇水强度不稳定、不易压实的缺陷，将粉煤灰添加一定剂量的固化剂，经压实后通过其对粉煤灰产生的物理化学作用，使粉煤灰具有较高的强度与整体性，从而提高粉煤灰的水稳定性，减少填料的变形和地基的沉降。

粉煤灰应用于矿井回填技术在国内已成熟。近年，矿井回填用粉煤灰的应用极大减轻了燃煤火电厂在粉煤灰综合利用方面的压力，尤其对于煤电基地产生极大的环境效益。

5. 高附加值组分提取

（1）氧化铝。粉煤灰中 Al_2O_3 的质量分数一般达到 15%～50%，是制备铝制品的较好的资源。高铝粉煤灰一般是指 $Al_2O_3+SiO_2+Fe_2O_3$≥80%的粉煤灰，其特点是含 Al_2O_3 高，一般大于38%，高者甚至超过50%。

我国高铝煤炭资源不仅储量丰富，而且分布相对集中，远景资源量约 1000 亿 t，截至 2008 年底已探明资源储量为 319 亿 t，其中，内蒙古自治区 237 亿 t、山西省 76 亿 t、宁夏回族自治区 6 亿 t。内蒙古中西部和山西北部等地区的部分煤炭资源中赋存丰富的含铝矿物，用于发电后产生的粉煤灰中氧化铝含量达 40%～50%，是一种宝贵的具有较高经济开发价值的含铝资源。目前，已有利用粉煤灰提取氧化铝的技术在工业实践中应用。

（2）氧化铁。粉煤中的黄铁矿颗粒在燃烧中，铁元素得到了富集，主要以 Fe_2O_3、Fe_3O_4 和硅酸铁等形态存在。其中，磁铁矿（Fe_3O_4）和赤铁矿（Fe_2O_3）是粉煤灰中铁元素的主要赋存状态，一般磁铁矿含量较高。氧化铁的回收一般采用磁选法。

（3）漂珠。粉煤灰漂珠是指粉煤灰中密度小于水的空心玻璃微珠，是粉煤灰珠状颗粒中的一种，因能漂浮在水上而得名。当煤粉在火电厂锅炉内燃烧时，黏土质物质熔融成微液滴，在炉内湍流的热空气作用下高速自旋，形成浑圆硅铝球体。燃烧和裂解反应产生的氮气、氢气和二氧化碳等气体，在熔融的高温硅铝球体内迅速膨胀，在表面张力作用下，形成中空的玻璃泡，然后进入烟道迅速冷却，硬化后成为高真空的玻璃态空心微珠，即粉煤灰漂珠。粉煤灰漂珠来源于粉煤灰，但因其独特的形成条件，有比粉煤灰更优越的性能，具有颗粒细、中空、质轻、高强度、耐磨、耐高温、保温绝缘、绝缘阻燃等多种特性。漂珠具有较高经济价值，可用来制造保温材料、耐火制品、耐磨制品、建筑材料、涂料、绝缘材料、塑料制品等多种产品。

漂珠在粉煤灰中的质量分数一般为 0.50%～1.0%，其提取具有较大的经济效益。

6. 农业应用

（1）改良土壤。一方面，粉煤灰经过高温烧结，球粒微珠颗粒很多，疏松多孔，比表面积大，能有效改变土壤的结构，使土壤疏松，通透性好，提高保墒增温能力。另一方面，粉煤灰中含丰富的硅、磷、钾、氮等多种常量元素和微量元素及矿物质，能补充土地中缺乏的微量元素及矿物质，提高土壤的肥力，使农作物的产量大幅度提高。因此粉煤灰可直接用于改良土壤。

（2）培肥。国内近年在粉煤灰制造肥料方面发展较快，开发出了多种粉煤灰肥料，主要包括粉煤灰硅肥、粉煤灰复混肥、粉煤灰磁化肥、粉煤灰磁化复混肥等。

粉煤灰硅含量较高，但可被植物吸收的有效硅含量仅为 1%～2%。粉煤灰硅肥的生产是将粉煤灰、助熔剂和添加剂按一定比例混合，在高温和特定条件下焙烧制得，其原理是粉煤灰中的二氧化硅与混合物料中的碱性氧化物如氧化钙、氧化钾等发生固相化学反应，生成枸溶性的硅酸盐。植物生长根系分泌的有机酸能溶解此种肥料。目前，粉煤灰硅肥主要有硅酸盐微肥（锰、锌等）、粉煤灰硅钾肥和粉煤灰硅钙肥等。粉煤灰硅肥对南方酸性和微酸性土壤施用效果较佳，最适宜作基肥，也可作追肥。

粉煤灰具有较强的吸附作用，利用其吸附性，直接将氮、磷、钾等肥料和粉煤灰按所需比例进行混合、造粒、干燥，配制成粉煤灰复混肥。粉煤灰复混肥使氮磷钾利用率提高，流失率减小，而且粉煤灰本身含有植物必需的多种微量元素，又具有改土作用。

粉煤灰中含有一定量的易磁化的矿物质，利用电磁场使粉煤灰磁化后，可使粉煤灰肥效增强，用量减少，从而达到使作物增产的目的。粉煤灰磁化肥的增产机理是利用粉煤灰磁化后保留的剩磁，利于土壤微团粒结构的形成，增加土壤透气性，达到改良土壤的目的；剩磁能帮助活化土壤和粉煤灰的营养元素，提高养分利用率，减少施肥量；磁化后的弱磁能使植物根系固定，促进细胞分裂，定向磁场有利于种子快速发芽和刺激酶的作用，促进作物生长。

粉煤灰磁化复混肥是以粉煤灰作为磁性载体，利用其本身含有多种农作物所需要的微量元素，再按比例添入适量的氮、磷、钾等营养元素和适量的添加剂，经混合、造粒、磁化而成的一种新型复混肥料。粉煤灰磁化复混肥营养稳定，肥效长，因此主要用于基肥，也可作追肥。

7. 环境治理

（1）废水治理。粉煤灰比表面积大、多孔，具有一定的活性基团，表面能高，有很强的物理吸附和化学吸附能力，能吸附污水中悬浮物、脱除有色物质、降低色度、吸附并除去污水中的耗氧物质。

在一定条件下，也伴随一定的絮状沉淀和过滤作用。比如酸性条件下，粉煤灰中的铝、铁可离解成为无机混凝剂，与污水混合时，铝离子和铁离子将污水中的悬浮物粒子絮凝、相互捕获而共同沉淀下来，完成污染物、悬浮物与水的分离，使得水质澄清。

粉煤灰还具有一定的除臭能力，用于处理生活污水可使污水颜色由棕色变为清澈透明，且无臭无味。

目前，已有利用粉煤灰处理生活污水、焦化废水、中药废水、造纸废水、含油废水等技术在工业实践中应用。

（2）烟气脱硫。煤灰中主要成分 SiO_2、Al_2O_3、Fe_2O_3 和 CaO 在常温有水存在的情况下，细粉末状的火山灰能与碱金属和碱土金属发生凝硬反应的特性，有利于提高钙基吸收剂利用率。因此，利用粉煤灰此特性制成的脱硫剂的脱硫效率要高于纯的石灰脱硫剂，这是因为气固反应中吸收剂比表面积的大小是反应速率快慢的主要决定因素，且分布钙基表面的铁元素能促进脱硫反应。

二、脱硫石膏

（一）脱硫石膏形成

脱硫石膏是指含硫燃料（主要是煤）燃烧后排放的烟气进行脱硫处理后得到的石膏，属于工业副产石膏的一种。

烟气脱硫石膏有多种产生工艺，目前应用较为广泛的有石灰石—石膏湿法脱硫工艺、喷雾干燥法脱硫工艺、循环流化床炉内喷钙加尾部增湿活化脱硫工艺、烟气循环流化床脱硫工艺等。根据吸收剂和脱硫产物在脱硫过程中的干湿状态，烟气脱硫石膏制造工艺包含湿法、干法和半干法等烟气脱硫技术。

（二）脱硫石膏分类

干法/半干法烟气脱硫工艺副产物脱硫石膏主要成分为亚硫酸钙（$CaSO_3 \cdot 1/2H_2O$）、碳酸钙（$CaCO_3$），次要成分是消石灰［$Ca(OH)_2$］或生石灰（CaO）、硫酸钙（$CaSO_4 \cdot 2H_2O$）。其中，亚硫酸钙（$CaSO_3 \cdot 1/2H_2O$）含量相对较高，占比可达 60%以上。

湿法烟气脱硫工艺副产物脱硫石膏的主要成分是硫酸钙（$CaSO_4 \cdot 2H_2O$）、亚硫酸钙（$CaSO_3 \cdot 1/2H_2O$）、亚硫酸氢钙［$Ca(HSO_3)_2$］及过量的消石灰［$Ca(OH)_2$］或生石灰（CaO），其中硫酸钙（$CaSO_4 \cdot 2H_2O$）含量较高，占比可达 90%以上。

不同工艺产生的脱硫石膏的化学组成及性能差别较大，利用的可能性、方法、用途均不一样。其中以石灰石—石膏湿法脱硫工艺在技术上最为成熟，应用也最多，石灰石—石膏湿法脱硫石膏应用领域也比较广泛。

JC/T 2074—2011《烟气脱硫石膏》适用于采用石灰石/石灰—石膏湿法对含硫烟气进行脱硫净化处理而产生的以二水硫酸钙（$CaSO_4 \cdot 2H_2O$）为主要成分的烟气脱硫石膏。按烟气脱硫石膏中的二水硫酸钙等成分的含量，分为一级品（代号 A）、二级品（代号 B）；三级品（代号 C）三个等级。烟气脱硫石膏的技术要求见表 6-39。

表 6-39　烟气脱硫石膏的技术要求

序号	项目		指标		
			一级	二级	三级
1	气味（湿基）	—	无异味		
2	附着水含量（湿基）（%）	≤	10.0		12.0
3	二水硫酸钙（干基）（%）	≥	95.0	90.0	85.0
4	半水亚硫酸钙（干基）（%）	≤	0.50		
5	水溶性氧化镁（干基）（%）	≤	0.10	0.20	
6	水溶性氧化钠（干基）（%）	≤	0.06	0.08	
7	pH 值（干基）	≤	5～9		
8	氯离子（干基）（mg/kg）	≤	100	200	400
9	白度（干基）（%）	—	报告测定值		

（三）脱硫石膏特性

1. 物理性质

原状脱硫石膏外观通常呈灰白色或灰黄色，当脱硫装置运行不稳定有粉煤灰进入时，脱硫石膏呈深灰色或黑色。一般含有 10%～15%的附着水，呈胶粘状。脱硫石膏粒度较细，80μm 以下的颗粒占绝大部分，通常情况下，脱硫石膏粒径为 1～250μm，主要集中在 30～60μm。

2. 化学成分

湿法烟气脱硫工艺副产物脱硫石膏的主要成分是硫酸钙、亚硫酸钙、亚硫酸氢钙及过量的消石灰或生石灰，其中硫酸钙含量较高。

3. 脱硫石膏与天然石膏的对比分析

根据 GB T 5843—2008《天然石膏》，天然石膏产品按矿物组分分为石膏（代号 G）、硬石膏（代号 A）、混合石膏（代号 M）三类。石膏在形式上主要以二水硫酸钙存在；硬石膏主要以无水硫酸钙形式存在，且无水硫酸钙的质量分数与二水硫酸钙和无水硫酸钙的质量分数之和的比不小于 80%。混合石膏在形式上主要以无水硫酸钙和二水硫酸钙存在，且无水硫酸钙的质量分数与二水硫酸钙和无水硫酸钙的质量分数之和的比小于 80%。各类天然石膏按品位分为特级、一级、二级、三级、四级等五个级别。天然石膏产品的附着水含量不大于 4%，产品的块度不大于 400mm。天然石膏产品品位划分见表 6-40。

表 6-40　天然石膏产品品位划分

级别	品位（质量分数）（%）		
	石膏（G）	硬石膏（A）	混合石膏（M）
特级	≥95	—	≥95

续表

级别	品位（质量分数）（%）		
	石膏（G）	硬石膏（A）	混合石膏（M）
一级	≥85		
二级	≥75		
三级	≥65		
四级	≥55		

脱硫石膏与天然石膏的相同点主要如下：

（1）脱硫石膏水化动力学、凝结特征、产出过程与天然石膏一致。

（2）主要矿物相、转化后的五种形态、七种变体物化性能一致。

（3）天然石膏与脱硫石膏均无放射性，不危害健康。

脱硫石膏与天然石膏的不同点主要如下：

（1）原始状态不同。天然石膏黏合在一起，而脱硫石膏以单独的结晶颗粒存在。

（2）易磨性相差较大。天然石膏经过粉磨后粗颗粒多为杂质，细颗粒多为石膏，而脱硫石膏经过粉磨后粗颗粒多为石膏，细颗粒多为杂质。

（3）颗粒级配不同。脱硫石膏颗粒的粒径分布带较窄，颗粒主要集中在 30～60μm，级配不如天然石膏磨细后的石膏粉。

（4）含水率不同。脱硫石膏受脱硫工艺的影响，脱硫后的石膏含水率一般在 10%左右，而天然石膏含水率在 2%左右。

（5）表面强度不同。烟气脱硫石膏硬化体表面强度比天然石膏高出 10%～20%。

（四）脱硫石膏综合利用

根据环境保护部《2017 年全国大、中城市固体废物污染环境防治年报》，2016 年，重点发表调查工业企业的脱硫石膏产生量为 8672.6 万 t，综合利用量为 7027.9 万 t（其中，利用往年贮存量 69.7 万 t），综合利用率为 80.4%。脱硫石膏产生量最大的行业是电力、热力生产和供应业，其产生量为 6643.7 万 t，综合利用率为 80.6%。

我国火电厂石灰石—石膏湿法脱硫工艺大规模运用始于 20 世纪 80 年代，随之对脱硫石膏的应用进行了研究和实践。目前，我国燃煤电厂生产的脱硫石膏主要应用于建筑材料、建筑制品、填筑工程、农业应用等，其中水泥和石膏板行业用量较大。

1. 建筑材料

利用脱硫石膏制作建筑材料占我国脱硫石膏综合利用数量的首位，主要应用于制作水泥、砂浆、抹灰石膏等领域。

（1）水泥。根据 GB/T 21371—2008《用于水泥中的工业副产石膏》，用于水泥中的工业副产石膏要求硫酸钙含量≥75%，产品的粒度不大于 300mm。

石膏作为水泥缓凝剂是水泥生产过程中的重要的添加剂之一，其掺混比例一般为 3%～5%。烟气脱硫石膏一般直接供给水泥厂或造粒成型后供给水泥生产企业使用，可降低水泥的生产成本。

（2）砂浆。根据 JGJT 220—2010《抹灰砂浆技术规程》，石膏抹灰砂浆抗压强度不应小于 4.0MPa。抗压强度 4.0MPa 石膏抹灰砂浆配合比的材料用量见表 6-41。

表 6-41 抗压强度 4.0MPa 石膏抹灰砂浆配合比的材料用量

石膏	砂	水
450～650	$1m^3$ 砂的堆积密度值	260～400

新型石膏砂浆与传统的水泥石灰类砂浆相比，具有轻质、高强、节能等特点，且黏结性能较好，硬化速度快，强度高，不易起壳和开裂。由于石膏本身具有很好的和易性、可塑性，同时导热系数小，具有一定的保温性能，因此可以有效解决各类墙体的保温问题。石膏砂浆用量每平方米约在 2～3kg，是高层建筑内各种墙体材料合适的抹灰材料。

（3）抹灰石膏。抹灰石膏是以石膏为主要胶凝材料，加入砂子及一定的掺合料和专用复合添加剂加工制成的一种高效节能的建筑内墙及顶板抹灰材料。可主要替代水泥、石灰砂浆等抹灰材料，适用于各种墙体。作为新型材料，抹灰石膏既具有建筑石膏快硬早强、黏结力强、体积稳定性好、吸湿、防火、轻质等优点，又克服了建筑石膏凝结速度快、黏性大和抹灰操作不便等缺点。根据墙面原平整度不同，抹灰石膏用量约 0.8～1.6kg/m^2。

根据 GB/T 28627—2012《抹灰石膏》，抹灰石膏是以半水石膏（$CaSO_4 \cdot 1/2H_2O$）和Ⅱ型无水硫酸钙（$CaSO_4$）单独或两者混合后作为主要胶凝材料，掺入外加剂制成的抹灰材料。

2. 建筑制品

根据 GB/T 9776—2008《建筑石膏》，建筑石膏是指天然石膏或工业副产石膏经脱水处理制得的，以 β 半水硫酸钙（$CaSO_4 \cdot 1/2H_2O$）为主要成分，不预加任何外加剂或添加物的粉状胶凝材料。建筑石膏组成中 β 半水硫酸钙（$CaSO_4 \cdot 1/2H_2O$）的质量分数含量应不小于 60%。工业副产建筑石膏中限制成分氧化钾、氧化钠、氧化镁、五氧化二磷和氟的含量由供需双方商定。

建筑石膏是建材中各种石膏建材制品的基础材

料，可用来生产纸面石膏板、纤维石膏板、石膏刨花板、石膏砌块、石膏空心条板、α型高强石膏等产品，是建筑工程中应用广泛的建筑制品，其中，产量最大的为纸面石膏板。

（1）纸面石膏板。纸面石膏板是以建筑石膏为主要原料，掺入适量纤维、淀粉、促凝剂、发泡剂和水等制成的轻质建筑薄板，具有重量较轻、强度较高、厚度较薄、加工方便以及隔音绝热和防火等较好性能的建筑材料，是当前发展较快的新型轻质板材之一。石膏板已广泛用于住宅、办公楼、工业厂房等各种建筑物的内隔墙、墙体覆面板（代替墙面抹灰层）、天花板、吸音板、地面基层板和各种装饰板等。9.5mm 厚纸面石膏板的经验脱硫石膏用量约 $8kg/m^2$。

装饰纸面石膏板是以纸面石膏板为基材，在其正面经涂敷、压花、贴膜等加工后，用于室内装饰的板材。

根据 GB/T 9775—2008《纸面石膏板》和 JC/T 997—2006《装饰纸面石膏板》，制作纸面石膏板和装饰纸面石膏板的建筑石膏符合 GB/T 9776—2008《建筑石膏》要求即可。

（2）纤维石膏板。纤维石膏板是以建筑石膏为主要原料，以各种纤维为增强材料的一种新型建筑板材。纤维石膏板是继纸面石膏板取得广泛应用后开发成功的新产品，除了覆盖纸面膏板的全部应用范围外，还有所扩大，且其综合性能优于纸面石膏板。

（3）石膏刨花板。石膏刨花板是以建筑石膏为胶凝材料、木质刨花碎料（木材刨花碎料和非木材植物纤维）为增强材料，外加适量的水和化学缓凝剂，经搅拌形成半干性混合料，在成型压机内以一定压力维持在受压状态下完成石膏与木质材料的固结所形成的板材。

石膏刨花板同时具有纸面石膏板和普通刨花板的优点，板材强度较高，易加工，板材尺寸稳定性好，施工中破损率低。石膏刨花板具有较好的防火、防水、隔热、隔音性能以及较高的尺寸稳定性，无游离甲醛等有害气体的释放，属绿色环保建材。石膏刨花板兼有建筑石膏和木材两种材料的性能。石膏刨花板适用于作公用建筑与住宅建筑的隔墙、吊顶、复合墙体基材等。

（4）石膏砌块。石膏砌块是以建筑石膏为主要原材料，经加水搅拌、浇注成型和干燥制成的轻质建筑石膏制品。石膏砌块具有自重轻、强度高、外形整齐、表面光滑、防火、隔热、隔声等优点，并具有可锯、可钉、可钻、可刨等易加工特性，可以实现施工的干法作业，是一种新型的绿色环保建材。100mm 厚单块石膏砌块大约需要脱硫石膏 3kg，200mm 厚单块石膏砌块大约需要脱硫石膏 8kg。

根据 JC/T 698—2010《石膏砌块》，作为原料的脱硫石膏符合 GB/T 9776—2008《建筑石膏》要求即可。

（5）石膏空心条板。石膏空心条板是以建筑石膏为主要原料，掺以无机轻集料、无机纤维增强材料，加入适量添加剂而制成的空心条板。主要用于建筑的非承重内墙，其特点是无需龙骨。石膏空心条板具有重量轻、强度高、隔热、隔声、防水等性能，可锯、可刨、可钻、施工简便。与纸面石膏板相比，石膏用量少、不用纸和胶粘剂、不用龙骨，工艺设备简单，所以比纸面石膏板造价低。石膏空心条板主要用于工业与民用建筑的内隔墙。

根据 JC/T 829—2010《石膏空心条板》，作为原料的脱硫石膏符合 GB/T 9776—2008《建筑石膏》要求即可。

（6）α 型高强石膏。α 型高强石膏是二水硫酸钙（$CaSO_4 \cdot 2H_2O$）在饱和水蒸气介质或液态水溶液中，且在一定的温度、压力或转晶剂条件下得到的以 α 型半水硫酸钙（$CaSO_4 \cdot 1/2H_2O$）为主要晶体形态的粉状胶凝材料。

α 型高强石膏是制作普通建材的优质外加剂和高附加值产品的母料。α 型高强石膏可用于高强的抹灰工程、装饰制品和石膏板，掺防水剂后可用于高湿环境中；可用于石膏制品、工艺饰品制作；可用于各种精密模具制作。

根据 JC/T 2038—2010《α 型高强石膏》，生产α型高强石膏用的天然二水石膏应符合 GB/T 5843—2008《天然石膏》一级品（二水硫酸钙含量≥85%）以上的要求。以工业副产石膏为原料的产品可参照执行。

3. 填筑材料

充分利用脱硫石膏作为修筑道路的回填材料，既可为筑路提供材料来源，又解决了烟气脱硫石膏的处置。

根据 JTG F10—2006《公路路基施工技术规范》，盐渍土地区路基施工时，根据以往公路、铁路多年实践经验，石膏土或石膏粉均可作为路堤填料。蜂窝状和纤维状石膏土，由于其疏松多孔，用做填料时，应破碎其蜂窝状结构，以保证达到要求的压实度。

4. 农业应用

（1）土壤改良剂。烟气脱硫石膏微酸性，能明显降低土壤 pH 值，所含的钙离子可以置换土壤中的可代换性钠，从而达到改良碱土的作用。利用燃煤烟气脱硫石膏改良碱化土壤，无论对土壤还是作物都是安全的。脱硫石膏改良碱性土壤的研究工作表明，每亩盐碱地应用 2t 脱硫石膏可增产 30%～40%，有效期在 15 年以上。我国是世界上盐碱土分布最多的国家之一，主要分布在西北内陆、黄河中游、黄淮海平原洼地、东北、华东和华南沿海地区等。

（2）制作肥料。硫、钙是排在氮、磷、钾之后的第 4、第 5 种植物营养元素。肥料制作主要是将碳酸铵转化为硫酸铵，经过转化可以将价值较低的碳酸铵转化为价值较高、营养成分较多的硫酸铵肥料。利用脱硫石膏制成的硫酸氨是肥效较好的化肥，特别适合在我国北方碱性土壤中使用。同时脱硫石膏中由于有钙离子的存在，可以降低土壤碱性，消除碳酸盐对作物的毒害；也可以取代土壤胶体上的钠离子，补充活性钙，增强土壤的抗碱能力；还可作为增强作物抵抗病虫害，使作物茎叶粗壮、籽粒饱满的钙肥料。

三、石子煤

（一）石子煤形成

石子煤是指燃煤电厂原煤经过磨煤机碾磨后未被磨制成粉的黄铁矿及被夹带的矸石和煤粒，主要包括石头、煤矸石、金属块等。

常规的石子煤判别控制方法有两种：一种是根据石子煤热值来判别，其低位发热量不大于 6.25MJ/kg；另一种是根据石子煤的产生量来判别，其参考控制值是小于磨煤机出力的 0.5%。燃煤品质对制粉系统石子煤的产生量影响较大，部分火电厂的石子煤产生量大于磨煤机出力的 0.5%。

（二）石子煤特性

相对于原煤，石子煤属于低挥发分、低热值、高灰分、高硫分的劣质煤种，其着火性能、燃尽性能均远不及原煤（包括低挥发分难燃煤）。

石子煤的灰分为其主要成分，含量一般在 70%以上，其中二氧化硅、三氧化二铁、三氧化二铝的含量最高，这是石子煤密度和硬度都较高的主要原因。一般而言，石子煤的碳含量约 10%，低位发热量约 5.5MJ/kg，密度约 2500kg/m^3。

（三）石子煤综合利用

石子煤中仍有可燃成分，可采用破碎机二次破碎，送入锅炉制粉系统，进一步磨制后与原煤掺烧而加以利用。

石子煤可作为替代材料用于填筑工程的地基等回填。

四、污废水处理系统污泥处理处置

（一）污泥性能

1. 工业废水处理系统污泥和生活污水处理系统污泥

按所含主要成分的不同，污泥可分为有机污泥和无机污泥两大类。无机污泥主要含无机物，如废水利用石灰中和沉淀、混凝沉淀和化学沉淀的沉淀物等，主要成分是金属化合物。无机污泥密度大，固相颗粒大，易于沉淀、压密和脱水，颗粒持水能力差，含水率低，流动性差，污泥稳定不腐化，但是可能出现重金属离子再溶出。有机污泥主要含有机物，典型的有机污泥是剩余生物污泥，如活性污泥和生物膜、厌氧消化处理后的消化污泥等，此外还有油泥及废水固相有机污染物沉淀后形成的污泥。有机污泥的特点是污泥颗粒细小，往往呈絮凝体状态，密度小，持水能力强，含水率高，不易下沉，压密脱水困难。同时，有机污泥稳定性差，容易腐败和产生恶臭。但是，有机污泥常含有丰富的氮、磷等养分，流动性好，便于管道输送。

火电厂工业废水污泥以无机污泥为主，生活污水污泥以有机污泥为主。污泥产生数量约占处理水量的 0.3%～0.5%。

2. 脱硫废水处理系统污泥

石灰石—石膏湿法脱硫废水因含有较高质量分数的悬浮物，对其处理一般采用混凝澄清工艺，采用投加凝聚剂和石灰的方式，产生的沉淀物主要成分为二水硫酸钙（$CaSO_4 \cdot 2H_2O$）和亚硫酸钙，还有部分氟化钙、二氧化硅、碳酸钙、氢氧化镁、硫化汞以及 As、Cd、Cr、Pb、Ni、Zn、Cu 等多种重金属。

脱硫废水经澄清浓缩后所排污泥固体质量分数可提高至 5%～10%，脱硫废水污泥产生量经验数据约 5kg/（$m^3 \cdot h$），约占脱硫废水量的 0.5%。为进一步减少污泥体积方便处置，需对污泥进行脱水处理。

烟气脱硫废水在处理过程中因加入了大量的石灰乳，从而产生了过量的石灰类污泥，因含固率不同，石灰类污泥黏度会相应变化。在含固率小于 10%时，黏度较小，而在 10%～30%时属于高黏度污泥。对于烟气脱硫产生的污泥，在脱水前加入絮凝剂，降低其黏度，有利于脱水。

（二）污泥处理处置

1. 污泥处理方案

污泥处理的常规方案有如下方式：

①生污泥→浓缩→消化→自然干化→最终处置；

②生污泥→浓缩→消化→机械脱水→最终处置；

③生污泥→浓缩→机械脱水→干燥焚烧→最终处置。

火电厂工业废水污泥、生活污水污泥和脱硫废水污泥一般采用生污泥→浓缩→消化→机械脱水→最终处置的处理方案。

火电厂工业废水污泥和生活污水污泥在污泥池浓缩处理后，首先考虑由市政环卫部门定期抽吸，统一处置，也可用作农田肥料或送至贮灰场填埋，或者对污泥进行干化处理。

脱硫废水污泥应根据 GB/T 5085.3《危险废物鉴别标准　浸出毒性鉴别》进行是否为危险废物的鉴别。根据鉴别结果，对脱硫废水污泥按照危险废物或一般工业固体废物进行相应的贮存和处置。

2. 主要污泥脱水设备

火电厂工业废水及生活污水的污泥脱水处理的设备主要有带式压滤机、箱式压滤机、离心脱水机、螺旋压榨机。污泥脱水效果一般以泥饼含水率及回流液中的悬浮固体量来衡量。通常泥饼含水率越低，污泥通过压滤机脱水体积减少越多，污泥脱水效果越好。回流液中悬浮固体含量越小，回收率就越高。

污泥脱水设备的类型应根据污泥类别、污泥量、污泥性质、对泥饼含水率的要求和场地情况等因素，经技术经济比较确定。目前国内火电厂废水污泥处理设备主要有板框式压滤机和离心式脱水机两种。板框式压滤机是间歇操作的过滤设备，混合液通过泥浆泵抽至过滤介质滤布的空腔内，固体停留在滤布上，并逐渐在滤布上堆积形成过滤泥饼。经过进料泵出口压力挤压，滤液渗透过滤布，成为不含固体的清液。离心式脱水机利用离心沉降原理进行污泥脱水。离心沉降是将泥水以较高的角速度旋转，当角速度达到一定值时，因离心加速度比重力加速度大得多，固相和液相很快分层。经污泥浓缩池浓缩过后的污泥，其含水率一般能从99%降至97%。污泥脱水机实现污泥的脱水减量，泥饼含水率可降至75%～80%。

污泥脱水后可送往贮灰场或专门设置的堆放场处置，以及综合利用。

五、贮灰场污染防治措施

（一）贮灰场类型

按照除灰方式和粉煤灰的贮放方式，贮灰场可划分为湿灰场和干灰场。按照灰场选址条件，可划分为山谷、平原和滩涂（江、河、湖、海滩等）灰场。考虑安全、环保、占地、粉煤灰综合利用等因素，现阶段火力发电厂多数选用干灰场。

（二）贮灰场选址环保要求

贮灰场选址的重要目的是保护灰场区域地下水和周围环境。根据GB 18599—2001《一般工业固体废物贮存、处置场污染控制标准》，粉煤灰应属于第Ⅱ类一般工业固体废物，结合DL/T 5339—2006《火力发电厂水工设计规范》，贮灰场选址应满足下列要求：所选场址应符合当地城乡建设总体规划要求；应选在工业区和居民集中区主导风向下风侧，厂界距居民集中区适当距离；应选在满足承载力要求的地基上，以避免地基下沉的影响，特别是不均匀或局部下沉的影响；应避开断层、断层破碎带、溶洞区，以及天然滑坡或泥石流影响区；禁止选在江河、湖泊、水库最高水位线以下的滩地和洪泛区；禁止选在自然保护区、风景名胜区和其他需要特别保护的区域；应避开地下水主要补给区和饮用水源含水层；应选在防渗性能好的地基上；天然基础层地表距地下水位的距离不得小于1.5m。

（三）贮灰场防渗措施

根据GB 18599—2001《一般工业固体废物贮存、处置场污染控制标准》，当贮灰场天然基础层的渗透系数大于1.0×10^{-7}cm/s时，应采用天然或人工材料构筑防渗层，防渗层的厚度应相当于渗透系数1.0×10^{-7}cm/s和厚度1.5m的黏土层的防渗性能。

当干灰场需要进行防渗处理时，可采用水平防渗或垂直防渗方式。干灰场人工防渗材料宜采用土工膜。土工膜的渗透系数不应大于 1.0×10^{-7}cm/s，其厚度对一级灰坝不应小于0.75mm，二级、三级灰坝不应小于0.5mm。垂直防渗可采用深层搅拌桩、高喷灌浆截渗墙、垂直铺塑等方式。

（四）贮灰场飞灰扬尘的防治措施

1. 飞灰扬尘来源

根据贮灰场运行情况，产生飞灰扬尘污染的来源主要有以下几个方面：陡坎下及边角处没有压实的干灰；搁置时间较长（超过1h）的未铺压的松灰；原已压实或冻结，施工中被机械扰动致松或破碎处；洒水形成保护薄壳后被践踏和施工机具破坏处；干灰调湿含水量不足或调湿不均匀，在汽车运输途中或铺灰过程中引起干灰飞扬；运灰车辆进出灰场时轮胎上黏附的干灰和装车时车辆外逸洒落的干灰，沿途散落，造成飞灰。

2. 铺灰方式

干灰场运行过程中，堆灰应分区分块实施。经调湿后的灰渣由密闭罐车运至干灰池，卸后由推土机进行疏散整平，然后用洒水车洒水，用振动式压路机进行碾压。

喷洒设备一般采用洒水车。喷洒的目的，一方面是为了在最优含水量下保证碾压灰渣达到设计要求干密度。一般根据卸到贮灰场灰渣含水量的大小，决定是否需要洒水及洒水量大小。经喷洒后的灰渣含水率一般保持在20%～25%左右，可达到最佳碾压效果。另一方面是对运行过程中暴露时间较长的灰面进行喷洒，可防止飞灰扬尘污染环境。

碾压要求以保证灰场作业机械能够正常运行，不至于陷入灰内且不易引起飞灰扬尘为目的。单体干灰碾压区域达到设计标高后，其上覆盖编织草席等遮盖物，可防止灰面暴露时间长产生扬灰而污染环境。

3. 贮灰场内临时运灰道路

为避免车辆压坏贮灰场内防渗土工膜，进入贮灰场的运灰车辆应沿固定的临时运灰道路行驶，且车辆转弯时应尽量加大转弯半径。贮灰场内铺灰的同时，应尽可能利用火电厂产生的粗渣及石子煤铺设灰场内临时运灰道路。

4. 运行管理措施

在贮灰场运行过程中，对不同的暴露面应分别采取防护措施：碾压作业面施行洒水抑尘；永久坡面施行覆土植灌草保护；灰场顶面采用覆土植草保护；临时暴露面采用喷洒复合型灰场覆盖剂或临时覆土抑尘。

调湿灰经碾压后由于灰本身的水化固结作用，可在表面形成一层凝硬的薄壳。如无外力破坏，其表层有较强的抗风蚀能力。因此碾压后的灰面应注意保护，避免人畜扰动。同时在已压实的灰面上洒水，干燥后也能在表面形成一层抗风能力较强的薄壳。

贮灰场运行过程中应重点采取以下运行管理措施：

（1）火电厂灰库内运至贮灰场的调湿灰应有足够的含水量并搅拌均匀，不允许干灰和含水量过低的灰体装车外运。

（2）粉煤灰装车后应将车外洒漏的干灰冲洗干净方可上路。

（3）在运灰公路至贮灰场出入口处设置车辆清洗池，出灰场的运灰车上路前应将轮胎上黏附的灰渣洗净。

（4）调湿灰运至贮灰场后应及时完成铺压作业，未经铺压的松散灰堆放在灰场内的时间不允许超过4h，大风晴天不允许超过1h。

（5）必须保证灰体有足够的压实密度，特别是边角部位应避免漏压、欠压。

（6）由于自然风风蚀细灰都是从部分失去水分的表面开始，压实干灰的表层含水量与飞灰扬尘有直接关系。因此压实后的灰面当含水率降到低于10%后，应及时洒水。一般一次洒水深度约7mm时，可抗御6级大风2天左右。冬天冰冻季节，向冻结灰体上洒水，水量需视干灰厚度而定，一般洒水深度不宜大于2.5mm，避免表层形成冻结冰盖，使灰面冻胀松散，失去抗风能力。

（7）对铺压完成的灰面应加强保护，禁止无关人员、机具在灰面上行走。

（8）运灰道路要经常喷水、清扫，以免道路扬尘造成影响。

（9）设置环境监测系统，定期测定灰场扬尘污染的有关数据，以便于有效进行飞灰扬尘控制。

5. 贮灰场挖灰

在灰渣综合利用好的条件下，存放在贮灰场内的灰渣将被挖取出售，以便腾出库容留作灰渣综合利用间断期间存放灰渣。

从贮灰场挖取灰渣时，初期坝内侧及灰场底部防渗膜上应保留不小于0.5m厚的灰渣保护层。在接近灰场底部挖灰时不得采用大型挖掘机械，避免破坏底部设施。挖灰应从灰场内部开始，并始终保持子坝与库内灰面的高差满足贮灰过程中的要求，以免突遇洪水漫坝。灰渣挖取应分层进行，每层取灰高度不宜超过2.0m，且开挖边坡不得过陡，避免开挖区边坡塌方造成人员伤亡。挖灰完成后的取灰坑应对底部进行整平。灰场挖灰宜集中快挖、快运，挖灰结束后应清扫运灰道路，并对取灰坑整平覆盖。

（五）贮灰场关闭与封场

当贮灰场服务期满或因故不再承担新的贮存、处置任务时，应予以关闭或封场。关闭或封场前，必须编制贮灰场关闭或封场计划，报请所在地县级以上环境保护行政主管部门核准，并采取污染防止措施。贮灰场关闭或封场的要求如下。

（1）关闭或封场时，表面坡度一般不超过33%。标高每升高3～5m，须建造一个台阶。台阶应有不小于1m的宽度、2%～3%的坡度和能经受暴雨冲刷的强度。

（2）关闭或封场后，仍需继续维护管理，直到稳定为止。以防止覆土层下沉、开裂，防止堆体失稳而造成滑坡等事故。

（3）关闭或封场后，应设置标志物，注明关闭或封场时间，以及使用该土地时应注意的事项。

（4）为防止贮灰场内的固体废物直接暴露和雨水渗入堆体内，封场时表面应覆土二层，第一层为阻隔层，覆20～45cm厚的黏土，并压实，防止雨水渗入固体废物堆体内；第二层为覆盖层，覆天然土壤，以利植物生长，其厚度视栽种植物种类而定。贮灰场堆灰过程中，一般采取分区分块的方式，对已达到设计标高的护坡，应立即做永久护坡，即在碾压整平好的灰面上铺设土工布一层，其上为150mm厚的碎石垫层，最外侧为300mm厚的干砌块石护坡。其功能一是作为灰面永久边坡的覆盖，防止飞灰污染环境；二是防止雨水冲刷灰面，将灰渣颗粒冲走，对周围环境造成污染。

（5）封场后，地下水监测系统应继续维持正常运转。

第四节 电磁污染防治技术

一、电磁场生成过程

电磁场包括电场和磁场，是一种由电荷和电荷运动产生的物理场。电磁场按照频率划分，可以分为极低频和低频（0～10^5Hz）、无线电波（10^6～10^9Hz）、微波（10^9～10^{12}Hz）、红外线（10^{12}～10^{14}Hz）、可见光（10^{14}Hz）、紫外线（10^{15}Hz）、X射线和γ射线（$>10^{17}$Hz）等。其中，极低频可用于大规模能量传输系统，比如交直流输电工程。

低频时，电场、磁场可以认为相互独立，电场由电荷产生，磁场由电流产生。工频一般是指交流输变电系统采用的工作频率（50Hz或60Hz）。我国的发电、输变电和供电频率为50Hz，因此火力发电设备、交流输变电工程产生的电磁环境为工频电场和工频磁场。工频电场属于极低频场，可以忽略磁场变化产生感应电场的影响。工频电场具有和静电场同样的性质，也被称为似稳电场。工频磁场也属于极低频场，可以忽略电场变化产生的磁场。工频磁场具有与恒定磁场同样的性质，被称为稳恒磁场。

交流输变电工程一般由变电站、交流线路构成。直流输变电工程一般由换流站（送端整流站、受端逆变站）、直流线路、接地极构成，换流站与交流电网相连，在换流站中交直流并存。直流输变电工程因其直流电流传送，还会产生特有的直流合成电场、离子流、直流磁场等。

电磁辐射包括非电离辐射和电离辐射，我国《电磁辐射环境保护管理办法》界定电磁辐射是指以电磁波形式通过空间传播的能量流，且限于非电离辐射。我国输变电设备的频率为极低频，属于非电离辐射，辐射性质较弱。

二、电磁场影响因素

交流输电线路工频电场大小与分布主要取决于线路电压、导线对地高度、相间距离、相序排列、导线布置方式和导线参数等。交流架空输电线路下方地面工频磁感应强度的大小主要取决于线路输送电流、导线对地高度、相间距离、导线布置方式和相序布置方式等。

变电站运行时各种交流带电导体上的电荷和在接地架构上感应的电荷会在空间产生工频电场。由于变电站内交流带电导体纵横交错，交流带电设备和接地架构多种多样，结构及布置复杂，因此，变电站的工频电场实际上是一个复杂的三维场。变电站的母线、连线和变压器、电抗器等交流载流导体会在其周围产生工频磁场。变电站的工频磁场分布和大小主要与载流导体分布以及电流大小有关。因为变电站内交流载流导体纵横交错，空间某位置的工频磁场由多方向的磁场叠加而成，站内空间工频磁场同样为复杂的三维场。换流站内交流设备同样会产生工频电磁环境影响，而且因为存在直流设备，会产生直流合成电场、离子流、直流磁场等影响。

三、电磁防治技术

1. 合理选址选线

输变电工程选址选线时，尽量远离电磁环境敏感目标。通过距离衰减，可有效降低工频电场、工频磁场的影响程度。

2. 合理布置站内设备

按变电站建筑形式，可分为户内、半户内、户外和地下变电站四种。按设备绝缘形式，可分为气体绝缘金属封闭开关设备（GIS）组成的变电站、空气绝缘变电站。对于户内和GIS变电站，由于建筑物和金属封闭外壳的屏蔽作用，工频电场基本被屏蔽在内部，只有架空进出线下方存在较高场强。电气设备的高压带电部分离地愈近或尺寸越大时，地面工频电场场强越高，一般变电站的最大地面工频电场出现在互感器、避雷器或断路器下方；载流导体离地愈近或电流越大时，地面工频磁场场强越高，一般变电站的最大地面工频磁场出现在进出线间隔、断路器、断路器与电流互感器连接处、电抗器等线下或附近；可将上述设备布置在远离站界的站内区域，以降低工频电磁场对站界外环境的影响程度。

3. 合理确定对地高度

输电线路线下的工频电场、工频磁场与导线对地高度密切相关。增加导线的架设高度，可增加电磁场在空间的衰减距离，降低地面上方的工频电场和工频磁场强度。由于输电线路在一个档距内有着较为明显的弧垂特性，因此在档距中央存在较高的工频电场和工频磁场，其他位置的导线高度大于档距中央导线的对地高度，工频电场和工频磁场较小。随着导线高度逐渐增加，通过增加导线高度对减小地面工频电场和工频磁场强度的效果将逐渐减弱。增加导线对地高度，可降低输电线路下的工频电场和工频磁场水平。

在设计配电装置时，可根据配电装置导线下方地面工频电场强度的计算结果，确定导体对地最小电气距离，降低对值守人员和环境的电磁影响。

4. 合理优化输电线路导线布置方式

对于单回输电线路，按其导线布置方式可分为水平排列、正三角形排列和倒三角形排列三种方式。当相导线最小高度相同时，倒三角形排列布置下线下地面工频电场和工频磁场强度最小、走廊宽度最小。多条单回线路较同塔多回线路投资低，但线路占用走廊宽度较大。因此，可根据线路所经区域电磁环境的敏感性，优化线路型式。

对于相导线按垂直方式布置的同塔双回输电线路，共有六种相序布置方式。当相导线按逆相序方式布置时，线下地面工频电场强度幅值最小，走廊宽度最小。因此，对于同塔多回线路的导线布置方式，通过优化相序可降低线下的地面工频电场。

5. 合理选择输电线路导线参数

导线参数包括分裂数、分裂间距、子导线直径。增加导线分裂数、分裂间距和子导线直径均可使分裂导线的等效半径增加，从而增大导线自电容和与其他导线之间的互电容，从而使得导线上的总电荷量增加，最终增大地面工频电场强度。因此，在保证输电容量的前提下，可通过合理选择导线参数，降低线下的地面工频电场。

6. 电磁场的屏蔽

工频电场的屏蔽可以基于静电感应原理来设计，通常导体构成的壳体可完全屏蔽外部电场。一些电导率不高的媒质在电场作用下，静电平衡的弛豫时间也不长，其构成的屏蔽体也具有良好的屏蔽效果。因此，输变电工程环境中，水泥、石灰石、土坯等建造的房屋也具有很好的电场屏蔽效果。输变电工程涉及的某些媒质达到静电平衡状态所需的弛豫时间见表 6-42。

表 6-42　　输变电工程涉及的某些媒质特征参数

媒质名称	电导率（S/m）	相对介质常数	弛豫时间（s）
铜	5.96×10^{7}	1	1.48×10^{-19}
铝	3.45×10^{7}	1	2.57×10^{-19}
钢筋	1.02×10^{7}	1	8.68×10^{-19}
石灰石	1×10^{-2}	2.2～2.5	1.95×10^{-9}～2.21×10^{-9}
水泥	1×10^{-2}～1×10^{-1}	2～10	1.77×10^{-10}～8.85×10^{-9}
干土	1×10^{-5}	2.8	2.48×10^{-6}

工频磁场可由高导磁材料进行屏蔽，即由屏蔽体对外加磁场提供低磁阻的磁通路，从而使得大部分外加磁场通过屏蔽体以达到磁屏蔽的目的。铁磁材料磁导率较大，能够对磁场进行有效的屏蔽，其他材料由于磁导率与空气相当，不能对低频磁场进行有效的屏蔽。除了高导磁材料形成低磁阻路径进行磁场屏蔽外，还可利用电磁感应原理进行磁场屏蔽。即在需要保护的设备外围构建导体回路或设置导体板，工频磁场将在该导体回路感应电流或该导体板中产生涡流，感应电流产生部分抵消原磁场的作用，从而实现磁场的屏蔽。实际工作中，输电线路产生的工频磁场水平小于国家标准，一般不需要进行屏蔽；磁屏蔽一般应用于火力发电厂和变电站的设备，如变压器和高压电抗器等。

采用架设屏蔽线的措施，可有效抑制输电线路线下电磁场。屏蔽线对输电线路工频电场强度的削弱作用较显著，对工频磁场强度的削弱作用几乎可以忽略。

7. 优化设备选型

选用干式铁心电抗器代替电磁污染较严重的空心电抗器，同时在电抗器室用非导磁材料加以屏蔽，可以降低工频电磁场强度。通过在电气设备端子处设置有多环结构的均压环，采用扩径耐热铝合金导线作为变电站内跳线，选择合适的设备间连接方式及相应的金具结构等，可以合理地控制载流导体表面的电场强度。

8. 适当的个体防护

在工艺选择上，选用自动化和远距离控制工艺，减少工作人员进入高水平工频电磁场区域的次数和时间。进入高水平工频电磁场的作业环境中，可通过穿戴由细铜丝（或导电纤维）和纤维编织制成的屏蔽服等方式进行个体防护，以降低工频电磁场对个体的影响。

第七章

电力工程环境影响评价

第一节　环境影响评价概述

一、环境影响评价定义

《中华人民共和国环境影响评价法》所述环境影响评价是指对规划和建设项目实施后可能造成的环境影响进行分析、预测和评估，提出预防或者减轻不良环境影响的对策和措施，进行跟踪监测的方法与制度。

环境影响评价必须客观、公开、公正，综合考虑规划或者建设项目实施后对各种环境因素及其所构成的生态系统可能造成的影响，为决策提供科学依据。

二、环境影响评价分类

（一）规划的环境影响评价

1. 分类

规划的环境影响评价分为两种类型，分别为规划的环境影响篇章或者说明、规划的环境影响报告书。

根据环境保护部《关于印发〈编制环境影响报告书的规划的具体范围（试行）〉和〈编制环境影响篇章或说明的规划的具体范围（试行）〉的通知》（环发〔2004〕98号），直辖市及设区的市级城市专项规划、设区的市级以上矿产资源开发利用规划等需编制环境影响报告书；工业指导性专项规划、设区的市级以上能源重点专项规划、设区的市级以上电力发展规划（流域水电规划除外）、设区的市级以上煤炭发展规划、油（气）发展规划等需编制环境影响篇章或说明。设区的市级城市集中供热规划、设区的市级城市热电联产规划、设区的市级或省级煤电基地开发规划、设区的市级及以上电力发展规划、省级电网发展规划、设区的市级供电专项规划等均有编制环境影响报告书的案例。

2. 内容

规划的环境影响篇章或者说明应当包括下列内容：

（1）规划实施对环境可能造成影响的分析、预测和评估。主要包括资源环境承载能力分析、不良环境影响的分析和预测以及与相关规划的环境协调性分析。

（2）预防或者减轻不良环境影响的对策和措施。主要包括预防或者减轻不良环境影响的政策、管理或者技术等措施。

规划的环境影响报告书除包括上述内容外，还应当包括环境影响评价结论。主要包括规划草案的环境合理性和可行性，预防或者减轻不良环境影响的对策和措施的合理性和有效性，以及规划草案的调整建议。

3. 审批

规划编制机关在报送审批综合性规划草案和专项规划中的指导性规划草案时，应当将环境影响篇章或者说明作为规划草案的组成部分一并报送规划审批机关。未编写环境影响篇章或者说明的，规划审批机关应当要求其补充；未补充的，规划审批机关不予审批。

规划编制机关在报送审批专项规划草案时，应当将环境影响报告书一并附送规划审批机关审查；未附送环境影响报告书的，规划审批机关应当要求其补充；未补充的，规划审批机关不予审批。

4. 程序

规划环境影响评价工作一般分为四个阶段，即规划纲要编制阶段、规划研究阶段、规划编制阶段、规划报批阶段。具体流程见图7-1。

在规划纲要编制阶段，通过对规划可能涉及内容的分析，收集与规划相关的法律、法规、环境政策和产业政策，对规划区域进行现场踏勘，收集有关基础数据，初步调查环境敏感区域的有关情况，识别规划实施的主要环境影响，分析提出规划实施的资源和环境制约因素，反馈给规划编制机关；同时确定规划环境影响评价方案。

在规划研究阶段，评价可随着规划的不断深入，及时对不同规划方案实施的资源、环境、生态影响进行分析、预测和评估，综合论证不同规划方案的合理性，提出优化调整建议，反馈给规划编制机关，供其在不同规划方案的比选中参考与利用。

在规划编制阶段，应针对环境影响评价推荐的环境可行的规划方案，从战略和政策层面提出环境影响

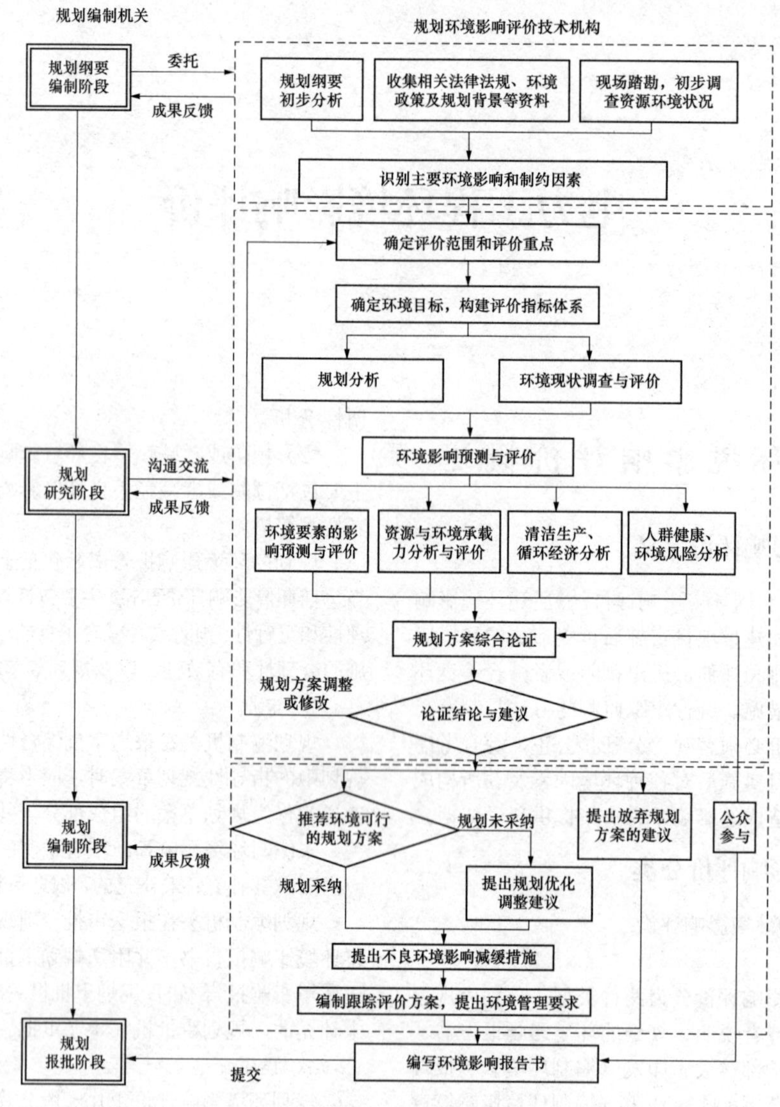

图 7-1 规划环境影响评价流程

减缓措施。如果规划未采纳环境影响评价推荐的方案，还应重点对规划方案提出必要的优化调整建议。编制环境影响跟踪评价方案，提出环境管理要求，反馈给规划编制机关。如果规划选择的方案资源环境无法承载、可能造成重大不良环境影响且无法提出切实可行的预防或减轻对策和措施，以及对可能产生的不良环境影响的程度或范围尚无法做出科学判断时，应提出放弃规划方案的建议，反馈给规划编制机关。

在规划上报审批前，应完成规划环境影响报告书（规划环境影响篇章或说明）的编写与审查，并提交给规划编制机关。

（二）建设项目的环境影响评价

1. 分类

国家根据建设项目对环境的影响程度，对建设项目的环境影响评价实行分类管理。建设单位应当组织编制环境影响报告书、环境影响报告表或者填报环境影响登记表。

根据 2017 年环境保护部《建设项目环境影响评价分类管理名录》（部令 第 44 号）和 2018 年生态环境部《关于修改〈建设项目环境影响评价分类管理名录〉部分内容的决定》（部令第 1 号），电力工程建设项目环境影响评价分类管理名录见表 7-1。

表 7-1 电力工程建设项目环境影响评价分类管理名录

序号	项目类别	报告书	报告表	登记表	环境敏感区含义
1	火力发电（含热电）	除燃气发电工程外的	燃气发电	—	—

续表

序号	项目类别	报告书	报告表	登记表	环境敏感区含义
2	综合利用发电	利用矸石、油页岩、石油焦等发电	单纯利用余热、余压、余气（含煤层气）发电	—	—
3	输变电工程	500kV 及以上；涉及环境敏感区的 330kV 及以上	其他（100kV 以下除外）	—	自然保护区，风景名胜区，世界文化和自然遗产地，海洋特别保护区，饮用水水源保护区，以居住、医疗卫生、文化教育、科研、行政办公等为主要功能的区域

2. 内容

建设项目的环境影响报告书应当包括下列内容：

（1）建设项目概况；

（2）建设项目周围环境现状；

（3）建设项目对环境可能造成影响的分析、预测和评估；

（4）建设项目环境保护措施及其技术、经济论证；

（5）建设项目对环境影响的经济损益分析；

（6）对建设项目实施环境监测的建议；

（7）环境影响评价的结论。

环境影响报告表和环境影响登记表的内容和格式，由国务院环境保护行政主管部门制定。

3. 审批

建设项目的环境影响报告书、报告表，由建设单位按照国务院的规定报有审批权的环境保护行政主管部门审批。海洋工程建设项目的海洋环境影响报告书的审批，依照《中华人民共和国海洋环境保护法》的规定办理。根据环境保护部《关于发布〈环境保护部审批环境影响评价文件的建设项目目录（2015 年本）〉的公告》（公告 2015 年 第 17 号），跨境、跨省（区、市）±500kV 及以上直流项目，跨境、跨省（区、市）500、750、1000kV 交流项目环境影响评价文件由国家环境保护部门审批；火电站、热电站等建设项目的环境影响评价文件由省级环境保护部门审批。上述文件规定以外的电力工程建设项目的环境影响评价文件的审批权限，由省、自治区、直辖市人民政府规定。建设项目可能造成跨行政区域的不良环境影响，有关环境保护行政主管部门对该项目的环境影响评价结论有争议的，其环境影响评价文件由共同的上一级环境保护行政主管部门审批。

审批部门应当自收到环境影响报告书之日起 60 日内，收到环境影响报告表之日起 30 日内，分别做出审批决定并书面通知建设单位。国家对环境影响登记表实行备案管理。

建设项目的环境影响评价文件经批准后，建设项目的性质、规模、地点、采用的生产工艺或者防治污染、防止生态破坏的措施发生重大变动的，建设单位应当重新报批建设项目的环境影响评价文件。

建设项目的环境影响评价文件自批准之日起超过 5 年，方决定该项目开工建设的，其环境影响评价文件应当报原审批部门重新审核；原审批部门应当自收到建设项目环境影响评价文件之日起 10 日内，将审核意见书面通知建设单位。

4. 程序

建设项目环境影响评价需分析判定建设项目选址选线、规模、性质和工艺路线等与国家和地方有关环境保护法律法规、标准、政策、规范、相关规划、规划环境影响评价结论及审查意见的符合性，并与生态保护红线、环境质量底线、资源利用上线和环境准入负面清单进行对照，作为开展环境影响评价工作的前提和基础。

建设项目环境影响评价工作一般分为三个阶段，即调查分析和工作方案制订阶段、分析论证和预测评价阶段、环境影响报告书（表）编制阶段。具体流程见图 7-2。

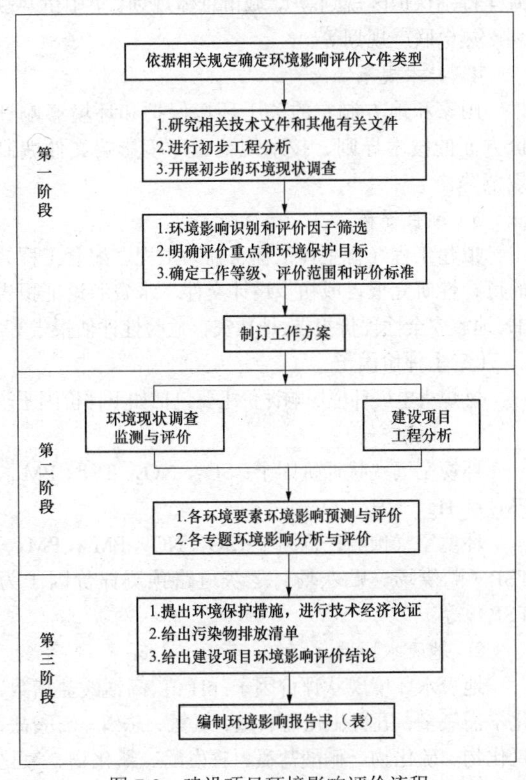

图 7-2　建设项目环境影响评价流程

第二节 火电厂环境影响评价要点

目前，我国燃煤火电厂装机容量约占火电厂装机容量的 90%。本节主要说明新建燃煤火电厂环境影响评价要点，其他类型火电厂可作参考。

一、概述

简要说明建设项目的特点、环境影响评价的工作过程、分析判定相关情况、关注的主要环境问题及环境影响、环境影响评价的主要结论等。

二、总则

（一）编制依据

1. 环境保护法律、法规

国家和地方颁发的关于环境保护方面的法律、法规。

2. 环境保护规章、文件

国家和地方制定的关于环境保护方面的规章、文件。

3. 环境保护等相关规划

项目所在地相关的生态环境保护规划，生态保护红线规划，环境空气、地表水环境、近岸海域环境、海洋环境、地下水环境、声环境、生态环境等环境功能区划，主体功能区规划，各类环境敏感区相关规划（如自然保护区总体规划、风景名胜区规划、饮用水水源保护区划定方案、世界文化和自然遗产保护规划、海洋特别保护区规划等），城市总体规划、集中供热规划，热电联产规划等。

4. 技术规范

国家和地方制定的关于环境保护和环境影响评价方面的技术导则、技术规范、环境影响文件编制规范等。

5. 项目资料

拟建工程（含主体工程、辅助工程、配套工程）的可行性研究报告或初步设计文件、水资源论证报告书、地震安全性评价报告、地质灾害危险性评估报告等。

（二）评价因子

燃煤火电厂环境影响评价主要包括如下评价因子。

1. 环境空气

环境空气现状评价因子：SO_2、NO_2、TSP、PM_{10}、$PM_{2.5}$、Hg、NH_3、O_3。

环境空气预测评价因子：SO_2、NO_2、PM_{10}、$PM_{2.5}$、TSP（贮煤场、贮灰场、运灰道路预测评价因子为TSP）等。

2. 地表水环境

地表水环境现状评价因子：pH 值、高锰酸盐指数、化学需氧量、五日生化需氧量、氨氮、总磷、硫酸盐、氯化物、硫化物、硝酸盐氮、挥发酚、氰化物、氟化物、溶解氧、石油类、汞、铅、锌、砷、铜、镉、六价铬等。

地表水环境预测评价因子：温升、含盐量、化学需氧量、石油类等。

3. 海洋环境

海洋环境海水水质现状评价因子：水温、盐度、pH 值、碱度、悬浮物、化学需氧量、溶解氧、营养盐（硝酸盐、亚硝酸盐、铵盐、活性磷酸盐）、总氮、总磷、氟化物、余氯、油类、总汞、铜、铅、锌、总铬、镉、砷、硫化物、挥发酚。海洋沉积物质量现状评价因子：有机碳、总汞、铜、铅、锌、总铬、镉、砷、油类、硫化物。海洋生物质量现状评价因子：汞、镉、铅、砷、铜、锌、石油烃。海洋生态现状评价因子：初级生产力、叶绿素α、底栖生物、浮游植物、浮游动物、鱼卵、仔稚鱼、游泳生物。

海洋环境预测评价因子：温升、余氯。

4. 地下水环境

地下水现状评价因子：pH 值、总硬度、溶解性总固体、高锰酸盐指数、氯化物、硫酸根、氨氮、硝酸盐氮、亚硝酸盐氮、碳酸根、碳酸氢根、挥发酚、氰化物、氟化物、钾、钠、钙、镁、铁、锰、锌、六价铬、铅、砷、镉、汞、铜、石油类、细菌总数和大肠菌群等。

地下水预测评价因子：化学需氧量、氨氮、硫酸盐、石油类、pH 值等特征因子。

5. 声环境

声环境现状评价因子：昼间、夜间连续等效 A 声级（L_{Aeq}）。

声环境预测评价因子：昼间、夜间连续等效 A 声级（L_{Aeq}）。

（三）评价标准

环境质量评价的标准应根据建设项目所在地区的环境功能区划要求执行相应环境要素的国家或地方环境质量标准。污染物排放标准应执行相应的国家或地方污染物排放标准，应优先执行地方污染物排放标准，其执行标准应符合地方环境保护行政主管部门的要求。当建设项目采用的环境保护标准国内尚未制定，在经地方环境保护行政主管部门同意后可参照执行国际通用标准或国外相关标准。

燃煤火电厂环境影响评价一般涉及如下国家环境标准。

1. 环境质量标准

GB 3095《环境空气质量标准》。

GB 3838《地表水环境质量标准》。

GB 3097《海水水质标准》。

GB/T 14848《地下水质量标准》。

GB 15618《土壤环境质量标准》。

GB 3096《声环境质量标准》。

2. 污染物排放标准

火电厂锅炉大气污染物排放执行 GB 13223《火电厂大气污染物排放标准》。转运站、碎煤机室、灰库、石灰石粉仓、煤仓间等大气污染物排放执行 GB 16297《大气污染物综合排放标准》。启动锅炉大气污染物排放执行 GB 13271《锅炉大气污染物排放标准》。贮煤场、贮灰场大气污染物排放执行 GB 16297《大气污染物综合排放标准》颗粒物无组织排放监控浓度限值。

水污染物排放视情况执行 GB 8978《污水综合排放标准》、GB/T 18920《城市污水再生利用　城市杂用水水质》、GB/T 18921《城市污水再生利用　景观环境用水水质》等。

电厂运营期噪声排放执行 GB 12348《工业企业厂界环境噪声排放标准》，铁路专用线噪声排放执行 GB 12525《铁路边界噪声限值及其测量方法》及《关于发布〈铁路边界噪声限值及其测量方法〉（GB 12525）修改方案的公告》。施工期噪声排放执行 GB 12523《建筑施工场界环境噪声排放标准》。

贮灰场固体废物贮存、处置执行 GB 18599《一般工业固体废物贮存、处置场污染控制标准》及《关于发布〈一般工业固体废物贮存、处置场污染控制标准〉（GB 18599）等 3 项国家污染物控制标准修改单的公告》（环境保护部　公告 2013 年　第 36 号）。危险废物贮存执行 GB 18597《危险废物贮存污染控制标准》及《关于发布〈一般工业固体废物贮存、处置场污染控制标准〉（GB 18599）等 3 项国家污染物控制标准修改单的公告》（环境保护部　公告 2013 年　第 36 号）。

（四）评价工作等级和评价范围

根据相关环境影响评价技术导则，结合工程设计参数，分别确定各环境要素的评价等级和评价范围。

（五）环境保护等相关规划

项目所在地相关的生态环境保护规划，生态保护红线规划，环境空气、地表水环境、近岸海域环境、海洋环境、地下水环境、声环境、生态环境等环境功能区划，主体功能区规划，生态功能区划，各类环境敏感区相关规划（如自然保护区总体规划、风景名胜区规划、饮用水水源保护区划定方案、世界文化和自然遗产保护规划、海洋特别保护区规划等），城市总体规划、集中供热规划，热电联产规划等。

（六）主要环境保护目标

根据 2017 年原环境保护部《建设项目环境影响评价分类管理名录》（部令　第 44 号），环境敏感区是指依法设立的各级各类保护区域和对建设项目产生的环境影响特别敏感的区域，主要包括生态保护红线范围内或者其外的下列区域：

（1）自然保护区、风景名胜区、世界文化和自然遗产地、海洋特别保护区、饮用水水源保护区。

（2）基本农田保护区、基本草原、森林公园、地质公园、重要湿地、天然林、野生动物重要栖息地、重点保护野生植物生长繁殖地、重要水生生物的自然产卵场、索饵场、越冬场和洄游通道、天然渔场、水土流失重点防治区、沙化土地封禁保护区、封闭及半封闭海域。

（3）以居住、医疗卫生、文化教育、科研、行政办公等为主要功能的区域，以及文物保护单位。

拟建项目的主要环境保护目标包括各要素环境评价范围内的上述环境敏感区。

三、建设项目工程分析

（一）厂址和灰场

1. 厂址概况

根据土地性质、地形地貌、煤源、水源、运输条件、电力出线条件、环境保护等方面对厂址进行描述。如果工程有多个厂址方案的比较，应说明推荐厂址的主要理由。说明推荐厂址的地理位置，绘制本工程厂址地理位置示意图。

2. 灰场概况

根据土地性质、地形地貌、运输条件、环境保护等方面对灰场进行描述。如果工程有多个灰场方案的比较，应说明推荐灰场的主要理由。说明推荐灰场的地理位置，绘制本工程灰场地理位置示意图。

（二）拟建工程概况

1. 总平面布置

绘制拟建工程总平面布置图。总平面布置图应包括拟建工程主要设备和构筑物，以及主要污染治理设施。说明拟建工程占地情况及占地指标。

2. 主要工艺与环境保护设施概况

绘制拟建工程工艺流程图。流程图应围绕火电厂主要污染物产生、治理、排放的过程进行绘制。图中应包括主要设备和环境保护设施。

说明拟建工程环境空气污染物、污废水、噪声、固体废物等防治措施，包括治理设施的类型、效率、治理效果等。

3. 燃料

说明拟建工程燃料情况，包括燃料种类、来源，燃煤量，煤质工业分析和元素分析资料，进行燃煤供应可靠性分析。

4. 水源

说明拟建工程用水涉及的水源种类、位置、名称、基本功能、用途、用水总量，进行水源供应可靠性分析。绘制水源位置图。

说明拟建工程水量平衡情况，主要说明来水、耗水、排水的量及相互间的基本关系。绘制水量平衡图。

5. 脱硫剂、脱硝剂

说明拟建工程脱硫工艺、脱硫剂名称、来源、品质、消耗量等情况。

说明拟建工程脱硝工艺、脱硝剂名称、来源、品质、消耗量等情况。

（三）主要污染源源强核算

1. 环境空气污染物

说明拟建工程燃煤锅炉环境空气污染物排放情况，包括烟囱型式、几何高度、出口内径，干烟气量、湿烟气量、烟气含氧量、空气过剩系数，烟囱出口烟气温度、排烟速度，各机组二氧化硫、氮氧化物、烟尘、汞及其化合物排放情况。

说明贮灰场、贮煤场无组织颗粒物排放情况。

说明碎煤机室、转运站、原煤斗、灰库、渣仓、石灰石粉仓等粉尘颗粒物排放情况，包括排风口型式、几何高度、出口内径，排气量，排气出口温度、排气出口速度，各排放源粉尘颗粒物排放情况。

2. 污废水

说明拟建工程排水系统情况。

说明拟建工程温排水排放情况，包括冷却水取水口位置、取水量、取水流速，取水管基本情况；排水口位置、排水量、排水流速，排水管基本情况，排入水体的方式（表层、深层）、排水温升值、排水加药情况。

说明拟建工程生活污水排放方式、排放量、主要污染因子、处理方式、排放去向。

说明拟建工程各类工业废水（工业废水、脱硫废水、含煤废水、含油废水等）项目、排放方式、排放量、主要污染因子、处理方式、排放去向。

3. 噪声污染

说明拟建工程噪声设备名称、数量、位置、噪声源强、采取的噪声治理措施。

4. 固体废物

说明拟建工程灰渣、脱硫石膏、石子煤排放情况，说明拟建工程生活垃圾排放情况，说明拟建工程污废水处理系统产生污泥的排放情况，说明废脱硝催化剂等危险废物排放情况。说明固体废物综合利用或回收利用途径。

（四）与环境保护相关产业政策和规划的相符性分析

对拟建工程与环境保护相关产业政策和规划的相符性进行分析。

四、环境现状调查与评价

（一）自然环境

1. 地形地貌

说明评价区域的地形特征（如山区、丘陵、城市、平原、盆地、滨湖、沿海等）。

绘制区域的地形图。对区域地形图作简要描述，包括区域、厂区、贮灰场的地形、地貌、土地类别、海拔标高等。

2. 地表水文状况

描述火电厂拟建区域所属的水系。说明拟建区域河流、湖泊、水库的名称及与该水系的关系（支流或主流）。绘制区域的水系图，标明厂址和贮灰场在水系图上的位置。

根据项目特点及排水受纳水体的水环境功能，描述河流、河口、湖泊、水库等水文状况，主要包括河流形态特征、水文变化规律、水温变化情况、水的利用情况等。

3. 海洋水文状况

描述火电厂拟建区域所属的海域。绘制区域的海域图，标明厂址和贮灰场在海域图上的位置。

根据项目特点及排水受纳水体的近岸海域环境或海洋环境功能，描述海域等水文状况，主要包括潮位、潮流、波浪、汇入评价海域的主要河流水文概况等。

4. 水文地质条件

描述地下水文特征，主要内容包括区域地层岩性、地质构造、地貌特征与矿产资源；包气带岩性、结构、厚度、分布及垂向渗透系数等；含水层岩性、分布、结构、厚度、埋藏条件、渗透性、富水程度等；隔水层（弱透水层）的岩性、厚度、渗透性等；地下水类型、地下水补径排条件；地下水水位、水质、水温、地下水化学类型；泉的成因类型，出露位置、形成条件及泉水流量、水质、水温，开发利用情况；集中供水水源地和水源井的分布情况（包括开采层的成井密度、水井结构、深度以及开采历史）等。

5. 气候气象特征

说明评价范围主要气候统计特征，包括年平均风速和风向玫瑰图、最大风速与月平均风速、年平均气温、极端气温与月平均气温、年平均相对湿度、年均降水量、降水量极值、日照等。

说明评价范围主要气象统计特征，对温度、风速、风向、风频等特征进行侧重分析。

（二）环境空气质量现状

1. 现状调查

调查评价范围内与火电厂排放污染物有关的其他在建项目、已批复环境影响评价文件的未建项目等污染源。如有区域替代方案，还应调查评价范围内所有的拟替代的污染源。污染源调查内容包括各项目的有组织排放源和无组织排放源的主要污染物种类、排放类型、排放量、排放参数、排放工况、排放规律等。

收集评价范围内及邻近评价范围的各例行空气质

量监测点的与项目有关的监测资料。分析评价范围内的环境空气质量水平和变化趋势。

2. 现状监测与评价

根据评价等级，结合地形复杂性及环境空气保护目标的分布，综合考虑监测点设置数量。

对现状监测数据结果进行统计分析，计算最大浓度值占相应标准浓度限值的百分比和超标率。分析大气污染物浓度的变化规律以及大气污染物浓度与气象因素及污染源排放的关系。分析重污染时间分布情况及其影响因素。

（三）地表水环境质量现状

1. 现状调查

调查地表水评价范围内主要污废水排放情况，主要包括特征污染物和排水量。收集评价范围内各例行地表水质量监测断面的水质监测资料。分析评价范围内的地表水环境质量水平和变化趋势。

针对温排水涉及的水域内具有重要水生生物资源的情况，应进行水生生物调查。调查应充分利用现有资料，对不足部分作适当的实地补充调查；如该水域无重要水生生物资源，此部分可以简化。对调查的各类水生生物的种类、生物量、初级生产力等进行统计分析。

2. 现状监测与评价

应尽量利用现有资料（地方监测资料和其他项目监测资料），无资料或现有资料不足时进行现场监测。

按地表水环境质量标准所列项目选择监测项目，并根据水体类型、主要污染源的主要污染因子及预测模型的要求有所侧重。监测项目主要包括常规水质因子和火电行业特征水质因子。对地表水水质监测数据结果进行统计分析，对评价范围内的水体环境质量进行评价。

（四）海洋环境质量现状

调查海洋评价范围内主要污废水排放情况。收集评价范围内与项目有关的海洋环境现状调查和监测资料。分析评价范围内的海洋环境质量水平和变化趋势。

对海洋水文动力环境、海洋地形地貌与冲淤环境、海水水质环境、海洋沉积物环境、海洋生态和生物资源等进行调查和监测，对调查和监测结果进行统计分析。按海水水质标准和海洋环境评价技术规程所列项目选择调查和监测项目。

（五）地下水环境质量现状

1. 现状调查

地下水环境现状调查以能说明地下水环境的现状，反映调查评价区地下水基本流场特征，满足地下水环境影响预测和评价为基本原则。地下水污染源主要调查评价区内具有与火电厂产生或排放同种特征污染物的地下水污染源。

2. 现状监测与评价

地下水环境现状监测点采用控制性布点与功能性布点相结合的布设原则。监测点应主要布设在火电厂建设场地、周围环境敏感点、地下水污染源以及对于确定边界条件有控制意义的地点。当现有监测点不能满足监测位置和监测深度要求时，应布设新的地下水现状监测井，现状监测井的布设应兼顾地下水环境影响跟踪监测计划。

地下水水质现状监测应检测分析地下水环境类型。监测因子原则上应包括基本水质因子和行业特征因子两类，监测因子可根据区域地下水类型、污染源状况适当调整。

对现状监测因子按其规定的水质分类标准值进行评价。现状监测结果应进行统计分析，给出最大值、最小值、均值、标准差、检出率和超标率等。

3. 环境水文地质勘察与试验

在区域水文地质调查的基础上对场地进行必要的水文地质勘察。环境水文地质勘察可采用钻探、物探和水土化学分析以及室内外测试、试验等手段开展，环境水文地质试验项目通常有抽水试验、注水试验、渗水试验、浸溶试验及土柱淋滤试验等。在评价工作过程中可根据评价等级和资料掌握情况选用。

（六）声环境质量现状

1. 现状调查

收集评价范围内地理地形图，说明评价范围内声源和敏感目标之间的地貌特征、地形高差及影响声波传播的环境要素。

调查评价范围内不同区域的声环境功能区划情况，调查各声环境功能区的声环境质量现状。

调查评价范围内的敏感目标的名称、规模、人口的分布等情况，并以图、表相结合的方式说明敏感目标与建设项目的关系（如方位、距离、高差等）。

建设项目所在区域的声环境功能区的声环境质量现状超过相应标准要求或噪声值相对较高时，需对区域内的主要声源的名称、数量、位置、影响的噪声级等相关情况进行调查。

2. 现状监测和评价

监测布点应覆盖整个评价范围，包括厂界和声环境敏感目标。

以图、表结合的方式给出评价范围内的声环境功能区及其划分情况，以及现有敏感目标的分布情况。分析评价范围内现有主要声源种类、数量及相应的噪声级、噪声特性等，明确主要声源分布。分别评价不同类别的声环境功能区内各敏感目标的超标、达标情况，说明其受到现有主要声源的影响状况。给出不同类别的声环境功能区噪声超标范围内的人口数及分布情况。

（七）生态环境质量现状

1. 现状调查

根据生态影响的空间和时间尺度特点，调查火电厂影响区域内涉及的生态系统类型、结构、功能和过程，以及相关的非生物因子特征，重点调查受保护的珍稀濒危物种、关键种、土著种、建群种和特有种，天然的重要经济物种等，调查影响区域生态功能区划情况。如涉及国家级和省级保护物种、珍稀濒危物种和地方特有物种时，应逐个或逐类说明其类型、分布、保护级别、保护状况等；如涉及特殊生态敏感区和重要生态敏感区时，应逐个说明其类型、等级、分布、保护对象、功能区划、保护要求等。

调查影响区域内已经存在的制约本区域可持续发展的主要生态问题，如水土流失、沙漠化、石漠化、盐渍化、自然灾害、生物入侵和污染危害等，指出其类型、成因、空间分布、发生特点等。

2. 现状评价

在阐明生态系统现状的基础上，分析影响区域内生态系统状况的主要原因。评价生态系统的结构与功能状况、生态系统面临的压力和存在的问题、生态系统的总体变化趋势等。

分析和评价受影响区域内动、植物等生态因子的现状组成、分布；当评价区域涉及受保护的敏感物种时，应重点分析该敏感物种的生态学特征；当评价区域涉及特殊生态敏感区或重要生态敏感区时，应分析其生态现状、保护现状和存在的问题等。

五、环境影响预测与评价

（一）环境空气影响预测及评价

（1）预测火电厂正常排放条件下，在预测周期内主要污染物对环境空气保护目标、计算网格点处的小时浓度、日平均浓度、年平均浓度等的贡献值，评价其最大浓度占环境空气质量标准限值的百分比，评价其最大浓度叠加环境空气质量现状浓度后的环境影响程度。

（2）预测火电厂非正常排放条件下，环境空气保护目标、计算网格点处的最大浓度贡献值，评价其最大浓度占环境空气质量标准限值的百分比。

（3）计算贮灰场、贮煤场等无组织源的大气环境防护距离。结合厂区平面布置图，确定项目大气环境防护区域。

（二）地表水环境影响预测及评价

（1）一般排水可根据水域功能，采用环境影响评价技术导则推荐的预测模式进行混合区范围的计算、污染物浓度分布预测。

（2）火电厂存在温排水的情况下，预测各个取、排水工况下的流速场分布及相应的水温分布，绘制对应的流速场分布及相应的水温分布图。预测不同工况下余氯浓度分布，绘制对应的余氯浓度分布图。评价水域温升对水生生物的影响，评价取水对水生生物的卷载效应和机械损伤的影响，评价温排水对渔业生产产量及产品质量的影响，评价温排水对环境水域富营养化的影响。

（三）海洋环境影响预测及评价

预测火电厂取排水对海洋水文动力环境、海洋地形地貌与冲淤环境、海水水质环境、海洋沉积物环境、海洋生态和生物资源等的影响范围、时段和程度。预测污染物的浓度包络线分布。

（四）地下水环境影响预测及评价

（1）已依据 GB 18597《危险废物贮存污染控制标准》、GB 18599《一般工业固体废物贮存、处置场污染控制标准》、GB/T 50934《石油化工防渗工程技术规范》设计地下水污染防渗措施的火电厂危险废物贮存间、贮灰场、贮油罐区、液氨贮罐区等，可不进行正常状况情景下的预测。

（2）预测火电厂工业废水池、生活污水池、脱硫废水池、含油废水池等正常状况和非正常状况下，pH 值、化学需氧量、氨氮、硫酸盐、石油类等特征因子不同时段的影响范围、程度，最大迁移距离。预测贮油罐区、液氨贮罐区等非正常状况下，氨氮、石油类等特征因子不同时段的影响范围、程度，最大迁移距离。

（3）评价火电厂对地下水水质的直接影响，评价对地下水环境保护目标的环境影响。

（五）声环境影响预测及评价

（1）预测火电厂厂界和声环境敏感目标的噪声贡献值、预测值，绘制等声级线图。

（2）根据噪声预测结果和声环境评价标准，评价火电厂在施工期、运行期噪声对厂界及声环境敏感目标的影响程度、影响范围。

（六）生态环境影响预测及评价

（1）通过分析火电厂工程占地、施工扰动、交通运输等影响作用的方式、范围、强度和持续时间来判别生态系统受影响的范围、强度和持续时间；预测生态系统组成和服务功能的变化趋势，重点关注其中的不利影响、不可逆影响和累积生态影响。

（2）预测对敏感生态保护目标的影响，分析评价项目的影响途径、影响方式和影响程度，预测潜在的后果。

（3）预测评价火电厂对区域现存主要生态问题的影响趋势。

（七）环境风险预测与评价

（1）预测事故工况下，火电厂氨（液氨、氨气）、柴油、氢气、天然气、污废水等在大气或水体中的扩散，计算浓度分布。

（2）根据危险化学品伤害阈、工业场所有害因素职业接触限值、水生生态损害阈等，预测环境风险的损害范围和损害值，评价环境风险的可接受水平。

（八）电磁环境影响预测及分析

（1）预测火电厂所含输变电工程工频电场、工频磁场的分布，绘制等值线图。

（2）评价火电厂对厂界及环境敏感目标的工频电场、工频磁场的影响程度。

六、环境保护措施及其可行性论证

（一）运行期污染防治措施及其可行性论证

1. 环境空气污染防治措施及其可行性论证

（1）烟气排放型式。通过论证确定烟气排放型式、高度、出口内径。

（2）二氧化硫防治措施。说明脱硫工艺、脱硫方案，列出脱硫系统主要设备的性能参数。说明二氧化硫防治效果。论证二氧化硫防治措施达到防治效果的可行性。

（3）氮氧化物防治措施。说明锅炉本体低氮控制方式、炉外脱硝工艺、脱硝方案，列出脱硝系统主要设备的性能参数。说明氮氧化物防治效果。论证氮氧化物防治措施达到防治效果的可行性。

（4）烟尘防治措施。说明除尘工艺、除尘方案，列出除尘系统主要设备的性能参数。说明烟尘防治效果。论证除尘措施达到防治效果的可行性。

（5）汞及其化合物防治措施。说明脱汞工艺、脱汞方案，列出脱汞系统主要设备的性能参数。说明汞及其化合物防治效果。论证汞及其化合物防治措施达到防治效果的可行性。

（6）无组织颗粒物防治措施。说明贮灰场、贮煤场无组织颗粒物防治措施，说明无组织颗粒物防治效果。论证无组织颗粒物防治措施达到防治效果的可行性。

（7）粉尘防治措施。说明碎煤机室、转运站、原煤斗、灰库、渣仓、石灰石粉仓等除尘类型、除尘效率、除尘效果。论证除尘防治措施达到防治效果的可行性。

2. 地表水污染防治措施及其可行性论证

（1）温排水排放。说明冷却水取、排水口的平面及立面布置。说明为了防止取水对水生生物的机械损伤和被吸入取水口所采取的措施。说明温排水排放方案，说明温排水加入有关药剂的方案，说明排水口的布置、型式、缩小高温区范围和减轻热影响及防止对船舶航行影响的工程措施。论证温排水排放方案的可行性。

（2）工业废水防治措施。说明工业废水种类（工业废水、脱硫废水、含煤废水、含油废水等）、设计水量、处理工艺、处理方案、处理能力、处理效果，列出工业废水处理系统的主要性能参数。论证工业废水防治措施达到防治效果的可行性。

（3）生活污水防治措施。说明生活污水设计水量、处理工艺、处理方案、处理能力、处理效果，列出生活污水处理系统的主要性能参数。论证生活污水防治措施达到防治效果的可行性。

3. 地下水污染防治措施及其可行性论证

（1）源头控制措施。说明各类废物循环利用的具体方案；说明工艺、管道、设备、污水储存及处理构筑物采取的污染控制措施。

（2）分区防控措施。根据对地下水产生污染的可能性和严重性，对厂区各生产、生活功能单元进行重点污染防治区、一般污染防治区和简单防渗区的判定和划分。绘制厂区地下水防渗分区图。

根据厂区地下水防渗分区，说明不同的防渗区域采用的防渗措施、防渗效果。论证防渗措施达到防治效果的可行性。

（3）地下水渗漏后的控制措施。制订地下水污染应急响应预案，明确污染状况下采取的控制污染源、切断污染途径等措施。

4. 噪声污染防治措施及其可行性论证

从设备选型、工艺方案选择、总平面布置、主要噪声设备降噪措施、防治偶发噪声措施等方面说明工程采取的噪声污染防治措施、防治效果。论证噪声污染防治措施达到防治效果的可行性。

5. 固体废物防治措施及其可行性论证

说明除灰渣方式、灰渣存贮方式。说明贮灰场防渗措施，贮灰场绿化方案。说明灰渣、脱硫石膏、石子煤综合利用措施。说明生活垃圾贮存方式和处置利用方案等。说明污废水处理系统产生污泥的贮存方式和处置利用方案等。说明废脱硝催化剂等危险废物贮存方式和回收利用方案等。论证固体废物防治措施达到防治效果的可行性。

6. 生态保护措施及其可行性论证

根据区域植物生态的情况和拟建工程占地的特点提出绿化设计的原则，如树木、灌木、草本植物的栽种方案等。提出绿化系数。绘制电厂绿化规划图。

总平面布置及建筑设计和布置方面要考虑与当地自然景观的协调。

根据工程具体情况确定陆生动物、水生植物、水生动物的保护方案，说明保护效果。

论证生态保护措施达到保护效果的可行性。

（二）施工期污染防治措施及其可行性论证

说明施工期环境空气污染、地表水污染、噪声污染、固体废气污染等防治措施的具体方案及防治效果。

论证防治措施达到防治效果的可行性。

七、环境影响经济损益分析

（一）环境保护投资

列出火电厂环境保护投资估算表，包括烟气除尘系统、烟气脱硫系统、烟气脱硝系统、烟囱、输煤系统防尘设施、工业废水处理设施、生活污水处理设施、脱硫废水处理设施、含煤废水处理设施、含油废水处理设施、除灰渣系统、贮灰场防渗和防尘设施、厂区地下水防渗措施、噪声治理措施、绿化措施、烟气自动连续监测设备、废水在线监测设备、环境监测站仪器设备等的费用，计算环境保护投资占工程总投资的比例。

（二）效益分析

1. 环境效益

主要说明拟建工程建成后对区域污染物排放的削减、环境质量的变化等。分析电厂建设对环境的不利影响是否在可接受的程度等。

2. 社会效益

主要从供电和供热状况的改善、提供就业机会等方面进行论述。

八、环境管理与监测计划

（一）环境管理

提出火电厂设立环境管理机构的具体要求，根据拟建工程特点提出环境管理机构的职能和管理工作的特殊要求。结合国家和项目所在地的要求，提出环境管理的工作内容。

（二）环境监测

根据项目特点和有关环境保护要求，提出环境监测要求。

1. 环境空气、废气监测

火电厂锅炉烟气监测项目主要包括 NO_2（NO_x）、SO_2、烟尘、汞及其化合物、氨等。

火电厂碎煤机室、转运站、原煤斗、灰库、渣仓、石灰石粉仓等废气监测项目主要为颗粒物。

火电厂环境空气无组织源监测项目主要包括贮煤场、贮灰场的周界外最高颗粒物，油罐区的非甲烷总烃，脱硝剂贮存区的氨等。

2. 污废水监测

污废水排放监测主要包括生活污水、工业废水、脱硫废水、含煤废水、含油废水等的 pH 值、悬浮物、COD、石油类、氟化物、总砷、硫化物、挥发酚、氨氮、BOD_5、动植物油、水温、排水量、总铅、总汞、总镉、总铬、总镍、总锌、铜等指标。具体监测项目根据有关环境保护要求和污废水的特点决定。

3. 地下水监测

地下水监测主要包括跟踪监测点的 pH 值、氨氮、硝酸盐、亚硝酸盐、挥发性酚类、氰化物、砷、汞、六价铬、总硬度、铅、氟、镉、铁、锰、溶解性总固体、高锰酸盐指数、硫酸盐、氯化物、总大肠菌群、细菌总数等指标。具体监测项目可根据区域地下水类型、污染源状况适当调整。

4. 噪声监测

噪声监测主要为厂界、厂外声环境敏感点等的 A 计权等效连续噪声值（L_{Aeq}）。

5. 电磁监测

电磁监测主要包括升压站、输出线路走廊、厂外电磁环境敏感点等的工频电场和磁场监测等指标。

九、环境影响评价结论

（一）建设的必要性

简要描述电厂建设的必要性，与产业政策的相符性，与环境保护等相关规划的相符性。

（二）环境质量现状

简要描述环境空气、地表水、海洋环境、地下水、声、生态等环境质量状况，说明有无超标及存在的主要问题。

（三）运行期主要污染防治措施

1. 环境空气污染防治措施

简要说明烟气排放型式；脱硫类型、脱硫效率；除尘器类型、除尘效率；控制、脱除氮氧化物排放的措施和类型、脱硝效率；控制、脱除汞及其化合物排放的措施和类型、脱汞效率。

简要说明贮灰场、贮煤场无组织颗粒物防治措施；简要说明碎煤机室、转运站、原煤斗、灰库、渣仓、石灰石粉仓等除尘类型、除尘效率。

2. 水污染防治措施

简要说明温排水减少温度影响范围及防止对生物损伤的措施；工业废水达标处理的措施及重复利用情况；生活污水达标处理的措施及重复利用情况；脱硫废水达标处理的措施及重复利用情况；含煤废水达标处理的措施及重复利用情况；含油废水达标处理的措施及重复利用情况等。

3. 噪声防治措施

简要说明针对厂界达标和声环境敏感目标采取的主要噪声治理措施。

4. 固体废物防治措施

简要说明除灰渣方式，灰渣存贮方式；贮灰场防渗措施，灰渣、脱硫石膏、石子煤综合利用措施；生活垃圾贮存方式和处置利用方案；污废水处理系统产生污泥的贮存方式和处置利用方案；废脱硝催化剂等危险废物贮存方式和回收利用方案等。

（四）环境影响预测及分析

简要说明电厂的主要污染物对环境质量和环境敏

感目标的影响。

（五）公众参与情况

简要说明征求意见、问卷调查，组织召开座谈会、专家论证会、听证会等方式公众参与的情况。

（六）评价结论

从环境保护角度对火电厂建设的可行性给出明确结论。

第三节　输变电工程环境影响评价要点

一、前言

简要说明建设项目的特点、环境影响评价的工作过程、关注的主要环境问题及环境影响报告书的主要结论。

二、总则

（一）编制依据

1. 环境保护法律、法规

国家和地方颁发的关于环境保护方面的法律、法规。

2. 环境保护规章、文件

国家和地方制定的关于环境保护方面的规章、文件。

3. 环境保护等相关规划

项目所在地相关的生态环境保护规划，生态保护红线规划，环境空气、地表水环境、近岸海域环境、海洋环境、地下水环境、声环境、生态环境等环境功能区划，主体功能区规划，各类环境敏感区相关规划（如自然保护区总体规划、风景名胜区规划、饮用水水源保护区划定方案、世界文化和自然遗产保护规划、海洋特别保护区规划等），城市总体规划等。

4. 技术规范

国家和地方制定的关于环境保护和环境影响评价方面的技术导则、技术规范、环境影响文件编制规范等。

5. 项目资料

拟建工程的可行性研究报告或初步设计文件，线路路径、变电站（含换流站）站址取得地方政府相关主管部门的协议等。

（二）评价因子

输变电工程环境影响评价主要包括如下评价因子。

1. 电磁环境

电磁环境现状评价因子：工频电场、工频磁场、合成电场。

电磁环境预测评价因子：工频电场、工频磁场、合成电场。

2. 声环境

声环境现状评价因子：昼间、夜间连续等效 A 声级（L_{Aeq}）。

声环境预测评价因子：昼间、夜间连续等效 A 声级（L_{Aeq}）。

3. 地表水环境

地表水环境现状评价因子：pH 值、化学需氧量、五日生化需氧量、氨氮、石油类。

地表水环境预测评价因子：pH 值、化学需氧量、五日生化需氧量、氨氮、石油类。

（三）评价标准

环境质量评价的标准应根据建设项目所在地区的要求执行相应环境要素的国家或地方环境质量标准。污染物排放标准应执行相应的国家或地方污染物排放标准，应优先执行地方污染物排放标准，其执行标准应符合地方环境保护行政主管部门的要求。当建设项目采用的环境保护标准国内尚未制定，在经地方环境保护行政主管部门同意后可参照执行国际通用标准或国外相关标准。

输变电工程环境影响评价一般涉及如下国家环境标准。

1. 环境质量标准

GB 8702《电磁环境控制限值》

GB 3838《地表水环境质量标准》。

GB 3097《海水水质标准》。

GB 3096《声环境质量标准》。

2. 污染物排放标准

运营期噪声排放执行 GB 12348《工业企业厂界环境噪声排放标准》。施工期噪声排放执行 GB 12523《建筑施工场界环境噪声排放标准》。

水污染物排放执行 GB 8978《污水综合排放标准》、GB/T 18920《城市污水再生利用　城市杂用水水质》、GB/T 18921《城市污水再生利用　景观环境用水水质》。

（四）评价工作等级和评价范围

根据相关环境影响评价技术导则，结合工程设计参数，分别确定各环境要素的评价工作等级和评价范围。

（五）环境保护目标

根据 2017 年环境保护部《建设项目环境影响评价分类管理名录》（部令　第 44 号），环境敏感区是指依法设立的各级各类保护区域和对建设项目产生的环境影响特别敏感的区域，主要包括生态保护红线范围内或者其外的下列区域：

（1）自然保护区、风景名胜区、世界文化和自然遗产地、海洋特别保护区、饮用水水源保护区。

（2）基本农田保护区、基本草原、森林公园、地质公园、重要湿地、天然林、野生动物重要栖息地、重点保护野生植物生长繁殖地、重要水生生物的自然产卵场、索饵场、越冬场和洄游通道、天然渔场、水土流失重点防治区、沙化土地封禁保护区、封闭及半封闭海域。

（3）以居住、医疗卫生、文化教育、科研、行政办公等为主要功能的区域，以及文物保护单位。

拟建项目的主要环境保护目标包括各要素环境评价范围内的上述环境敏感区。附图并列表说明评价范围内各要素相应环境敏感区的名称、功能，与工程的位置关系以及需要达到的保护要求。

（六）评价重点

各要素评价等级在二级及以上时作为评价重点。

三、工程概况与工程分析

（一）工程概况

1. 工程一般特性

说明工程名称、建设性质、建设地点、建设内容、建设规模、线路路径、站址、电压、电流、布局、塔型、线型、设备容量、跨越情况、职工人数等内容，并附区域地理位置图、总平面布置示意图、线路路径示意图等。工程组成包括相关装置、公用工程、辅助设施等内容。直流工程说明接地极系统情况。

2. 物料、资源等消耗及工程占地

说明工程永久和临时占地面积及类型，列表说明工程占用基本农田、基本草原的情况。说明主要物料、资源的数量、来源、储运方式等情况。

3. 施工工艺和方法

说明施工组织、施工工艺和方法等。

4. 主要经济技术指标

说明投资额、建设周期、效益指标等。

5. 已有工程情况

说明本期工程与已有工程的关系，包括前期工程的环境问题、影响程度、环保措施及实施效果，以及主要评价结论等回顾性分析的内容。若前期工程已通过建设项目竣工环境保护验收，还应包括竣工环境保护验收的主要结论。

（二）与政策法规等相符性分析

分析评价输变电工程与国家产业政策、法规、标准及所涉及地区的相关规划（包括环境保护规划、生态保护红线规划，生态建设规划等）的相符性。分析是否满足环保、规划等相关部门对工程提出的基本要求；分析工程线路形式（单回路或双回路等）、线路路径、站址及总平面布置的环境合理性；分析工程是否尽量避开居住区、文教区、自然保护区、风景名胜区、世界文化和自然遗产地、饮用水水源保护区等环境敏感区。

对分析中发现的相关问题提出对策措施，必要时给出工程线路、站址选择或调整的避让距离要求。对于确实无法避让的自然保护区、风景名胜区、世界文化和自然遗产地、饮用水水源保护区等环境敏感区，在取得相关主管部门意见前提下，可仅作意见符合性分析。

（三）环境影响因素识别

分析工程施工期的噪声、废水、扬尘、弃渣、生态影响等环境影响因素。

运行期的环境影响因素分析以正常工况为主。分析各环境影响因素，包括电磁、生态、噪声、废水等的产生、排放、控制情况。说明电磁及噪声源的源强及分布，说明废水排放源的种类、数量、成分、浓度、处理方式、排放方式与去向等。

（四）生态影响途径分析

分析工程生态影响途径，主要从选线选址、施工组织、施工方式、生态敏感区的影响等方面分析施工期的生态影响途径。

从运行维护角度分析工程运行期的生态影响途径。

（五）设计文件环境保护措施

描述工程设计文件拟采取的环境保护和生态恢复措施，按环境要素分类。

四、环境现状调查与评价

（一）区域概况

说明工程所涉区域概况，包括行政区划、地理位置、区域地势、交通等，附地理位置图。

（二）自然环境

1. 地形地貌

说明工程所涉区域的海拔、地形特征、地貌类型（山地、丘陵、平原、河网等）等。附区域地形图、现场地形地貌照片等资料。

2. 地质

概要说明工程所涉区域的地质状况。

3. 水文特征

概要说明工程所涉水体与工程的关系及其水文特征。

4. 气候气象特征

概要说明工程所涉区域的气候、气象特征。

（三）社会环境

概要说明工程所涉地区人口数量、交通运输和其他社会经济活动等情况。

（四）电磁环境

对电磁环境的现状进行监测，监测点位包括电磁环境敏感目标、输电线路路径沿线和站址，绘制测量布点图。

对照评价标准进行现状监测结果的评价，并给出评价结论。

（五）声环境

对声环境的现状进行监测，监测点位主要设在声环境敏感目标、站址厂界等位置。

对照评价标准进行现状监测结果的评价，并给出评价结论。

（六）生态环境

1. 现状调查

根据生态影响的空间和时间尺度特点，调查输变电工程影响区域内涉及的生态系统类型、结构、功能和过程，以及相关的非生物因子特征，重点调查受保护的珍稀濒危物种、关键种、土著种、建群种和特有种，天然的重要经济物种等，调查影响区域生态功能区划情况。如涉及国家级和省级保护物种、珍稀濒危物种和地方特有物种时，应逐个或逐类说明其类型、分布、保护级别、保护状况等；如涉及特殊生态敏感区和重要生态敏感区时，应逐个说明其类型、等级、分布、保护对象、功能区划、保护要求等。在有敏感生态保护目标（包括特殊生态敏感区和重要生态敏感区）或其他特别保护要求对象时，应做专题调查。

调查影响区域内已经存在的制约本区域可持续发展的主要生态问题，如水土流失、沙漠化、石漠化、盐渍化、自然灾害、生物入侵和污染危害等，指出其类型、成因、空间分布、发生特点等。

2. 现状评价

在阐明生态系统现状的基础上，分析影响区域内生态系统状况的主要原因。评价生态系统的结构与功能状况、生态系统面临的压力和存在的问题、生态系统的总体变化趋势等。

分析和评价受影响区域内动、植物等生态因子的现状组成、分布；当评价区域涉及受保护的敏感物种时，应重点分析该敏感物种的生态学特征；当评价区域涉及特殊生态敏感区或重要生态敏感区时，应分析其生态现状、保护现状和存在的问题等。

（七）地表水环境

概要说明输变电工程污水受纳水体的环境功能及现状。

五、施工期环境影响评价

1. 生态影响预测与评价

通过分析施工占地、施工扰动、交通运输等影响作用的方式、范围、强度和持续时间来判别生态系统受影响的范围、强度和持续时间；预测生态系统组成和服务功能的变化趋势，重点关注其中的不利影响、不可逆影响和累积生态影响。预测对敏感生态保护目标的影响，分析评价项目的影响途径、影响方式和影响程度，预测潜在的后果。

2. 声环境影响分析

分析施工噪声对周边声环境敏感目标产生的影响。关注不利影响的时间分布、时间长度，提出控制作业时段、优化施工机械布置等方面的措施。

3. 施工扬尘分析

分析施工扬尘对周边环境空气敏感目标产生的影响。从文明施工、防止物料裸露、合理堆料、定期洒水等施工管理及临时预防措施方面进行分析。

4. 固体废物环境影响分析

分析固体废物对环境产生的影响。从弃渣、施工垃圾、生活垃圾等处理措施方面进行分析。

5. 污水排放分析

分析施工期施工人员生活污水、施工过程废水等对环境的影响。从文明施工、合理排水、防止漫排等施工管理及临时预防措施方面进行分析。

六、运行期环境影响评价

（一）电磁环境影响预测与评价

1. 类比评价

选择建设规模、电压等级、容量、总平面布置、占地面积、架线型式、架线高度、电气型式、母线型式、环境条件及运行工况与拟建工程相似的对象进行类比评价，列表论述其可比性。

对选择的类比对象进行电磁环境监测，定量说明其对敏感目标的影响程度。选择测量路径时考虑结果能反映主要源强的影响，给出测量布点图，并给出测量现场照片。

以表格、趋势图线等方式表述类比结果。分析类比结果的规律性、类比对象与拟建工程的差异；分析预测输变电工程电磁环境的影响范围、满足对应标准或要求的范围、最大值出现的区域范围，并对其正确性及合理性进行论述。对于架空输电线路，必要时进行模式复核并分析。

2. 架空线路工程模式预测及评价

根据交流架空输电线路的架线型式、架设高度、相序、线间距、导线结构、额定工况等参数，计算其周围工频电场、工频磁场的分布及对敏感目标的贡献。根据直流架空线路工程的架线型式、架设高度、线间距、导线结构、额定工况等参数，计算其周围合成电场的分布及对敏感目标的贡献。

模式预测时给出预测工况及环境条件，针对电磁环境敏感目标和特定的工程条件及环境条件，合理选择典型情况进行预测。塔型选择主要考虑线路经过居民区时的塔型或者按保守原则选择电磁环境影响最大的塔型。

以表格和等值线图、趋势线图的方式表述预测结果。表述预测结果时给出最大值、符合标准的值以及对应位置，给出典型线路段的电磁环境预测达标等值线图。对于电磁环境敏感目标，根据其建筑楼层特征，给出不同楼层的预测结果。通过对照评价标准，评价预测结果，提出治理、减缓电磁环境影响的工程措施，必要时提出避让敏感目标的措施。

3. 交叉跨越和并行线路影响分析

330kV 及以上电压等级的输电线路工程出现交叉跨越或并行时，可采用模式预测或类比监测的方法，从跨越净空距离、跨越方式、并行线路间距、环境敏感特性等方面，对电磁环境影响评价因子进行分析。并行线路中心线间距小于 100m 时，重点分析其对环境敏感目标的综合影响，并给出对应的环境保护措施。

4. 电磁环境影响评价结论

根据现状评价、类比评价、模式预测及评价结果，综合评价输变电工程的电磁环境影响。

（二）声环境影响预测与评价

1. 线路工程类比评价

线路工程的噪声源强可采取类比监测的方法确定，并以此为基础进行类比评价。类比对象选择与拟建工程建设规模、电压等级、容量、架线型式、线高、环境条件及运行工况类似的工程，充分论述其可比性。

通过对类比线路工程和声环境敏感目标噪声现状的监测，获取类比线路工程的噪声源强和类比声环境敏感目标的噪声水平。

以表格或图线等方式表达类比结果。根据线路工程噪声源强类比监测结果，分析线路工程噪声源强，预测线路工程噪声的影响范围、满足对应标准的范围、最大值出现的区域范围，并对其正确性及合理性进行论述。分析预测拟建工程对周边声环境敏感目标的影响程度及可以采取的减缓和避让措施。

2. 模式预测及评价

对变电站、换流站、开关站、串补站的声环境影响预测，采用工业噪声预测模式预测其噪声影响，对厂界和敏感目标进行声环境影响评价。

以表格和等声级图的方式表述预测结果。通过对照标准，评价预测结果。

3. 噪声环境影响评价结论

通过现状评价、类比评价、模式预测及评价，综合评价工程的声环境影响，提出噪声治理、减缓的工程措施，必要时提出避让敏感目标的措施。

（三）地表水环境影响分析

主要从水量、处理方式、排放去向、受纳水体以及处理达标情况等方面，对变电站、换流站、开关站、串补站工程的地表水环境影响进行分析评价。换流站存在冷却水外排时，应结合其主要影响因子分析对受纳水体的影响。

（四）固体废物环境影响分析

对变电站、换流站、开关站、串补站内废旧蓄电池、生活垃圾等固体废物来源、数量进行分析，提出贮存条件，明确处置、处理要求。

（五）环境风险分析

简要分析变电站、高压电抗器、换流器等事故情况下漏油时可能的环境风险，主要分析事故油坑、油池设置要求，事故油污水的处置要求。

七、环境保护措施及其经济、技术论证

1. 污染控制措施分析

对环境影响或工程内容提出明确、具体的环境保护措施，如选线的要求、避让具体居民区的要求、抬高线高的要求等。生态保护措施和恢复措施落实到具体时段和具体点位上，说明施工建设期的环境保护措施。对变电站、换流站、开关站和串补站等产生的危险废物（如废旧蓄电池、废变压器油等）的收集、管理和处置，提出相应的环境保护措施。

2. 环境保护措施的经济、技术可行性分析

按照技术先进、可行和经济合理的原则，进行输变电工程环境保护措施的方案比选，推荐最佳方案。对于关键性、创新性的环境保护设施，应调查国内外同类设施实际运行结果，分析、论证该环境保护设施的有效性与可靠性。

论证工程拟采取环境保护措施实现达标、满足环境质量要求的可行性。

3. 环境保护措施

说明可能存在的环境保护问题，并给出对策措施。对工程设计报告提出的环境保护措施给出补充建议。说明各项环境保护措施的责任单位和完成期限，说明承建工程单位的环境保护职责。

4. 环境保护措施投资估算

按工程实施的不同时段，分别列出其环境保护投资额，分析其合理性。绿化费用、避让环境敏感目标增加的工程费用、噪声治理费用、生态恢复补偿费用、污水处理设施费用等项目均包括在环境保护投资之中。

列出各项措施及投资估算一览表，计算环境保护投资占工程总投资的比例。

八、环境管理与监测计划

1. 环境管理

说明拟建工程环境管理机构、建设期环境管理与环境监理、环境保护设施竣工验收、运行期环境管理、环境保护培训、与相关公众的协调等方面的规定。说

明环境管理体制、管理机构和人员。

环境管理的任务包括环境保护法规、政策的执行，环境管理计划的编制，环境保护措施的实施管理，提出设计、招投标文件的环境保护内容及要求，环境质量分析与评价，环境保护科研和技术管理等。

2. 环境监理

对于涉及自然保护区、风景名胜区、世界文化和自然遗产地、饮用水水源保护区等环境敏感区的输变电工程，提出开展施工期工程现场环境监理工作的建议，说明业主、施工单位、监理单位等在施工期工程现场环境监理职责，说明施工期环境工程现场主要监理内容。

3. 环境监测

制定监测计划，监测工程施工期和运行期环境要素及评价因子的动态变化。对工程突发性环境事件进行跟踪监测调查。

针对施工期和运行期受影响的主要环境要素及因子设置监测点位。监测点位应具有代表性，并优先选择已有监测点位。

九、评价结论与建议

1. 建设的必要性

概括描述输变电工程建设的必要性，与产业政策的相符性，与环境保护等相关规划的相符性。

2. 环境质量现状

概括描述电磁环境、声环境等质量现状，说明有无超标及存在的主要问题。

3. 主要环境保护措施

概括描述设计阶段、施工期、运行期采取的主要环境保护措施。

4. 环境影响预测及分析

概括说明输变电工程的施工期、运行期的环境影响预测及分析结论，包括对环境质量和环境敏感目标的影响。

5. 公众参与情况

概括说明征求意见、问卷调查，组织召开座谈会、专家论证会、听证会等方式公众参与的情况。

6. 结论和建议

从环境保护角度对输变电工程建设的可行性给出明确结论。必要时提出避让敏感目标的措施建议。

第八章　电力工程环境保护管理与监测

第一节　环境保护管理

环境保护管理是指依据国家的环境政策、环境法律、法规和标准，坚持宏观综合决策与微观执法监督相结合，从环境与发展综合决策入手，运用各种有效管理手段，调控人类的各种行为，协调经济社会发展同环境保护之间的关系，限制人类损害环境质量的活动以维护区域正常的环境秩序和环境安全，实现区域社会可持续发展的行为总体。

一、环境保护管理制度

《中华人民共和国环境保护法》（2015年1月1日起施行）（以下简称《环境保护法》）规定的环境保护管理制度有：环境规划制度、环境标准制度、环境监测制度、环境保护统一监督管理制度、环境影响评价制度、环境保护责任制度、“三同时”制度、排污收费制度、限期治理制度、排污申报登记制度、公众参与制度等。

（一）环境规划制度

《环境保护法》第十三条规定：县级以上地方人民政府环境保护主管部门会同有关部门，根据国家环境保护规划的要求，编制本行政区域的环境保护规划，报同级人民政府批准并公布实施。环境保护规划的内容应当包括生态保护和污染防治的目标、任务、保障措施等，并与主体功能区规划、土地利用总体规划和城乡规划等相衔接。

环境规划的类型多种多样，按规划的性质可以分为污染控制规划、国民经济整体规划和国土利用规划，每一类还可以按范围、行业或专业再细划成子项规划。其中，污染控制规划是针对污染引起的环境问题编制的，主要是对工农业生产、交通运输、城市生活等人类活动对环境造成的污染而规定的防治目标和措施。国民经济整体规划是在国民经济发展规划中相应地安排环境规划。这种环境规划是遵照有计划、按比例的原则，纳入到国民经济和社会发展规划之中，随着国民经济计划的实现达到保护和改善环境的目的。国土利用规划是指国家根据各地区的自然条件、资源状况和经济发展需要，通过制定土地利用的全面规划，对城镇设置、工农业布局、交通设施进行总体安排，以保证国家的经济发展，防止环境污染和生态破坏。

按规划的时间期限可分为短期规划、中期规划和长期规划。通常短期规划跨越时间为1～5年，中期规划为5～10年为限，长期规划为10年以上。

按环境与经济的辩证关系划分，可分为经济制约型、两者协调型和环境制约型。

按环境要素划分，可分为大气污染控制规划、水污染控制规划、固体废物污染控制规划、噪声污染控制规划等。

按行政区划和管理层次划分，可分为国家环境规划、省级环境规划、部门环境规划、县区环境规划、农村环境综合整理规划、自然保护区建设与管理规划等。

按规划的法定效力可分为强制性规划和指导性规划。

火电项目建设应符合所在地电力发展规划、国民经济发展规划，输变电项目建设应符合相关输电通道建设规划，项目选址选线应符合当地土地利用规划、生态保护红线、环境功能区划等，污染物排放应符合当地环境保护规划、各环境污染因子控制规划。

（二）环境标准制度

《环境保护法》第十五条规定：国务院环境保护主管部门制定国家环境质量标准。省、自治区、直辖市人民政府对国家环境质量标准中未作规定的项目，可以制定地方环境质量标准；对国家环境质量标准中已作规定的项目，可以制定严于国家环境质量标准的地方环境质量标准。地方环境质量标准应当报国务院环境保护主管部门备案。

《环境保护法》第十六条规定：国务院环境保护主管部门根据国家环境质量标准和国家经济、技术条件，制定国家污染物排放标准。省、自治区、直辖市人民政府对国家污染物排放标准中未作规定的项目，可以制定地方污染物排放标准；对国家污染物排放标准中已作规定的项目，可以制定严于国家污染物排放标准的地方污染物排放标准。地方污染物排放标准应当报国务院环境保护主管部门备案。

环境质量标准和污染物排放标准是环境标准体系中最重要的两类标准。

环境质量标准是环境中所允许含有有害物质或因素的最高限额，是确认环境是否被污染以及排污者是否应承担相应民事责任的主要根据。环境质量标准一般按环境要素来制定，如大气环境质量标准、地表水环境质量标准、声环境质量标准、土壤质量标准、生物质量标准等。

污染物排放标准是允许污染源（如工厂或设施等）排放污染物或有害环境的能量的最高限额，是认定排污行为是否合法以及排污者是否应承担相应行政法律责任的主要根据。污染物排放标准按污染因子来分别制定。按适用范围分为通用排放标准和行业排放标准。通用排放标准适用于各个行业，如大气污染物综合排放标准、污水综合排放标准等；行业排放标准规定某一行业污染物容许排放量，如火电厂大气污染物排放标准、钢铁工业水污染物排放标准等。

（三）环境监测制度

《环境保护法》第十七条规定：国家建立、健全环境监测制度。国务院环境保护主管部门制定监测规范，会同有关部门组织监测网络，统一规划国家环境质量监测站（点）的设置，建立监测数据共享机制，加强对环境监测的管理。有关行业、专业等各类环境质量监测站（点）的设置应当符合法律法规规定和监测规范的要求。

环境监测是环境法律制度得以正常运行的技术基础，是按照有关技术规范规定的程序和方法，运用物理、化学、生物、遥感等技术，监视、检测和分析环境污染因子及其可能对生态系统产生影响的环境变化，评价环境质量的活动。

环境监测按监测目的划分，可分为监视性监测（例行监测、常规监测）、特定目的监测（特例监测、应急监测）和研究性监测。按监测介质或对象划分，可分为水质监测、空气监测、土壤监测、固体废物监测、生物监测、生态监测等。按监测区域划分，可分为区域监测和厂区监测。

（四）环境影响评价制度

《环境保护法》第十九条规定：编制有关开发利用规划，建设对环境有影响的项目，应当依法进行环境影响评价。未依法进行环境影响评价的开发利用规划，不得组织实施；未依法进行环境影响评价的建设项目，不得开工建设。

环境影响评价制度是贯彻“预防为主”原则的重要法律制度，《中华人民共和国环境影响评价法》对规划和建设项目的环境影响评价做了详细的规定。

（五）环境保护统一监督管理制度

《环境保护法》第二十条规定：国家建立跨行政区域的重点区域、流域环境污染和生态破坏联合防治协调机制，实行统一规划、统一标准、统一监测、统一的防治措施。

近年出台的如《京津冀及周边地区落实大气污染防治行动计划实施细则》《珠三角及周边地区重点行业大气污染限期治理方案》等文件，是跨行政区域环境保护监督管理制度的体现。处于这些重点区域、流域的建设项目，环境保护方面除符合国家法律法规、标准规范的要求外，还需符合这些文件的要求。

（六）“三同时”制度

《环境保护法》第四十一条规定：建设项目中防治污染的设施，应当与主体工程同时设计、同时施工、同时投产使用。防治污染的设施应当符合经批准的环境影响评价文件的要求，不得擅自拆除或者闲置。

“三同时”制度是我国独创的一项环境法律制度，是实现“预防为主”原则的一条重要途径。该制度对应对象是一切有可能对环境造成影响的工程建设项目与自然开发项目。

（七）环境保护责任制度

《环境保护法》第四十二条规定：排放污染物的企业事业单位和其他生产经营者，应当采取措施，防治在生产建设或者其他活动中产生的废气、废水、废渣、医疗废物、粉尘、恶臭气体、放射性物质以及噪声、振动、光辐射、电磁辐射等对环境的污染和危害。排放污染物的企业事业单位，应当建立环境保护责任制度，明确单位负责人和相关人员的责任。

环境保护责任制度是加强企业事业单位内部环境管理的根本措施，这项制度要求，企业事业单位必须把环境保护工作纳入计划，制定明确的环境保护任务和指标，落实到生产管理、技术管理等各个方面和环节，并建立考核和奖惩制度。

（八）排污收费制度和环境保护税制度

《环境保护法》第四十三条规定：排放污染物的企业事业单位和其他生产经营者，应当按照国家有关规定缴纳排污费。排污费应当全部专项用于环境污染防治，任何单位和个人不得截留、挤占或者挪作他用。依照法律规定征收环境保护税的，不再征收排污费。

排污收费制度是“污染者付费”原则的体现，可以使污染防治责任与排污者的经济利益直接挂钩，促进经济效益、社会效益和环境效益的统一。

《中华人民共和国环境保护税法》自 2018 年 1 月 1 日起施行，环境保护税法的制定标志着我国排污收费制度将向环境保护税制度转移。两者衔接主要体现在排污费的缴纳人作为环境保护税的纳税人、根据现行排污收费项目设置环境保护税的税目、根据现行排污费计费办法设置环保税的计税依据、以现行排污费收费标志为基础设置环境保护税的税额标准。

应税大气污染物、水污染物的应纳税额为污染当量数乘以具体适用税额。应税固体废物的应纳税额为固体废物排放量乘以具体适用税额。应税噪声的应纳税额为超过国家标准的分贝数对应的具体适用税额。

（九）重点污染物排放总量控制制度

《环境保护法》第四十四条规定：国家实行重点污染物排放总量控制制度。重点污染物排放总量控制指标由国务院下达，省、自治区、直辖市人民政府分解落实。企业事业单位在执行国家和地方污染物排放标准的同时，应当遵守分解落实到本单位的重点污染物排放总量控制指标。

目前我国大气污染物实行总量控制的因子有二氧化硫、氮氧化物、烟粉尘和挥发性有机物，水污染物实行总量控制的因子有氨氮和化学需氧量。

（十）排污许可管理制度

《环境保护法》第四十五条规定：国家依照法律规定实行排污许可管理制度。实行排污许可管理的企业事业单位和其他生产经营者应当按照排污许可证的要求排放污染物；未取得排污许可证的，不得排放污染物。

排污许可制度是落实企事业单位总量控制要求的重要手段，排污许可证载明的许可排放量即为企业污染物排放的天花板，是企业污染物排放的总量指标，通过在许可证中载明，使企业知晓自身责任，政府明确核查重点，公众掌握监督依据。一个区域内所有排污单位许可排放量之和就是该区域固定源总量控制指标，总量削减计划即是对许可排放量的削减；排污单位年实际排放量与上一年度的差值，即为年度实际排放变化量。

（十一）公众参与制度

《环境保护法》第五十三条规定：公民、法人和其他组织依法享有获取环境信息、参与和监督环境保护的权利。

《环境保护法》第五十五条规定：重点排污单位应当如实向社会公开其主要污染物的名称、排放方式、排放浓度和总量、超标排放情况，以及防治污染设施的建设和运行情况，接受社会监督。

《环境保护法》第五十六条规定：对依法应当编制环境影响报告书的建设项目，建设单位应当在编制时向可能受影响的公众说明情况，充分征求意见。负责审批建设项目环境影响评价文件的部门在收到建设项目环境影响报告书后，除涉及国家秘密和商业秘密的事项外，应当全文公开；发现建设项目未充分征求公众意见的，应当责成建设单位征求公众意见。

二、企业环境保护管理制度

企业应根据国家环境保护管理制度制定企业内部的环境保护管理制度。一般至少应包括以下几方面：环境保护责任制度、污染源管理制度、环境保护设施管理制度、环境监测管理制度、突发污染事故应急制度等。

（一）环境保护责任制度

应明确企业中负责环境保护工作的部门，建立环境保护的工作架构，明确环境保护管理单位和人员的工作职责，确立环境保护目标和任务并落实到相关责任单位和个人。

（二）污染源管理制度

污染源管理制度制定原则为实现污染物达标排放和污染物总量控制。应明确企业生产过程中的产污环节和部位，物料、能源消耗情况，污染物产生及排放情况，治理措施等，为环境管理、环境监测提供依据。

（三）环境保护设施管理制度

对企业内的环境保护设施登记造册，对于生产过程中的物料消耗量、污染物进出口浓度、污染物去除效率等主要参数进行记录，及时掌握设施运行及检修情况，确保环境保护设施正常运行。

（四）环境监测管理制度

企业应制定监测计划，明确污染物监测点位、监测因子、监测周期、监测频率，明确监测工作负责单位和负责人，通过监测掌握企业排放污染物的达标情况和对环境的影响情况。除常规监测外，还应制定突发污染事故的应急监测预案。

（五）突发污染事故应急制度

应制订污染事故应急预案，明确处理流程及相关负责人。

三、建设项目环境保护管理

《建设项目环境保护管理条例》是国务院针对建设项目环境保护管理制定的法规，对建设项目在前期设计阶段、建设阶段以及运行阶段需进行的环境保护管理工作做了明确的规定。实现建设项目环境保护管理，主要依靠环境影响评价制度和“三同时”制度的贯彻落实。

（一）前期设计阶段

建设项目的初步设计应按环境保护设计规范要求编制环境保护篇章，落实防治环境污染和生态破坏的措施以及环境保护设施投资概算。

在项目开工建设前，应开展环境影响评价工作。国家根据建设项目特征和所在区域的环境敏感程度，综合考虑建设项目可能对环境产生的影响，对建设项目的环境影响评价实行分类管理。建设单位应当按照《建设项目环境影响评价分类管理名录》规定，分别编制环境影响报告书、环境影响报告表或填报环境影响登记表。火力发电（含热电）项目中除燃气发电应编制环境影响报告表外，其他均应编制环境影响报告书。输变电项目输电等级在500kV及以上和涉及环境敏感区的330kV及以上的应编制环境影响报告书，其他的项目应编制环境影响报告表。

建设单位在环境影响报告书编制过程中，应向可能受影响的公众说明情况，公开建设项目的工程基本情况、拟定选址选线、周边主要保护目标的位置和距离、主要环境影响预测情况、拟采取的主要环境保护措施、公众参与的途径方式等，充分征求公众意见。

环境影响评价文件获得相关环境保护主管部门审批后，项目方可开工建设。我国对于环境影响评价文件的审批实行分级审批制度，依据项目规模和类别、环境影响评价文件类型、项目核准批复级别等方面分别由环境保护部、省环境保护厅、市（县）环境保护局审批。具体分级审批情况根据国家和地方制定的《建设项目环境影响评价文件分级审批规定》等文件确定。

（二）建设阶段

1. 一般要求

建设项目开工建设前，建设单位应向社会公开建设项目开工日期、设计、施工、环境监理单位、工程基本情况等，并确保上述信息在整个施工期内均处于公开状态。建设工程中，应向社会公开建设项目环境保护措施进展落实情况、施工期环境监理监测情况等。

建设项目需要配套建设的环境保护设施，必须与主体工程同时设计、同时施工、同时投产使用。

建设单位应当将环境保护设施建设纳入施工合同，保证环境保护设施建设进度和资金，并在项目建设过程中同时组织实施环境影响报告及其审批部门审批决定中提出的环境保护对策措施。

《环境保护法》规定，环境保护行政主管部门应对建设项目环境保护设施设计、施工、验收、投入生产或者使用情况，以及有关环境影响评价文件确定的其他环境保护措施的落实情况，进行监督检查。在项目建设期间，项目建设单位应接受环境保护主管部门的监督检查。

2. 施工现场环境保护管理

对项目建设阶段的环境管理，更多着眼于施工现场的环境保护管理。目前对于施工现场的环境保护管理，建设单位除与施工单位在签订施工合同时增加环境保护要求条款之外，更多的是采用环境监理方式。

项目建设期间的环境保护监理工作在我国尚处于起步阶段，法律法规尚不健全。《关于进一步推进建设项目环境监理试点工作的通知》（环办〔2012〕5号）中对于建设项目环境监理重点关注内容做了规定：

（1）建设项目设计和施工过程中，项目的性质、规模、选址、平面布置、工艺及环境保护措施是否发生重大变动；

（2）主要环境保护设施与主体工程建设的同步性；

（3）环境风险防范与事故应急设施与措施的落实，如事故池；

（4）与环境保护相关的重要隐蔽工程，如防腐防渗工程；

（5）项目建成后难以或不可补救的环境保护措施和设施，如过鱼通道；

（6）项目建设和运行过程中可能产生不可逆转的环境影响的防范措施和要求，如施工作业对野生动植物的保护措施；

（7）项目建设和运行过程中与公众环境权益密切相关、社会关注度高的环境保护措施和要求，如防护距离内居民搬迁；

（8）“以新带老”、落后产能淘汰等环境保护措施和要求。

依据环办〔2012〕5号文件，近年各省逐步出台了地方性环境监理技术规范，如陕西省地方标准DB61/T 571—2013《建设项目环境监理规范》、辽宁省地方标准DB21/T 2355—2014《建设项目环境监理技术规范》、甘肃省地方标准DB62/T 2444—2014《建设项目环境监理规范》、DB13/T 2207—2015《河北省建设项目环境监理技术规范》等。

《建设项目环境保护事中事后监督管理办法（试行）》第六条规定，施工期环境监理和环境监测开展情况是事中监督管理的主要内容之一。对于大型火电项目和输变电项目，宜委托有相应资质的监理企业，对工程建设过程中承建单位污染环境、破坏生态的行为进行监督管理，并对建设项目配套的环境保护工程进行施工监理，确保“三同时”的实施。

（三）运行阶段

项目在投入运行前，应完成竣工验收。环境保护设施的验收应与主体工程同步进行。竣工环境保护验收监测和调查结果应向社会周边社区公开。

项目运行期间，企业应建立完善的环境保护管理制度，以实现污染物达标排放和污染物总量控制，并制定完善的环境保护监测计划和突发污染事故应急预案。并将主要污染物排放情况定期向周边社区公开。

火电企业应在运行期间做好日常环境保护管理工作，纳入排污许可管理的建设项目排污许可证执行报告、台账记录和自行监测记录等文件是环境保护主管部门监督检查的主要内容，应建立完善的环境管理档案系统。

第二节 环境保护监测

一、项目前期环境保护监测

在项目前期环境保护管理中，环境保护监测是重要的一项内容，多与环境影响评价工作结合进行，主要针对项目所在区域环境质量现状进行监测。

环境影响评价导则对建设项目环评阶段需进行的环境监测做了详细的规定。

（一）火电项目

1. 环境空气质量监测

可根据 HJ2.2《环境影响评价技术导则大气环境》规定进行。

监测因子为常规污染物（SO_2、NO_2、CO、O_3、PM_{10}、$PM_{2.5}$）和特征污染物。特征污染物根据项目所处区域特点、采用的生产工艺和排放污染物确定，如在控制 Hg 和 Pb 排放的区域，应监测 Hg 和 Pb，厂内若采用氨制备工艺和储存设备，应监测 NH_3，有露天物料堆场应监测 TSP 等。

监测点位的布设和监测频次，根据评价等级确定。

监测工作应按照《环境空气质量监测规范》等规范性文件的要求来进行。

根据监测结果，判断项目所在区域环境空气质量是否能满足当地大气环境功能区划要求，区域是否有环境容量，本项目建设后对环境的影响叠加本底值后是否会超过环境质量标准限值。

2. 声环境质量监测

可根据 HJ2.4《环境影响评价技术导则声环境》规定进行。

监测因子为等效连续 A 声级。

监测点位的布设应覆盖整个评价范围，包括厂界（场界、边界）和敏感目标。

监测工作应按照 GB 3096《声环境质量标准》等标准和规范性文件中要求进行。

根据监测结果，判断项目所在区域声环境质量是否能满足当地声环境功能区划要求，区域是否有环境容量，本项目建设后对环境的影响叠加本底值后是否会超过环境质量标准限值。

3. 地表水环境质量监测

可根据 HJ/T2.3《环境影响评价技术导则地面水环境》规定进行。

监测因子为常规水质参数和特征水质参数。常规水质参数以 GB 3838《地表水环境质量标准》中所提出的参数为基础，根据水域类别、评价等级、污染源状况适当删减。特征水质参数根据建设项目特点、水域类别及评价等级选定。

水质取样断面和取样点的原则和方法根据导则规定进行。

根据监测结果，判断所监测水体质量是否满足当地地表水环境功能区划要求，水体是否有环境容量可容纳项目向其排放水体污染物。

4. 地下水环境监测

可根据 HJ610《环境影响评价技术导则地下水环境》规定进行。

监测内容为地下水水质和水位。监测布点采用控制性布点与功能性布点相结合的原则，在建设项目场地、周围环境敏感点、地下水污染源以及对于确定边界条件有控制意义的地点。点位具体布设根据评价等级、项目区水文地质条件确定。

水质监测因子分为基本水质因子和特征因子，可根据区域地下水类型、污染源状况适当调整。水质、水位监测频率根据评价等级来确定。

根据监测结果，判断项目所在区域地下水环境质量是否满足当地地下水环境功能区划要求，为项目运行后地下水日常监测工作提供本底值。

5. 海洋环境监测

当火电项目为海边电厂时，多采用海水冷却方式或向海域排放废污水，需对海洋环境质量进行监测。

可根据 GB/T 19485《海洋工程环境影响评价技术导则》规定进行。

需获得海洋水文动力、海水水质、海洋生态（含生物资源）的现状资料，根据评价等级不同确定具体调查站位数量和调查时段。

6. 生态环境调查

可根据 HJ19《环境影响评价技术导则生态影响》规定进行。

对于火电项目的生态环境调查，主要是调查项目影响区域内的生态系统结构与功能状况等情况，调查受影响区域内动、植物等生态因子的现状组成和分布，项目建设是否涉及受保护的敏感物种、特殊生态敏感区或重要生态敏感区等。

根据调查结果，优先选择生态影响最小的替代方案，最终选定的方案应该是生态保护可行的方案。

（二）输变电项目

1. 电磁环境监测

可根据 HJ24《环境影响评价技术导则输变电工程》规定进行。

交流工程监测因子为工频电场和工频磁场，直流工程监测因子为合成电场，换流站工程监测因子为工频电场、工频磁场和合成电场。

监测点位包括电磁环境敏感目标、输电线路路径和站址，具体点位数量根据线路路径长度确定。

监测方法及仪器按照 HJ681《交流输变电工程电

磁环境监测方法（试行）》、DL/T 1089《直流换流站与线路合成场强、离子流密度测量方法》的规定选择。

2. 声环境质量监测

输变电工程声环境质量监测的内容、监测布点参照 HJ2.4 要求执行。声环境现状监测方法按照 GB 3096、GB 12348 中的规定执行。

3. 生态环境调查

参照 HJ19 的要求进行。输变电项目常为路径较长、途经区域多的项目，生态环境调查的工作量较火电项目要大。

二、项目建设期环境保护监测

根据《环境保护部建设项目“三同时”监督检查和竣工环保验收管理规程（试行）》，施工期环境监测的实施情况是“三同时”检查的主要内容之一。因此，项目施工期环境保护监测一般作为当地环境保护主管部门对项目实施监督管理的方法之一。

对于施工期产生扬尘、噪声、废污水等有可能对项目周边居民和环境造成影响的项目，建设单位应制订环境监测方案，适时开展环境监测工作，并对监测结果进行分析，判断施工期污染物排放是否满足相关标准要求。

施工期的大气影响主要是施工扬尘、施工机械及运输车辆排放尾气污染物，因此大气监测因子一般选取 TSP，监测布点可在距离施工现场较近的村庄中筛选。

施工期的噪声源主要是施工场地各类机械和运输车辆，监测布点可选择厂界和距离施工现场较近的居民点。

施工期的废污水排放主要来源于施工用水和施工人员生活污水，监测因子一般为 pH 值、悬浮物、石油类和 COD，主要监测对象为施工区域周边的敏感水域。

三、项目运行期环境保护监测

《环境保护法》规定，重点排污单位应当按照国家有关规定和监测规范安装使用监测设备，保证监测设备正常运行，保存原始监测记录。

建设项目运行期环境监测方案一般在环境影响评价报告中制定，企业日常监测工作可按监测方案执行，也可在此基础上根据实际情况进一步优化。监测工作可委托有资质单位进行，也可企业自行监测。

（一）火电项目

火电项目运行期监测工作分为对厂内污染源进行监测和对厂外环境进行监测。

1. 废气监测

采用烟气自动监测系统进行定期连续监测，监测项目有烟气中 SO_2、NO_2、烟尘的排放浓度和排放量，脱硫、脱硝、除尘设施的进出口浓度和脱除效率，烟气参数等，确保污染物达标排放和总量控制。

定期在厂界、物料堆场场界、灰场场界等无组织排放源处监测 TSP 的排放浓度，确保达标排放。

定期监测厂外环境敏感点环境空气质量，可结合环境保护主管部门例行监测结果和监督性监测结果，监控项目运行期间对区域大气环境的影响状况。

2. 废水监测

定期在厂内各废水处理设施出口及全厂废水总排放口取水样化验，检测废水中污染物浓度，确保污染物达标排放。

定期对污水受纳水体进行监测，结合环境保护主管部门例行监测结果和监督性监测结果，监控项目运行期间对区域水环境的影响状况。

3. 地下水监测

可参考 HJ/T 164《地下水环境监测技术规范》，根据环境影响报告中制定的地下水监测计划，定期对项目周边地下水环境进行监测。

4. 噪声监测

定期对厂界噪声和敏感点噪声进行监测，确保厂界噪声达标排放，满足项目区域声环境标准要求。

（二）输变电项目

输变电项目运行期主要对输电线路沿线及变电站、换流站电磁环境、声环境进行监测。监测因子、监测点位布设和监测方法与环境影响评价阶段类似。

对于有废污水排放的变电站、换流站，需在污水处理设施出口和总排放口进行水样检测，确保达标排放。

第二篇

水土保持

第九章

水土保持综述

为了预防和治理水土流失，保护和合理利用水土资源，减轻水、旱、风沙灾害，改善生态环境，保障经济社会可持续发展。各类建设项目不断强化水土保持工作的管理力度，与此同时水土保持工作也不断步入法治化轨道。国家十分重视水土保持工作，将水土保持作为必须坚持的一项基本国策，以遏制水土流失、水环境的恶化对我国经济和社会发展造成的严重危害。2010 年 12 月 25 日，第十一届全国人大常委会第十八次会议审议通过了修订后的《中华人民共和国水土保持法》(以下简称《水土保持法》),《水土保持法》明确了水土保持立法的目的、工作方针以及各级水土保持工作的行政管理部门和各级人民政府的监督管理责任。该法第八条规定:“任何单位和个人都有保护水土资源、预防和治理水土流失的义务，并有权对破坏水土资源、造成水土流失的行为进行举报。”《水土保持法》强调了生产建设项目编制水土保持方案的管理制度。《水土保持法》的出台，为社会各界加强水土保持预防和监督提供了有效的法律依据，加强了人民群众的水土保持法律意识，从根本上为有效防止水土流失，保护生态环境设立了重要保障。

随着电力工程建设的快速发展，工程建设过程中水土保持措施体系布设不合理的问题逐渐凸现，主要表现在工程措施和临时防护措施的布设不规范、植物措施树草种的选择不恰当、施工过程中水土保持措施无法实施或实施后防治效果不明显等，直接影响了电力工程水土保持措施的实施效果，以及水土保持设施竣工验收工作的顺利开展。同时,《水土保持法》的实施也对电力工程水土保持方案的编制和水土保持设施的竣工验收提出了更高的要求。水土保持方案报告书作为电力工程开工建设前的重要专题报告，是电力工程建设的重要组成部分。水土保持方案报告书中采取工程措施、植物措施和临时防护措施相结合的综合防治体系能够对电力工程建设造成的水土流失进行预防，能够有效减少水土流失的发生。

针对电力工程建设与水土流失影响，我国制定了相应的电力工程水土保持政策法规和标准，提出了各设计阶段关于水土保持的要求、水土流失影响及防治措施。我国实行电力工程须编制水土保持方案以及开展水土保持监测和水保设施竣工验收制度。通过多年工程实践，水土保持工作者在已有电力工程水土保持措施布设经验及存在问题的基础上，水保工作者总结了电力工程水土保持典型措施，提出了科学合理的水土保持综合防治体系，进一步规范了电力工程水土保持设计,从而有效地提高了水土保持专题设计的质量，对加快电力工程前期进度，提升电力工程水土保持工作水平具有重要意义。

第一节　电力工程水土保持的总体要求和规定

一、电力工程水土保持的总体要求

水土保持工作的开展应按照《中华人民共和国水土保持法》提出的“预防为主、保护优先、全面规划、综合治理、因地制宜、突出重点、科学管理、注重效益”的方针进行。水土保持措施体系布设时工程设计与水土保持专题设计应紧密配合，本着工程措施、植物措施和临时措施相结合的原则,按照系统工程原理，处理好局部与整体、单项与综合、近期与远期的关系，形成投资省、效益好、可操作性强的水土保持措施体系，有效地控制防治责任范围内的水土流失。针对电力工程建设过程中水土保持的总体要求应结合水土保持法提出的总体原则实施,依据工程实际和 GB 50433—2008《开发建设项目水土保持技术规范》的相关内容，本书针对电力工程水土保持的总体要求总结如下。

(一) 总体要求

(1) 建设项目应严格按照“水土保持设施必须与主体工程同时设计、同时施工、同时投产使用”，坚持“预防为主，先拦后弃”的原则，有效控制水土流失。

(2)建设项目水土流失防治的基本要求须符合《开发建设项目水土保持技术规范》的规定。

（3）建设过程中，对水土流失状况、环境变化、防治效果等进行监测、监控，以保证水土流失防治达到标准规定的要求。

（4）落实可持续发展、人与自然和谐的基本理念，尊重自然规律，并与周边景观相协调。

（5）应控制和减少对原地貌、地表植被、水系的扰动和损毁，保护原地表植被、表土及结皮层，减少占用水土资源，提高利用效率。

（6）开挖、排弃、堆垫的场地须采取拦挡、护坡、截排水以及其他整治措施。

（7）弃土（石、渣）应综合利用，不能利用的应集中堆放在专门的存放地，并按“先拦后弃”的原则采取拦挡措施，不得在江河、湖泊、建成水库及河道管理范围内布设弃土（石、渣）场。

（8）土石方的调配应采取先平衡、后利用的方针，对于需要外借土方的工程，尽量采用外购土方式进行取土。

（9）施工过程必须有临时防护措施。

（10）施工迹地应及时进行土地整治，采取水土保持措施，尽量恢复其原有利用功能。

（11）根据工程所处土壤侵蚀类型区，结合工程实际和项目区水土流失现状，因地制宜，因害设防，科学配置，优化布局。

（12）防治措施体系布设要与主体工程密切结合，相互协调，形成整体。

（13）工程措施要尽量选用当地材料，做到技术上可行，经济上合理。

（14）植物措施要尽量选用适合当地的品种，并考虑绿化、美化效果。

（二）水土流失防治目的及意义

电力工程水土流失防治，不仅要将新增的水土流失进行防治，还需结合水土流失重点防治区的划分和治理规划的要求，对项目区原有的水土流失进行治理。工程建设过程和运行过程中，逐步将水土流失控制在水土流失背景值范围内，从而促进水土资源的可持续利用和生态系统的良性发展。

此外，做好电力工程的水土保持工作，对于改善环境，控制水土流失具有重要意义，其具体表现为以下几方面：

（1）使项目建设区原有水土流失得到基本治理，使项目建设区内新增水土流失得到有效控制。

（2）使水土流失防治责任范围内的生态得到最大限度的保护，环境得到明显改善。

（3）针对弃渣量巨大的电力工程，通过对规划的弃渣场进行水土保持合理性分析，规范弃渣工艺流程，弃渣防护采取永久与临时性防护措施相结合的方式，能够有效防治弃渣流失。

（4）因地制宜建立水土保持防护体系，能够增加工程防治责任区内林草覆盖率，从而达到防止水土流失的目的。

二、电力工程水土保持的规定

电力工程建设项目水土流失防治的规定应符合GB 50433—2008《开发建设项目水土保持技术规范》的相关规定，针对电力工程本身的特点，对电力工程水土保持的规定总结如下。

（一）不同水土流失类型区的特殊规定

1. 风沙区

（1）应控制施工场地和施工道路等扰动范围，保护地表结皮层。

（2）应采取砾（片、碎）石覆盖、沙障、草方格等措施。

（3）植被恢复应同步建设灌溉设施。

（4）沿河环湖滨海平原风沙区应选择耐盐碱的植物品种。

2. 东北黑土区

（1）应保护现有天然林、人工林及草地。

（2）清基作业时，应剥离表土并集中堆放，用于植被恢复。

（3）在丘陵沟壑区还应有坡面径流排导工程。

（4）工程措施应有防治冻害的要求。

3. 西北黄土高原区

（1）在沟壑区，应对边坡削坡开级并放缓坡度（45°以下），应采取沟道防护、沟头防护措施并控制塬面或梁峁地面径流。

（2）沟道弃渣可与淤地坝建设结合。

（3）应设置排水与蓄水设施，防止泥石流等灾害。

（4）因水制宜布设植物措施，降水量在400mm以下地区植被恢复应以灌草为主，400mm以上（含400mm）地区应乔、灌草结合。

（5）在干旱草原区，应控制施工范围，保护原地貌，减少对草地及地表结皮的破坏，防止土地沙化。

4. 北方土石山区

（1）应保存和综合利用表土。

（2）弃土（石、渣）场应做好防洪排水、工程拦挡，防止引发泥石流；弃土（石、渣）应平整后用于造地。

（3）应采取措施恢复林草植被。

（4）高寒山区应保护天然植被，工程措施应有防治冻害的要求。

5. 西南土石山区

（1）应做好表土的剥离与利用，恢复耕地或植被。

（2）弃土（石、渣）场选址、堆放及防护应避免产生滑坡及泥石流问题。

（3）施工场地、渣料场上部坡面应布设截排水工程，可根据实际情况适当提高防护标准。

（4）秦岭、大别山、鄂西山地区应提高植物措施比例，保护汉江等上游水源区。

（5）川西山地草甸区应控制施工范围，保护表土和草皮，并及时恢复植被；工程措施应有防治冻害的要求。

（6）应保护和建设水系，石灰岩地区还应避免破坏地下暗河和溶洞等地下水系。

6. 南方红壤丘陵区

（1）应做好坡面水系工程，防止引发崩岗、滑坡等灾害。

（2）应保护地表耕作层，加强土地整治，及时恢复农田和排灌系统。

（3）弃土（石、渣）的拦护应结合降雨条件，适当提高设计标准。

7. 青藏高原冻融侵蚀区

（1）应控制施工便道及施工场地的扰动范围。

（2）保护现有植被和地表结皮，需剥离高山草甸（天然草皮）的，应妥善保存，及时移植。

（3）应与周围景观相协调，土石料场和渣场应远离项目一定距离或避开交通要道的可视范围。

（4）工程建设应有防治冻土翻浆的措施。

8. 平原和城市区

（1）应保存和利用表土（农田耕作层）。

（2）应控制地面硬化面积，综合利用地表径流。

（3）平原河网区应保持原有水系的通畅，防止水系紊乱和河道淤积。

（4）植被措施需提高标准时，可按园林设计要求布设。

（5）封闭施工，遮盖运输，土石方及堆料应设置拦挡及覆盖措施。防止大风扬尘或造成城市管网的淤积。

（6）取土场宜以宽浅式为主，注重复拼，做好复耕区的排水、防涝工程。

（7）弃土（石、渣）应分类堆放。宜结合其他基本建设项目综合利用。

（二）不同类型电力建设项目的特殊规定

火力发电厂主要以点型建设生产类项目为主，输变电工程主要以点型、线型建设类项目为主，本书主要针对电力工程中涉及的点型和线型建设项目的特殊规定来进行说明。

1. 线型建设类项目

（1）穿（跨）越工程的基础开挖、围堰拆除等施工过程中产生的土石方、泥浆应采取有效防护措施。

（2）陡坡开挖时，应在边坡下部先行设置拦挡及排水设施，边坡上部布设截水沟。

（3）输变电工程涉及电力隧道的工程，进出口紧临江河、较大沟道时，不宜在隧道进出口布设永久渣场。

（4）输变电工程位于坡面的塔基宜采取“全方位、高低腿”型式，开挖前应设置拦挡和排水设施。

（5）土质边坡开挖不宜超过 45°，高度不宜超过 30m。

2. 点型建设生产类项目

（1）剥离表层土应集中保存，采取防护措施，最终利用。

（2）厂外涉及高陡边坡时，应采取截排水和边坡防护等措施，防止滑坡、塌方和冲刷。

（3）排土（渣）场地应事先设置拦挡设施，弃土（石、渣）必须有序堆放，并及时采取植物措施。

（4）可能造成环境污染的废弃土（石、渣）等应设置专门的处置场，并符合相应防治标准。

（5）弃土场地应及时复耕或恢复林草植被。

（6）施工过程中应控制开采作业范围，不得对周边造成影响。

（三）对工程的约束性规定

1. 工程建设方案及布局规定

（1）选址（线）必须兼顾水土保持要求，应避开泥石流易发区、崩塌滑坡危险区以及易引起严重水土流失和生态恶化的地区。

（2）选址（线）应避开全国水土保持监测网络中的水土保持监测站点、重点试验区，不得占用国家确定的水土保持长期定位观测站。

（3）城镇新区的建设项目应提高植被建设标准和景观效果，还应建设灌溉、排水和雨水利用设施。

（4）选址（线）宜避开生态脆弱区，固定、半固定沙丘区，国家划定的水土流失、重点预防保护区和重点治理成果区，最大限度地保护现有土地和植被的水土保持功能。

（5）工程占地不宜占用农耕地，特别是水浇地、农田等生产力较高的土地。

2. 取、弃土场选址规定

（1）不得影响周边公共设施、工业企业、居民点等的安全。

（2）涉及河道的，应符合治导规划及防洪、行洪的规定，不得在河道、湖泊管理范围内设置弃土（石、渣）场。

（3）禁止在对重要基础设施、人民群众生命财产安全及行洪安全有重大影响的区域布设弃土（石、渣）场。

（4）不宜布设在流量较大的沟道，否则应进行防洪论证。

（5）在山丘区宜选择荒沟、凹地、支毛沟，平原区宜选择凹地、荒地，风沙区应避开风口和易产生风蚀的地方。

3. 工程施工组织规定

（1）控制施工场地占地，避开植被良好区。

（2）应合理安排施工，减少开挖量和废弃量，防止重复开挖和土（石、渣）多次倒运。

（3）应合理安排施工进度与时序，缩小裸露面积和减少裸露时间，减少施工过程中因降水和风等水土流失影响因素可能产生的水土流失。

（4）在河岸陡坡开挖土石方，以及开挖边坡下方有河渠、公路、铁路和居民点时，开挖土石必须设计渣石渡槽、溜渣洞等专门设施，将开挖的土石渣导出后及时运至弃土（石、渣）场或专用场地，防止弃渣造成危害。

（5）施工开挖、填筑、堆置等裸露面，应采取临时拦挡、排水、沉沙、覆盖等措施。

（6）料场宜分台阶开采，控制开挖深度。爆破开挖应控制装药量和爆破范围，有效控制可能造成的水土流失。

（7）弃土（石、渣）应分类堆放，布设专门的临时倒运或回填料的场地。

4. 工程施工规定

（1）施工道路、伴行道路、检修道路等应控制在规定范围内，减小施工扰动范围，采取拦挡、排水等措施，必要时可设置桥隧；临时道路在施工结束后应进行迹地恢复。

（2）主体工程动工前，应剥离熟土层并集中堆放，施工结束后作为复耕地、林草地的覆土。

（3）减少地表裸露的时间，遇暴雨或大风天气应加强临时防护。雨季填筑土方时应随挖、随运、随填、随压，避免产生水土流失。

（4）临时堆土（石、渣）及料场加工的成品料应集中堆放，设置沉沙、拦挡等措施。

（5）开挖土石和取料场地应先设置截排水、沉沙、拦挡等措施后再开挖。不得在指定取土（石、料）场以外的地方乱挖。

（6）土（砂、石、渣）料在运输过程中应采取保护措施，防止沿途散溢，造成水土流失。

5. 工程管理规定

（1）将水土保持工程纳入招标文件、施工合同，将施工过程中防治水土流失的责任落实到施工单位。合同段划分要考虑合理调配土石方，减少取、弃土（石）方数量和临时占地数量。

（2）工程监理文件中应落实水土保持工程监理的具体内容和要求，由监理单位控制水土保持工程的进度、质量和投资。

（3）在水土保持监测文件中应落实水土保持监测的具体内容和要求，由监测单位开展水土流失动态变化及防治效果的监测。

（4）建设单位应通过合同管理、宣传培训和检查验收等手段对水土流失防治工作进行控制。

（5）工程检查验收文件中应落实水土保持工程检查验收程序、标准和要求，在主体工程竣工验收前完成水土保持设施的专项验收。

（6）外购土（砂、石）料的，必须选择合法的土（砂、石）料场，并在供料合同中明确水土流失防治责任。

第二节　电力工程水土保持现状及成效

（一）电力工程水土保持现状

近年来随着电力工程的不断发展，水土保持工作也在日趋完善，各项电力工程在建设过程中高度重视水土保持工作，构建了水土流失防治体系。按照国务院批复的《全国水土保持规划（2015—2030 年）》总体要求和目标任务，电力工程建设加强了重点区域水土流失综合治理，全面加强预防保护及生态修复，厚植绿色发展根基，着力改善生态环境，用实践与实效诠释了“绿水青山就是金山银山”“改善生态环境就是发展生产力”的生态文明发展之道。

经过多年的水土保持专题设计，目前电力工程水土保持措施布局已经基本成熟。水土保持设施设计一般可以归纳为拦渣工程、斜坡防护工程、土地整治工程、防洪排导工程、降雨蓄渗工程、临时防护工程、植被建设工程、防风固沙工程和其他工程共计 9 大类单位工程。按照工程类型划分为线型工程（输变电工程）和点型工程（火电厂工程）两种。

（二）电力工程水土保持成效

按照电力工程水土流失防治体系的设置，近年来电力工程在水土保持方面取得了良好成效，尤其是以特高压输变电工程为代表，工程建设中严格落实了水土流失防治措施，使生态环境和水土资源得以最大程度的保护和利用。

电力工程建设过程中，剥离后的表土在施工过程中单独堆存，用于植物措施的换土、整地，以保证植物的成活率；规划设计的高低柱基础可以避免大量开方降基面，有效减少土方开挖量；塔基截排水措施可以防止流水直接冲刷长短腿塔的挖方基面，减少塔基周边的水土流失；山丘区塔基周围自然山坡或基面挖方后的坡面采用块石护坡或生态植被护坡，不仅保证了塔基安全，而且有效防止了雨水对坡面的冲刷；贮灰场周边设置防风林，封场后进行覆土绿化，可以防止灰场运行和封闭后产生的水土流失。诸如此类措施在工程建设过程中已经得到广泛应用，而且取得了较好的效果。

第十章

电力工程建设与水土流失影响

第一节　电力工程建设活动

工程建设造成水土流失的影响因素主要包括自然因素和人为因素，其中人为因素是造成新增水土流失的主要因素。由于各种建设活动改变了建设区域的地形地貌，破坏了水土资源和植被，最终导致水土流失加剧。

电力工程建设造成水土流失的活动主要有：基础开挖、回填、厂房修建、管线铺设、道路修筑、贮灰场建设等，根据工程建设阶段大致可分为施工准备期、施工期和运行期三个时段，各项建设活动对水土流失的影响也集中在这个时期。本书主要介绍输变电工程和火电厂工程各时期建设活动对水土流失的影响，从而根据不同建设时期的水土流失影响提出相应的防治措施。

一、输变电工程建设活动

输变电工程建设一般包括输电线路和变电站两部分。输电线路建设活动包括场地平整、塔基施工、架线施工、施工道路建设和拆迁场地施工等；变电站建设活动包括场地平整、变电站基础施工、进站道路建设、施工生产生活区建设、站外供排水管线施工等。

(一) 输电线路建设活动

1. 施工准备期

塔基施工前针对塔基周围和材料场等进行场地清理平整，平整过程中会产生少量的土石方开挖和回填，注意表土剥离时要分层开挖、分层回填，保护留存的表土资源并用于后期的植被恢复。

2. 施工期

(1) 塔基施工。

1) 基坑开挖。

a. 一般基坑开挖。土质基坑基础采用明挖方式，在挖掘前首先清理基面及基面附近的浮石等杂物，开挖自上而下进行，基坑四壁保持稳定放坡或用挡土板支护。遇地下水水位较高时，采用钢梁及钢模板组合挡土板配合抽水机抽水进行开挖施工，或采用单个基坑开挖后先浇筑混凝土基础以及基坑周围采用明沟排水法进行开挖施工。

在交通条件许可的塔位采用挖掘机突击挖坑的方式，以缩短挖坑的时间，避免坑壁坍塌。基坑开挖尽量保持坑壁成型完好，并做好弃土的处理，避免坑内积水以及影响周围环境和破坏植被，基础坑开挖好后应尽快浇筑混凝土。

b. 灌注桩基础施工。灌注桩基础施工采用钻机钻进成孔，成孔过程中为防止孔壁坍塌，在孔内注入人工泥浆或利用钻削下来的黏性土与水混合的自造泥浆保护孔壁。扩壁泥浆与钻孔的土屑混合，边钻边排出，集中处理后，泥浆被重新灌入钻孔进行孔内补浆。当钻孔达到规定深度后，安放钢筋笼，在泥浆下灌注混凝土，浮在混凝土之上的泥浆被抽吸出来，最后就地整平。

c. 岩石基坑开挖。直锚式及嵌固式岩石基础施工分为清理施工基面、分坑、钻孔、安装锚筋或地脚螺栓、浇灌砂浆、养护等步骤。

直锚式基础的成孔是钻锚孔后分别埋入地脚螺栓或钢筋；嵌固式基础是先打炮眼孔，放小炮后形成锚坑，再埋入地脚螺栓和钢筋。

嵌固式和掏挖式岩石基础一般用于风化较严重的岩石地带，基坑可以采用人工开挖或采用松动爆破方法施工。近年推广采用微差爆破、光面爆破和非电起爆系统等技术运用于嵌固式岩石锚基基础的基坑开挖。

对于嵌固岩石基础及全掏挖基础的基坑开挖，采用人工开挖或分层定向爆破，以及人工开挖和爆破二者相结合的方式，不能采用大开挖、大爆破的方式，以保证塔基及附近岩体的完整性和稳定性。

2) 塔基开挖弃渣堆放。山地丘陵区塔基弃渣堆放：塔基弃渣为土石渣，弃渣搬运下山难度大、投资高，因此，工程考虑将山区塔基挖方就近堆放在塔基区。余方中的石方最终作为塔基挡土墙、护坡的建筑材料。

3）混凝土浇筑。购买成品混凝土或现场拌和的混凝土，需及时进行浇筑，浇筑先从一角或一处开始，延入四周。混凝土倾倒入模盒内，其自由倾落高度不超过 2m，超过 2m 时设置溜管、斜槽或串筒倾倒，以防离析。混凝土分层浇筑和捣固，每层厚度为 20cm，留有振捣窗口的地方在振捣后及时封严。

4）注意事项。塔基施工时应在工期安排上合理有序，先设置拦挡措施，后进行工程建设，尽量减少对地表和植被的破坏，除施工必须不得不铲除或碾压植被外，不允许以其他任何理由铲除植被，以减少对生态环境的破坏。塔基开挖时要将表层土分装在编织袋内，堆放在临时堆土场的周围，用于施工结束后基坑回填，临时堆土采取四周拦挡、铺盖的措施，回填后及时整平。施工中要严格控制临时占地，减少破坏原地貌、植被的面积。基坑开挖尽量保持坑壁成型完好，并做好临时堆土的挡护及苫盖，基础坑开挖好后应尽快浇筑混凝土。严格控制施工范围，穿越生态敏感区段时，应尽量控制作业面，以保持生态系统的完整性。

尽量采用原状土开挖基础，不在二级水源地上采用灌柱桩施工工艺，以免施工过程中对地下水造成污染。

（2）架线施工。工程铁塔安装施工采用分解组塔的施工方法。在实际施工过程中，根据铁塔的形式、高度、重量以及施工场地、施工设备等施工现场情况，确定正装分解组塔或倒装分解组塔。利用支立抱杆，吊装铁塔构件，抱杆通过牵引绳的连接拉动，随铁塔高度的增高而上升，各个构件顶端和底部支脚采用螺栓连接。

线路架线采用张力架线方法施工，不同地形采取不同的放线方法，人工拉氢气球、遥控汽艇等工艺，施工人员可充分利用施工简易道路、人抬便道等场地进行操作，不需新增占地，施工方法依次为：架空地线展放及收紧、展放导引绳、牵放牵引绳、牵放导线、锚固导线、紧线临锚、附件安装、压接升空、间隔棒安装、耐张塔平衡挂线和跳线安装等。

线路沿线设置牵张场，采用张力机紧线，一般以张力放线施工段作为紧线段，以直线塔作为紧线操作塔。紧线完毕后进行附件、线夹、防振金具、间隔棒等安装。

架线施工中对交叉跨越情况一般采用占地和扰动均较小的搭建竹木塔架的方法，在需跨越的线路、公路、铁路的两侧搭建竹木塔架，竹木塔架高度以不影响其运行为准。

（3）施工道路建设。材料运输过程中对施工简易道路及人抬便道进行合理的选择，施工运输道路一般为单行道，尽量避免过多扰动原始地面，避免在植被完好的地段进行道路修筑工作。对运至塔位的塔材，选择合适的位置进行堆放，减少场地的占用。

（4）拆迁场地施工。输电线路建设过程中应尽量避让居民建筑物，对于无法避让需要进行拆除的，应做好原有房屋拆迁后场地的清理、平整和原地貌恢复工作。

3. 运行期

对于输电线路工程运行期一般没有引起水土流失的建设活动，运行期主要是植被恢复时期，应做好植被恢复工作，使建设期引起的水土流失得到有效治理。

（二）变电站建设活动

1. 施工准备期

施工准备期内变电站的施工活动主要是根据变电站的总体规划设计，施工工艺、交通运输和场地排水因素，进行土石方挖填平衡，开展通水、通电、通路、通信和场地平整等工作。站内场地平整时，要注意表土剥离时要分层开挖、分层回填，保护留存的表土资源可用于后期的植被恢复。

2. 施工期

（1）变电站基础施工。变电站基础施工主要包括建构筑物基础、电缆沟道、供排水管线等工程的开挖和回填。开挖方式采用机械结合人工的方式，开挖后的基坑土运至集中堆放地，采取防护措施，待基础施工结束后及时回填。

站区建筑物基础施工，采用以后填前的施工工艺，即先施工的基坑开挖土料放入临时堆土场，后施工的基坑开挖土料回填先开挖的基坑，依次类推。地下管沟及沟道施工采用分区分段、自上而下，且相邻、同埋深管、沟及临近的地下设施一次开挖施工，同时保持基坑边坡稳定、基面不受扰动。结合工程基础开挖，在回填前按设计要求一并完成地下管道的埋设工程，尽量避免重复开挖，减少水土流失。

此外根据拟建场地地基土工程性质及分布特征，对于荷载大、变形敏感的建筑物采用桩基础穿透全部湿陷性黄土层，桩型采用灌注桩，选择卵砾石层为桩基持力层；对于变形要求不高、荷载较小的一般或轻型建筑物，采用结构措施结合强夯、超挖换填、灰土垫层等地基处理方式，将处理后的土层作为持力层。各建构筑物基础视其大小、深浅和相邻间距，采用机械与人工施工相结合的方法，机械以铲运机、推土机为主，人工则配合机械进行零星场地或边角地区的平整。

（2）进站道路建设。进站道路永临结合建设，施工期先进行基层处理、路基填压、路旁排水沟开挖和砌筑，施工期间暂铺泥结砾石面层，待土建施工、构支架吊装施工基本结束，大型施工机具退场后，再铺筑混凝土面层、伸缩缝处理，达到验收要求。

（3）施工生产生活区建设。该区域的建设主要是修建临时施工道路及生活设施，以机械施工为主、人工施工为辅，动土强度和地面扰动较大，应尽量避开雨天或风天施工，并做好洒水抑尘等临时防护以及防雨和排水防冲措施。

（4）站外供排水管线施工。该区域的建设主要是供排管线的开挖及回填，施工开挖量很小，开挖后土方就近回填，对地表的扰动主要是土方开挖、压占、碾压和踩踏，采用机械与人工开挖相结合的方式。

3. 运行期

对于变电站工程，运行期一般没有引起水土流失的建设活动，运行期主要是植被恢复时期，应做好植被恢复工作，使建设期引起的水土流失得到有效治理。

二、火电厂工程建设活动

火电厂工程建设活动包括场地平整、厂区基础施工、厂外道路建设、施工生产生活区建设、厂外供排水管线施工和贮灰场建设等。

1. 施工准备期

施工准备期内火电厂的施工活动主要是根据厂区的总体规划设计、施工工艺、交通运输和场地排水因素，进行土石方挖填平衡，开展通水、通电、通路、通信和场地平整等工作。厂内场地平整时，要注意表土剥离时要分层开挖、分层回填，保护留存的表土资源可用于后期的植被恢复。

2. 施工期

（1）厂区基础施工。火电厂厂区基础施工主要包括建构筑物基础、电缆沟道、供排水管线等工程的开挖和回填。开挖方式采用机械结合人工的方式，开挖后的基坑土运至集中堆放地，并做拦挡、遮盖、排水等临时防护，待基础施工结束后及时回填。

基础开挖中，在回填前按设计要求一并完成地下管道的埋设工程，尽量避免重复开挖，减少水土流失。

（2）厂外道路建设。主要为运灰道路和进厂（站）道路的挖填施工。施工首先采用推土机和挖掘机进行清基，开挖的土石就近填于路基外侧填方处；开挖后及时修建排水设施，做好路基边坡防护和路面硬化，工程结束后及时进行植被恢复。

（3）施工生产生活区建设。主要是修建临时施工道路及生活设施，以机械施工为主、人工施工为辅，动土强度和地面扰动较大，应尽量避开雨天或风天施工，并做好洒水抑尘等临时防护；此外，各种施工机械设备和施工人员对地表的扰动，在尽量减少地表扰动的同时，注意做好防雨及排水防冲措施。

（4）厂外供排水管线施工。主要指供排水管线的开挖及回填，施工开挖量很小，开挖后土方就近回填，对地表的扰动主要是土方开挖、压占、碾压和踩踏，采用机械与人工开挖相结合的方式。

（5）贮灰场建设。主要建设活动为场区清理平整，施工前剥离表土，灰渣要分区堆放、分层洒水压实，并加强临时防护和施工组织管理，完善截排水设施，堆灰渣结束后及时进行迹地整治和植被恢复。

3. 运行期

作为建设生产类项目，电厂在运行期间伴随有灰渣的不断排放。因此，贮灰场一直处于堆弃阶段，在未达到设计高程前不宜封场治理，水土流失也就不可避免。但运行期间可通过有序堆置，强化管理，及时平整、碾压，定期洒水等措施，减少贮灰场的水蚀和风蚀。

第二节　水土流失影响

电力工程建设过程中由于占用扰动了大量土地，致使地表结构遭到破坏，造成水土保持能力下降，破坏了周边的水土环境，加剧了水土流失。从工程本身来讲，由于水土流失防治措施不到位，引起的水土流失对于工程本身的运行安全也产生了较大影响，例如雨水对于塔基的冲刷、厂外边坡的侵蚀和塌方等。因此，认真研究水土流失影响，不仅有利于保护环境，对于保障工程运行安全也有重要意义。

电力工程建设阶段主要分为施工准备期、施工期和运行期，施工准备期和施工期主要施工活动包括通水、通电、通路、通信、场地平整、基础开挖与回填，扰动区域主要涉及输电电路的塔基、架线施工区域、施工道路和拆迁场地，变电站的站区、进站道路、施工生产生活区和站外供排水管线，火电厂的厂区、厂外道路、施工生产生活区、厂外供排水管线和贮灰场。输变电工程项目的水土流失影响主要集中在施工准备期和施工期，重点是施工期，运行期水土保持措施已布设到位，并开始发挥水土保持效益，基本不产生水土流失影响；火电厂工程项目的水土流失影响主要集中在施工准备期和施工期，重点是施工期，运行期主要是贮灰场在贮存灰渣过程中的水土流失影响。因此，本书对于输变电工程主要分析施工准备期和施工期的水土流失影响，对于火电厂工程主要分析施工准备期、施工期和运行期的水土流失影响。

一、水土流失影响因素

工程建设造成水土流失的影响因素主要包括自然因素和人为因素。从水土流失外营力方面来看，电力工程水土流失的外营力主要为降雨，随之表现的水土流失类型属于降雨造成的水力侵蚀，此外还有风力侵蚀等。从土壤可蚀性方面，电力工程扰动范围内由于损坏了原地表植被，对土壤层进行开挖，对土方进行堆垫，使得土壤直接暴露于水土流失外营力之下，加之土壤团聚结构发生变化，土壤的抗蚀性大大降低，增加水土流失的风险；从地形地貌方面来看，电力工程部分位于平原区，该部分的水土流失主因是由于人为扰动破坏原地表植被，使得土壤直接暴露于外营力之下，另一部分位于山丘区的电力工程，水土流失主因不仅包含由于破坏原地表植被，而且存有重力作用，使得扰动处不仅产生水土流失，严重部位还会存在山体崩塌、泥石流的发生。

二、输变电工程水土流失影响

1. 施工准备期影响

施工准备期内输电线路的施工活动主要是塔基周围、材料场等场地的平整。平整过程会造成地表植被破坏，并产生少量的土石方开挖、回填。这些施工活动会降低地表的抗蚀能力，裸露地表在风力、水力等作用下容易造成水土流失。

施工准备期内变电站的管道铺设、道路建设、通水、通电、通路、通信施工时需进行基础开挖，会对地表产生扰动；场地平整要进行地面障碍物清除、土石方挖填、场地平整或碾压等工作，会对场地原地貌及植被产生破坏，从而产生水土流失。

2. 施工期影响

施工期内交流输变电工程建设施工活动相对集中，是造成水土流失影响的主要时段。施工期内，输电线路和变电站进行大量的基础开挖和土方回填，破坏了原地表植被，土体结构发生剧烈变化，水土流失影响比较严重。以下按照输变电工程不同的水土流失扰动区域，对输电线路和变电站施工期水土流失影响进行分析。

（1）输电线路：

1）塔基施工。塔基施工水土流失主要产生在塔基基础开挖和基坑回填过程中。不同的塔基基础型式需采取不同的开挖方法，所造成的水土流失影响会有所不同。塔基基础型式一般包括柔性基础、刚性基础、灌注桩基础等。柔性基础采用半掏挖式开挖工艺，适用于承载力较差、上部荷载较大、基础埋深较大的塔基；刚性基础采用明挖式开挖工艺，适用于地基承载力较好、压缩性较小的塔基。这两种基础开挖工艺所产生的临时堆土，在地形、风速、降水、土壤等因素综合作用下，容易产生塌陷、冲刷等形式的水土流失，且影响植被恢复。灌注桩基础主要应用在河滩泥沼区，采用钻孔开挖工艺，钻孔泥浆处理不当，会对周围环境产生影响。

基坑回填采取分层夯实的施工工艺，回填土经过沉降后需及时补填夯实，坑口回填土不低于地面。回填土方土质疏松，地表裸露，易产生水土流失。尤其位于山区、丘陵区的塔基，回填土方经过长时间沉降，如果不采取水土保持措施，在降水作用下会造成塌陷等水土流失危害。

2）架线施工。架线施工水土流失主要产生在牵张设备和脚手架的架设、拆卸过程中。牵张设备和脚手架的架设、拆卸对地表会有轻微扰动，损坏地表植被，受扰动区域在风力和水力作用下会产生水土流失。

3）施工道路。在交通不便地区进行塔基施工时，需修建临时施工道路运输导线、塔材等建设材料，施工道路建设需进行少量路基开挖、土石方回填等，会对施工道路区的地表轻微扰动，破坏少量植被，致使地表裸露，在风力、水力影响下产生水土流失。

4）拆迁场地。拆迁场地在拆迁过程中有大量建筑垃圾和土方产生，拆迁过程中的土地整治也会对地表轻微扰动，使地表裸露，建筑垃圾、土石方以及裸露的地表都容易产生水土流失。

（2）变电站：

1）站区基础施工。变电站站区基础施工的水土流失主要发生在基础开挖和土石方回填过程中。变电站的主控楼、主变压器、电抗器、配电装置、消防水泵房等建（构）筑物需进行大量的基础开挖。对开挖产生的土石方，在专门设置的临时堆土场集中堆放，这些裸露堆放的土石方，在大风天气里容易产生扬尘等危害，在降水过程中容易产生坡面冲刷，形成水土流失。在土石方回填过程中，本着占补平衡的原则，建（构）筑物基础回填尽量采用开挖储备的土石方，回填压实的地表土质松散，土壤抗蚀性弱，未经硬化或绿化的地表裸露在外，极易受到风力和水力侵蚀，从而形成水土流失。

2）施工生产生活区。施工生产生活区水土流失主要发生在场地平整过程中。建设过程中需要进行地表清理和土地平整，伴随有少量的土方开挖和回填，对于临时堆土和裸露的地表会产生一定程度的水土流失。

3）进站道路。进站道路建设水土流失主要在路基施工过程中产生。进站道路路基施工按照设计标高进行土石方的开挖和回填，再经机械压实平整。在道路路基施工过程中，开挖、回填土石方致使地表裸露，在路基硬化前极易产生水土流失。

4）站外供排水管线。站外供排水管线施工水土流失主要在管道开挖、回填过程中产生。管线基槽开挖对地表产生扰动，开挖后的土石方堆放于管线基槽的一侧作为回填用土，裸露堆放的回填用土受到外力影响产生水土流失；管线安装完毕后进行土方回填，回填平整后的地表土质松散，容易产生水土流失。

三、火电厂工程水土流失影响

1. 施工准备期影响

施工准备期内火电厂的施工活动主要是厂区平整。对场地进行清理、平整时，使原有地表植被、地面组成物质、地形地貌受到扰动和破坏，失去原有固土和防冲能力，局部区域裸露，形成临空区域，当受到雨滴的打击、水流冲刷或风力吹袭时，加速了土壤侵蚀。

此外，场地平整时，还会产生临时堆渣，这些松散堆积物的抗蚀能力较差，遇到地表径流冲刷，必将造成较大的水土流失；遇大风还可能造成扬尘，影响场地施工，恶化周边生态环境。

2. 施工期影响

施工期内火电厂工程建设施工活动相对集中，是造成水土流失影响的主要时段。施工期内，电厂施工过程中进行大量的基础开挖和土方回填，破坏了原地表植被，土体结构发生剧烈变化，水土流失影响比较严重。

（1）厂区基础施工。建筑物基础开挖和填筑过程中，将造成表土裸露或形成较松散堆积体，并且土料也需要在场地内临时堆存。土料为松散堆积物，因蒸发作用使其表层形成松散粉状土，且堆方坡度较陡，若不加以防护，极易产生扬尘、冲刷等现象，造成较强烈的水力侵蚀或风力侵蚀。

（2）厂外道路。厂区内外交通道路的建设，扰动了土体结构，破坏了原有植被和地面稳定性，致使土壤结构松散，地面坡度和汇流方向发生改变，进而造成较强烈的水力侵蚀或风力侵蚀。

（3）施工生产生活区。此区域水土流失主要发生在场地平整过程中。建设过程中需要进行地表清理和土地平整，伴随有少量的土方开挖和回填，对于临时堆土和裸露的地表会产生一定程度的水土流失。此外，施工场地堆料区域，一般露天堆放，遇降雨和径流冲刷或大风，易产生水蚀或风蚀扬尘，进而影响施工。

（4）厂外供排水管线。厂外供排水管线施工水土流失主要在管道开挖、回填过程中产生。基槽开挖对地表产生扰动，裸露堆放的回填用土受到外力影响产生水土流失；管线安装完毕后进行土方回填，回填平整后的地表土质松散，在降水过程中容易产生水土流失。

（5）贮灰场。灰场区防渗膜铺设、灰坝、防洪坝填筑、灰场管理站基坑开挖、临时堆土等建设活动都会破坏地表和植被，引发水土流失。

3. 运行期影响

运行期主要是贮灰场在贮存灰渣过程中产生的水土流失影响。贮灰场堆灰过程中，灰渣裸露在外，松散堆积物的抗蚀能力较差，堆置过程中如不采取适当防护措施将可能造成大风扬尘，从而增加新的水土流失。电厂在运行期间伴随有灰渣的不断排放，在贮灰场封场前水土流失也就不可避免，但通过有序堆置，强化管理，及时平整、碾压，定期洒水等措施，可减少贮灰场的水蚀和风蚀。

综上所述，电力工程在不同建设时期和不同扰动区域均会产生水土流失，只有了解建设活动产生水土流失的时期和区域，才能有针对性的做好水土流失防治工作，才能使建设活动在有效降低环境破坏程度的前提下有序开展。

电力工程水土流失产生条件见表 10-1。

表 10-1　　电力工程水土流失影响一览表

序号	工程类别	防治分区	水土流失产生的条件分析
1	变电站工程	站区	损坏原地表植被、人工挖填土方、临时堆垫造成土方松散、施工迹地裸露、降雨冲刷
		进站道路区	损坏原地表植被、人工挖填土方、临时堆垫造成土方松散、施工迹地裸露、降雨冲刷
		施工生产生活区	损坏原地表植被、临时堆垫造成土方松散、施工迹地裸露、降雨冲刷
		站外供排水管线区	损坏原地表植被、人工挖填土方、临时堆垫造成土方松散、施工迹地裸露、降雨冲刷
2	线路工程	塔基区	损坏原地表植被、人工挖填土方造成土方松散、施工迹地裸露、降雨冲刷
		架线施工区	损坏原地表植被、施工迹地裸露、降雨冲刷
		施工道路区	损坏原地表植被、施工迹地裸露、降雨冲刷
		拆迁场地区	施工迹地裸露、建筑垃圾和土石方松散、降雨冲刷

续表

序号	工程类别	防治分区	水土流失产生的条件分析
3	火电厂工程	厂区	损坏原地表植被、人工挖填土方、临时堆垫造成土方松散、施工迹地裸露、降雨冲刷
		厂外道路区	损坏原地表植被、人工挖填土方、临时堆垫造成土方松散、施工迹地裸露、降雨冲刷
		施工生产生活区	损坏原地表植被、临时堆垫造成土方松散、降雨冲刷
		厂外供排水管线区	损坏原地表植被、人工挖填土方、临时堆垫造成土方松散、施工迹地裸露、降雨冲刷
		贮灰场区	坏原地表植被、场地平整、施工迹地裸露、降雨冲刷

第十一章

电力工程水土保持政策与法规

第一节　水土保持法规演变历程

一、水土保持法规的发展历程

我国是最早提出水土保持概念的国家，水土保持工作历史悠久。产生水土流失的原因分为自然因素和人为原因，自然因素是指自然界中不可避免的外力，主要是指降水、风力等对土壤的破坏。人为原因是指人类对土地不合理的利用、破坏了地面植被和稳定的地形，以致造成严重的水土流失，主要方式有工矿企业的开发建设项目、植被破坏、不合理的制度等。早期的水土保持系指保护、改良与合理利用山丘区和风沙区水土资源，维护和提高土地生产力，以利于充分发挥水土资源的经济效益和社会效益。随着我国经济建设快速发展的步伐，水土保持工作也逐步进入了法制化的轨道。《中华人民共和国水土保持法》中的法律定义已明确："本法所称水土保持，是指对自然因素和人为活动造成水土流失所采取的预防和治理措施。"

我国政府对水土保持工作十分重视，早在 1957 年，国务院就发布了《中华人民共和国水土保持暂行纲要》，成立全国水土保持委员会，有水土流失的省也建立了相应机构；要求有关部门密切配合、分工负责，根据各地区自然条件规划生产，使农、林、牧、水密切结合以全面控制水土流失。对工矿企业、铁路、交通等建设部门在生产建设项目中提出要求，规定要求采取水土保持措施，做好预防保护工作。20 世纪 60 年代初期，国务院发布了《关于开荒挖矿、修筑水利和交通工程应注意水土保持的通知》，进一步强调了此类工程建设项目采取水土保持措施的重要性。

1978 年修订的《中华人民共和国宪法》首次规定："国家保护环境和自然资源，防治污染和其他公害"，1982 年修订的《中华人民共和国宪法》更进一步明确"国家保护和改善生活环境和生态环境，防治污染和其他公害"。为中国环境保护事业和水土保持立法工作提供了法律基础和依据。

1982 年 6 月 30 日，国务院颁布了《水土保持工作条例》。《水土保持工作条例》共 6 章 33 条，规定水土保持工作的方针是：防治并重，治管结合、因地制宜、全面规划、综合治理、除害兴利。水土保持工作机构的任务是：贯彻执行国家有关水土保持的方针、政策、法规；进行水土保持查勘，编制水土保持规划，并组织实施；督促检查有关部门的水土保持工作；组织开展有关水土保持的科学研究、人才培养和宣传工作；管好用好水土保持经费和物资。《水土保持工作条例》要求：山区、丘陵区、风沙区的各级人民政府，必须把水土保持工作列入计划，加强领导，统一规划，组织协调，进行宣传教育，发动群众做好这项工作；农村社队和国营农、林、牧场，应在当地人民政府制定的水土保持整体规划指导下，根据当地自然条件和群众生产、生活的实际需要，制定具体的水土保持计划，组织实施。《水土保持工作条例》提出的工程规划设计中必须包括的"水土保持实施方案"，就是当前建设项目水土保持方案报告（制度）的雏形。

20 世纪 80 年代后期，在改革开放的大潮中，针对在晋陕蒙接壤的生态脆弱地区采矿、挖煤、筑路、采沙等人为活动造成的严重水土流失，原国家计委、水利部联合发布了《开发建设晋陕蒙接壤地区水土保持规定》，目的是解决在该地区大规模开发煤炭资源等生产建设活动中产生的水土流失，在项目建设的同时做好水土保持工作。应该特别指出的是，该规定明确了"谁开发谁保护""谁造成水土流失，谁负责治理"的原则，对大型建设项目、工矿和乡镇企业及个人等不同情况分别制定了相应的监督管理办法，率先提出水土保持分类管理的概念，也为而后的水土保持立法积累了经验。

二、《中华人民共和国水土保持法》的诞生

根据全国人民代表大会法制工作委员会的安排，水土保持法立法纳入计划，于 1987 年由水利部牵头组织，历时三年，在广泛调查研究的基础上起草水保法草案。于 1991 年 6 月 29 日第七届全国人民代表大会

第20次常委会审议通过，并于同日以国家主席49号令公布实施。1991年版《中华人民共和国水土保持法》的实施，对于预防和治理水土流失，改善生态环境，明确规定建立建设项目编制水土保持方案制度，促进我国经济社会可持续发展发挥了重要作用。2005年6月，水利部正式启动了《中华人民共和国水土保持法》的修订工作，成立了分管部领导挂帅的修订工作领导小组，组建了专门的起草班子。2010年12月25日，第十一届全国人大常委会第十八次会议审议通过了修订后的《中华人民共和国水土保持法》，以国家主席令第39号公布，修订后的《中华人民共和国水土保持法》自2011年3月1日起施行。

三、水土保持是生态文明建设的需要和重要组成部分

在保护自然环境和资源方面，除颁布了《中华人民共和国水土保持法》外，自20世纪80年代以来，我国相继颁布了《中华人民共和国矿产资源法》《中华人民共和国森林法》《中华人民共和国草原法》《中华人民共和国渔业法》《中华人民共和国水法》《中华人民共和国土地管理法》《中华人民共和国野生动物保护法》《中华人民共和国防沙治沙法》，以及《自然保护区条例》和《野生植物保护条例》等一系列单项法，其中许多都涉及做好水土保持工作，防治水土流失的条款或内容。

水土保持是生态环境保护的重要组成部分，我国党和政府历来重视生态环境保护，把水土保持放在经济社会发展的基础的战略高度，带领人民群众开展了大规模水土流失综合防治，取得了令人瞩目的显著成效。党的十五大报告指出："我国是人口众多，资源相对不足的国家。在现代化建设中必须实施可持续发展战略。……加强对环境污染的治理，植树种草，搞好水土保持，防治荒漠化，改善生态环境。"党的十六大报告中要求"树立全民环保意识，搞好生态保护和建设"。党的十七大报告中提出："必须坚持全面协调可持续发展。要按照中国特色社会主义事业总体布局，全面推进经济建设、政治建设、文化建设、社会建设，促进现代化建设各个环节、各个方面相协调，促进生产关系与生产力、上层建筑与经济基础相协调。坚持生产发展、生活富裕、生态良好的文明发展道路，建设资源节约型、环境友好型社会，实现速度和结构质量效益相统一、经济发展与人口资源环境相协调，使人民在良好生态环境中生产生活，实现经济社会永续发展"。党的十八大报告中更是提出将生态文明与经济建设、政治建设、文化建设、社会建设一道，形成了五位一体的总布局。

习近平同志强调，生态环境保护是功在当代、利在千秋的事业。要清醒认识保护生态环境、治理环境污染的紧迫性和艰巨性，清醒认识加强生态文明建设的重要性和必要性，以对人民群众、对子孙后代高度负责的态度和责任，真正下决心把环境污染治理好、把生态环境建设好。在党的十九大报告中，习近平总书记代表党中央提出要"加快生态文明体制改革，建设美丽中国"，要求"加大生态系统保护力度。实施重要生态系统保护和修复重大工程，优化生态安全屏障体系，构建生态廊道和生物多样性保护网络，提升生态系统质量和稳定性。完成生态保护红线、永久基本农田、城镇开发边界三条控制线划定工作。开展国土绿化行动，推进荒漠化、石漠化、水土流失综合治理，强化湿地保护和恢复，加强地质灾害防治。"

《关于加快推进生态文明建设的意见》提出生态文明建设是中国特色社会主义事业的重要内容，要求坚持把节约优先、保护优先、自然恢复为主作为基本方针，坚持把绿色发展、循环发展、低碳发展作为基本途径，坚持把深化改革和创新驱动作为基本动力，坚持把培育生态文化作为重要支撑，坚持把重点突破和整体推进作为工作方式，从优化国土空间开发格局、推动技术创新和结构调整、全面促进资源节约循环高效实用、切实改善生态环境质量、健全生态文明制度体系、加强生态文明建设统计监测和执法监督、加快形成推进生态文明建设的良好社会风尚、切实加强组织领导等九个方面提出加快推进生态文明建设的具体措施和方向。

党的十八大以来，以习近平同志为总书记的党中央站在战略和全局的高度，对生态文明建设和生态环境保护提出一系列新思想新论断新要求，为努力建设美丽中国，实现中华民族永续发展，走向社会主义生态文明新时代，指明了前进方向和实现路径。

第二节 电力工程水土保持政策法规

一、电力工程水土保持政策法规体系

本书所说的电力工程主要是指火力发电厂工程和输变电工程。

在电力工程建设过程中，要坚持依法依规建设施工，减少水土流失，保护我们赖以生存的生态环境。早在1998年10月，水利部、国家电力公司为全面贯彻实施《中华人民共和国水土保持法》《中华人民共和国电力法》，做好电力建设项目的水土保持工作，建立良好生态环境，就率先联合发布了《电力建设项目水土保持工作暂行规定》，推进了电力工程建设项目的水土保持工作。在电力工程建设水土保持方面，我国目

前已形成了较完善的政策法规体系（框架图见图11-1），即法律、国务院行政法规（法规性文件）、政府部门规章、地方性法规和地方政府规章、标准（规范）等。

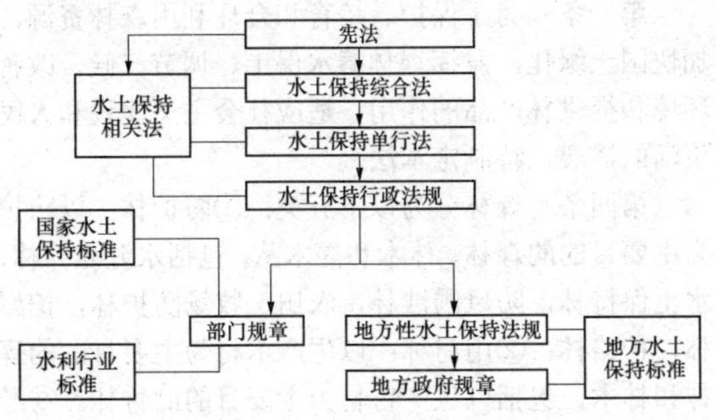

图 11-1　水土保持政策法规体系框架图

《中华人民共和国宪法》是水土保持法律法规体系建立的依据和基础，法律层次不管是生态环境保护的综合法、单行法还是相关法，其中对生态环境保护的要求和法律效力是一样的。如果法律规定中有不一致的地方，应遵循后法大于先法。国务院行政法规的法律地位仅次于法律。部门行政规章、地方环境法规和地方政府规章均不得违背法律和行政法规的规定。地方法规和地方政府规章只在其制定法规、规章的辖区内有效。

二、有关生态环境保护和水土保持的法律

1. 宪法

《中华人民共和国宪法》是我国的根本大法，其规定拥有最高法律效力。中华人民共和国成立后，曾于1954年9月20日、1975年1月17日、1978年3月5日和1982年12月4日通过四个宪法，现行宪法为1982年宪法，并历经1988年、1993年、1999年、2004年、2018年五次修订。

《中华人民共和国宪法》第九条第二款规定："国家保障自然资源的合理利用，保护珍贵的动物和植物。禁止任何组织或者个人用任何手段侵占或者破坏自然资源。"

2. 水土保持法律及相关法

（1）《中华人民共和国水土保持法》。《中华人民共和国水土保持法》于1991年颁布实施，标志着我国水土保持工作从此进入了新的历史时期，是电力工程开展水土保持工作的法律依据。

2010年12月25日，第十一届全国人大常委会第十八次会议审议通过了修订后的《中华人民共和国水土保持法》，共分七章六十条。明确了水土保持立法的目的、水土保持的工作方针、各级水土保持工作的行政管理部门和各级人民政府的监督管理责任。该法第八条规定："任何单位和个人都有保护水土资源、预防和治理水土流失的义务，并有权对破坏水土资源、造成水土流失的行为进行举报。"水保法强调了生产建设项目编制水土保持方案的管理制度。

（2）《中华人民共和国环境保护法》。该法是中国第一部对环境保护方面的立法，对于改善和保护环境起着积极的作用。该法1989年首次颁布，2014年进行修订。《中华人民共和国环境保护法》是环保领域的综合法，全文分七章共七十条。以下为相关摘录：

第一条　为保护和改善环境，防治污染和其他公害，保障公众健康，推进生态文明建设，促进经济社会可持续发展，制定本法。

第五条　环境保护坚持保护优先、预防为主、综合治理、公众参与、损害担责的原则。

第六条　一切单位和个人都有保护环境的义务。地方各级人民政府应当对本行政区域的环境质量负责。企业事业单位和其他生产经营者应当防止、减少环境污染和生态破坏，对所造成的损害依法承担责任。

第三十三条　各级人民政府应当加强对农业环境的保护，促进农业环境保护新技术的使用，加强对农业污染源的监测预警，统筹有关部门采取措施，防治土壤污染和土地沙化、盐渍化、贫瘠化、石漠化、地面沉降以及防治植被破坏、水土流失、水体富营养化、水源枯竭、种源灭绝等生态失调现象，推广植物病虫害的综合防治。

（3）《中华人民共和国电力法》：

第五条　电力建设、生产、供应和使用应当依法保护环境，采用新技术，减少有害物质排放，防治污染和其他公害。

第十条　电力发展规划应当根据国民经济和社会发展的需要制定，并纳入国民经济和社会发展计划。电力发展规划，应当体现合理利用能源、电源与电网配套发展、提高经济效益和有利于环境保护的原则。

（4）《中华人民共和国水法》：

第九条　国家保护水资源，采取有效措施，保护植被，植树种草，涵养水源，防治水土流失和水体污染，改善生态环境。

第二十五条　地方各级人民政府应当加强对灌溉、排涝、水土保持工作的领导，促进农业生产发展。

（5）《中华人民共和国土地管理法》：

第三十五条　各级人民政府应当采取措施，维护排灌工程设施，改良土壤，提高地力，防止土地荒漠化、盐渍化、水土流失和污染土地。

第三十八条　国家鼓励单位和个人按照土地利用总体规划，在保护和改善生态环境、防止水土流失和土地荒漠化的前提下，开发未利用的土地。

（6）《中华人民共和国农业法》：

第五十九条 各级人民政府应当采取措施，加强小流域综合治理，预防和治理水土流失。从事可能引起水土流失的生产建设活动的单位和个人，必须采取预防措施，并负责治理因生产建设活动造成的水土流失。

（7）《中华人民共和国草原法》：

第三十一条 对退化、沙化、盐碱化、石漠化和水土流失的草原，地方各级人民政府应当按照草原保护、建设、利用规划，划定治理区，组织专项治理。

第四十六条 禁止开垦草原。对水土流失严重、有沙化趋势、需要改善生态环境的已垦草原，应当有计划、有步骤地退耕还草；已造成沙化、盐碱化、石漠化的，应当限期治理。

第四十九条 禁止在荒漠、半荒漠和严重退化、沙化、盐碱化、石漠化、水土流失的草原以及生态脆弱区的草原上采挖植物和从事破坏草原植被的其他活动。草原法规定了在草原地区的水土保持工作，防治水土流失造成草原沙化。

（8）《中华人民共和国防洪法》：

第十八条第二款 防治江河洪水，应当保护、扩大流域林草植被，涵养水源，加强流域水土保持综合治理。

（9）《中华人民共和国公路法》：

第三十条 公路建设项目的设计和施工，应当符合依法保护环境、保护文物古迹和防止水土流失的要求。

第四十一条 公路用地范围内的山坡、荒地，由公路管理机构负责水土保持。

第六十六条第二款 公路的绿化和公路用地范围内的水土保持工作，由各该公路经营企业负责。

（10）《中华人民共和国防沙治沙法》：

第五条第二款 国务院林业、农业、水利、土地、环境保护等行政主管部门和气象主管机构，按照有关法律规定的职责和国务院确定的职责分工，各负其责，密切配合，共同做好防沙治沙工作。

第四十六条 本法第五条第二款中所称的有关法律，是指《中华人民共和国森林法》《中华人民共和国草原法》《中华人民共和国水土保持法》《中华人民共和国土地管理法》《中华人民共和国环境保护法》和《中华人民共和国气象法》。

（11）《中华人民共和国固体废物污染环境防治法》：

第十六条 产生固体废物的单位和个人，应当采取措施，防止或者减少固体废物对环境的污染。

第十七条 收集、贮存、运输、利用、处置固体废物的单位和个人，必须采取防扬散、防流失、防渗漏或者其他防止污染环境的措施；不得擅自倾倒、堆放、丢弃、遗撒固体废物。禁止任何单位或者个人向江河、湖泊、运河、渠道、水库及其最高水位线以下的滩地和岸坡等法律、法规规定禁止倾倒、堆放废弃物的地点倾倒、堆放固体废物。

（12）《中华人民共和国森林法》：

第一条 为了保护、培育和合理利用森林资源，加快国土绿化，发挥森林蓄水保土、调节气候、改善环境和提供林产品的作用，适应社会主义建设和人民生活的需要，特制定本法。

第四条 森林分为以下五类：①防护林：以防护为主要目的的森林、林木和灌木丛，包括水源涵养林，水土保持林，防风固沙林，农田、牧场防护林，护岸林，护路林。②用材林：以生产木材为主要目的的森林和林木，包括以生产竹材为主要目的的竹林。③经济林：以生产果品，食用油料、饮料、调料，工业原料和药材等为主要目的的林木。④薪炭林：以生产燃料为主要目的的林木。⑤特种用途林：以国防、环境保护、科学实验等为主要目的的森林和林木。包括国防林、实验林、母树林、环境保护林、风景林，名胜古迹和革命纪念地的林木，自然保护区的森林。

第二十四条 国务院林业主管部门和省、自治区、直辖市人民政府，应当在不同自然地带的典型森林生态地区、珍贵动物和植物生长繁殖的林区、天然热带雨林区和具有特殊保护价值的其他天然林区，划定自然保护区，加强保护管理。

三、有关水土保持的行政法规（或法规性文件）

水土保持及相关行政法规是由国务院制定并公布或经国务院批准有关主管部门公布的水土保持工作法规性文件。一是根据法律受权制定的环境保护法的实施细则或条例，如《中华人民共和国水土保持法实施条例》；二是针对生态环境保护的某个领域而制定的条例、规定和办法，如《自然保护区管理条例》等。

电力工程规划、设计中涉及的国家水土保持及相关的行政法规主要有：

（1）《中华人民共和国水土保持法实施条例》。

（2）《建设项目环境保护管理条例》。

（3）《自然保护区管理条例》。

（4）《中华人民共和国河道管理条例》。

（5）《长江三峡工程建设移民条例》。

（6）《开发建设晋陕蒙接壤地区水土保持规定》。

（7）《国务院关于加强水土保持工作的通知》。

（8）《国务院关于印发“十三五”生态环境保护规划的通知》。

（9）《全国防沙治沙规划（2011—2020年）》。

（10）《全国生态环境保护纲要》等。

四、政府部门规章

部门规章是指国务院各组成部门以及具有行政管理职能的直属机构根据法律和国务院的行政法规、决定、命令，在本部门权限内按照规定程序制定的规范性文件。关于水土保持及其相关的部门规章主要由水行政主管部门发布，涉及其他方面的也有由如发改委、国家林业局等发布。

电力工程设计涉及的水土保持部门规章主要有：

(1)《开发建设项目水土保持方案编报审批管理规定》（水利部令〔1995〕第5号，1995年5月30日发布，2005年7月8日水利部2005年第24号令修订）。

(2)《水土保持生态环境监测网络管理办法》(2000年1月31日水利部令第12号发布，自发布之日起施行，2014年8月19日水利部令第46号修改)。

(3)《水利工程建设监理规定》(2006年12月18日水利部令〔2006〕第28号，2007年2月1日施行)。

(4)《产业结构调整指导目录（2011年本）》(2013年版，2013年5月1日国家发改委令第21号修改)。

(5)《国务院办公厅转发国务院体改办关于水利工程管理体制改革实施意见的通知》(国办发〔2002〕45号，2002年9月17日)。

(6)《国家发展改革委 财政部关于降低电信网码号资源占用费等部分行政事业性收费标准的通知》(发改价格〔2017〕1186号)。

(7)《国家林业局关于印发甘南黄河等5个重点生态功能区生态保护与建设规划的函》（林函规字〔2014〕41号)。

五、地方法规及部门规章

随着《中华人民共和国水土保持法》和《中华人民共和国水土保持法实施条例》的发布实施，众多省市县级人大和政府相继发布了各地的实施办法或有关条例。改革开放后，经济高速发展、建设项目大量涌现，多地为规范水土保持工作，还与时俱进地作了修订，如：

(1)《宁夏回族自治区实施〈中华人民共和国水土保持法〉办法》(宁夏回族自治区第十一届人大修订，2015年9月1日)。

(2)《甘肃省水土保持条例》(2012年8月10日甘肃人大通过，2012年10月1日)。

(3)《青海省实施〈中华人民共和国水土保持法〉办法》(青海省第十二届人大公告第32号修订，2016年6月1日)。

(4)《新疆维吾尔自治区实施〈中华人民共和国水土保持法〉办法》(2013年修正本，2013年10月1日)。

(5)《黑龙江省实施〈中华人民共和国水土保持法〉办法》(十二届人大第二次修正，2016年12月16日)。

(6)《广西壮族自治区实施〈中华人民共和国水土保持法〉办法》(广西壮族自治区第十二届人大修订，2014年10月1日)。

(7)《广东省水土保持条例》(广东省第十二届人大公告第68号，2017年1月1日)。

国务院2015年10月4日批复同意，水利部会同国家发展改革委、财政部、国土资源部、环境保护部、农业部、国家林业局于2015年12月15日联合印发的《全国水土保持规划（2015—2030年)》。与国家要求配套，各地陆续颁布了地方的水土保持规划（2016—2030年)，如：

(1)《黑龙江省人民政府关于黑龙江省水土保持规划（2015—2030年）的批复》(黑龙江省水利厅、发展改革委、财政厅、国土资源厅、环境保护厅、农委、林业厅，黑政函〔2016〕77号，2016年7月18日)。

(2)《安徽省人民政府关于〈安徽省水土保持规划（2016—2030年)〉的批复》(安徽省人民政府办公厅，皖政秘〔2016〕250号，2016年12月30日)。

(3)《广东省人民政府关于广东省水土保持规划（2016—2030年）的批复》(广东省人民政府，粤府函〔2017〕8号，2017年1月11日)。

(4)《江西省人民政府关于江西省水土保持规划（2016—2030年）的批复》(赣府字〔2016〕96号，2016年12月8日)。

随着《水利部关于划分国家级水土流失重点防治区的公告》(水利部公告2006年第2号，2006年4月29日）及《关于印发〈全国水土保持规划国家级水土流失重点预防区和重点治理区复核划分成果〉的通知》(水利部办公厅文件，办水保〔2013〕188号，2013年8月12日）的发布，各省级单位相继发布了划分水土流失重点防治区的通告，如：

(1)《福建省人民政府关于划分水土流失重点防治区的通告》(福建省人民政府，闽政〔1999〕205号，1999年11月8日)。

(2)《贵州省人民政府关于划分水土流失重点防治区的公告》(贵州省水利厅，黔府发〔1998〕52号，1998年)。

(3)《吉林省人民政府关于划分水土流失重点防治区的公告》(吉政发〔1999〕30号，1999年10月25日)。

(4)《内蒙古自治区人民政府关于划分水土流失重点预防区和重点治理区的通告》(内政发〔2016〕44号，2016年4月19日)。

第三节 水土保持设计标准

随着水土保持工作的大力发展和推进，国家和水利部及相关部门颁布、实施了大量的有关水土保持设计的规程规范、标准规定等。下面所列标准规程规范包括但不限于所列，且由于可能被修订，在使用过程中应为最新及有效版本。

一、主要标准

（1）GB 50433—2008《开发建设项目水土保持技术规范》。由建设部和国家质量监督检验检疫总局于2008年1月14日联合发布的国家标准（中华人民共和国建设部公告第787号），2008年7月1日起实施（现行有效国标）。是作为工程建设水保设施设计的根本依据，其中的一些条（款）为强制性条文，必须严格执行。

该规范共分为14章和2个附录。主要内容是总则、术语、基本规定、各设计阶段的任务、水土保持方案、水土保持初步设计专章、拦渣工程、斜坡防护工程、土地整治工程、防洪排导工程、降水蓄渗工程、临时防护工程、植被建设工程、防风固沙工程等。

（2）GB 50434—2008《开发建设项目水土流失防治标准》。根据《关于印发“二ОО二～二ОО三年度工程建设国家标准制订修订计划”的通知》（建设部建标〔2003〕102号）的要求，由水利部水土保持监测中心会同水利部水利水电规划设计总院和北京水保生态工程咨询公司共同编制。2008年1月14日发布，2008年7月1日实施。

该标准共6章，主要内容有总则、术语、基本规定、项目类型及时段划分、防治标准等级与适用范围、防治标准。同时明确一些条文为强制性条文，必须严格执行。

（3）SL 640—2013《输变电项目水土保持技术规范》。由中华人民共和国水利部《关于批准发布水利行业标准的公告》（2013年第77号）发布，水利部批准SL 640—2013《输变电项目水土保持技术规范》为水利行业标准（推荐性标准），2013年12月11日发布，2014年3月11日实施。

该规范内容包括：总则、术语、设计阶段与任务、设计阶段、具体要求、水土保持方案、一般规定、项目概况、项目区概况、水土流失调查、主体工程水土保持分析与评价、水土流失防治责任范围及分区、水土流失预测、水土流失防治措施布局及典型设计等。

（4）GB/T 22490—2008《开发建设项目水土保持设施验收技术规程》。由中华人民共和国水利部提出和归口，中华人民共和国国家质量监督检验检疫总局、中国国家标准化管理委员会发布。其中的附录均为资料性附录。2007年10月8日发布，2008年1月8日实施。

该规程对水保设施验收提出了要求，各阶段验收的责任主体均为建设单位。

水土保持验收的目的：检查水土保持设施的设计和施工质量；评价水土流失防治效果，判断是否达到国家标准规定的要求，检查是否存在水土流失隐患；确认临时占地范围内的水土流失防治义务是否终结；认定水土保持投资；发现和解决遗留问题；评价建设单位的社会责任。

随着形势发展，对于水土保持验收工作，国家和地方及时调整政策和要求，各地、各单位在开展水土保持验收工作时，要注意相关政策的执行。

（5）SL 277—2002《水土保持监测技术规程》。中华人民共和国水利部《关于批准发布〈水土保持监测技术规程〉的通知》（水国科〔2002〕383号），2002年9月4日发布，2002年10月1日实施。水利部水土保持司主编。

该规程主要包括：水土保持监测网络的组成、职责和任务，监测站网布设原则和选址要求；宏观区域、中小流域和开发建设项目的监测项目和监测方法；遥感监测、地面观测和调查等不同监测方法的使用范围、内容、技术要求，以及监测数据处理、资料整编和质量保证的方法；不同开发建设项目水土流失监测的监测项目、监测时段确定和监测方法。

（6）SL 342—2006《水土保持监测设施通用技术条件》。中华人民共和国水利部《关于批准发布水利行业标准的公告》（2006年第4号），2006年9月9日发布，2006年10月1日实施。水利部水土保持司主持并负责解释；主编单位：水利部水土保持监测中心。

该标准适用于水蚀、风蚀、重力侵蚀、混合侵蚀、冻融侵蚀和水土保持措施等监测。对水土保持监测通用设施（含设备）技术条件作了具体规定，主要包括以下内容：水蚀径流小区、小流域控制站和简易坡面观测设施及其技术条件；风蚀降尘、风蚀强度和简易风蚀观测场等监测设施及其技术条件；滑坡与泥石流监测设施及其技术条件；寒冻剥蚀和热融滑塌监测设施及其技术条件；水土保持措施数量和质量监测设施及其技术条件。

（7）《生产建设项目水土保持监测技术规程（试行）》（2015年6月）。该规程是为规范生产建设项目水土保持监测工作、保证监测工作质量、提高生产建设项目水土保持监测水平而编制。该规程适用于生产建设项目水土保持监测工作，主要规定了监测工作的任务、内容、程序及要求等。

其中“基本规定”：生产建设项目水土保持监测工

作应与主体工程同步开展。生产建设项目水土保持监测的主要任务是：①及时、准确掌握生产建设项目水土流失状况和防治效果；②落实水土保持方案，加强水土保持设计和施工管理，优化水土流失防治措施，协调水土保持工程与主体工程建设进度；③及时发现重大水土流失危害隐患，提出防治对策建议；④提供水土保持监督管理技术依据和公众监督基础信息。

二、其他常用规范和标准

作为水土保持设计需要使用、参考、引用、借鉴的水土保持设计相关规范和标准，因分门别类有很多，在开展水土保持相关工作时，应及时调整它们的使用，并应列出文名、文号和年限。

1. 水土保持综合治理

水土保持综合治理的国家标准系列共分四项：第一项《水土保持综合治理　规划通则》，第二项《水土保持综合治理　技术规范》，第三项《水土保持综合治理　验收规范》，第四项《水土保持综合治理　效益计算方法》。

（1）GB/T 15772—2008《水土保持综合治理　规划通则》。该标准规定了编制水土保持综合治理规划的任务、内容、程序、方法、成果整理等的基本要求。适用于大面积总体规划和小面积实施规划。前者指大、中流域或省、地、县级的规划（面积几千、几万到几十万平方千米），后者指小流域或乡、村级的规划（面积几十到几百平方千米）。

编制规划必须贯彻“预防为主，全面规划，综合防治，因地制宜，加强管理，注重效益”的水土保持方针。本规划通则以治理为主。

（2）GB/T 16453.1～16453.6—2008《水土保持综合治理　技术规范》。该技术规范在1996年正式发布，十余年中，在水土保持综合治理方面起到了重要的指导作用。为适应新形势下水土保持工作，进一步规范水土保持治理技术、规范、方法，2008年根据水利部国际合作与科技司、水土保持司的统一安排，进行了修订。

规范共分为六个部分：

——GB/T 16453.1—2008　水土保持综合治理　技术规范　坡耕地治理技术；

——GB/T 16453.2—2008　水土保持综合治理　技术规范　荒地治理技术；

——GB/T 16453.3—2008　水土保持综合治理　技术规范　沟壑治理技术；

——GB/T 16453.4—2008　水土保持综合治理　技术规范　小型蓄排引水工程；

——GB/T 16453.5—2008　水土保持综合治理　技术规范　风沙治理技术；

——GB/T 16453.6—2008　水土保持综合治理　技术规范　崩岗治理技术。

（3）GB/T 15773—2008《水土保持综合治理　验收规范》。该规范规定了水土保持综合治理验收的分类，各类验收的条件、组织、内容、程序、成果要求、成果评价以及建立技术档案的要求，适用于由中央投资、地方投资和利用外资的以小流域为单元的水土保持综合治理以及专项工程等水土保持工程的验收。群众和社会出资的水土保持治理的验收可参照执行；大中流域或县以上大面积重点治理区的验收，也可参照本标准。

验收分类：

1）单项措施验收。在水土保持综合治理实施过程中，施工承包单位“按合同完成了某一单项治理措施时，应由实施主持单位”及时组织验收，评定其质量和数量。对工程较大的治理措施（如大型淤地坝、治沟骨干工程等），施工承包单位在完成其中某项分部工程（如土坝、溢洪道、泄水洞等）时，实施主持单位也应及时组织验收。

2）阶段验收。每年年终，水土保持综合治理实施主持单位，按年度实施计划完成了治理任务时，应由项目主管单位组织阶段验收，并对年度治理成果作出评价。

3）竣工验收。一届治理期（一般五年左右）末，项目主管单位按水土保持综合治理规划全面完成了治理任务时，应由项目提出部门组织全面的竣工验收，并评价治理成果等级。

（4）GB/T 15774—2008《水土保持综合治理　效益计算方法》。该标准规定了水土保持综合治理效益计算的原则、内容和方法，适用于水蚀地区和水蚀与风蚀交错地区小流域水土保持综合治理的效益计算，同时在大、中流域和不同范围行政单元（省、地区、县、乡、村）的水土保持综合治理效益计算中也可采用。本标准规定的水土保持综合治理效益计算的分类，包括基础效益（保水、保土）、经济效益、社会效益和生态效益等四类。

2. GB 51018—2014《水土保持工程设计规范》

由水利部水利水电规划设计总院与黄河设计公司联合主编，于2015年8月1日起实施。

该规范主要适用于水土流失综合治理工程中的梯田、淤地坝、拦沙坝、塘坝、滚水坝、沟道滩岸防护、坡面截排水、引洪漫地、引水拦沙造地、支毛沟治理、小型蓄水工程、农业耕作、防风固沙、林草工程、封育工程，以及生产建设项目中的弃渣拦挡、土地整治、截排水、小型蓄水工程、防风固沙、植被恢复与建设工程设计。

规范内容包括水土流失综合治理工程总体布置、

工程级别划分和设计标准及各类水土保持工程等，适用于水土流失综合治理工程中的梯田、淤地坝、拦沙坝、塘坝、滚水坝、沟道滩岸防护、坡面截排水、引洪漫地、引水拦沙造地、支毛沟治理、小型蓄水工程、农业耕作、防风固沙、林草工程、封育工程，以及生产建设项目中的弃渣拦挡、土地整治、截排水、小型蓄水工程、防风固沙、植被恢复与建设工程设计，对于指导和规范水土保持工程设计具有重要意义。

3. SL 73.X—2013《水利水电工程制图标准》

中华人民共和国水利部《关于批准发布水利行业标准的公告》（2013 年第 4 号）发布。根据水利水电技术标准制定、修订计划由水利水电规划设计总院主持以武汉水利电力大学为主编单位修订的《水利水电工程制图标准》经审查批准为行业标准并予以发布。主要技术内容有：基本规定图样画法、图样注法和总体三维制图。水利部水利水电规划设计总院为标准主持机构和标准解释单位。

标准分为五个部分：

（1）SL 73.1—2013《水利水电工程制图标准 基础制图》；

（2）SL 73.2—2013《水利水电工程制图标准 水工建筑图》；

（3）SL 73.3—2013《水利水电工程制图标准 勘测图》；

（4）SL 73.4—2013《水利水电工程制图标准 水力机械图》；

（5）SL 73.5—2013《水利水电工程制图标准 电气图》。

4. SL 190—2007《土壤侵蚀分类分级标准》

中华人民共和国水利部《关于批准发布水利行业标准的公告》（2008 年第 1 号）发布。2008 年 4 月 4 日实施。

适用于全国土壤侵蚀的分类与分级，共 5 章和 2 个附录。主要内容包括：总则、术语、土壤侵蚀类型分区（分为水力、风力、冻融 3 个一级土壤侵蚀类型区；5 个水力侵蚀、2 个风力侵蚀、2 个冻融二级类型区）、土壤侵蚀强度分级、土壤侵蚀程度分级。

5. SL 419—2007《水土保持试验规程》

中华人民共和国水利部《关于批准发布水利行业标准的公告》（2008 年第 1 号）发布。2008 年 4 月 4 日实施。

该标准共 13 章 42 节 241 条和 2 个附录。包括：总则；术语；水力侵蚀试验；泥石流、滑坡试验；崩岗试验；开发建设项目水土保持试验；水土保持林草措施及其效果试验；水土保持工程措施及其效果试验；水土保持耕作措施及其效果试验；水土保持技术措施综合配置试验；土壤性质试验；小流域水土保持试验；水土保持数据管理等 13 个部分，以及附录 A 观测项目记录单位、附录 B 记录表格、标准用词说明和条文说明。

6. TD/T 1036—2013《土地复垦质量控制标准》

由全国国土资源标准化技术委员会提出并归口，主要起草单位为国土资源部土地整治中心，由国土资源部负责解释。

该标准规定了以下损毁土地复垦应遵循的技术要求和应达到的质量要求：露天采矿、烧制砖瓦、挖沙取土等地表挖掘所损毁的土地；地下采矿等造成地表塌陷的土地；堆放采矿剥离物、废石、矿渣、粉煤灰、冶炼渣等固体废弃物压占的土地；能源、交通、水利等基础设施建设和其他生产建设活动临时占用所损毁的土地；洪水、地质灾害等自然灾害损毁的土地；法律规定的其他生产建设活动造成损毁的土地。

该标准适用于土地复垦专项规划编制、土地复垦方案编制、土地复垦工程规划设计以及验收等活动。

7.《水土保持工程概（估）算编制规定》《水土保持生态建设工程概（估）算编制规定》和《水土保持工程概算定额》（水利部文件 水总〔2003〕67 号）

结合近年来开发建设项目水土保持工程和水土保持生态建设工程实际情况，为适应建立社会主义市场经济体制的需要，满足新的财务制度要求，合理预测开发建设项目水土保持工程及水土保持生态建设工程造价，水利部委托有关单位编制了《水土保持工程概算定额》《开发建设项目水土保持工程概（估）算编制规定》及《水土保持生态建设工程概（估）算编制规定》。

由水利部于 2003 年 1 月 25 日发布，颁布的定额及规定为推荐性标准，自颁布之日起执行。由水利部水利水电规划设计总院负责解释。

8.《电力建设工程预算定额》

《标准电力建设工程预算定额》是 2006 年 10 月由中国电力出版社出版，作者是中国电力企业联合会。该书是为构成现行的电力建设工程概预算定额体系服务。

2006 年版修订完成的概算定额和预算定额（建筑工程、送电线路工程、加工配制品）与新颁布实施《标准电力建设工程预算定额》“热力设备安装”“电气设备安装”和“调试”定额相匹配，共同构成现行的电力建设工程概预算定额体系。2001 年 12 月 31 日之前所颁布的电力建设工程概预算定额及其价目本均停止使用。

2013 年和 2016 年对部分内容再次进行了修订。

9.《电网工程建设预算编制与计算规定》

国家能源局 2013 年版预规系列之一。

本书为电力行业工程建设预算定额及费用计算系列规定（简称预规）之一，是在 2006 年版《电网工程建设预算编制与计算标准》的基础上修编而成。本预规合理继承和沿用了原标准的主要内容，根据现行电力建设工程管理模式，以及参与建设各方在工程建设过程中的权利与义务，进行了局部调整和修订。本书对电网建设工程所涉及的专有名词进行了严谨的定义，规范了费用计算方式，保证了标准的实用性和可操作性。

10. SL 448—2009《水土保持工程可行性研究报告编制规程》

标准共 13 章 23 节 93 条和 2 个附录，对水土保持工程可行性研究报告的编制深度、章节安排及主要技术内容作了规定，主要内容有：总则、术语、综合说明、项目建设背景与设计依据、建设任务与规模、总体布局与措施设计、施工组织设计、水土保持监测、技术支持、项目管理、投资估算和资金筹措、经济评价及结论和建议等 13 个部分。

适用于大、中型水土保持综合治理工程可行性研究报告的编制，小型水土保持综合治理项目可行性研究报告的编制可参照执行。对水土保持专项工程和利用外资项目，可根据工程任务的特点对本标准的条文进行取舍，亦可根据需要适当调整内容和深度。

11. GB/T 18337.X《生态公益林建设》

该系列国标包括五个部分：

（1）GB/T 18337.1—2001《生态公益林建设　导则》；

（2）GB/T 18337.2—2001《生态公益林建设　规划设计通则》；

（3）GB/T 18337.3—2001《生态公益林建设　技术规程》；

（4）GB/T 18337.4—2008《生态公益林建设　检查验收规定》；

该系列标准由国家林业局植树造林司提出并归口，由国家林业局植树造林司负责解释。国家质量技术监督局颁布。

主要规定了生态公益林建设的指导思想、原则、对象、程序、内容及方式、类型、区划重点，提出了生态公益林建成标准、管理、利用，以及建设质量评价等指导性、原则性要求。该标准的附录 A 是标准的附录，附录 B 是提示的附录。该标准由国家林业局植树造林司提出并归口。该标准由国家林业局植树造林司负责解释。该标准负责起草单位：国家林业局植树造林司、国家林业局调查规划设计院。

12. GB/T 15776—2016《造林技术规程》

由国家林业局调查规划设计院编制，国家质量监督检验检疫总局、国家标准化管理委员会 2016 年第 8 号公告，于 2016 年 6 月 14 日发布，2017 年 1 月 1 日起实施。

该标准规定了造林设计、造林分区、造林树种、种子和苗木、造林密度、造林作业、未成林抚育管护、四旁植树、林冠下造林、造林地生境保护、造林成效评价和造林技术档案等方面的技术要求。适用于全国范围适宜造林地段的人工造林、更新以及四旁植树。

13. GB 6000—1999《主要造林树种苗木质量分级标准》

由国家林业局提出，全国林业种子标准化技术委员会归口，国家质量技术监督局颁布。2000 年 4 月 1 日起实施。

规定了主要造林树种苗木的定义、分级要求、检验方法、检验规则。适用于植树造林用的露地培育的裸根苗木，不适用于容器苗和温室中培育的苗木。苗木规格是指适宜造林用的苗木的年龄、高度、地径和根系发育状况的标准，具体标准可参照各地主要造林树种苗木产量、质量标准。

14. GB/T 21010—2017《土地利用现状分类》

2017 年 11 月 1 日，由国土资源部组织修订的国家标准 GB/T 21010—2017《土地利用现状分类》，经国家质检总局、国家标准化管理委员会批准发布并实施。

秉持满足生态用地保护需求、明确新兴产业用地类型、兼顾监管部门管理需求的思路，完善了地类含义，细化了二级类划分，调整了地类名称，增加了湿地归类，将在第三次全国土地调查中全面应用。新版标准规定了土地利用的类型、含义，将土地利用类型分为耕地、园地、林地、草地、商服用地、工矿仓储用地、住宅用地、公共管理与公共服务用地、特殊用地、交通运输用地、水域及水利设施用地、其他用地等 12 个一级类、72 个二级类，适用于土地调查、规划、审批、供应、整治、执法、评价、统计、登记及信息化管理等。

15. 其他

除上述水保方案和设计常用规程规范及标准规定，其他常用的还有 GB 50014《室外排水设计规范》、SL 379《水工挡土墙设计规范》、SL 288《水利工程施工监理规范》、SL 252《水利水电工程等级划分及洪水标准》、SL 328《水利水电工程设计工程量计算规定》、SL 44《水利水电工程设计洪水计算规范》、SL 336《水土保持工程质量评定规程》等。

第十二章

电力工程各设计阶段的水土保持要求

为了更好地落实《中华人民共和国水土保持法》中提出的“预防为主、保护优先、全面规划、综合治理、因地制宜、突出重点、科学管理、注重效益”的水土保持工作方针，设计单位应该在电力工程勘测设计全过程中，明确各设计阶段水土保持的具体要求和工作任务，切实有效地开展相应深度的水土保持工作。

根据 DLGJ 159.1—2001《电力工程勘测设计阶段的划分规定》，发电工程勘测设计的全过程一般划分为初步可行性研究、可行性研究、初步设计、施工图设计、施工配合（工地服务）、竣工图和设计回访总结七个阶段；送变电工程勘测设计的全过程一般划分为可行性研究、初步设计、施工图设计、施工配合（工地服务）、竣工图和设计回访总结六个阶段。送变电工程虽然较发电工程缺少初步可行性研究阶段，但在一些高电压等级送变电工程或重要的330kV送变电工程的可行性研究阶段前，仍需编制规划选址、选线报告，并依此进行可行性研究工作。

在电力工程勘测设计全过程中，水土保持工作应注意与主体设计协同进行，体现水土保持法中要求的“三同时”（同时设计、同时施工、同时投产）原则。结合《开发建设项目水土保持技术规范》和《电力工程勘测设计阶段的划分规定》中对各设计阶段的划分，针对电力工程水土保持设计，重点从初步可行性研究阶段、可行性研究阶段、初步设计阶段、施工图设计及施工阶段明确各阶段的工作内容和相应的深度规定。

第一节　初步可行性研究阶段

电力工程勘测设计初步可行性研究阶段主要对工程项目初选，重点从各设计专业角度广泛分析，并进行辅助性专题研究，初步确定工程项目的可行性。在初步可行性研究阶段，将水土保持作为重要的专业组成，参与论证项目建设方案，可实现项目的生态友好属性。

建设项目初步可行性研究阶段水土保持工作的开展，应根据国民经济和社会发展规划与地区经济发展规划的总体要求，在经过批准的区域综合规划、江河流域规划、水土保持规划等相关规划的基础上，在对项目所在行政区域自然条件、社会经济条件、水土保持基本情况进行相关调查的基础上，着重从水土保持角度初步分析项目的可行性，并提出下阶段应主要进行的工作任务。

一、工作内容

一般情况下，在初步可行性阶段不开展水土保持方案审批工作，在此阶段可以根据设计要求编制水土保持篇章。具体可调查了解区域水土流失和水土保持防治现状情况，结合其他专业，在该阶段重点关心工程组成部分的选址和外部环境条件，开展相应深度的研究和论证，初步分析项目建设过程中可能对水土流失的影响，提出防治总体要求，初拟水土流失防治措施体系，提出水土保持投资编制要求等方面进行。具体包括：

（1）说明项目所在行政区域内自然条件、社会经济条件、水土流失及其防治等基本情况。

（2）基本确定水土流失防治的主要任务，初步确定防治目标，明确水土流失防治责任。

（3）根据项目建设规模和特性，基本确定工程建设可能产生水土流失的区域，并根据确定的水土流失项目区，初步查明项目区自然条件、社会经济条件，水土流失及其防治等基本情况，初步分析项目建设过程中可能对水土流失的影响。

（4）根据项目总体建设方案，提出水土流失防治总体要求，初步拟定水土流失防治措施体系及总体布局，开展相关水土保持防治体系论证，并提出下一阶段要解决的主要问题。

（5）确定水土保持投资估算的原则和依据。

二、深度规定

初步可行性研究阶段的水土保持工作，主要以篇章的形式体现，内容深度应达到以下要求：

（1）根据工程建设设想，能够较为充分的定性论证工程建设有无重大水土保持制约因素。

（2）查阅相关法律法规、产业政策、技术标准和规定等，初步分析工程建设的可行性，定性论述工程建设水土保持准入条件。

（3）开展现场踏勘、收集资料，对项目建设区域的环境现状进行了解，明确项目建设区水土流失现状特点，收集该区域同类型工程采取的相关防治经验。

（4）初步提出工程建设水土流失措施构架，依据项目建设区水土保持分区规划，提出工程水土保持措施布设的指导思想。

水土保持篇章设置可从水土保持必要性、水土流失防治任务、项目区域环境条件、水土保持措施构架分析、水土流失防治投资估算等几个部分进行分析论述。

（1）必要性分析应阐述项目所在地区的行政区划和自然、地理、资源情况，社会经济现状以及项目所在行政区域对水土流失防治的要求。从水土保持角度论证项目建设的必要性。

应说明项目所依据的区域综合规划、江河规划、水土保持规划的主要内容。应说明项目与国家有关生态建设的方针和政策的一致性。阐明配套相关水土流失防治体系与相关规划的相符性。

应阐明没有配套相关水土流失防治措施体系的建设项目会对项目区可能造成的经济、社会和生态环境方面造成的危害和影响，阐明区域水土保持现状，分析已有治理经验以及存在的问题。

（2）应阐述项目水土流失防治的主要任务方向，主要包括：

——蓄水保土，保护原状土资源和耕地资源。

——涵养水源，降雨截蓄利用。

——坡面防治，防治崩塌、滑坡。

——防风固沙，减轻风蚀。

——改善人居环境，绿化美化。

对分期建设的项目，应分别拟定近期和远期的防治任务。

初步拟定水土流失防治措施体系在各项防治任务方面的防治目标。

应通过初步现场勘察和收集资料，了解项目域的水土危害情况及程度，水土保持工作基础，地方对项目建设的态度，项目建设的环境条件，工程投资保障等。必要时，应进行项目区比选。

应阐述项目区的自然概况、社会经济条件。

应简述项目区水土流失及防治情况。

（3）水土保持防治措施构架应首先进行防治分区，并根据分区情况进行措施配置，应注重工程措施、植物措施、临时措施等全面的措施配置。

应在水土流失初步调查的基础上，根据项目建设特点结合项目地貌、气象、土壤及地面组成物质、植被、水土流失类型与强度、土地利用现状等，初步进行水土保持分区。

提出综合治理方案，并在此基础上，分析提出水土保持措施体系和措施配置模式，确定水土流失防治的总体方案。应根据典型区域的措施配置，分析水土保持分区的措施配置型式，提出相应措施的设计原则。

（4）应结合项目水土流失防治措施体系，确定水土保持投资估算的原则和依据，包括采用的定额、费率确定依据、费用组成等。

第二节　可行性研究阶段

电力工程可行性研究是基本建设程序中为项目决策提供科学依据的一个重要阶段，新建、扩建或改建工程项目均应该进行可行性研究，编制可研报告。可研报告的编制应以近期电力系统发展规划为依据，以审定的初步可行性研究报告为基础，须全面、准确、充分地掌握设计原始资料和基础数据，同时具备相关的协议手续。

可行性研究的任务是：落实建厂（所、线）外部条件，取得符合要求的各类协议；工程设想中，煤、灰、水、路、接入系统、环境保护及地基处理等与厂址有关的内容，要有方案比较，使估算能达到要求的深度。投资估算应力求准确，能够满足控制概算的要求。新建工程应对两个及以上的厂址（站址、线路路径）进行全面技术经济比较，提出推荐意见。

本阶段的水土保持工作，应使项目建设实施后达到下列防治水土流失的基本目标：

（1）项目建设区的原有水土流失得到基本治理。

（2）新增水土流失得到有效控制。

（3）生态得到最大限度的保护，环境得到明显改善。

（4）水土保持设施安全有效。

一、工作内容

（一）水土保持的主要工作内容

可行性研究阶段水土保持工作的主要内容包括：

（1）开展相应深度的勘测与调查以及必要的试验研究。

（2）从水土保持角度论证主体工程设计方案的合理性及制约因素。

（3）对工程的选址（线）、总体布置、施工组织、施工工艺等比选方案进行水土保持分析评价，提出优化设计要求和推荐意见，并反馈相关专业。

（4）估算弃土（石、渣）量及其流向，分析土石方平衡，初步提出分类堆放及综合利用的途径。

（5）基本确定水土流失防治责任范围、水土流失防治分区及水土流失防治目标等。

（6）分析工程建设过程中可能引起水土流失的环节、因素，定量预测水力侵蚀、风力侵蚀量及分布，定性分析引发重力流失、泥石流等灾害的可能性，定性分析开发建设所造成的水土流失危害类型及程度。

（7）确定水土流失防治措施总体布局，按防治工程分类进行典型设计并明确工程设计标准，估算工程量。对主要防治工程的类型、布置进行比选，基本确定防治方案。初步拟定水土保持工程施工组织设计。

（8）基本确定水土保持监测内容、项目、方法、时段、频次，初步选定地面监测的点位，估算所需的人工和物耗。

（9）编制水土保持工程投资估算，估算防治措施的分项投资及总投资，分析水土保持效益，定量分析水土流失防治效果。

（10）拟定水土流失防治工作的保障措施。

（二）涉及接口的主要内容

通常在可行性研究阶段，工程水土保持方案还未编制完成。此阶段水土保持工作涉及接口的主要内容为水土保持专业与设计相关专业的提资，主要包括：

（1）工程选址、选线存在水土保持制约因素，应反馈给相关专业。

（2）工程设计方案存在水土保持角度制约因素的，应反馈相关专业。

（3）应将土石方分类堆放及综合利用注意事项反馈相关专业。

（4）若工程内部土石方调配不平衡，存在取、弃土方，应从水土保持角度提出对土方来源（或去处）、取土（或弃土）方式、水土流失防治责任等方面的相关要求。涉及取、弃土场的，还应对取弃土场提出水土流失防护要求。

二、深度规定

（1）工程比选方案的水土保持分析与评价应包括以下内容：工程选址（线）、总体布局、施工组织（施工布置、交通条件、施工工艺及时序等）；弃土（石、渣）场选址、数量、容量、占地类型及面积；取料场分布、位置、储量、开采方式等；工程采取的水土流失防护相关措施的标准、等级、型式、范围等。

（2）对生态可能有重大影响和严重危害的，总体布置和主体设计中不能满足水土保持要求的，应提出要求与建议。对施工交通、土石方调配、施工时序等应提出水土保持要求和建议。

当从水土保持角度分析，对工程设计方案有否定性意见时，应及时反馈相关专业，并由相关专业重新论证。

（3）项目概况应包括建设项目名称、项目法人单位、项目所在地的地理位置、建设目的与性质，等级与规模，总投资及土建投资，建设工期等主要技术经济指标等。

项目组成及布置概况介绍应包括下列内容：项目建设基本内容，单项工程的名称、建设规模、平面布置等（应附平面布置图）。扩建项目还应说明与已建工程的关系；项目附属工程，包括供电系统、给排水系统、通信系统、本项目内外交通等。

施工组织概述应包括下列内容：施工布置、施工工艺、主要工序及时序，分段或分部分进行施工的工程应列表说明。重点阐述与水土保持直接相关的内容。

工程征占地包括永久性占地和临时性征占地，应按项目组成及行政区分别说明占地性质、占地类型、占地面积等情况。

土石方工程量应分项说明工程土石方挖方、填方、调入方、调出方、外借方、弃方量。

工程投资应说明工程总投资、土建投资、资本金构成及来源等。

进度安排应说明工程总工期，包括施工准备期、开工时间、完工时间、投产时间，对于分期建设的项目，还应说明后续项目的立项计划，并附施工进度表。

拆迁与移民安置应包括移民规模、拆迁范围，安置原则、安置形式，拆迁和安置责任。

（4）项目建设区范围应包括建（构）筑物占地，施工临时生产、生活设施占地，施工道路（公路、便道等）占地，料场（土、石、砂砾、骨料等）占地，弃渣（土、石、灰等）场占地，对外交通、供水管线、通信、施工用电线路等永久和临时占地面积。改建、扩建工程项目与现有工程共用部分也应列入项目建设区。

（5）水土流失防治责任范围是指承担水土流失防治责任和义务的范围，应通过现场查勘和调查研究确定，一般情况下，包括项目永久征地、临时占地、租赁土地以及其他应由建设单位负责水土流失防治的土地。经分析论证确定的施工过程中必然扰动和埋压的范围应列入防治责任范围。

（6）适时开展相关环境条件调查及水土流失现状调查、水土流失防治经验调查，具体深度要求如下：

1）地质、地貌的调查内容与方法应符合下列规定：地质调查内容应包括地质构造、断裂和断层、岩性、地下、地震烈度、不良地质灾害等与水土保持有关的工程地质情况等；地质调查应采取资料收集和野外调查方式进行；地貌调查内容应包括项目区内的地形、地面坡度、沟壑密度、地表物质组成，土地利用类型等；调查方法应采用地形图调绘（比例尺 1/5000～

1/10000)，也可采用航片判读、地形图与实地调查相结合的方法。

2）气象、水文的调查内容与方法应符合下列规定：气象调查内容应包括项目区所处气候带、干旱及湿润气候类型、气温、大于等于10℃有效积温、蒸发量、多年平均降水量、极值及出现时间、降水年内分配、无霜期、冻土深度、年平均风速、年大风日数及沙尘天数；水文调查内容应包括一定频率（5年、10年、20年一遇）、一定时段（1h、6h、24h）降水量，调查项目区地表水系；调查方法应以收集和分析资料为主，辅以必要的野外查勘；气象资料系列长度宜在30年以上。

3）土壤、植被的调查内容和方法应符合下列规定：土壤调查内容应包括地带性土壤类型、分布、土层厚度、土壤质地、土壤肥力、土壤的抗侵蚀性和抗冲刷性等；调查方法应为收集资料、现场调查和取样化验相结合；植被调查内容应包括地带性（或非地带性）植被类型，项目区植物种类，乡土树种、草种及分布，林草植被覆盖率；植被类型的调查可采用野外调查或野外调查与航片判读相结合的方法，乡土树种、草种的种类和造林经验等情况采取收集资料和现场调查相结合的方法。

4）水土流失的调查内容和方法应符合下列规定：水土流失调查内容应包括水土流失类型、面积及强度、土壤流失容许量等；扩建工程应调查原工程的水土流失及水土保持情况。

5）水土保持的调查内容和方法应包括：水土保持重点防治区划分成果，水土流失防治主要经验研究成果；水土流失治理程度，水土保持设施，成功的防治工程设计、组织实施和管护经验等；主要经验与成果应采用资料收集和访问等方法，治理情况应采用实地调查与收集资料相结合的方法。

6）工程调查与勘测的调查内容和方法应符合下列规定：主体工程的平面布局、施工组织可采用收集相关资料及设计文件的方法；对100万m^2以上的取土（石、料）场、弃土（石、渣）场以及其他重要的防护工程必须收集工程地质勘测资料及地形图（比例尺不低于1/10000)，并进行必要的补充测量；工程建设可能影响的范围应采用资料收集与实地调查相结合的方法。

（7）水土流失预测应在主体工程设计功能的基础上，根据自然条件、施工扰动特点等进行预测。可从气象（降水、大风）、土壤可蚀性、地形地貌、施工方法等方面进行水土流失影响因素甄别。分析项目生产建设产生水土流失的客观条件。

扰动前土壤侵蚀模数应根据自然条件、当地水文手册、土壤侵蚀模数等值线图、库坝工程淤积观测、相关试验研究等资料合理确定，并作为水土流失预测分析的基础。扰动后土壤侵蚀模数应根据施工工艺、施工时序、下垫面、汇流面积、汇流量的变化及相关试验等综合确定。

项目可能产生的水土流失量应按施工准备期、施工期、自然恢复期三个时段进行预测。每个预测单元的预测时段按最不利的情况考虑，超过雨季（风季）长度的按全年计算，不超过雨季（风季）长度的按占雨季（风季）长度的比例计算。

水土流失预测单元的划分应符合下列要求：地形地貌、扰动地表的物质组成相近；扰动方式相似；土地利用现状基本相同；降水或大风特征值（降雨量、强度与降雨的年内分配等）基本一致。

水土流失预测内容包括开挖扰动地表面积、损坏水土保持设施的数量、弃土（石、渣）量、水土流失量、新增水土流失量、水土流失危害等。

水土流失量预测方法的选择应符合下列规定：采用类比法进行水土流失预测。

当具有类似工程水土流失实测资料时，应列表分析预测工程与实测工程在地形地貌和气象特征、植被类型和覆盖率、土壤、扰动地表的组成物质和坡度、坡长、侵蚀类型、弃土（石、渣）的堆积形态等水土流失主要因子的可比性。当预测工程与实测工程具有较强的可比性时，可采用类比法进行水土流失预测，根据对水土流失影响的因子比较，对有关参数进行修正。

对项目可能造成的水土流失危害进行预测和分析。预测水土流失危害形式、程度，可能产生的后果。

根据预测结果，分析并明确产生水土流失的重点区域（地段）和时段、水土流失防治和监测的重点区段和时段，并对防治措施布设提出指导性意见。

（8）水土流失防治分区应符合下列规定：在确定防治责任范围的基础上应划分防治分区，并分区进行典型设计，计算工程量；应根据野外调查（勘测）结果，在确定的防治责任范围内。依据主体工程布局、施工扰动特点、建设时序、地貌特征、自然属性、水土流失影响等进行分区；分区的原则应符合下列要求：

1）各分区之间具有显著差异性。

2）各分区内造成水土流失的主导因子相近或相似。

3）一级分区应具有控制性、整体性、全局性，线型工程应按地貌类型划分一级区。

4）二级及其以下分区应结合工程布局和施工区进行逐级分区。

5）各级分区应层次分明，具有关联性和系统性。

宜采取实地调查勘测、资料收集与数据分析相结合的方法进行分区；分区结果应包括文字、图、表说明。

（9）水土流失防治措施的布局应遵循下列原则：结合工程实际和项目区水土流失现状，因地制宜、因害设防、总体设计、全面布局、科学配置，并与周边景观相协调。

1）干旱、半干旱地区以工程、防风固沙等措施为主，辅之以必要的植物措施。

2）半湿润区采用以植物措施、土地整治与工程措施相结合的防治措施。

3）湿润区应有挡护、坡面排水工程、植被恢复等措施。

减少对原地貌和植被的破坏面积，合理布设弃土（石、渣）场、取料场，弃土（石、渣）应分类集中堆放；项目建设过程中应注重生态环境保护，设置临时性防护措施，减少施工过程中造成的人为扰动及产生的废弃土（石、渣）；宜吸收当地水土保持的成功经验，借鉴国内外先进技术。

防治措施布局要求应符合下列规定：在分区布设防护措施时，应结合各分区的水土流失特点提出相应的防治措施、防治重点和要求，保证各防治分区的关联性、系统性和科学性；植物措施应在对立地条件的分析基础上，推荐多树种、多草种，供设计时进一步优化；防治水蚀、风蚀的植物措施应有针对性，水蚀风蚀复合区的措施应兼顾两种侵蚀类型的防治。

应对所拟定的重要防护工程进行方案比选，提出推荐方案。防治措施比选的重点地段应为大型弃渣（土、石）场、取料（土、石）场、高路堑、大型开挖面等。防治措施比选的内容应包括防护措施类型、防护效果、投资等。防治措施比选的考虑因素应包括工程安全、水土保持防护效果、施工条件、立地条件、工程投资等。

水土保持工程施工组织设计应包括施工组织、施工条件、施工材料来源及施工方法与质量要求等内容。进度安排应符合下列规定：应遵循“三同时”制度，按照主体设计的施工组织方案、建设工期、工艺流程，坚持积极稳妥、留有余地、尽快发挥效益的原则，以水土保持分区进行措施布设，考虑施工的季节性、施工顺序、措施保证、工程质量和施工安全，分期实施，合理安排，保证水土保持工程施工的组织性、计划性、有序性以及资金、材料和机械设备等资源的有效配置，确保工程按期完成；应先工程措施再植物措施，工程措施应安排在非主汛期，大的土方工程宜避开汛期。植物措施应以春季、秋季为主。施工建设中，应按“先拦后弃”的原则，先期安排水土保持措施的实施。结合四季自然特点和工程建设特点及水土流失类型，在适宜的季节进行相应的措施布设。

（10）水土保持监测应按照国家现行标准 SL 277—2002《水土保持监测技术规程》及《生产建设项目水土保持监测技术规程（试行）》（2015 年 6 月）的规定进行。基本确定监测的内容、项目、方法、时段、频次，初步确定定点监测点位，估算所需的人工和物耗。水土保持监测时段应从施工准备期前开始，至设计水平年结束。火电项目还应对运行期进行监测。

水土保持重点监测应包括下列内容：项目区水土保持生态环境变化监测。应包括地形、地貌和水系的变化情况，建设项目占地和扰动地表面积，挖填方数量及面积，弃土、弃石、弃渣量及堆放面积，项目区林草覆盖率等；项目区水土流失动态监测。应包括水土流失面积、强度和总量的变化及其对下游及周边地区造成的危害与趋势；水土保持措施防治效果监测。应包括各类防治措施的数量和质量，林草措施的成活率、保存率、生长情况及覆盖率，工程措施的稳定性、完好程度和运行情况，以及各类防治措施的拦渣保土效果。

水土流失的监测应以水土流失严重区域为重点。其中电力工程应为电厂施工中弃土（渣）场、取土（石）场、临时堆土场、施工道路和火力发电厂运行期贮灰场。

水土保持监测站点的布设应根据开发建设项目扰动地表的面积、涉及的不同水土流失类型、扰动开挖和堆积形态、植被状况、水土保持设施及其布局，以及交通、通信等条件综合确定。应根据工程特点与扰动地表特征分别布设不同的监测点，并应符合下列要求：对弃土弃渣场、取料场及大型开挖面宜布设监测小区；项目区类型复杂、分散、人为活动干扰小的工程宜布设简易观测场。针对电力工程，通常输变电项目施工期宜布设临时监测点；火电项目施工期宜布设临时监测点，生产运行期可布设长期监测点；对输电等线型工程，还应在不同水土流失类型区布设平行监测点。

水土保持监测应采取定位监测与实地调查、巡查监测相结合的方法，有条件的大型建设项目可同时采用遥感监测方法。

风蚀监测应根据扰动地表情况、可能产生风蚀的区域和数量，合理布设监测点主要是布设集沙池和插钎等。

（11）项目水土保持管理方面：项目法人必须将水土保持工程纳入项目的招标投标管理中，并在设计、施工、监理、验收等各个环节逐一落实，合同文件中应有明确的水土保持条款。

可研阶段各项水土流失防治措施均应结合项目水土保持方案编制情况，在工程初步设计及施工图设计阶段予以落实。编制单册或专章。

施工管理应满足下列要求：施工期应控制和管理

车辆机械的运行范围。防止扩大对地表的扰动；应设立保护地表及植被的警示牌。施工过程应保护表土与植被；应有施工及生活用火安全措施，防止火灾烧毁地表植被；应对泄洪防洪设施进行经常性检查维护，保证其防洪效果和通畅；建成的水土保持工程应有明确的管理维护要求。

（12）结论中应明确从水土保持角度分析，有无限制工程建设的制约因素。

应提出对工程建设及施工组织的水土保持要求，水土保持工程后续设计的要求，明确下阶段需进一步深入研究的问题。

第三节　初步设计阶段

初步设计阶段的任务应根据可行性研究报告及其审批文件的要求，确定工程项目建设具体方案和投资规模。其主要工作步骤应包括准备工作、确定设计方案、编制设计文件、出版文件、报上级主管部门审批、立卷归档等。

水土保持工程初步设计应在调查、勘察、试验、研究，取得可靠基本资料的基础上，本着安全可靠、技术先进、注重实效、经济合理的原则，将各项治理措施落实到位，设计应有计算，图纸应完整清晰。工程初步设计文件应结合可行性研究阶段提出的水土保持要求，最终以批复的水土保持方案及其批复文件为主要依据，编制项目水土保持专章。专章须达到以下要求：

（1）应进行相应深度的勘测与调查。

（2）应对每一分区或分段开展水土保持措施设计。

（3）水土保持概算投资与水土保持方案估算投资不宜有大的增减。应列表说明增减的工程项目、工程量及投资。

（4）基本预备费等主要费率应与主体设计一致，并纳入工程建设总投资。

（5）应明确分年度投资、各单位工程的投资。

（6）与主体工程衔接密切的工程的图纸可放至主体初步设计文件的其他章节，但应在水土保持专章中列表说明。

一、工作内容

（一）水土保持工作主要内容

根据 GB 50433—2008《开发建设项目水土保持技术规范》，初步设计水土保持工作应重点关注以下内容：

（1）分区（段）土石方平衡及弃土（石、渣）场、取料场的布置。

（2）水土流失防治责任范围、水土流失防治分区和水土保持措施总体布局的变化情况。

（3）按照项目划分结果进行水土保持措施设计。

（4）说明工程施工方法及质量要求，细化施工组织设计。

（5）根据工程设计情况编制投资概算。

电力工程初步设计水土保持专章设计依据主要包括相关规范、水土保持方案及其审批意见、工程可行性研究报告审批文件中与水土保持有关的内容、其他专业设计规范等。专章针对重点关注的内容主要从项目概况、自然环境概况、水土流失预测、水土流失防治、水土流失监测及水土保持投资概算、水土保持措施实施保障等方面编写。

附件应包括：

（1）水土保持工程特性表。

（2）水土流失防治分区及各分区的防治措施体系图。

（3）水土保持工程措施设计图册。

（4）水土保持植物措施设计图册。

（5）水土保持临时防护措施设计图。

（6）水土保持监测点位布设图。

（二）涉及接口的主要内容

初步设计阶段水土保持工作应于工程水土保持方案编制单位紧密配合。若水土保持方案已经批复，应将批复的水土保持方案及其批复文件作为此阶段水土保持工作的主要依据。

初步设计阶段涉及接口的主要内容有：

（1）收取工程水土保持方案及其批复文件；

（2）工程地理位置、线路路径、长度、水土保持措施发生变化；工程新增取（弃）土场的，应及时反馈建设单位。

二、深度规定

（1）项目概况。说明开发建设项目规模的建设性质、项目组成主要技术指标（各组成项目名称、占地、土石方平衡及流向等）、本期工程与水土保持有关的主要生产工艺、施工方法及工艺等，还应介绍项目前期工作情况和方案设计水平年。

（2）自然环境概况。应说明开发建设项目主体工程及主要单项工程的地理位置、地形地貌，项目区水文、气象、土壤、植被、水土流失及水土保持现状、项目区及项目区同类工程水土流失治理经验。还应说明开发建设项目区主要水土流失特征、项目区不良地质现象（发生区段、不良地质类型）、本期工程水土保持工程特性。

（3）水土流失预测：复核工程弃土弃渣量、施工扰动面积及损毁的水土保持设施数量，复核水土流失预测结果，复核水土流失危害性分析。

（4）水土流失防治：明确项目区水土流失防治原则。包括国家对水土保持、环境保护的总体要求，水土保持工程必须遵照与主体工程同时设计、同时施工、同时竣工验收、同时投产使用的原则等。

（5）确定水土流失防治目标。包括设计水平年的扰动土地整治率、水土流失总治理度、土壤流失控制比、拦渣率、林草植被恢复率、林草覆盖率等。

（6）确定水土流失防治责任范围。列表说明项目建设区永久占地和临时占地、项目建设区可能影响的区段。

（7）分析、评价水土保持措施。分析各单项水土保持措施的功能和安全性，评价是否满足防治目标的要求。对水土保持工程设计的选型，施工材料、稳定性验算等方面进行技术经济论证，确定水土保持措施的合理性。

应明确工程征占地范围内的水土保持工程措施的设计标准和工程量，主体设计已有的应注明图号：主体设计没有涵盖的应作补充设计，对工程征占地范围外的渣场、料场等，应逐个进行设计，并明确设计标准和工程量，应列表汇总所有的工程措施，进行项目划分。

根据划分出的防治分区，逐区进行水土保持植物措施设计，点型项目应优选立体防护，乔灌草结合，对工程永久占地范围、有观赏要求的区域可提出园林设计的要求，明确设计标准和具体位置，提出初期抚育管理的措施，并概算相应投资，根据实际情况设计灌溉措施。

措施设计应明确措施的位置、实施时间，应明确施工结束后的拆除要求，应明确度汛、防风等的要求及相应制度。

水土流失监测。确定水土保持监测时段，确定水土保持监测内容，包括各土建工程水土流失量、植被覆盖率、水土保持设施实施效果，确定水土保持监测点布设，确定水土保持监测方法及监测设施，提出监测的工作量及成果要求。

水土保持概算。编制水土保持初步设计的相关费用，进行水土保持投资概算的分析，安排水土保持工程分年度计划，进行水土保持效益分析。

水土保持措施实施保障：明确施工责任及管理制度，确定水土保持工程监理的相关要求，确定水土保持工程的组织实施方式，明确水土保持专项验收的时间、经费及保障措施。

水土保持措施典型设计应按照工程不同分区建设特点和项目区地形地貌、自然条件、防护要求等，明确水土流失防护措施布设标准、位置、形式、工程量以及措施施工组织设计和防护要求，汇总各工程防护措施量，提出工程量汇总表，并附典型设计图。

第四节 施工图设计阶段

水土保持施工图设计阶段重点为施工图纸的绘制，制图应简单、达意、形象、美观的原则，对图例、图式、图样等应严格按照要求进行绘制，最终便于工程量统计、工程造价核算和指导施工。

一、工作内容

1. 施工图术语

施工图术语主要包括：图例、图式、图样、小班等。

图例是示意性地表达某种被绘制对象的图形或图形符号。

图式是水土保持图所应遵循的式样。内容包括图幅、图标、图线、字体、比例以及小班注记和着色等。

图样是在图纸上按一定规则原理绘制的能表示被绘制对象的位置、大小、构造、功能、原理流程等的图。

小班也称地块，是土地利用调查、水土流失调查、水土保持调查及规划设计时的最小单位。同一小班应具有相同的属性。

2. 施工图图式

图式包括通用图式、综合图式、工程措施图式、植物措施图式、园林式种植工程图式（适用于电力工程水土保持措施设计）四种类型。

通用图式包括图纸幅面、标题栏、比例、字体、图线及复制图纸的折叠方法等。

综合图式包括水土保持分区图、水土流失类型及现状图、土地利用和水土保持措施现状图、土壤侵蚀类型和水土流失程度分布图、水土保持工程总体布置图或综合规划图等综合性图。

3. 施工图图例

图例应分为通用图例、综合图例、工程措施图例、耕作措施图例、植物措施图例、园林式种植工程图例等 6 种类型。

二、深度规定

以 SL 73.6—2015《水利水电工程制图标准 水土保持图》为标准制作。

1. 综合图常用比例

电力工程综合图绘制通常以主体设计图为地图，常用比例为 1:10000 或 1:5000。

2. 综合图绘制要求

综合图件应绘出项目包含的各主要地物、建筑物，标注必要的高程及具体内容。还应标注指北针和必要的图例等。

工程水土流失防治责任范围图、水土流失防治分区及措施总体布局图、水土保持监测点位布局图等图件，应以相应比例尺的地形图和工程总体布置图为基础，根据实际需要简化。土地利用现状图和土壤侵蚀强度分布图可根据建设项目的特点，参照区域或小流域的规定执行。弃渣（土、石）场、料场等综合防治措施布置图应以地形图或者实测图为底图。

3. 工程措施图式要求

水土保持工程措施总平面布置图图式中，必须明确各主要建筑物的位置，并应标注指北针和必要的图例等。

水土保持工程措施图常用比例见表 12-1。

表 12-1　水土保持工程措施图常用比例

图类	比例
总平面布置图	1:5000，1:2000，1:1000，1:500，1:200
主要建筑物布置图	1:2000，1:1000，1:500，1:200，1:100
基础开挖图、基础处理图	1:1000，1:500，1:200，1:100，1:50
结构图	1:500，1:200，1:100，1:50
钢筋图	1:100，1:50，1:20
细部构造图	1:50，1:20，1:10，1:5

4. 其他成图要求

地理位置图应标示项目所在位置、主要的省（市、县、流域）的分界线、主要的公路铁路等，应以清晰表达项目与周边行政区域地理位置的相对关系为准。

项目地貌与水系图，应在项目区所属省（市、县）的地貌、水系图上标出项目所在位置，并应用文字注明项目名称，应以清晰表达项目周边重要地貌和水系为主。

水土流失防治责任范围图的绘制应根据比例尺确定。比例尺小于 1:2000 时，应以不同防治区内的典型工程所在位置为代表，示意性标出防治区位置；比例尺不小于 1:2000 时，应用不同线型或者颜色的线条勾画出每个防治区的外部轮廓。图件中应用文字注明各防治区的名称和面积，必要时可用表格形式在图纸说明中加以阐述。

对于水土流失防治分区及措施总体布局图，当比例尺小于 1:2000 时，水土流失防治分区和措施总体布置益采用数字、文字、图形、颜色等示意说明；当比例尺不小于 1:2000 时，应以分区或小班为单元反映林草措施、土地整治措施，工程措施应以图例符号注记。图件中可附注水土保持措施数量统计表。

水土保持监测点位布局图应标出监测点位置及名称，可附注监测点位的监测内容、方法和频次。

弃渣（土、石）场、料场等综合防治措施布置图可用平面、剖面形式表达，并应标出弃渣场范围、边界及周边重要建筑物和居民点，应用实际投影或图例标注各类防护措施。

植物措施涉及景观、游憩要求的图件，比例尺宜根据需要采用 1:2000～1:200，特殊情况可使用 1:100 或 1:50。

高陡边坡绿化措施设计图应以边坡防护工程设计图为底图进行绘制，并应标注必要的控制点高程和坐标，剖面图应有坡面分级措施布置情况。

第十三章

电力工程水土流失防治措施

第一节 水土流失防治措施分类

根据 GB 50433—2008《开发建设项目水土保持技术规范》，从水土流失防治措施的功能上区分，生产建设项目水土流失防治措施包括拦渣工程、斜坡防护工程、土地整治工程、防洪排导工程、降水蓄渗工程、临时防护工程、植被建设工程、防风固沙工程八大类型。随着对土壤保护的重视，表土保护也是非常重要的水土保持措施之一，因此，水土流失防治措施类型应增加表土保护工程。

（一）拦渣工程

生产建设项目在施工期和生产运行期造成大量弃土弃渣（灰渣和其他废弃固体物质等），必须布置专门的堆放场地，将其做必要的分类处理，并修建拦渣工程。拦渣工程要根据弃土、弃石、弃渣等堆放的位置和堆放方式，结合地形、地质、水文条件等进行布设。拦渣工程根据弃土弃渣堆放的位置，分为拦渣坝（尾矿库）、挡渣墙、拦渣堤和围渣堰四种形式。拦渣坝（尾矿库坝、贮灰坝、拦矸坝等）是横拦在沟道中，拦挡堆放在沟道的弃土弃渣的建筑物；挡渣墙是弃土弃渣堆置在坡顶及斜坡面，布设在弃土弃渣坡脚部位的拦挡建筑物；拦渣堤是当弃土弃渣堆置于河（沟）滩岸时，按防洪排导规划布置的拦渣建筑物。围渣堰是在平地堆渣场周边布设的拦挡弃土弃渣的建筑物。因此，拦渣工程应根据弃土弃渣所处位置及其岩性、数量、堆高，以及场地及其周边的地形地质、水文、施工条件、建筑材料等选择相应拦渣工程类型和设计断面。对于有排水和防洪要求的，应符合国家有关标准规范的规定。

（二）斜坡防护工程

对生产建设项目因开挖、回填、弃土（石、渣）形成的坡面，应根据地形、地质、水文条件等因素，采边坡防护措施。对易风化岩石或泥质岩层坡面、土质坡面等采取锚喷工程支护、砌石护坡等工程护坡措施；对超过一定高度的不稳定也可采取削坡开级形式进行防护；对于稳定的土质或强风化岩质边坡采取的种植林草的植物护坡措施； 对于易发生滑坡的坡面，应根据滑坡体的岩层构造、地层岩性、塑性滑动层、地表地下分布状况，以及人为开挖情况等造成滑坡的主导因素，采取削坡反压、拦排地表水、排除地下水、滑坡体上造林、抗滑桩、抗滑墙等滑坡整治工程。

（三）土地整治工程

土地整治工程是将扰动和损坏的土地恢复到可利用状态所采取的措施，即对由于采、挖、排、弃等作业形成的扰动土地、弃土弃渣场、取料场等，应根据立地条件采取相应的措施，将其改造成为具有耕种、造林种草（包括园林种植）、水面养殖，或商服用地和住宅用地等的状态。

（四）防洪排导工程

防洪排导工程是指生产建设项目在基建施工和生产运行中，当损坏地面、取料场、弃土弃渣场等易遭受洪水和泥石流危害时，布置的排水、排洪和排导泥石流的工程措施。根据建设项目实际情况，可采取拦洪坝、排洪渠、涵洞、防洪堤、护岸护滩、泥石流治理等防洪排导工程。当防护区域的上游有小流域沟道洪水集中危害时，布设拦洪坝；一侧或周边有坡面洪水危害时，在坡面及坡脚布设排洪渠，并与各类场地道路以及其他地面排水衔接；当坡面或沟道洪水与防护区域发生交叉时，布设时涵洞或暗管，进行地下排洪；防护区域紧靠沟岸、河岸，易受洪水影响时，布设建防洪堤和护岸护滩工程；对泥石流沟道需实施专项治理工程，布设泥石流排导工程及停淤工程。

（五）降水蓄渗工程

降水蓄渗措施是指北方干旱半干旱地区、西南缺水区、海岛区，为利用项目区或周边的降水资源而采取的一种措施，其既有利于解决植被用水，也改善了局地水循环。GB 50433 中规定项目区硬化面积宜限制在项目区空闲地总面积的 1/3 以下；恢复并增加项目区内林草植被覆盖率，植被恢复面积达到项目区空闲地总面积的 2/3 以上。不论控制硬化地面面积或增加植被覆盖面积，均为了进一步提高区内降水蓄渗量。

因此，对于上述地区应根据地形条件，采取措施拦蓄地表径流，主要措施包括建设蓄水设施、布设渗水措施（如水平阶，对地面、人行道路面透水铺装等）。

（六）临时防护工程

临时防护工程是项目施工准备期和基建施工期，对施工场地及其周边、弃土弃渣场和临时堆料（渣、土）场等采取非永久性防护措施，主要包括临时拦挡、覆盖、排水、沉沙、临时种草等措施。

（七）植被建设工程

植被建设工程主要针对工程厂（站）区、道路、贮灰场以及施工临时占地等区域采取的造林种草或景观绿化措施。主要包括植物防护、恢复自然植被以及边坡绿化。对于立地条件较好的坡面和平地，采用常规造林种草；坡度较缓但有防冲要求的，采取草皮护坡或格状框条护坡植草。工程管理区、厂（站）区、居住区、办公区一般进行园林式绿化；对临时占地则可以自然恢复。

（八）防风固沙工程

防风固沙工程是对生产建设项目在基建施工和生产运行中开挖扰动地面、损坏植被，引发土地沙化，或生产建设项目可能遭受风沙危害时而采取的措施。北方沙化地区时，一般采取沙障固沙、营造防风固沙林带、固沙草带措施；黄泛区古河道沙地东南沿海岸线沙带一般采取造林固沙等措施。

（九）表土保护工程

表层土壤是经过熟化过程的土壤，其中的水、肥、气、热条件更适合作物的生长。表土作为一种资源，要在施工过程中单独堆存，用于植物措施的换土、整地，以保证植物的成活率。在土石方施工时，注意先将表土剥离后，堆置在临时堆土场。临时堆土场应进行防蚀防护。施工结束后将表土回覆至实施植物措施的区域并保证土方回填时表土仍覆盖在表层。

此外，按照《水土保持工程概（估）算编制规定》（水总〔2003〕67 号）中项目划分方法，水土保持措施可分为工程措施、植物措施、临时防护措施三大类。其中拦渣工程、土地整治工程、防洪排导工程、降水蓄渗工程以及表土保护工程主要属于工程措施，植被建设工程、防风固沙工程主要属于植物措施；斜坡防护工程则是工程措施、植物措施均有所涉及；临时防护措施主要包括临时拦挡、排水、沉沙、覆盖等，均为施工期临时工程。

本书为表述清晰，将两种分类方式结合，即将《开发建设项目水土保持技术规范》的八大类措施及表土保护措施作为基础，分别归类到工程措施、植物措施、临时防护措施三大类措施中，其中斜坡防护工程中涉及工程边坡绿化的，配套工程部分在工程措施中设计，涉及植物的部分，在植物措施中的工程绿化中设计。

第二节　电力工程水土保持措施布局

本文所指电力工程分为“火电工程”及“输变电工程”。不同类型项目其建设特点和建设内容不同，在建设过程中对地表扰动形式、所造成水土流失的特点、强度及危害，以及针对可能造成的水土流失所采取的防护措施等方面也不尽相同。

水土保持措施布局要按照《中华人民共和国水土保持法》提出的“预防为主、保护优先、全面规划、综合治理、因地制宜、突出重点、科学管理、注重效益”的总体原则进行。水土保持措施体系布设时应结合项目区地形地貌、植被、土壤等自然条件，本着工程措施、植物措施和临时措施相结合的原则，按照系统工程原理，处理好局部与整体、单项与综合、近期与远期的关系，形成投资省、效益好、可操作性强的水土保持措施体系，有效地控制防治责任范围内的水土流失。

一、总体原则

（1）水土保持措施布设需结合项目区地形地貌、植被、土壤、降水等自然条件，结合项目区土壤侵蚀特点，结合工程实际扰动和项目区水土流失现状，因地制宜，因害设防，科学配置，优化布局。

（2）应控制和减少对原地貌、地表植被、水系的扰动和损毁，保护原地表植被、表土及结皮层，减少占用水土资源，提高水土资源利用效率。开挖、排弃、堆垫的场地必须采取拦挡、护坡、截排水以及其他整治措施。

（3）弃土（石、渣）应综合利用，不能利用的应集中堆放在专门的存放地，并按“先拦后弃”的原则采取拦挡措施，不得在江河、湖泊、建成水库及河道管理范围内布设弃土（石、渣）场。

（4）施工过程必须有临时防护措施。

（5）施工迹地应及时进行土地整治，采取水土保持措施，恢复其利用功能。

（6）措施布设应结合电力工程各分区建设特点和扰动影响分别布设，在分区布设防治措施时，既要注重各自分区的水土流失特点及相应的防治措施、防治重点和要求，又要注重各防治分区的关联性、系统性和科学性。

（7）土石方的调配应采取先平衡、后利用的方针进行站内优化平衡，对于需要外借土方的工程，尽量采用外购土方式进行取土；弃土应尽量考虑综合利用，减少（弃）土场的设置。

（8）防治措施布设应落实可持续发展、人与自然和谐的基本理念，尊重自然规律，并与周边景观相协调。

（9）防治措施布设要与工程主体设计密切结合，相互协调，形成整体。

（10）工程措施要尽量选用当地材料，做到技术上可行，经济上合理。

（11）植物措施要尽量选用当地适宜品种，并考虑绿化、美化效果。

二、火电工程水土保持措施布局

根据常规火电工程建设内容，火电项目组成一般包括厂区、施工生产生活区、厂外道路区、厂外管沟区及贮灰场区，其中厂外管沟包括供、排水管线及截、排水沟；贮灰场区包括灰场管理站。若涉及输煤铁路专用线，需增加铁路专用线区。根据常规各组成区域建设扰动特点布置火电工程水土流失防治措施体系如表 13-1 所示。

三、输变电工程水土保持措施布局

输变电工程项目组成一般包括输电线路和变电站（换流站、接地极、开关站）等点型工程。常规输电线路区包括塔基区、塔基施工区、牵张场地区、施工道路区和跨越施工区等；常规点型工程包括站区、进站道路区、施工生产生活区、施工力能引接区、站外供排水管线区等。输变电工程原则上不设置弃土（渣）场，若设计存在永久弃土（渣），需增加弃土（渣）场区。根据常规各组成区域建设扰动特点布置输变电工程水土流失防治措施体系见表 13-2。

表 13-1 火电工程常规水土流失防治措施体系

序号	防治分区	措施分类	主要措施内容
1	厂区	工程措施	表土保护、斜坡防护、防洪排导、土地整治、降水蓄渗
		植物措施	植被建设（厂区绿化）
		临时措施	临时排水、沉沙、临时堆土拦挡、苫盖
2	施工生产生活区	工程措施	表土保护、土地整治
		植物措施	植被建设
		临时措施	临时排水、沉沙、拦挡、苫盖
3	厂外道路区	工程措施	表土保护、斜坡防护、防洪排导
		植物措施	植被建设（行道树、斜坡绿化等）
		临时措施	临时拦挡
4	厂外管沟区	工程措施	表土保护、土地整治、防洪排导（包括衔接的永久性消能、沉沙设施）
		植物措施	植被建设
		临时措施	临时拦挡、苫盖
5	贮灰场区	工程措施	表土保护、土地整治、防洪排导、斜坡防护、降水蓄渗
		植物措施	施工期植被建设（灰场防护林、临时占地植被恢复、灰场管理站绿化等）、灰场分期坡面绿化、终期绿化
		临时措施	临时拦挡、排水、沉沙
6	铁路专用线	工程措施	表土保护、土地整治、防洪排导、斜坡防护
		植物措施	施工迹地植被建设
		临时措施	临时排水、沉沙、拦挡、苫盖

注 项目涉及风沙区的需考虑防风固沙措施。

表 13-2 输变电工程水土流失防治措施体系

序号	防治分区		措施分类	主要措施内容
1	输电线路工程	塔基区	工程措施	表土保护、斜坡防护、防洪排导、土地整治
			植物措施	植被建设
			临时措施	—

续表

序号	防治分区		措施分类	主要措施内容
2	输电线路工程	塔基施工区	工程措施	土地整治
			植物措施	植被建设
			临时措施	临时拦挡、排水、沉沙、苫盖
3		牵张场区	工程措施	土地整治
			植物措施	植被建设
			临时措施	临时铺垫
4		跨越施工区	工程措施	土地整治
			植物措施	植被建设
			临时措施	临时铺垫
5		施工道路区	工程措施	土地整治
			植物措施	植被建设
			临时措施	—
6	变电站（换流站、接地极、开关站）工程	站区	工程措施	表土保护、斜坡防护、防洪排导、土地整治
			植物措施	植被建设
			临时措施	临时堆土拦挡、排水、沉沙、苫盖
7		进站道路区	工程措施	表土保护、边坡防护、土地整治
			植物措施	植被建设
			临时措施	临时苫盖
8		施工生产生活区	工程措施	土地整治
			植物措施	植被建设
			临时措施	临时拦挡、排水、沉沙、苫盖
9		施工力能引接区	工程措施	表土保护、土地整治
			植物措施	植被建设
			临时措施	临时苫盖
10		站外供排水管线区	工程措施	表土保护、土地整治
			植物措施	植被建设
			临时措施	临时苫盖

第三节　水土流失防治措施典型设计

一、拦渣工程

（一）一般规定

挡土（渣）墙是指支撑和防护弃渣体，防止其失稳滑塌的构筑物。

挡土（渣）墙按照断面结构型式及受力特点可分为重力式、悬臂式、扶壁式、锚杆、锚定板式、加筋挡土墙等。

一般常见主要为重力式挡土（渣）墙。重力式挡土（渣）墙：墙体本身重量平衡外力（水及回填土）以满足稳定要求墙体的断面和开挖断面较大。但其优点是结构简单，施工方便，故在水土保持工程中广泛应用。重力式挡土（渣）墙一般用浆砌块石砌筑或混凝土浇筑，依靠自重与基底摩擦力维持墙身的稳定。

（二）适用条件

挡土（渣）墙一般适用于电力工程厂（站）址、灰场、弃渣场等工程对坡脚的防护。

（三）设计要求

工程挡土（渣）墙的布设首先需通过收集地形图、工程地质、地震烈度和建筑材料等基础资料，明确挡土（渣）墙的安全等级；然后根据计算公式进行断面尺寸的计算和埋置深度的确定；最后，根据工程实际情况，进行挡土（渣）墙的典型设计。

1. 挡土（渣）墙的一般设计

（1）断面尺寸确定。挡土（渣）墙断面一般先根据经验初步确定主要尺寸，经验算满足抗滑、抗倾和地基承载力要求，且经济合理的墙体断面尺寸即为设计断面尺寸。抗滑稳定验算是为保证挡土（渣）墙不产生滑动破坏，抗倾稳定验算是为保证挡土（渣）墙不产生绕前趾倾覆而破坏，基底应力验算一般包括两项要求：一是平均地基应力不超过允许承载力，以保证地基不出现过大沉陷；二是控制基底应力大小比或基底合理偏心距，以保证挡土（渣）墙不产生前倾变位。挡土（渣）墙断面结构形式及尺寸按照SL 379《水工挡土墙设计规范》的设计规范执行。

稳定性计算包括抗滑稳定计算、抗倾覆稳定计算和基底应力验算。

1）抗滑稳定计算如下：

a．土质地基抗滑稳定计算公式如下：

$$K_s=\frac{f\sum G}{\sum P}\geqslant[K_s]$$

式中 K_s ——抗滑稳定安全系数；

f ——挡土（渣）墙基底面与地基之间的摩擦系数，可由实验或根据类似地基的工程经验确定；

$\sum G$ ——作用于挡土（渣）墙计算截面以上的全部荷载的垂直分力之和，kN；

$\sum P$ ——作用于挡土（渣）墙上全部水平分力之和，kN；

$[K_s]$ ——抗滑稳定安全系数允许值。

b．岩石地基抗滑稳定计算公式如下：

$$K_s=\frac{f'\sum G+c'A}{\sum P}$$

式中 f' ——挡土（渣）墙基底面与岩石地基之间的抗剪摩擦系数，按表13-3选用；

c' ——基底面与岩石地基之间的抗剪断黏结力，kPa，可按表13-3选用；

A ——挡土墙基底面的面积，m^2。

表13-3 f' 与 c' 值选用值

岩石地基类别		f'	c'（MPa）
硬质岩石	坚硬	1.5～1.3	1.5～1.3
	较坚硬	1.3～1.1	1.3～1.1
软质岩石	较软	1.1～0.9	1.1～0.7
	软	0.9～0.7	0.7～0.3
	极软	0.7～0.4	0.3～0.05

挡土（渣）墙抗滑稳定安全系数允许值应根据挡土（渣）墙工程级别，按表13-4确定。

表13-4 挡土（渣）墙抗滑稳定安全系数允许值

计算工况	土质地基					岩石地基					
	挡土（渣）墙级别					挡土（渣）墙级别					按抗剪断公式计算时
	1	2	3	4	5	1	2	3	4	5	
正常运用	1.35	1.30	1.25	1.20	1.20	1.10	1.08	1.08	1.05	1.05	3.00
非正常运用	1.10	1.10	1.10	1.05	1.05	1.00					2.30

2）抗倾覆稳定计算如下：

$$K_t=\frac{f'\sum M_y}{\sum M_o}\geqslant[K_t]$$

式中 K_t ——抗倾覆稳定安全系数；

$\sum M_y$ ——作用于堤身各力对墙前趾的抗抗倾力矩，kN·m；

$\sum M_o$ ——作用于墙身各力对墙前趾的倾覆力矩，kN·m；

$[K_t]$ ——抗倾覆稳定安全系数允许值。

挡土（渣）墙抗倾覆稳定安全系数允许值应根据挡土（渣）墙工程级别，按表13-5确定。

表13-5 挡土（渣）墙抗倾覆稳定安全系数允许值

工程级别	1	2	3	4、5
正常运用	1.60	1.50	1.45	1.40
非正常运用	1.50	1.40	1.35	1.30

3）基底应力验算：

a．偏心矩计算公式如下：

$$e=\frac{B}{2}-\frac{\sum M_y-\sum M_o}{\sum G}$$

式中 e ——荷载合力偏心矩，m；

B ——挡土（渣）墙基底宽度，m。

b．基底应力计算公式如下：

$$\sigma_{min}^{max}=\frac{\sum G}{A}\pm\frac{\sum M}{W}$$

式中 σ^{max} ——最大压应力，kPa；

σ_{min} ——最小压应力，kPa；

$\sum M$ ——作用在挡土（渣）墙上的全部荷载对于水平面平行前墙墙面方向形心轴的力矩之和，kN·m；

W ——对挡土（渣）墙基底面对于基底平面平行前墙墙面方向形心轴的截面矩，m^3。

（2）埋置深度的确定。挡土（渣）墙基底埋置深度应根据地基地质条件、最大冻土深等确定。

1）地基为土基时，当最大冻土深度小于 1m 时，基底应在冻结线以下不小于 0.25m；当最大冻土深度小于 1m 时，基底最小埋置深度不小于 1.25m，还应将基底到冻结线以下 0.25m 范围的地基土换填为弱冻胀材料。

2）在风化层不厚的硬质岩石地基上，基底宜置于基岩表面风化层以下。

（3）挡土（渣）墙安全等级和安全措施。

1）挡土（渣）墙的等级应根据其防护对象的安全等级和自身重要程度综合考虑确定。

2）根据挡土（渣）墙破坏产生的后果，划分为三个安全等级，详见表 13-6。

表 13-6　挡土（渣）墙工程安全等级表

安全等级	破坏后果	挡土（渣）墙结构重要性系数
一级	很严重	1.1
二级	严重	1.0
三级	不严重	1.0

对于安全等级为一级的挡土（渣）墙应采取以下措施：

a. 填料选用抗剪性能好的砂土，对内摩擦角 Φ，取较保守的值；基底摩擦系数亦取较低值。

b．砌筑砂浆等级不低于 M10，较高墙采用毛石混凝土。

挡土（渣）墙设计示意图见图 13-1、图 13-2，截面尺寸及参数见表 13-7。

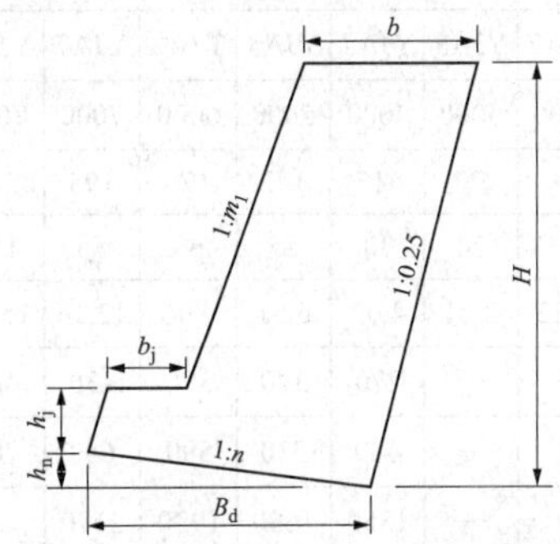

图 13-1　仰斜式挡土（渣）墙设计示意图

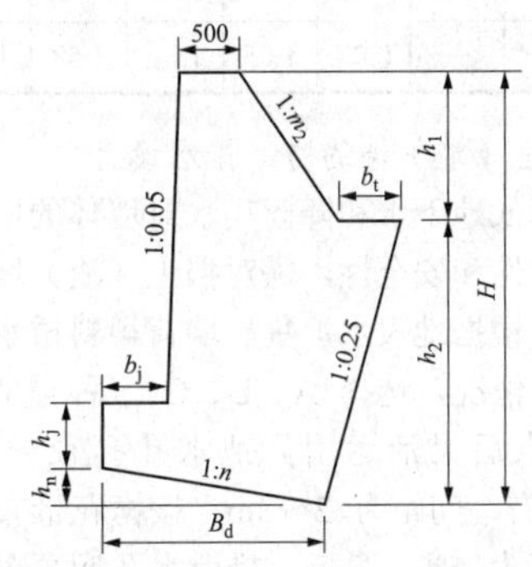

图 13-2　衡重式挡土（渣）墙设计示意图

表 13-7　挡土（渣）墙设计截面尺寸及参数表

设计资料		非抗震及抗震设防烈度为 6（0.05g）、7（0.1g）度　填料内摩擦角 φ=30°　基底摩擦系数 μ=0.30																	
		路肩墙 A　均匀 q_k=10kPa									路肩墙 B　均匀荷载 q_k=30kPa								
选用号		YJA2	YJA3	YJA4	YJA5	YJA6	YJA7	YJA8	YJA9	YJA10	YJB2	YJB3	YJB4	YJB5	YJB6	YJB7	YJB8	YJB9	YJB10
墙高 H		2000	3000	4000	5000	6000	7000	8000	9000	10000	2000	3000	4000	5000	6000	7000	8000	9000	10000
截面尺寸	h_j	400	450	500	550	600	650	700	750	800	400	450	500	550	600	650	700	750	800
	h_n	140	190	230	290	340	390	440	510	560	230	270	310	390	430	480	520	610	660
	b	590	790	1000	1310	1520	1750	1990	2380	2610	1050	1250	1430	1800	2010	2230	2450	2910	3140
	b_j	170	190	210	230	250	270	290	310	340	170	190	210	230	250	270	290	310	340
	B_d	720	930	1150	1470	1690	1930	2180	2560	2810	160	1370	1570	1930	2160	2390	2610	3070	3310
	m_1	0.25	0.25	0.25	0.25	0.25	0.25	0.25	0.25	0.25	0.25	0.25	0.25	0.25	0.25	0.25	0.25	0.25	0.25
	n	0.20	0.20	0.20	0.20	0.20	0.20	0.20	0.20	0.20	0.20	0.20	0.20	0.20	0.20	0.20	0.20	0.20	0.20
主要参数	θ	38.9	38.9	38.9	38.9	38.9	38.9	38.9	38.9	38.9	38.9	38.9	38.9	38.9	38.9	38.9	38.9	38.9	38.9
	E_a	12	24	40	65	91	120	155	211	257	21	37	56	88	119	153	192	256	308
	k_s	1.32	1.32	1.34	1.31	1.30	1.32	1.30	1.31	1.31	1.31	1.32	1.31	1.30	1.30	1.31	1.31	1.30	1.30
	k_t	1.99	1.89	1.86	1.91	1.88	1.89	1.92	1.96	1.95	2.77	2.31	2.9	2.13	2.05	2.01	1.97	2.06	2.04

续表

设计资料		非抗震及抗震设防烈度为6（0.05g）、7（0.1g）度　填料内摩擦角 φ=30°　基底摩擦系数 μ=0.30																	
		路肩墙A　均匀 q_k=10kPa									路肩墙B　均匀荷载 q_k=30kPa								
选用号		YJA2	YJA3	YJA4	YJA5	YJA6	YJA7	YJA8	YJA9	YJA10	YJB2	YJB3	YJB4	YJB5	YJB6	YJB7	YJB8	YJB9	YJB10
墙高 H		2000	3000	4000	5000	6000	7000	8000	9000	10000	2000	3000	4000	5000	6000	7000	8000	9000	10000
主要参数	p_1	61	90	117	142	170	193	212	239	264	53	86	121	146	178	207	237	255	283
	p_2	14	24	38	55	68	86	109	126	142	26	33	39	56	66	78	89	115	129
	V	1.22	2.41	4.02	6.51	9.06	12.16	15.79	21.09	25.73	2.06	3.68	5.65	8.83	11.84	15.34	19.21	25.59	30.74
扩展基础	h_d	—	—	270	340	390	430	480	570	620	—	—	370	440	500	550	600	690	740
	h_c	—	—	480	530	590	640	700	760	810	—	—	470	530	580	630	680	740	790
	b_c	—	—	1350	1680	1930	2170	2410	2830	3090	—	—	1830	2220	2490	2750	3000	3450	3720
	p_k	—	—	66	86	104	124	145	165	185	—	—	68	88	106	124	142	164	183
	①	—	—	7Φ14	7Φ14	6Φ16	7Φ16	7Φ16	6Φ18	7Φ18	—	—	7Φ14	7Φ14	6Φ16	7Φ16	7Φ16	6Φ18	7Φ18
	V_c	—	—	0.77	1.05	1.31	1.58	1.90	2.38	2.75	—	—	1.04	1.39	1.67	1.97	2.29	2.84	3.24

2. 挡土（渣）墙的防、排水设计

为了降低地下水和降雨集水对墙体的压力，保证墙体的稳定性和安全性，需对挡土（渣）墙进行防、排水设计。根据地表水汇集、墙背填料透水性能及有无地下水等情况，选择A、B、C三种类型之一，或综合其特点后灵活运用。泄水孔孔径一般设计为100mm左右，间距为2～3m，按梅花形布置。泄水孔向外坡度为5%，最低一排泄水孔应高出地面不小于200mm，泄水孔应保持直通无阻。当有地下水渗入填料时，应设置排水盲沟，将水体顺利排出墙外。挡土（渣）墙的防、排水设计示意图见图13-3。

二、斜坡防护工程

（一）一般规定

斜坡防护指的是为了防止边坡受冲刷，在坡面上所做的各种铺砌和栽植的统称。

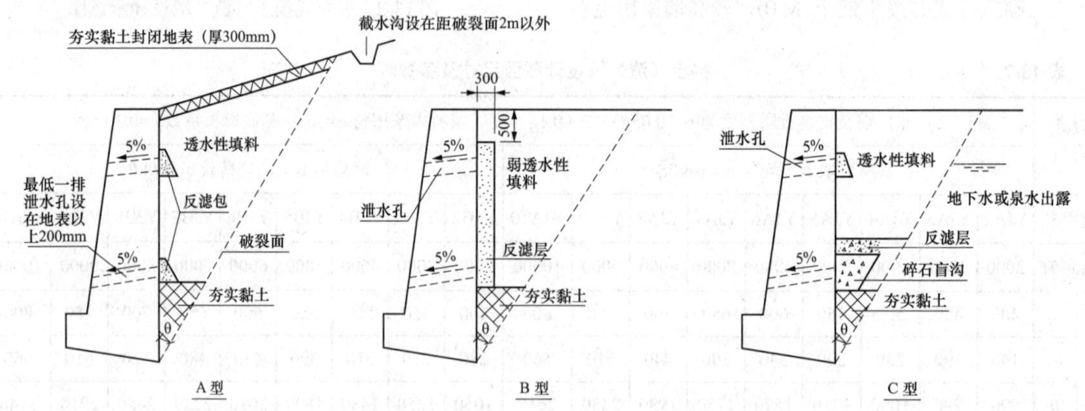

图13-3　挡土（渣）墙的防、排水示意图

工程常见的斜坡防护工程包括工程护坡、植被护坡和综合护坡三种。此章节我们只进行工程护坡的研究。工程护坡分为浆砌石护坡、干砌石护坡和混凝土护坡等。工程的工程护坡一般包括有浆砌石护坡、干砌石护坡和混凝土护坡。

（二）适用条件

根据电力工程选址（选线）情况，通常用于布置在山区、丘陵区或由于工程建设需要，抬高地坪形成的斜坡的项目。火力发电工程斜坡防护工程一般布设在厂址、贮灰场、进站道路及铁路专用线等可能产生大量斜坡的区域。输变电工程斜坡防护一般布置需要防护的站址和线路塔基坡脚处。

凡易风化的或易受雨水冲刷的岩石和土质边坡及严重破碎的岩石边坡应进行护坡防护；软硬岩层相间的路堑边坡，应根据岩层情况采用全部或局部防护；在多雨地区，用砂类土壤筑的路堤，其路肩和边坡坡面易受雨水冲刷流失，应根据具体情况对坡面进行防护。凡适宜于生长植物且坡度不大于1:1.5的边坡，应优先采用植物防护。对植物不易生长的边坡，可根据其土石性质、高度及陡度，选择其他合适的防护类型。

浆砌石护坡一般布设在坡面较陡、水蚀较为严重的工程变电站和线路塔基等需要防护的区域；干砌石护坡一般布设在坡面较缓、水流速度较缓的工程变电站和线路塔基等需要防护的区域；混凝土护坡一般布设在边坡坡脚可能遭受强烈洪水冲刷的陡坡段的工程变电站和线路塔基等需要防护的区域。

1. 浆砌石护坡的适用范围

（1）坡面较陡（坡度为 1:1～1:2.0）。

（2）坡面位于河岸、沟岸、坡地下部可能遭受水流冲刷，且水流冲刷强烈。

2. 干砌石护坡的适用范围

（1）边坡因雨水冲刷，可能出现沟蚀、溜坍、剥落等现象时可采用干砌石护坡。

（2）临水的稳定土坡或土石混合堆积体边坡，坡面较缓（坡度为 1:2.5～1:3.0）、流速小于 3.0m/s 时，可采用干砌石护坡。

3. 混凝土护坡的适用范围

混凝土护坡适用于边坡坡脚可能遭受强烈洪水冲刷的陡坡段。根据具体情况，可采用混凝土或钢筋混凝土护坡，必要时需要加锚固定。

（三）设计要求

1. 浆砌石护坡的典型设计

（1）浆砌石护坡的基本要求：

1）石料质量要求。用于浆砌石护坡的材料有块石、毛石、粗料石等，石料必须质地坚硬、完整。

2）胶结材料。浆砌石的胶结材料为水泥砂浆，工程常用的水泥砂浆主要为 M7.5 水泥砂浆。

3）分缝。根据工程建设区域的地形条件、气候条件、土壤或渣体条件等，设置伸缩缝和沉降缝，钢制边坡不均匀沉陷和稳定变化引起的护坡裂缝，影响护坡稳定性。

4）排水。当防护土体和渣体内水位较高时，应将渣体中出露的地下水以及由降水形成的渗透水流及时排除，减小护坡水压力，增加护坡的稳定，应设置排水孔等排水设施。

（2）浆砌石护坡的设计尺寸。浆砌石护坡由面层和起反滤作用的垫层组成，面层厚度 25～35cm；垫层分单层和双层两种，单层厚度 5～15cm，双层厚度 20～25cm。原坡面为砂、砾、卵石，可不设垫层。浆砌石护坡要求石料质地坚硬、完整，水泥砂浆满足工程要求，合理布设伸缩缝、沉降缝和排水孔等。其中排水孔每隔 2～3m 上下左右交错设置，孔径 0.1m，土质边坡的泄水孔后面应在 0.5m×0.5m 范围内设过滤层。伸缩缝每隔 10～20m 设一道，缝宽 20mm，以沥青麻刀填塞。

2. 干砌石护坡的典型设计

（1）干砌石护坡的基本要求：

1）石料质量要求。用于干砌石护坡的石料有块石、毛石等。块石质量要求质地坚硬、无风化，尺寸应满足：上下两面平行，且大致平整，无尖角、薄边，块厚大于 20cm，单块质量不小于 25kg。毛石质地坚硬，无风化，尺寸应满足：块重大于 20kg，中部厚度大于 15cm。

2）护坡表层石块直径估算。在水流作用下，工程护坡保持稳定的抗冲粒径计算公式为：

$$d=\frac{v^2}{2gG^2\dfrac{\gamma_s-\gamma}{\gamma}}$$

式中　d——石块折算直径，m；

v——水流流速，m/s；

G——石块运动的稳定系数；

γ_s、γ——分别为石块、水的容重，kN/m³。

（2）干砌石护坡的设计尺寸。干砌石护坡要求块石质地坚硬、无风化。尺寸应满足：上下两面平行，且大致平整，无尖角、薄边，块厚大于 20cm，单块质量不小于 25kg。毛石质地坚硬，无风化，尺寸应满足：块重大于 20kg，中部厚度大于 15cm。

3. 混凝土护坡的设计要求

（1）混凝土护坡的基本要求：

1）混凝土强度等级。根据坡面可能遭受洪水冲刷的强烈程度选用不同的混凝土强度等级，一般是冲刷的强烈程度越严重，护坡的混凝土强度等级越高。工程常用的混凝土为 C20。

2）技术要求。边坡为 1:1～1:0.5，高度小于 3m 的坡面，采用混凝土块护坡，混凝土块长宽均为 30～50cm，厚度 12cm；边坡陡于 1:0.5 的坡面，采用钢筋混凝土护坡，厚度 12cm。坡面有涌水现象时，用粗砂、碎石或砂砾等设置反滤层。涌水量较大时，修筑排水盲沟。

3）分缝。根据工程所处地形条件、气候条件、土（渣）材料等，设置伸缩缝和沉降缝，防止因边坡不均匀沉陷和温度变化引起护坡裂缝。

4）排水。当弃渣体内水位较高时，应将渣体中露出的地下水以及由降水形成的渗透水流及时排除，有效降低弃渣体内水位，减少护坡水压力，增加护坡稳定性，应设置排水孔等排水设施。

（2）混凝土护坡的设计尺寸。混凝土护坡要求边坡为 1:1～1:0.5，高度小于 3m 的坡面，采用混凝土块护坡，混凝土块长宽均为 30～50cm，厚度 12cm；边坡陡于 1:0.5 的坡面，采用钢筋混凝土护坡，厚度 12cm。坡面有涌水现象时，用粗砂、碎石或砂砾等设置反滤层。涌水量较大时，修筑排水盲沟。盲沟在涌水处下端水平设置，宽度20～50cm，深20～40cm。根据工程所处地形条件、气候条件、土（渣）材料等，设置伸缩缝和沉降缝，每隔8～10m设置一道宽2～3cm的伸缩沉降缝，缝内填塞沥青麻絮、沥青木板、聚氨酯、胶泥或其他止水材料。当弃渣体内水位较高时，应设置排水孔等排水设施，排水孔径5～10cm，间距2～3m。

工程护坡示意图见图13-4。

三、土地整治工程

（一）一般规定

土地整治是控制水土流失、改善土地生产力、恢复植被的基础工作。在土地整治前应首先确定土地的用途，根据土地的用途采用适宜的土地整治措施。因此，土地整治设计是根据土地利用方向，确定土地整治原则和标准，进行相应的土地整治措施内容、模式设计。

土地整治按照整平方式可分为全面整地、局部整地和阶地式整地。整地方式示意图见图13-5。

1. 全面整地

适用于电力工程中施工生产生活区、供排水管线等占地较大区域恢复耕地或绿化用地的平整，整地坡度小于1°（或可为2°～3°）。

2. 局部整地

适用于恢复经济林木、厂（站）区绿化等，一般整地坡度小于3°～5°。

3. 阶地式整地

适用于分层平台整地，电力工程中主要用于贮灰场运行期防护和终期治理。平台上成倒坡，坡度1°～2°。

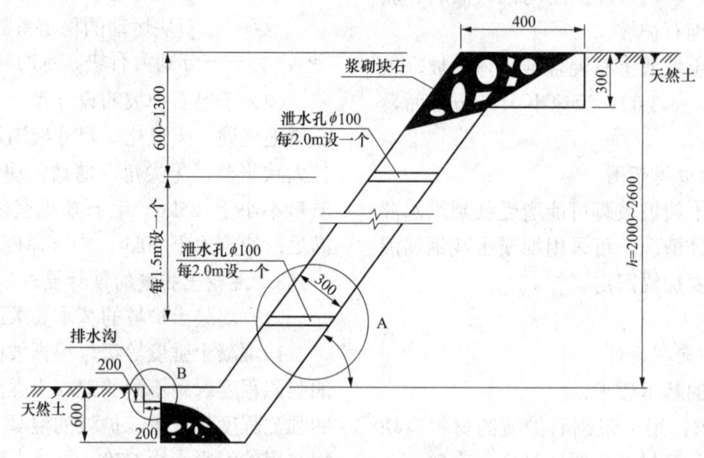

图13-4 工程护坡示意图

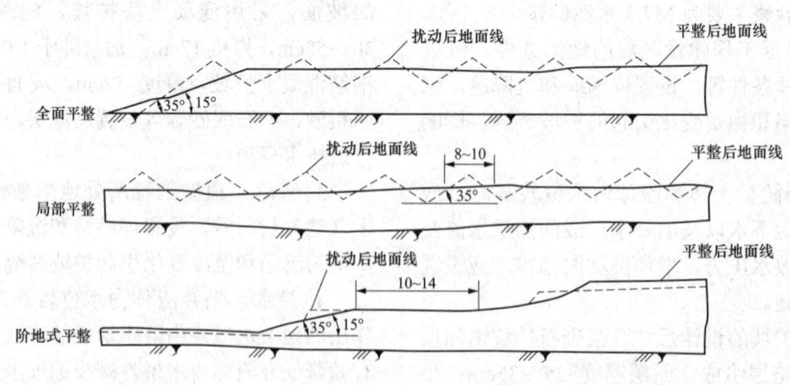

图13-5 整地方式示意图

（二）适用条件

土地整治的方向和标准根据占地性质、原土地类型、立地条件和使用者要求综合确定，并与区域自然条件、社会经济发展和生态环境建设相协调，宜农则农，宜林则林，宜牧则牧，宜渔则渔，宜建设则建设。

（1）开发建设项目土地整治应符合项目或项目区土地利用总体规划及土地整治规划。

（2）土地整治应与蓄水保土相结合。土地整治工程应根据地形、土壤等条件，以“坡度越小，地块越大”为原则。

（3）土地整治与生态环境建设相协调。整治后的土地利用应注意生态环境改善，尽力扩大林草面积，同时在有条件的情况下，改造和美化环境。

（4）一般工程永久占地范围内的裸露土地和未扰动土地尽量恢复为林草地；工程临时占地范围内土地原则上按原地类恢复，即原地貌为耕地的恢复为耕地，原地貌为非耕地的恢复为林草地；也可按土地利用规划进行土地整治。表 13-8 为分类土地整治内容参考。

表 13-8　　分类土地整治内容参考

分类		整治内容				
		坡比	覆表土厚	覆土厚	平整	蓄水保土
耕地	坡地	≥1:3.7	旱作区厚度一般 0.2～0.3m	0.3～0.6m	场地清理、翻耕、边坡碾压	改变微地形，修筑田埂，增加地面筑物被覆，增加土壤入渗，提高土壤抗蚀性能，如等高耕作、沟垅种植、套种、深松等
	台地梯田	≥1:20			场地清理、翻耕、粗平整和细平整	修筑田坎，精细整平
草地	撒播	<1:1	—	≥0.3m	场地清理、翻松地表、粗平整和细平整	深松土壤增加入渗，选择根系发达，抓地力强的多年生草种
	喷播	≥1:1	—	—	修整坡面浮渣土、凿毛坡面增加糙率	处理坡面排水、保留坡面保存动植物
	草皮	<1:1 时可自然铺种，≥1:1 时坡面需挖凹槽、植沟等特殊处理	—	≥0.3m	翻松地表，将土块打碎，清除砾石、树根等垃圾，整平	深松土壤增加入渗，选择抓地力强的草种
林地	坡面	≥1:2.1	—	≥0.4m	场地清理、翻松、一般采用块状整地和带状整地	采用块状整地，如采用鱼鳞坑、回字形漏斗坑。反双坡或波浪状等
	平地	—			场地清理、翻松地表，一般采用全面整地和带状整地	深松增加入渗，林带与主风向垂直，减少风蚀；选择根系发达、蒸腾作用小、抗旱的树种
草灌		≥1:1.5	—	≥0.3m	翻松地表、粗平整和细平整	密植，合理草灌的搭配和混植，增加土壤入渗

（三）设计要求

1. 土地整治标准

（1）恢复为耕地的土地整治标准。经整治形成的平地或缓坡地（坡度在 15°以下），土质较好，覆土厚度 0.5m 以上（自然沉实）可恢复为耕地；当用作水田时，坡度一般不超过 2°～3°。

（2）恢复为林草地的土地整治标准。对于复垦为林地的，坡度应不大于 35°，裸岩面积在 30%以下，覆土厚度不小于 0.6m；对于复垦为草地的，坡度应不大于 25°，覆土厚度不小于 0.3m。土地整治内容见表 13-8。

2. 工程的分区土地整治

工程施工结束后，应对裸露地表进行土地整治，一般根据土地利用的方向进行整地，即按照恢复草地、林地、耕地等要求进行整地。对于工程还需按照分区，分别对厂（站）区、外部道路区（含铁路专用线）、施工生产生活区、力能引接区、外部供排水管线区、贮灰场区、输电线路塔基及塔基施工区、牵张场区、跨越施工场地区分别进行整地。

（1）厂（站）区的土地整治。厂（站）区除建构筑物占地之外的空闲地及从工程安全运行角度考虑进行的防护措施外的裸露面，土地利用方向一般确定为恢复植被。施工结束后需对裸露地表采取全面整地，整地坡度小于 1°。整地结束后进行植被恢复，满足水土流失防治要求同时美化环境。

（2）外部道路区的土地整治。施工结束后，对外部道路两侧待绿化区、力能引接区进行土地整治，为绿化美化做好准备。

（3）施工生产生活区和外部供排水管线区的土地整治。工程结束后，对施工生产生活区和站外供排水管线区的临时建筑应及时拆除，并恢复原迹地类型。

（4）线路塔基及塔基施工区的土地整治。输电线路塔基及塔基施工区占地分散，局部扰动较小，但扰动较为剧烈，需进行局部整地。整地一般采取因势利导的方式，尤其采取高低腿的塔基应就坡随坡，尽量减少再次扰动。整地结束后进行植被恢复。

（5）施工道路区、牵张场地及跨越施工区的土地整治。工程结束后，对施工道路区、牵张场地及拆迁场地区应恢复原迹地功能。对山坡地施工道路，应清理垃圾、平整、削坡，根据林草种植要求覆土、整地；平原耕地区的施工道路，应清除垃圾、翻松，根据农作物种植要求整地。

（6）贮灰场区。贮灰场土地整治应在拦渣工程的基础上实施。根据贮灰场堆灰实际情况采用全面整地或台阶式整地进行土地平整。经整治后的土地应合理配置灌、草，防治坡面水土流失。

四、防洪排导工程

（一）一般规定

电力工程涉及的防洪排导工程主要为截水沟和排水沟，截水沟是指在坡面上修筑的拦截、疏导坡面径流，具有一定比降的沟槽工程；排水沟是指用于排除地面、沟道或地下多余水量的沟。

（二）适用条件

截（排）水沟适用于南方多雨地区和北方部分雨量较大的区域。

截水沟一般用来拦截并排除上游汇水和地面径流，保证边坡的稳定和主体工程的安全，同时防止地面径流产生的水土流失。

排水沟一般布设在坡面截水沟的两端或者较低一端，用以排除截水沟不能容纳的径流。排水沟在坡面上的比降，根据其排水去处的位置而定，当排水出口位置在坡脚时，排水沟大致与坡面等高线正交布设；当排水去处的位置在坡面时，排水沟可基本沿等高线斜交布设。

沉沙池、消力池及护坦工程作为防洪排导工程与自然沟渠、沟道的顺接措施也是不可或缺的。沉沙池通常布置于截（排）水沟末端，与自然沟道衔接前；消力池及护坦通常布置于顺接处存在高差的区域，用以减缓水流对自然沟道的冲刷。

工程的截水沟一般布设在山区、丘陵区的厂（站）区、贮灰场区和输电线路塔基处。截水沟一般布设在项目区上游来水汇集处，排水沟一般布设在下游排水区域或作为截水沟的顺接工程，具体布设位置根据地形图确定。

（三）设计要求

1. 截（排）水沟的一般设计

（1）截（排）水沟的基本要求：

1）截（排）水沟的设计应能保证迅速排除地面水流，沟底纵坡不应小于 0.3%，以免水流停滞。对土质地段的截（排）水沟，必要对应采取加固措施，以免水流冲刷和渗透，致使山坡土过湿，引起塌陷。

2）截（排）水沟应结合地形合理布置。在转折处应以曲线连接，必要时应采取加固措施。

3）若因地形限制，截水沟绕行，工程艰巨，附近又无出水口时，可分段考虑，中部以急流槽衔接。

（2）截（排）水沟的设计尺寸：

1）设计最大径流量（过水能力）Q 的计算：

$$Q = AC\sqrt{Ri} = \frac{1}{n}AR^{2/3}i^{1/2}$$

式中　n——渠道糙率；

A——断面面积，m^2；

R——水力半径，m；

C——谢才系数；

i——坡降。

2）水力半径（R）值的计算：

$$R = A/\chi$$

式中　R——水力半径，m；

A——排水沟断面面积，m^2；

χ——截（排）水沟断面湿周，m。

3）设计洪水量 Q_m 的计算：

$$Q_m = 0.278kiS$$

式中　Q_m——设计洪水量，m^3/s；

k——径流系数，一般取 0.8；

i——10%小时暴雨量降雨强度，mm/h；

S——集水面积，km^2。

4）横断面规格。假设设计最大径流量等于设计洪水量，即 $Q=Q_m$，算出水道断面面积，根据预留水道宽度和断面形状，确定水道深度。按照相关规范的要求，应在此基础上，再将沟槽的顶面高度提高，高出设计水位 0.1～0.2m，并以此确定水力半径等相关计算参数。

5）设计合理性检验。检验沟渠设计是否合理需满足以下两个条件：

a. 截(排)水沟的排水能力 Q 不小于设计流量 Q_m。

b. 沟渠水流速度 v 不小于防淤流速 v_{min}，且不大于沟渠的冲刷流速 v_{max}，若流速小于产生淤积的流速，则应增大沟渠的纵坡，以提高流速。反之，则应采取加固措施，或设法减小纵坡以降低流速。

工程截（排）水沟设计按照工程防护等的确定暴雨特征值设计。型式根据实际需要可选用梯形和矩形断面，断面尺寸按照上述公式进行验算求得。截(排)水沟底层需要铺设砂砾垫层，垫层厚度一般为 20～30cm。工程截（排）水沟梯形和矩形设计示意图见图 13-6 和图 13-7。

2. 沉沙池及天然沟道顺接典型设计

在截（排）水沟沟口，为了防止径流对沟口地表的冲刷，需布设沉沙池、消力池、护坦等进行缓冲或防护。有顺接条件的，可直接接入城市管网或者人工排水沟（渠），没有顺接条件的，需与天然沟道进行顺接。

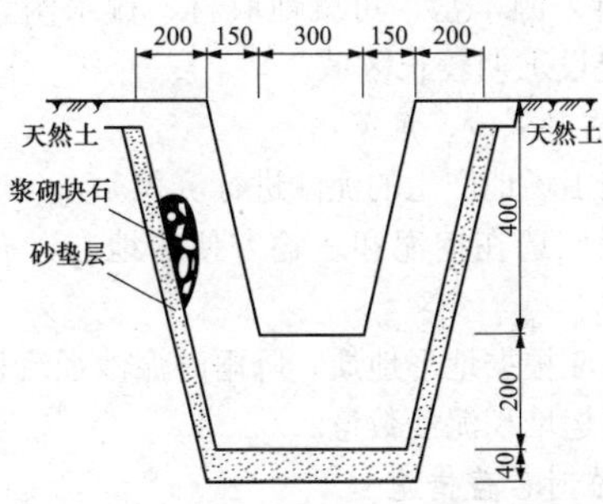

图 13-6　梯形断面截（排）水沟示意图

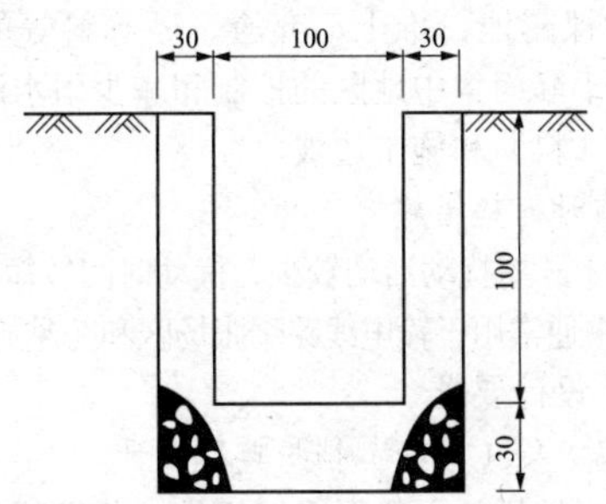

图 13-7　矩形断面截（排）水沟示意图

电力工程沉沙池设计施工应参考 SL 269—2001《水利水电工程沉沙池设计规范》。消力池及护坦设计可参考水工建筑物设计相关规范。

五、降水蓄渗工程

(一)一般规定

对因开发建设活动对地面、沟道的降水入渗、过流影响应进行分析，根据分析结果采取降水蓄渗措施。分析应包括以下内容：

（1）在项目区范围内，由于基建施工和生产运行使土壤性状、土壤湿度、土层剖面特性、植被、地形、土地利用等下垫面条件发生变化，硬化地面、开挖裸露面等，使地面糙率变小，其蓄渗降雨的能力下降，坡面漫流速度增大。

（2）产流历时缩短而产流量增大、其冲刷作用增强，地下水补给减少。

（3）填土（石、沙、渣）或弃土（石、沙、渣、灰）孔隙率增大，蓄渗能力增大，产流历时延长而产流量减小，土壤含水量增加。对于填方或废弃物的稳定产生不利影响。

分析产生上述影响的，应采取相应的降水蓄渗工程。电力项目常用的降水蓄渗工程包括：蓄水池、透水铺装和下凹式整地工程，其中火电项目贮灰场根据堆灰设计情况也可选用水平阶蓄水工程。

(二)适用条件

（1）对由于项目基建施工和生产运行引起坡面漫流或地表的冲刷作用增强的，必须采取水土保持防护工程，与项目防护工程形成完整的防御体系，有效地防止水土流失，并保证工程项目稳定和生产运行的安全。

（2）对厂（站）区项目建设硬化面积宜限制在项目区空闲地总面积的 1/3 以下。地面、人行道路面硬化结构宜采用透水形式或选用透水材料。

（3）项目位于缺水地区的，应结合降水条件建设蓄水设施。

(三)设计要求

1. 蓄水池

对径流汇集的区域应根据地形条件，采取蓄水池径流拦蓄工程。

蓄水池设计与施工参照 GB/T 50596—2010《雨水集蓄利用工程技术规范》确定。

（1）蓄水池一般布置在坡脚或坡面局部低凹处，与排水沟（或排水型截水沟）末端相连，以容蓄坡面径流。根据坡面径流总量、蓄排关系、施工条件、使用条件，确定蓄水池的分布与容量。

（2）为提高蓄水清洁度，蓄水池建设时可配套建设沉沙池，沉沙池一般布置在蓄水池进水口上游。排水沟（或排水型截水沟）排出水流中泥沙经沉沙池沉淀之后，将清水排入蓄水池中。

2. 水平阶

适用于地形较为完整、土层较厚、坡度在 15°～25°之间坡面，阶面宽 1～1.5m。具有 3°～5°反坡。上下两阶之间水平距离以设计造林行距为准。在阶面上能全部拦蓄各阶台间斜坡径流，由此确定阶面宽度、反坡坡度（或阶边设埂），或调整阶间距离。树苗种植于距阶边 0.3～0.5m（约 1/3 阶宽）处。

3. 透水铺装

适用于厂（站）区道路、地坪等硬化地表，通过选取透水材料，采用透水铺砌形式达到增加雨水渗透量，减少径流的目的。

4. 下凹式整地

适用于厂（站）区绿化区域，整地高度须低于周边地坪 10cm。

六、临时防护工程

(一)一般规定

（1）施工建设中，临时堆土（石、渣），必须设置专门堆放地，集中堆放，并应采取拦挡、覆盖等措施。

（2）施工中的裸露地，在遇暴雨、大风时应布设防护措施。

（3）施工建设场地应布设临时拦护、排水、沉沙等设施，防止施工期间的水土流失。

（4）裸露时间超过一个生长季节的，应进行临时种草。

（5）临时施工道路应统一规划，提出典型设计，并采取临时性的防护措施。

（6）施工中对下游及周边造成影响的，必须采取相应的防护措施。

水土保持临时防护措施是工程施工期水土保持措施不可缺少的部分，电力工程常见的水土流失临时防治措施主要有：临时拦挡措施、临时排水措施、临时苫盖措施、临时铺垫措施等。

临时拦挡是指在防护体外围设置的具有拦挡功能的设施。常见的临时拦挡措施包括编织袋（草袋）装土、彩钢（竹栅）围栏等。

临时排水是指为了防止施工期间降水对工程施工区、临时堆土堆料场以及周边区域产生影响和造成水土流失的产生，通过对降水的汇集、排导至已有排水沟或安全的自然沟道以控制水土流失的措施。临时排水措施包括临时土质排水沟和砖砌排水沟。

临时沉沙（泥浆沉淀）是指施工期间产生泥沙、灌注桩施工产生的泥浆临时沉淀所需要的临时设施。

临时苫盖措施是指为了防止施工期水土流失及扬尘危害所采取的措施。根据选用苫盖材料的不同，可分为防尘网、密目网、土工布苫盖等。

临时铺垫措施指为了减少施工期人为活动引发水土流失所采取的措施。一般用于输变电工程牵张场区和跨越施工区，多采用彩条布或土工布铺垫。

（二）适用条件

1. 编织袋（草袋）装土挡护措施

适用于工程施工期间临时堆土（石、渣、料）、施工边坡坡脚的临时拦挡防护，多用于土方的临时拦挡。编织袋（草袋）填料一般就近取用工程防护的土(石、渣、料)或工程自身开挖的土石料，施工后期拆除编织袋（草袋）。

2. 彩钢（竹栅）围栏

工程途经生态脆弱区的，为了减少对周围地表的扰动，宜采取彩钢（竹栅）围栏等进行临时拦挡。

适用于工程施工期间临时堆土（石、渣、料）、施工边坡坡脚、草原牧场等环境敏感区域的临时拦挡防护，具有节约占地、施工方便、可重复利用和减少项目建设对周边景观影响等优点。根据拦挡和施工要求可选择彩钢板、竹栅等形式。

3. 临时排水设施

（1）土质排水沟。土质排水沟适用于施工简便、造价低、但其抗冲、抗渗、耐久性差、易崩塌，运行中应及时维护。其适用于使用期短、设计流速较小的排水沟。

（2）砖砌排水沟。砖砌排水沟施工相对复杂、造价高，但其抗冲、抗渗、耐久性好，不易崩塌。适用于砖料来源丰富、可就地取材、排水沟设计流速偏大且建设工期较长区域。

4. 临时沉沙、沉淀池

对施工场地产生的泥沙进行沉积。

位置应选在挖泥和运输方便的地方，有利于清淤。

容量应根据地形地质、降雨时泥沙径流量确定一次暴雨搬运堆积泥沙数量。

5. 临时苫盖措施

适用于风蚀严重地区或周边有明确保护要求的工程的扰动裸露地、堆土、弃渣、砂砾料等的临时防护；也用于暴雨集中地区的控制和减少雨水溅蚀冲刷临时堆土（料）和施工边坡。

6. 临时铺垫措施

适用于开挖扰动活动较少、扰动时间较短的区域。电力工程中通常用于输电线路牵张场区和跨越施工区。

（三）设计要求

1. 编织袋（草袋）挡护典型设计

临时拦挡措施一般采用编织袋、草袋装土进行挡护，编织袋（草袋）装土布设于堆场周边、施工边坡的下侧，其断面形式和堆高在满足自身稳定的基础上，根据堆体形态及地面坡度确定。一般采取“品”字形紧密排列的堆砌护坡方式，挡护基坑挖土，避免坡下出现不均匀沉陷，铺设厚度一般为 0.4～0.6m，坡度不应陡于1:1.2～1:1.5，高度宜控制在2m以下。编织袋（草袋）填土交错垒叠，袋内填充物不宜过满，一般装至编织袋（草袋）容量的 70%～80%为宜。同时，对于水蚀严重的区域，在“品”字形编织袋、草袋挡墙的外侧需布设临时排水设施，风蚀区则不考虑。

编织袋（草袋）装土挡护设计示意图见图13-8。

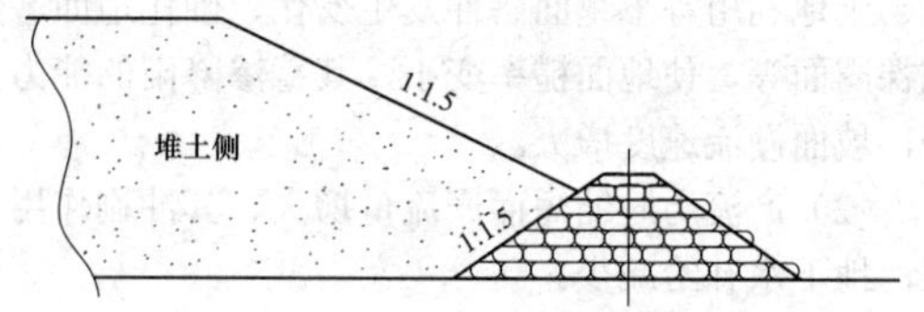

图13-8 编织袋（草袋）装土挡护设计示意图

2. 彩钢（竹栅）围栏挡护典型设计

在平原区围栏沿施工区或堆场周边布设。为保证其拦挡效果，在堆体的坡脚预留约 1m 距离，围栏高度控制在1.5～2m范围内；在山区、丘陵区，围栏布设于施工边坡下侧，高度根据堆体的坡度及高度确定。围栏底部基础根据堆场周边地质及环境要求，选择混凝土底座、砖砌底座或脚手架钢管作为支撑。混凝土、砖砌底座围栏设计时应先整平场地，后浇筑混凝土或砌砖，粉刷构筑物基础，制作、安装立杆，安装彩钢板，使用结束后拆除。脚手架钢管围栏设计时应先打入脚手架钢管，后将彩钢板或竹栅等用铁丝捆绑在钢管上，使用结束后拆除。

彩钢（竹栅）围栏挡护设计示意图见图 13-9。

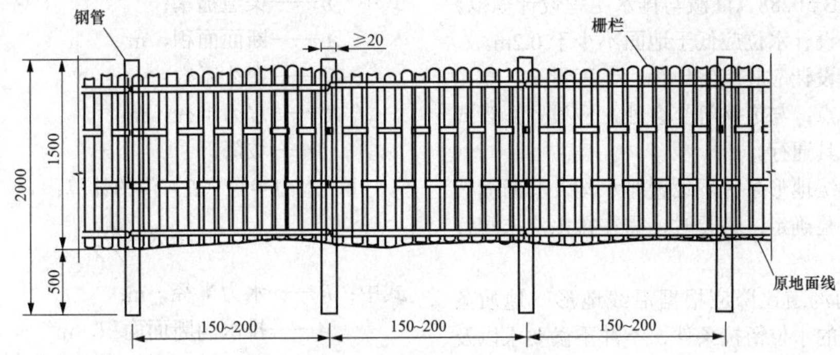

图 13-9　竹栅围栏挡护设计示意图

3. 土质排水沟典型设计

（1）典型设计的基本要求：

1）排水沟设计应具有占地少、工程量小、施工和管理方便等特点；与道路等交会处，应设置涵管或盖板以利施工机具通行。

2）对于平缓地形条件下设置排水沟，其断面尺寸可根据当地经验确定；必要时，在排水沟末端设置沉沙池。

3）排水沟沟道比降应根据沿线地形、地质条件、上下级沟道水位衔接条件、不冲不淤要求以及承泄区的水位变化等情况确定，并应与沟道沿线地面坡度接近。

4）挖沟前应先整理排水沟基础，铲除树木、草皮及其他杂物等；填土不得含有树根、杂草及其他腐蚀物。

5）挖掘沟身时须按设计断面及坡降进行整平，便于施工并保持流水顺畅。

6）填土部分应充分压实，并预留高度 10%的沉降率。

（2）断面尺寸设计：

1）断面形状确定。土质排水沟多采用梯形断面，其边坡系数应根据开挖深度、沟槽土质及地下水情况等条件，经稳定性分析后确定。最小边坡系数按表 13-9 取值。

表 13-9　　土质排水沟最小边坡度数

土质 \ 开挖深度 / 度数	＜1.5m	1.5～3.0m
黏土、重壤土	1:1.0	1:1.25～1:1.5
中壤土	1:1.5	1:2.0～1:2.5
软壤土、砂壤土	1:2.0	1:2.5～1:3.0
砂土	1:2.5	1:3.0～1:4.0

2）径流量估算。

a．设计最大径流量（过水能力）Q 的计算：

$$Q = AC\sqrt{Ri} = \frac{1}{n}AR^{2/3}i^{1/2}$$

式中　n——渠道糙率；

A——断面面积，m^2；

C——谢才系数；

R——水力半径，m；

i——坡降。

b．水力半径（R）值的计算：

$$R = A/\chi$$

式中　R——水力半径，m；

A——排水沟断面面积，m^2；

χ——截（排）水沟断面湿周，m。

c．设计洪水量 Q_m 的计算：

$$Q_m = 0.278kiS$$

式中　Q_m——设计洪水量，m^3/s；

k——径流系数，一般取 0.8；

i——10%小时暴雨量降雨强度，mm/h；

S——集水面积，km^2。

3）断面大小确定。测定排水沟纵坡，依据径流量大小、水力坡降，通过计算求得所需断面大小。沟面衬砌材料及断面形状根据现场状况、作业需要及流量等因素确定。

土质排水沟示意图见图 13-10。

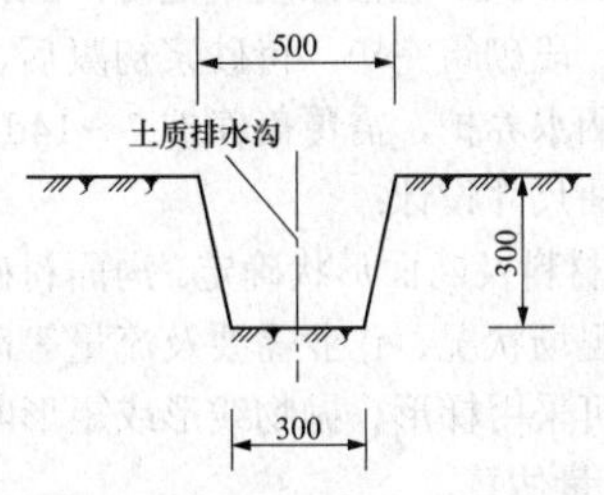

图 13-10　土质排水沟设计示意图

4．砖砌排水沟典型设计：

（1）砖砌排水沟的基本要求：

——按照 GB 50288《灌溉与排水工程设计规范》的规定，排水沟设计水位应低于地面不少于 0.2m。

——排水沟设计应具有占地少、工程量小、施工和管理方便等特点；与道路等交会处，应设置涵管或盖板以利施工机具通行。

——对于平缓地形条件下设置排水沟，其断面尺寸可根据当地经验确定；必要时，需在排水沟末端设置沉沙池。

——排水沟沟道比降应根据沿线地形、地质条件、上下级沟道的水位衔接条件、不冲不淤要求以及承泄区的水位变化等情况确定，并应与沟道沿线地面坡度接近。

——上下级排水沟应按分段流量设计断面；排水沟分段处水面应平顺衔接。由于流速较大，沿排水沟每隔适当长度及最下游，视需要设置跌水等消能设施。

——挖沟前应先整理排水沟基础，铲除树木、草皮及其他杂物等。

——挖掘沟身时需按断面设计及降坡进行整平，以利于施工并保持流水顺畅。

——红砖在使用前应充分润湿，形状不良的红砖尽量用于沟底。各层红砖应尽量平行，垂直接缝应相互交错并与墙面成直角。

——砂浆随拌随用，保持适宜长度；在拌和 3～5h 后使用完毕；运输过程或存贮过程中如发生离析、泌水，砌筑前应重新拌和；已凝结的砂浆不得再使用。

——排水沟的弃土和局部取土坑应结合筑渠、修路和土地平整加以利用。填土堆放位置，事先合理安排，以免再度搬移，减少水土流失。

——沟槽开挖。首先用白灰沿排水沟沟底、边线在地面上放线，采用挖掘机械开挖，开挖至距设计尺寸 10～15cm 时，改以人工挖掘。人工修整不得扰动沟底及坡面原土层，不允许超挖，直至设计尺寸。

——沉降缝的设置。施工段长度以 20～50m 分段砌筑，每隔 10～15m 设置沉降缝，用沥青麻絮或其他防水材料填充。

——勾缝及养生。勾缝一律采用凹缝，砌体勾缝嵌入砌缝 20mm 深，缝槽深度不足时，应凿至深度后再勾缝。每一段砌筑完毕，待砂浆初凝后，用湿草帘覆盖，定时洒水养护，需覆盖养护 7～14d。

（2）断面尺寸设计：

1）沟面材料及断面形状确定。沟面衬砌材料及断面形状根据现场状况、作业需要及流量等因素确定。砖砌排水沟可采用梯形、抛物线形或矩形断面。

2）径流量估算。

a．设计最大径流量（过水能力）Q 的计算：

$$Q = A \times C \times \sqrt{R \cdot i} = \frac{1}{n} \times A \times R^{2/3} \times i^{1/2}$$

式中 n——渠道糙率；

A——断面面积，m^2；

C——谢才系数；

R——水力半径，m；

i——坡降。

b．水力半径（R）值的计算：

$$R = A / \chi$$

式中：R——水力半径，m；

A——排水沟断面面积，m^2；

χ——截（排）水沟断面湿周，m。

c．设计洪水量 Q_m 的计算：

$$Q_m = 0.278 \times k \times i \times S$$

式中 Q_m——设计洪水量，m^3/s；

k——径流系数，一般取 0.8；

i——10%小时暴雨量降雨强度，mm/h；

S——集水面积，km^2。

（3）断面大小确定。测定排水沟纵坡，依据径流量大小、水力坡降，通过计算求得所需断面大小。砖砌排水沟示意图见图 13-11。

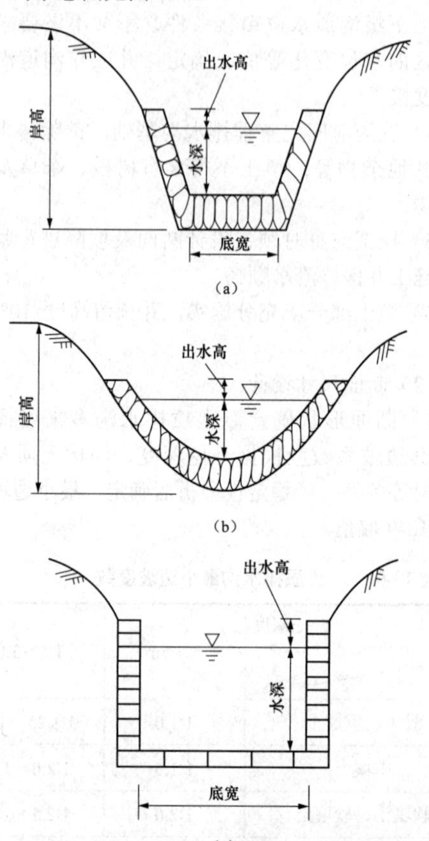

图 13-11 砖砌排水沟设计示意图

5. 临时沉沙池（沉淀池）典型设计

沉沙临时防护措施应简便、易行、实用，随工程施工进度及时布设，使用完毕及时拆除。因使用时间较短，多选用红胶泥或块石、机砖抹面。

临时沉沙（沉淀）池多选用矩形或方形，设计容量结合施工需求确定。

6. 临时苫盖典型设计

对临时堆放的渣土和当地材料供应情况，选用防尘网、密目网、土工布等苫盖，避免水土流失的产生。苫盖材料的面积的确定需要先估算堆土（料）的表面积，然后按照 1.2～1.5 的倍数确定苫盖材料的面积。

临时苫盖措施设计示意图见图 13-12。

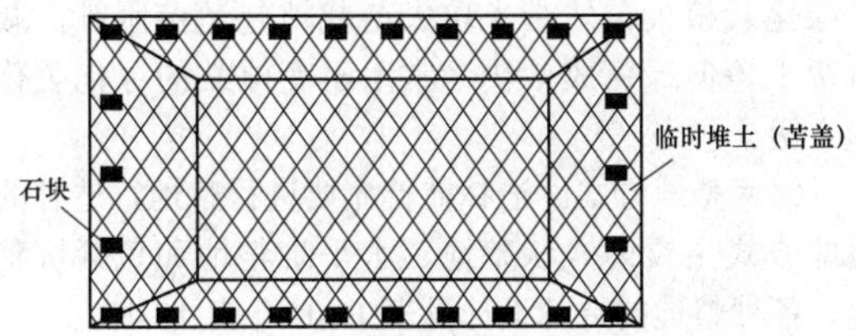

图 13-12 临时苫盖措施设计示意图

7. 临时铺垫典型设计

选用彩条布、土工布等临时铺垫与扰动区域，避免区域原地表形态、植被被破坏引发水土流失的产生。铺垫面积的确定需结合对场地扰动情况确定，一般按照扰动面积 1.2～1.5 的倍数确定铺垫材料的面积。

七、植被建设工程

（一）一般规定

电力工程建设中配置的植被建设工程主要分为造林和种草，其中造林主要应用在厂（站）区的绿化美化工作以及贮灰场周边防护林的建设。种草主要用于厂（站）区的绿化草坪工程、贮灰场堆灰达到设计标高后的终期防治以及施工临时用地撒播草籽防护。

一般情况下，适用于电力工程的造林方式主要有植苗造林和分殖造林等。在我国一年四季皆可造林，造林按季节又分为春季造林、雨（夏）季造林、秋冬造林。

（1）春季造林应根据树种的物候期和土壤解冻情况适时安排造林，一般在树木发芽前 7～10 天完成。南方造林，土壤墒情好时应尽早进行；北方造林，土壤解冻到栽植深度时抓紧造林。春季造林适宜我国大部分地区。

（2）雨季造林应尽量在雨季开始后的前半期造林，保证新栽或直播的幼苗在当年有两个多月以上的生长期。干旱、半干旱地区应尽量在连阴天墒情好时造林。雨季造林适用于夏季降水集中的地区，如华南、西北及西南等地，雨季造林主要适用于针叶树种、某些常绿叶树种的栽植造林，以及一些树种的播种造林。

（3）秋冬造林。秋季应在树木停止生长后和土地封冻前抓紧造林。冻害严重的山区不宜秋季造林。秋季适宜阔叶树植苗造林和大粒、硬壳、休眠期长、不耐储藏种子播种造林。

除了选择合适的造林方式外，植物种选择也是植被建设工程的一项重要的任务。电力项目植物措施林草植被选择应遵循以下原则：

1）考虑适生性，以乡土树草种为主，选择适宜项目区生长的树草种。

2）以防治水土流失为主要目的，兼顾绿化美化功能。

3）以不妨碍工程正常安全运行为基础，如为避免遮挡光线，厂房前或道路转弯处不选择高大乔木。

（二）适用条件

1. 植苗造林

植苗造林的苗木可分为裸根苗、容器苗和带土坨苗。容器苗和带土坨苗木可不受季节限制，可适时造林。造林季节天气干旱、土壤含水量过低又无灌溉条件时，可延期造林。

植苗造林适用于各种需要恢复林地和造林绿化的工程。其应用条件基本没有什么限制，尤其在干旱地区、水土流失严重地区、流动沙地或半固定沙地、极易滋长杂草的造林地、容易发生冻拔害的造林地，以及鸟兽害严重地区和播种造林不易成功的地块，采用植苗造林更为可靠。

2. 分殖造林

插条、插干、压条造林常见于输变电工程中涉及的水利工程防护措施中的防浪林和护岸林营造，也是竹类绿化采用的主要造林手段。工程中竹地的临时占地恢复可以考虑采用这种方式。

3. 种草植被恢复

种草植被恢复主要用于电力工程中对施工临时占地的植被恢复，如临时占地原有功能为草地，则施工结束后应恢复的草地植被。

此外火电项目贮灰场堆灰至设计标高后，通常需要撒播草籽。

4. 草皮及草坪建植

工程中草皮及草坪建植主要用于厂（站）区的绿化美化及边坡的绿化方面。播种建坪和铺设草皮建坪是营建草坪的两种最主要的方式。

（三）设计要求

1. 植苗造林

（1）绿化实例。植苗造林是将苗木直接栽到造林地的造林方法，其幼林郁闭早，生长快，成林迅速，林相整齐，林分稳定。植苗造林几乎适用于所有树种（包括无性繁殖树种）及各种立地条件，是应用最普遍的一种造林方法。

（2）苗木选择。输电线路区一般营造水土保持林常用 0.5～3 年生的苗木，变电站周围的防护林常用 2～3 年生的苗木，站内的景观用苗常用 3 年生以上的苗木。按照树种确定苗龄，主要是考虑树种的生长习性，速生的树种，如杨树、泡桐等常用年龄较小的苗木；而慢生的树种，如云杉、冷杉、白皮松等，用树龄较大的苗木。

（3）造林方法。植苗造林工序为挖植树坑、选苗、栽植、填土、浇水、覆土等 6 道工序。

植苗造林所用的苗木种类可以分为裸根苗、容器苗和带土坨苗三大类。裸根苗是目前生产上应用最广泛的一类苗木；缺点是起苗时容易伤根，栽植后遇不良环境条件常影响成活。带土坨苗是能够保持完整的根系，栽植成活率高，但重量大，搬运费工，因而造林成本比较高。变电站的绿化常采用容器苗，甚至是带土坨大苗；输电线路区林地恢复的用裸根苗；针叶树苗木和困难的立地条件下造林常采用容器苗。

人工植苗常用的方法有穴植、靠壁植和缝植等方法。

穴植法一般是在经过整地的造林地上挖穴植苗，它常用于栽植侧根发达的苗木。

靠壁栽植法又称小坑靠壁栽植法。这个方法好处是栽植省工，容易使苗根与土壤密接，幼树抗旱力强，成活率高，所以常用于干旱地区栽植直根性的针叶树小苗。

缝植法是用植苗锹或镐在植苗点上开缝栽植苗木的方法。只适用于沙质土和栽植直根性树种的小苗。

带土苗栽植法指起苗时带土，将苗木连土团一起栽在造林地上的方法，主要应用于容器苗造林和城市绿化栽植大苗。带土坨大苗栽植起运苗困难，栽植费工，但绿化成效快，常用于变电站的绿化美化的点缀。

（4）整地方式。造林前首先要进行整地，造林的整地方式主要为穴状整地、水平阶整地和鱼鳞坑整地。各种整地的造林设计见表 13-10～表 13-12。

表 13-10　穴状整地典型造林设计

项目	时间	方式	规格与要求
整地	秋季	穴状整地	积水坡面拍光，集水面外围修筑宽 20cm、高 15～20cm 土埂
栽植林草复合	春季	植苗播种	行带混交：造林树种：祁连圆柏、紫花苜蓿、云杉；株行距：2m×3m；生根粉蘸根，施用菌根制剂和保水剂（用量：植树穴体积 1‰）；春季随起苗随造林，坡面种植紫花苜蓿，林木行间呈 60cm 宽带状播种
抚育	春、夏季		造林后连续抚育 3 年

表 13-11　竹节式水平阶集水整地典型造林设计

项目	时间	方式	规格与要求
整地	秋季	竹节式水平阶	尽量不破坏周边原始植被，地埂拍实，熟土回填
栽植	春季	植苗	造林树种：祁连圆柏、云杉；株行距：2m×4m；生根粉蘸根，施用菌根制剂和保水剂（用量：植树穴体积 1‰）。春季随起苗随造林
抚育	春、夏季		造林后连续抚育 3 年

表 13-12　鱼鳞坑整地典型造林设计

项目	时间	方式	规格与要求
整地	秋季	鱼鳞坑	尽量不破坏周边原始植被，地埂拍实，熟土回填
栽植	春季	植苗	造林树种：沙棘；株行距：2m×2m；生根粉蘸根，施用菌根制剂和保水剂（用量：植树穴体积 1‰）。春季随起苗随造林
抚育	春、夏季		造林后连续抚育 3 年

2. 分殖造林

分殖造林是利用树木的营养器官作为造林材料进行造林的方法。根据营养器官的不同，分殖造林可分为插条、插干、压条、地下茎等造林方法。

（1）材料的选取。一般宜采用中、壮年优良母树上 1～2 年生枝条或 1～2 年生苗干。某些树种如杉木，则用根桩或根部萌发的 1～2 年生枝条为宜。针叶树种的插穗应带顶芽，插穗长度一般要求 30～70cm。

（2）造林方法。分殖造林的方法主有插干造林、地下茎造林等方法。

插干造林是以幼树的树干或大苗的苗干直接扦插到造林地上的造林方法，主要应用于杨树与柳树。插干较长，一般在 2～3.5m 以上，在干旱地区，插杆达到地下水位为宜。

地下茎造林主要应用于竹类，是利用地下茎在土壤中竹鞭发笋、长竹成林的特点进行分殖造林的方法。其主要技术在于母竹的选择，一般以生长健壮、分枝低矮、枝叶繁茂、竹节正常、无病虫害的 1 年生、2 年生母竹最好。这类母竹所连竹鞭正处于壮龄（3～5 年生）阶段，鞭色鲜黄，鞭芽饱满，鞭根健全，容易成活。挖掘母竹时必须保留来鞭 20cm，去鞭 50cm，带土挖出，栽植时要深挖浅栽。

3. 种草恢复植被

（1）典型设计：

1）草种选择。撒播种草应选择当地优良乡土草种。

2）种子处理。大部分种子有后成熟过程，即种胚休眠，播种前必须进行种子处理，以打破休眠，促进发芽。

a. 机械处理、选种晒种。用清选机或人工筛种，清除杂质，提高种子纯净度。收获后和播种前要晒种，以加速种子干燥、后熟以刺激种胚打破休眠，提高生活力或用机械方法擦伤种皮以利吸水发芽。

b. 浸种。用冷水、温水或变温水浸种，可以加快种子吸水发芽，打破豆科硬实种子。豆科种子浸 12～16h；禾本科种子浸 1～2d，期间要换水 2～3 次。硬实率高的豆科种子可用高温浸种法，即 90℃以上高温水处理 1～2min 后立即用冷水降温，反复两次，晒干种皮即可播种。

c. 去壳去芒。带芒带壳的种子影响播种质量，如无芒雀麦、披碱草，需在播前用去芒机、石碾或碾米机去掉芒、壳或豆荚，使种子与湿土密接以利发芽出苗。

d. 其他处理。种子处理还有化学处理、物理处理（用红外线、紫外线及低剂量的射线等照射）、生物处理（赤霉素、胡敏酸等浸种）、根瘤菌接种。

e. 播种量。根据种子质量、大小、利用情况、土壤肥力、播种方法、气候条件及种子用价而定，播种量大小取决于种子的大小，以及单位面积上拥有的额定苗数。具体播种量应参考（NY/T 1342—2007）《人工草地建设技术规程》中所选草种的最高上限执行。

播种方法。条播、撒播、点播或育苗移栽均可。播种深度 2～4cm。播后覆土镇压可提高种草成活率。

（2）抚育管理。撒播完毕后灌溉 2～3 次。以满足草籽初期生长需要，灌溉时间不宜超过 5d。如果成活率较低要及时补植。

4. 草皮及草坪建植

（1）典型设计：

1）选择草种。草坪建植，其草种选择通常包含主要草种和保护草种。草坪建植选用的主要草种即为绿化的目标草种，其不应被乡土杂草替换；保护草种一般是发芽迅速的草种，其作用是为生长缓慢和柔弱的主要草种提供遮阴和抵制杂草，如黑麦草和小糠草。在酸性土壤上应以剪股颖或紫羊茅为主要草种，以小糠草或多年生黑麦草为保护草种。在碱性及中性土壤上则宜以草地早熟禾为主，以小糠草或多年生黑麦草为保护草种。混播一般用于匍匐茎或根茎不发达的草种。

草坪草混播比例应视环境条件和用途而定。我国北方以早熟禾类为主要草种的，以黑麦草作为保护草种，如采用“早熟禾（40%）+紫羊茅（40%）+多年生黑麦草（20%）”的组合。在南方地区，宜用红三叶、白三叶、苕子、狗牙根、地毯草或结缕草为主要草播种建坪是直接在坪床上播撒种子，以多年生黑麦草、高牛尾草等为保护草种。

2）草种消毒。为了消除草种可能带有的病毒，需进行必要的草种消毒，确保播种成功和草种质量。主要消毒方法有：福尔马林浸种、硫酸铜浸种和高锰酸钾浸种。

3）选择播种期。播种期好不好直接影响到草坪形成期的长短，确定播种期的依据是草坪草的生态习性和当地气候条件。只要有适宜草种发芽生长的温度即可播种，暖地型草坪草适宜发芽温度范围在 20～30℃，冷地型草坪草适宜发芽温度范围在 15～30℃，选择春、秋季无风的日子最为适宜。

4）合理的播种量。播种量是决定合理密度的基础。播种量过大或过小都会影响草坪建植的质量。播种量大小因品种、混合组成、土壤状况以及工程的性质而异。混合播种的播种量计算方法：当两种草混播时，选择较高的播种量，再根据混播的比例计算出每种草的用量。

根据 GB/T 19535.1—2004《城市绿地草坪建植与管理技术规程 第 1 部分：城市绿地草坪建植技术规程》。其确定的标准是以足够量的活种子来确定单位面积上幼苗的额定株数，即 10000～20000 株/ m^2。通常冷季型草坪大粒种子的单播种量为 20～40g/m^2，小粒种子 8～20g/m^2，优质混播草坪 20～40g/m^2；暖季型草坪草的日本结缕草 20～30g/m^2，狗牙根和假俭草 10～15g/m²，地毯草 10～15g/m²，巴哈雀稗 10～15g/m²。

5）播种方法。草坪播种常用的具体方法有撒播、条播、点播、纵横式播种和回纹式播种。草坪草种播种首先要求种子均匀地覆盖在坪床上，其次是使种子掺合到 1～1.5cm 的土层中去。大面积播种可利用播种机，小面积则常采用手播。此外也可采用水力播种，即借助水力播种机将种子喷坪床上，是远距离播种和陡坡绿化的有效手段。

（2）抚育管理：

1）播种后可覆盖草帘或草袋，覆盖后要浇足水，并经常检查墒情，及时补水。

2）一般幼苗生长缓慢，经常清除杂草是保证幼苗生长的关键。植物生长期间要加强抚育管理，还要注意防止病虫害。

八、防风固沙工程

（一）一般规定

根据 GB 50433—2008《开发建设项目水土保持技术规范》，开发建设项目在基建施工和生产运行中开挖扰动地面、损坏植被，引发土地沙化，或开发建设项目在风沙区，遭受风沙危害时，应采取防风固沙工程。应根据项目区所在地风沙危害的不同特点，布置防风固沙工程，并应符合下列要求：

（1）项目区位于北方沙化地区时，宜采取沙障固沙、营造防风固沙林带、固沙草带、引水拉沙造田，以及防止风蚀的农业技术等综合措施。

（2）项目区位于黄泛区古河道沙地时，宜先治理风口，堵住风塬，采取翻淤压沙、造林固沙等措施，将沙地改造成果园地或农田。

（3）项目区位于东南沿海岸线沙带时，宜选择抗风沙树种，采用客土植树等方法，营造海岸防风林带。

沙障的种类按照所用材料的不同进行划分，包括柴草沙障、秸秆沙障、黏土沙障、树枝沙障、板条沙障和卵石沙障等，最常见的为草方格柴草沙障和卵石沙障。草方格沙障可根据沙障高度分为高立式沙障和高立式沙障。主要适用于处于流动沙丘和半流动沙丘区域的工程。柴草沙障、秸秆沙障、黏土沙障、树枝沙障、板条沙障与草方格沙障基本相同，只是由于使用的材料不同。卵石沙障与其他沙障的区别在于方格内采用卵石压盖，不进行植被恢复。

（二）适用条件

项目区位于北方沙化地区、风沙危害区。

工程建设（生产）易引发土地沙化的区域。

（三）设计要求

应根据项目所处风蚀沙化类型区，工程施工及运行带来的风蚀沙化危害，按照下列原则选择沙障固沙类型：

（1）根据沙障在地面分布形状布设带状沙障、方格状（或网状）沙障。

带状沙障即沙障在地面呈带状分布，带的走向垂直于主风向；方格状（或网状）沙障即沙障在地面呈方格状（或网状）分布，主要用于风向不稳定，除主风向外，还有较强侧向风的地区。

（2）根据沙障的不同材料布设柴草沙障、黏土沙障、卵石或其他材料沙障。

柴草沙障即大部由柴草或作物秸秆做成，是平铺沙障的主要材料；黏土沙障即少数地方沙层较浅，或沙丘附近有碱滩地，用黏土压沙。堆成土埂，作为沙障；采用卵石或其他材料（如活性沙生植物枝茎）做成沙障。

（3）根据铺设沙障的柴草与地面的角度布设平铺式沙障、直立式沙障。平铺式沙障即将作沙障的柴草横卧平铺在地面，上压枝条、沙土或小木桩周定；直立式沙障，将作沙障的柴草直立，一部分埋压在沙中，一部分露出地面。

沙障设计与施工。根据项目所处风蚀沙化类型区，项目施工及运行带来的风蚀沙化危害。选择确定沙障固沙类型。沙障固沙的设计与施工技术参照 GB/T 16453.5—2008《水土保持综合治理技术规范 风沙治理技术》第四章的规定执行。

九、表土保护工程

（一）一般规定

一般形成 1cm 表土腐殖质层需要 200～400a 的时间，因此优质表土层是难以再生的宝贵资源，必须保护并合理利用。

表土剥离是指将建设用地开挖扰动到的适合耕种的表层土壤剥离出来，用于原地或异地土壤改良，以便于施工结束后恢复耕地或为植被建设工程创造条件。及其他用途的剥离、存放、搬运、耕层构造与检测等一系列相关技术。

剥离后的表土须采取措施保护，保护措施参见第六节　临时防护工程；工程施工结束后，将表土回覆至植被建设工程区域或用于耕地恢复。

（二）适用条件

表土剥离在工程上有几种情况，一是属于主体工程的范围一，必要清基，上面不符合岩土力学要求的覆盖层（工程称为无用层）要进行剥离；这时如有表土要求的可提出区别堆存要求；二是工程本身不需要剥离，而实际需要覆土，从水土保持角度，要求剥离的，如弃渣场、临时施工道路等。但表土剥离需要费用（包括剥、运、存、占地费用），应进行覆土量平衡分析确定需要的剥离量。

（三）设计要求

电力工程应根据施工扰动范围内土层结构、土地利用现状和施工方法，确定剥离范围和厚度。

我国水土流失分区中，各区域土壤条件不同，各区域表土剥离可参考下列原则进行：

（1）西北黄土高原，大部分区域上下土体的有机质含量相差无几，剥离措施的选择应该因地制宜。

（2）风沙区的沙土有机质含量相当低一般小于0.2%～0.4%，剥离意义不大，生土可直接覆盖快速培肥。

（3）黑土区土层一般50～80cm，如全部剥离则费用相当，应根据需要确定剥离量。

（4）土石山区一般土层在10～50cm，机械施工剥离20cm以上土层较好，否则会将下伏母岩与土混杂在一起，不利于复耕。

（5）南方北方风化强的页岩、泥岩、花岗岩等弃渣场可视风化程度直接采用客土造林恢复植被，不可考虑覆土。

（6）南方红壤区表土相对较厚30～50cm，通常均可剥离，视覆土量的需求，确定剥离量。

第十四章

电力工程水土保持方案

第一节　水土保持方案概述

一、水土保持方案分类

根据《中华人民共和国水土保持法》中第二十五条规定，在山区、丘陵区、风沙区以及水土保持规划确定的容易发生水土流失的其他区域开办可能造成水土流失的生产建设项目，生产建设单位应当编制水土保持方案，报县级以上人民政府水行政主管部门审批，并按照经批准的水土保持方案，采取水土流失预防和治理措施。

水土保持方案分为水土保持方案报告书和水土保持方案报告表。根据《开发建设项目水土保持方案编报审批管理规定》中第四条规定，凡征占地面积在 $1hm^2$ 以上或者挖填土石方总量在 1 万 m^3 以上的开发建设项目，应当编报水土保持方案报告书；其他开发建设项目应当编报水土保持方案报告表。

本书中提到的电力工程水土保持方案包括火电厂项目水土保持方案和输变电项目水土保持方案。

二、水土保持方案编制流程

水土保持方案编制流程包括收集项目资料、分析项目及项目区概况、确定方案编制的基本原则、调查及勘测、水土流失预测、措施设计、水土保持监测、投资估算及附件的编制六部分内容。

（一）收集项目资料

包括收集项目的工程简况、项目区简况，国家相关法律法规、部门规章和政府规章、规范性文件等。

（二）分析项目及项目区简况

项目概况主要包括工程规模与特性（项目名称、建设地点、所在流域、建设性质、工程等级、工程规模、开发任务）、比选方案、工程总体布局、工程占地、土石方量、工程取土弃渣情况（取弃土场数量、规模、占地情况）、施工组织设计及施工工艺、施工进度与总工期、高峰施工人数、移民安置等内容。

项目区简况主要包括自然地理位置、地形地貌、土壤、气候、水文、植被、社会经济、土地利用、水土流失、水土保持、与当地水土保持区划的关系、其他建设项目水土保持经验等内容。

（三）确定方案编制的基本原则

主要任务为确定方案的编制深度及设计水平年、水土流失防治责任范围、土石方平衡的原则、主体工程水土保持功能评价及水土流失防治工程界定、水土流失防治标准等级、调查和勘测的内容、主要估（概）算指标及方案编制主要成果的提纲。

（四）调查和勘测与水土流失预测

依据主体工程设计资料，确定调查勘测的范围和内容，明确调查和勘测的重点。调查内容包括主体工程基本情况的收集和调查，项目区、周边同类工程水土流失及其工程防治现状和效果的调查。根据调查勘测的情况进行水土流失分区及预测。

（五）措施设计及水土保持监测

按现行规范，水土保持方案设计的主要任务为典型设计，即根据分区选择有代表性的水土保持措施进行设计，并以此匡算水土保持工程量。如根据弃渣容量和防护任务，按地形分大、中、小三类进行挡渣墙或拦渣坝的设计，并标注每一个典型设计图的适用范围及平面布置。按重点突出、经济合理、可操作性强的原则，拟定重点监测部位或地段和监测内容、时段、频次及监测方法。

（六）投资估算及附件的编制

按水土保持投资估算与主体工程一致的原则，确定价格水平年、基础资料、工程单价、费率计取等内容，按《开发建设项目水土保持概估算编制规定》编制相关内容，并进行效益分析。

图 14-1 为水土保持方案编制流程图。

三、水土保持方案变更

（一）重大变更

按照水利部办公厅办水保〔2016〕65 号文件《水利部办公厅关于印发〈水利部生产建设项目水土保持

方案变更管理规定（试行）〉的通知》的要求，水土保持方案经批准后，生产建设项目地点、规模发生重大变化，有下列情形之一的，生产建设单位应当补充或者修改水土保持方案，重新报批。

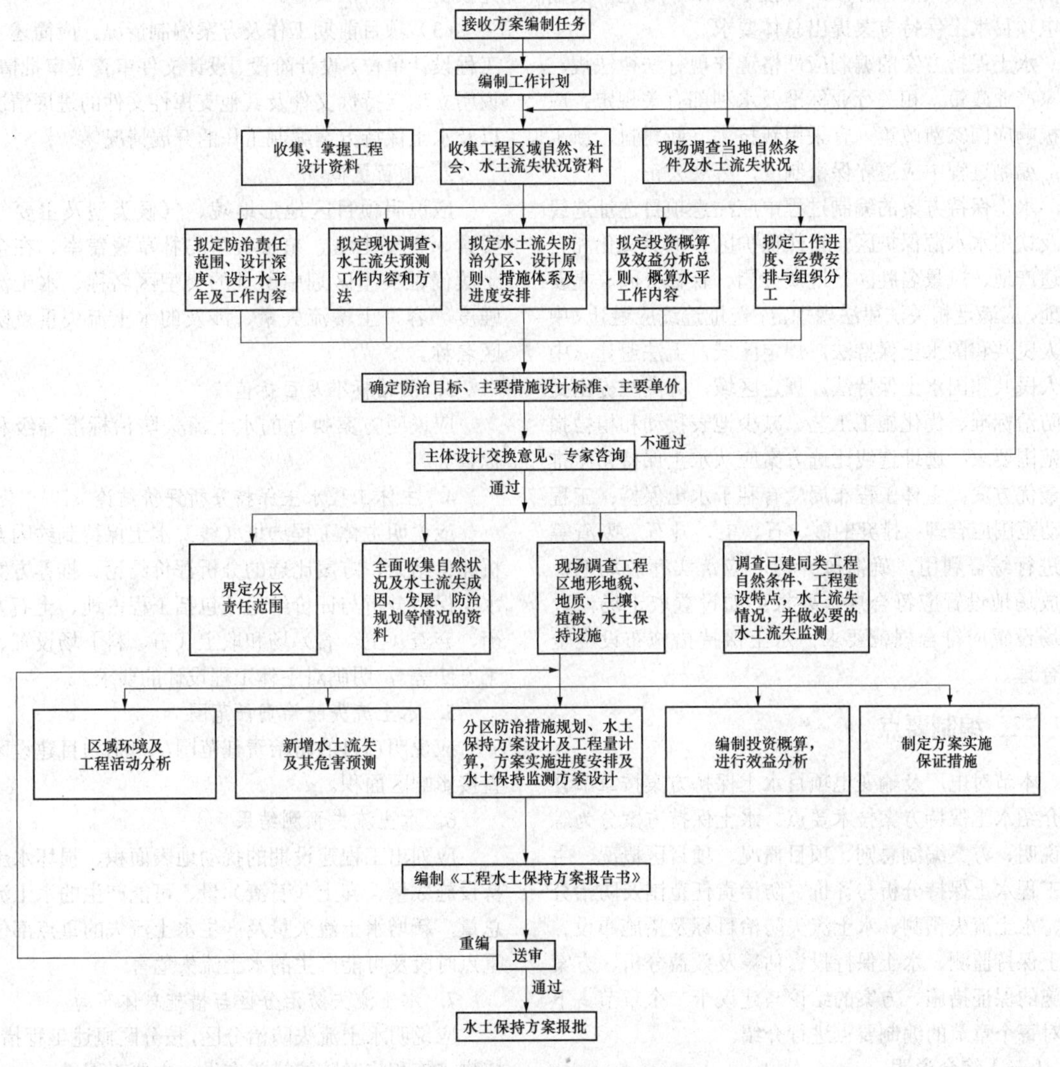

图 14-1　水土保持方案编制流程图

与电厂工程及输变电工程相关的重大变化有以下 9 项：

（1）涉及国家级和省级水土流失重点预防区或者重点治理区的。

（2）水土流失防治责任范围增加 30%以上的。

（3）开挖建筑土石方总量增加 30%以上的。

（4）线性工程山区、丘陵区部分横向位移超过 300m 的长度累计达到该部分长度的 20%以上。

（5）施工道路或者伴行道路等长度 20%以上的。

（6）表土剥离量减少 30%以上的。

（7）植物措施总面积减少 30%以上的。

（8）水土保持重要单位工程措施体系发生变化，可能导致水土保持功能显著降低或丧失的。

（9）在水土保持方案中确定的弃渣场、贮灰场等外新设弃渣场、贮灰场的，或者需要提高渣场、贮灰场等堆渣堆灰量达到 20%以上的。

（二）一般变更

除上述 9 种情况为重大变更，其余的变更情况均为一般变更。对一般变更目前水利部未做要求，应根据各省的相关规定执行。

第二节　水土保持方案要点

一、总体要求

根据《生产建设项目水土保持方案技术审查要点》

(水保监〔2014〕58号)、GB 50433—2008《开发建设项目水土保持技术规范》、GB 50434—2008《开发建设项目水土流失防治标准》等技术标准，对电厂及输变电项目水土保持方案提出总体要求。

水土保持方案的编制应严格遵守现行法律法规、国家产业政策、相关行业标准及水利部有关规定；应积极响应国家新政策，宜采用新技术、新材料、新工艺；编制过程中应遵守保密制度，客观公正。

水土保持方案的编制过程中应注意项目选址选线涉及饮用水水源保护区、自然保护区、世界文化和自然遗产地、风景名胜区、地质公园、森林公园、重要湿地，应满足相关法律法规规定；选址选线应避让《中华人民共和国水土保持法》规定区域，无法避让《中华人民共和国水土保持法》规定区域，方案应提出提高防治标准、优化施工工艺、减少地表扰动和植被损坏范围要求；选址选线比选方案应从水土保持角度推荐最优方案；主体工程布局应有利于水土保持；工程扰动范围应合理；排弃的砂、石、土、矸石、废渣等应进行综合利用，确需废弃的，应落实存放场地，存放场地设置应符合规范要求；如设置取土场，取土场设置应符合规范要求；水土保持措施布设应全面合理。

二、编制要点

本节对电厂及输变电项目水土保持方案按章节详细介绍水土保持方案技术要点。水土保持方案分为综合说明、方案编制总则、项目概况、项目区概况、主体工程水土保持分析与评价、防治责任范围及防治分区、水土流失预测、水土流失防治目标及措施布设、水土保持监测、水土保持投资估算及效益分析、方案实施的保证措施、方案的结论与建议十二个章节。下面对每个章节的编制要点进行介绍。

(一)综合说明

综合说明的主要目的是为了方便各界人士了解水土保持方案的大致情况，适应各级部门评估、审批、贯彻落实、检查验收的要求。综合说明说为水土保持方案报告书的第一章，宜简练，是方案编制内容的浓缩，主要包括以下内容。

1. 项目概况

项目概况包括项目建设的必要性、项目基本情况、项目前期工作及方案编制情况。

(1)项目建设的必要性。应简述项目建设的必要性以及相关规划的符合性。

(2)项目基本情况。应描述项目的地理位置、建设性质、规模与等级，项目组成，占地面积，土石方挖方(含表土剥离量)、填方(含表土回覆量)、借方、弃方和表土剩余量，电厂项目还应说明年排放灰渣量，取土场和弃渣场数量，拆迁(移民)安置，专项设施改(迁)建，开工与完工时间，总工期，总投资与土建投资，项目法人等。

(3)项目前期工作及方案编制情况。应简述主体工程设计单位、设计阶段、设计文件审查及审批情况；说明立项支持性文件及其他支撑性文件的进展情况，以及水土保持方案编制工作的开展情况。

2. 项目区概况

应说明项目区地形地貌、气候类型及主要气象要素、主要土壤、植被类型与林草覆盖率、在全国土壤侵蚀类型区划中所处的类型区名称、水土流失强度、容许土壤流失量、涉及的水土流失重点防治区名称。

3. 防治标准及目标值

应说明方案执行的水土流失防治标准等级和目标值。

4. 主体工程水土保持分析评价结论

应说明主体工程选址(线)水土保持制约因素分析评价结论、方案比选的分析评价结论、推荐方案的水土保持分析与评价结论[包括工程占地、土石方平衡、弃渣(土、石)场和取土(石、料]场设置、施工方法等)，明确对主体工程设计的要求。

5. 水土流失防治责任范围

应说明项目的防治责任范围，包括项目建设区和直接影响区面积。

6. 水土流失预测结果

应列出工程建设期的扰动地表面积、损坏水土保持设施数量、弃土(石渣)量、可能产生的水土流失总量，新增水土流失量及产生水土流失的重点部位、重点时段及可能产生的水土流失危害。

7. 水土流失防治分区与措施总体布局

应说明水土流失防治分区，按分区概述工程措施、植物措施和临时防护措施布设、主要工程量。

8. 水土保持监测

应说明本项目的监测内容、监测时段、监测方法和定位监测点布设情况。

9. 水土保持投资估算及效益分析

应说明项目水土保持总投资，工程、植物、临时措施费，独立费及其中的水土保持监理费、水土保持监测费，水土保持补偿费。输变电跨省项目应分省说明措施费和补偿费。

应说明方案实施后设计水平年防治指标的可能实现情况和可治理水土流失面积、整治扰动土地面积、林草植被建设面积、减少水土流失量。

10. 结论及建议

应从水土保持角度明确项目建设是否可行，简述对下阶段工作的建议。

（二）编制总则

水土保持方案编制总则主要内容包括：方案编制的目的和意义、编制依据、水土流失防治的执行标准、指导思想与编制原则、编制阶段和方案设计水平年五个章节。

1. 方案编制的目的和意义

方案编制时应从水土流失防治责任与义务、防治对策与技术、建设管理、监督检查等方面说明方案编制的目的和意义。

2. 编制依据

方案编制时应按法律法规、部委规章、规范性文件、规范标准、工程资料等分层次列出。所列依据应根据电力工程的特点撰写，防止生搬硬套，简单罗列。同时，所列依据应具有时效性，应及时采用最新版本。

3. 水土流失防治的执行标准

应根据《水利部办公厅关于印发〈全国水土保持规划国家级水土流失重点预防区和重点治理区符合划分成果〉的通知》和各省、自治区、直辖市的两区划分的文件确定项目区的水土保持区划，根据水土保持区划和《开发建设项目水土流失防治》确定项目的水土流失防治标准。

4. 指导思想与编制原则

指导思想编制时应根据国家法律法规和社会发展的总体要求，高度概括地说明指导方案编制的基本理念，遵循的规律、采取的技术路线和要达到的目的等。编制原则编制时要有针对性，应反映电力工程的项目特点。

5. 编制阶段和方案设计水平年

应说明方案的设计深度和方案设计水平年。

方案设计深度一般为可行性研究阶段。方案设计水平年为主体工程完工后的当年或后一年。

（三）项目概况

项目概况主要内容包括项目基本情况、项目组成及布置、施工组织、工程占地、土石方及其平衡情况、工程投资、进度安排、拆迁安置与专项设施改（迁）建。

1. 项目基本情况

应介绍项目名称、建设单位、建设地点、建设性质/等级、主要建设内容、工程总投资及土建投资、项目投资单位及出资比例及建设工期。

主要建设内容中电厂项目应简述电厂的基本建设情况；输变电项目应分别简述点型工程（变电站或换流站）和线型工程（输电线路）的基本建设情况，包括新（扩）建变电站（换流站）的名称、输电线路路径长度及新建铁塔数等。

电厂项目应介绍现有的可依托的铁路、公路和水运情况，并说明车站、道路、码头距项目的距离。

工程项目组成及主要特性应列表说明。

2. 项目组成及布置

项目组成需介绍项目的构成情况、如何布局、主要技术经济指标和各组成部分内容等。项目组成介绍应以主体工程推荐方案为基础，介绍各单项工程的平面布置、工程占地等主要技术指标，附总平面布置图。介绍与水土保持相关的施工工艺、生产工艺。扩建项目还应说明与已建工程的关系。说明工程建设所需的供电系统、给排水系统、通信系统、对外交通等。

（1）火电厂项目组成及布置。应介绍厂区、施工生产生活区、贮灰场、厂外道路、厂外管线、厂外施工用电线路等项目组成的情况，扩建工程还需说明与现有工程的依托关系。

1）厂区。应介绍总平面布置、竖向布置、场平土石方、防洪排涝、雨水排水系统及绿化情况。

2）施工生产生活区。应介绍施工生产生活区的位置及占地面积情况。

3）贮灰场。应介绍灰坝、灰场截排水系统、灰场内道路、灰场管理站、灰场的贮灰方式、灰场土石方等情况。

4）厂外道路。厂外道路区一般包括进厂道路和运灰道路，应分别介绍道路的长度、路宽、与现有道路引接情况、路面结构、两侧是否有截排水设施、两侧绿化林带、征地宽度、占地面积等情况。

5）厂外管线。一般分为厂外供水管线区和厂外排水管线区，分别介绍供水管线及排水管线的材质、埋深、长度、施工断面尺寸、施工作业带区宽度及占地面积等情况。

6）厂外施工用电线路。施工用电线路的位置、长度、引接方式、施工临时堆土、施工作业带区宽度及占地面积等情况。

（2）输变电项目组成及布置：

1）点型工程。应逐个介绍变电站（换流站）建设规模、站址布局、站区总平面布置、站区竖向布置、前期水土保持设施验收情况等，扩建工程还需说明与现有工程的依托关系。

2）线型工程。应介绍线路路径、线路长度、地形及塔基、杆塔型式、基础结构型式、主要交叉跨越、拆迁安置、施工作业场地布设等内容。

3. 施工组织

施工组织应说明施工场地布置、施工工艺、主要工序及时序，介绍建设生产用的土、石、砂等材料的来源、数量及水土流失防治责任的归属，并说明施工用水、用电、通信等接引地点、接引方式、长度、占地面积及防治责任。

输变电项目施工场地一般按照塔基施工场地、牵张场、跨越施工场地以及材料站来介绍。

4. 项目占地

应介绍占地面积、占地性质和占地类型等。项目占地总面积、永久占地面积、临时占地面积、各占地面积应用文字说明。项目组成部分的占地面积、性质、占地类型等列表说明。

5. 土石方及其平衡情况

应说明项目挖填土石方总量，其中包括挖方量、填方量。土石方平衡表反映项目各组成部分及总体平衡情况。并按土石方平衡表绘制流向框图。

6. 工程投资

工程投资应介绍主体工程总投资和土建投资，为和土建一致，总投资应采用静态投资。

一般土建投资在主体工程投资估（概）算中没有直接列出，电厂、输变电项目的土建工程费为建筑工程费。

7. 进度安排

应说明工程施工期，土建工程时间、完工时间、投产时间、达产时间；对于分期建设的项目还应说明前期和后续项目的情况。再从施工准备期开始，按项目组成绘制主体工程施工进度单线横道图。

8. 拆迁安置与专项措施改（迁）建

拆迁安置应简要说明拆迁的人（户）数、拆迁面积，拆迁安置的防治责任。

对移建的公路、铁路、通信线路、防排洪工程、灌溉渠道等专项设施应明确数量、规模、标准、占地面积。

对改河工程要介绍改移河段的位置、长度、宽度、占地面积以及河道管理部门的审批意见。

拆迁安置、移建工程，由建设单位负责的应将其作为一个防治区，列入防治责任范围；采取货币安置和移建的应说明防治责任主体。

（四）项目区概况

1. 自然条件

应介绍项目区地质地貌、气象、水文、土壤、植被等情况。

（1）地质。应简要介绍项目区所处的大地构造位置和地质结构、岩层和岩性、断层和断裂结构、地震烈度、不良地质灾害等。

（2）地貌。应介绍项目建设区地貌类型、地表形态要素和海拔高程组成等。地貌类型和地表形态等可附现场勘查照片进行说明。

输变电项目地形地貌的描述需分变电站和输电线路分别描述，其中变电站应分站描述，输电线路按路径分段描述，同一地段应避免重复。

（3）气象。应介绍项目区所处的气候带、类型区和主要气象要素。输变电项目如跨几个气候区、行政区的应分别介绍。

（4）水文。应介绍项目及周边区域的水系，径流模数，河流径流量、含沙量、输沙量及河道冲淤情况，洪水位及主体工程的关系。应附项目区周边水系图。水系描述还应明确项目所属流域，以列表的形式给出所经河流的概况，突出跨越和防洪有关的河流，给出所在河流、湖泊的名称，支流等级，径流量。

输变电项目还应列表说明穿（跨）越点的具体位置，是否是一档跨越及是否需河中立塔。

（5）土壤。应介绍项目区土壤类型等。重点说明占地范围内表层土壤厚度。

输变电项目可按地市级为单位统计并列表说明。

（6）植被。应介绍项目区植被类型、主要乡土树草种、林草覆盖率等。

输变电项目可按地市级为单位统计并列表说明。

（7）其他。如项目区涉及饮用水水源保护区、水功能一级区的保护区和保留区、自然保护区、世界文化和自然遗产地、风景名胜区、地质公园、森林公园、重要湿地等，应说明以上区域与本项目的位置关系。

输变电项目要列表说明穿越的、跨越的生态敏感目标。

2. 社会经济概况

应说明项目行政区区划、人口状况、人均耕地、土地利用等情况，并说明引用资料的来源和时间。

土地利用情况应重点说明占地范围内各类土地分布、面积及所占比例。输变电项目可列表说明。

3. 水土流失及水土保持现状

（1）水土流失现状。应简述项目的水土流失现状。说明项目区在全国土壤侵蚀类型区划分中所处的区域。介绍项目区土壤侵蚀类型、面积、强度、侵蚀模数、容许土壤流失量等，并列表说明各种侵蚀强度的区域面积和取值依据等。

输变电项目可按行政区列表说明。

（2）水土保持现状。应简述项目区水土保持现状。明确国家级及省级水土流失重点防治区域划分情况，涉及国家及省级水土流失重点治理项目的，应重点说明。

输变电项目应按行政区列表说明。

应介绍当地成功的水土流失防治工程的类型和设计标准，主要树草种和管护经验等，并附相应照片。应简述项目区内现有的水土保持设施状况，水土流失治理的成果等情况。

（五）主体工程水土保持分析与评价

1. 主体工程选址（线）水土保持制约性因素分析与评价

对照水土保持法、（GB 50433—2008）《开发建设项目水土保持技术规范》和规范性文件关于工程选址（线）水土保持限值和约束性规定，逐条进行分析。对制约性因素又无法避让的，应提出相应要求。

项目选址、选线应避让水土流失重点预防区、重点治理区、水土流失严重及生态脆弱的地区；无法避让的，应当提高防治标准，优化施工工艺，减少地表扰动和植被损坏范围，有效控制可能造成的水土流失。

项目选址、选线应避开泥石流易发区、崩塌滑坡危险区、易引起严重水土流失和生态恶化的地区、全国水土保持监测网络中的水土保持监测站点、重点实验区、国家确定的水土保持长期定位观测站、重要江河、湖泊以及跨省（自治区、直辖市）的其他江河、湖泊的水功能一级区的保护区和保留区（可能严重影响水质的，应避让），以及水功能二级区的饮用水源区。

对项目生产建设活动所破坏厚地貌的地表土应当进行分层剥离、保存和利用，做到土石方挖填平衡，减少地表扰动范围；对废弃的砂、石、土、矸石、尾矿、废渣等存放地，应当采取拦挡、坡面防护、防洪排导等措施。生产建设活动结束后，应当及时在取土场、开挖面和存放地的裸露土地上植树种草、恢复植被。

如项目区位于干旱缺水地区，应当采取防止风力侵蚀措施，设置降水蓄渗设施，充分利用降水资源。

2. 主体工程方案比选的水土保持分析评价

电厂项目应对厂址、贮灰场等进行从水土保持角度进行方案比选分析；输变电项目应对项目选线从水土保持角度进行方案比选分析。

分析时应从工程占地面积、扰动地表面积和损坏植被数量、土石方挖方量及填方量、取土（石、料）量、弃渣（土、石）量、新增水土流失量、可能造成的危害大小、可恢复程度等方面进行主体工程比选方案分析评价，明确是否认可主体工程的推荐方案。

3. 推荐方案的水土保持方案分析评价

应对主体工程推荐方案从水土保持角度进行分析评价。分析评价内容应包括对工程建设方案与布局、工程占地、土石方平衡、取土（石、料）场、弃渣（砂、石、土、矸石、废渣）场设置、施工方法（工艺）和具有水土保持功能工程的分析评价，在此基础上界定主体设计中的水土保持措施。

（1）工程建设方案与布局评价。电厂项目应从总平面布置、总体布局、竖向布置、截排水措施、拦挡、坡面防护、管沟布设措施等方面分析布局、占地和土石方量合理性。

输变电项目应从避让耕地、减少树木砍伐、减少开挖等方面分析施工临时占地的合理性。

（2）工程占地分析评价。应分析主体设计的占地情况，评价占地是否符合行业用地指标规定。电厂、变电站、输电线路永久占地面积是否符合《电力工程建设项目用地指标》的要求，火电厂施工生产生活区是否符合《火电工程限额设计参考造价指标（2014 年水平）》用地指标要求。

应分析给排水、供电、对外交通、边坡、施工生产生活区、施工道路、施工用水用电、取土（石、料）场、弃土（石、渣）场是否存在漏项和满足施工要求，并进行补充和完善。

应说明永久占地和临时占地的比例以及各种地类占地的比例，分析项目占地合理性。

（3）土石方平衡分析。应分析各工程区域土石方挖方、填方、借方、弃方量是否合理，对漏项和不足的应补充；按自然节点、运距等，根据施工时序情况，分析主体设计中土石方调配的可行性和合理性，提出补充完善意见；分析主体设计对工程弃土弃渣的利用情况，提出弃土弃渣的综合利用方向，最大限度地减少永久弃方。弃方中应将弃土和弃石（渣）分别堆放。

电厂项目应说明灰渣综合利用情况。

（4）取土（石、料）场设置分析评价。如电厂、输变电项目存在取土（石、料）场，要对按照《中华人民共和国水土保持法》和《开发建设项目水土保持技术规范》的规定，分析评价取土（料）场设置是否存在制约性因素。

取土（石、料）场应避开崩塌、滑坡危险区、泥石流易发区、城镇、景区和交通要道的可视范围；位于河道管理范围内的，应遵守有关规定。

（5）弃渣（砂、石）场、贮灰场设置分析评价。如电厂、输变电项目存在弃渣（砂、石）场，电厂项目的贮灰场，应按照《中华人民共和国水土保持法》和《开发建设项目水土保持技术规范》的规定，分析评价弃渣（砂、石）场、贮灰场的设置否存在制约性因素。

弃渣（砂、石）场、贮灰场不应影响公共设施、工业企业、居民点等安全，不应影响行洪安全；应避开河道、湖泊、水库管理范围内；如布设在流量较大的沟道，应进行防洪评价。

（6）施工方法（工艺）评价。应分析评价项目土石方工程、土建工程的施工方法（工艺）是否满足减少水土流失、减少扰动范围、减少裸露时间和裸露面积、先拦后弃等要求。对于本阶段主体设计中尚未涉及施工方法（工艺）相关内容的，应明确水土保持要求。

电厂的土石方工程主要是基坑开挖等；新建输变电项目的施工工艺主要包括塔基定位、场地平整、基础施工、组塔、架线等，改建输变电项目还可能包括原输变电线路的拆除，拆除输变电线路的施工工艺包括场地平整、拆线、拆塔、拆除塔基等。

（7）主体设计中具有水土保持功能工程的分析评价。应按分区从表土剥离与保护、截（排）水与雨水利用、地面防护、弃渣拦挡、边坡防护、植被建设等方面，对主体工程设计中具有水土保持功能的措施进行分析评价，并提出补充完善意见。

（8）水土保持措施界定。通过对主体设计中具有水土保持功能工程的分析，按《开发建设项目水土保持技术规范》中的界定原则，将以水土保持功能为主的工程界定为水土保持措施，并明确其位置、结构类型、规模，给出工程量及投资。

电厂及输变电项目的界定原则见表14-1。

表14-1 电厂及输变电项目水土保持措施界定原则

项目类型	界定为水土保持的措施		不界定为水土保持的措施	
	拦挡类	排水类	拦挡类	排水类
火电厂	弃渣（土、石）场挡渣墙、拦渣坝、拦渣堤	厂区雨水排水管、排水沟、截水沟、雨水蓄水池，灰场周边截水沟、排水沟	厂区挡土墙、围墙，储煤场防风抑尘网，灰场灰坝、拦洪坝、隔离堤	煤场沉淀池，灰场排水竖井、卧管、涵洞、盲沟、坝后蓄水池
输变电	弃渣（土、石）场挡渣墙	变电站（所）截水沟、排水沟，塔基周边截水沟、排水沟、挡水堤	变电站（所）、塔基挡土墙	—

4. 结论性意见

应说明主体工程选址（线）水土保持制约性因素分析评价结论、主体工程方案的比选的水土保持分析评价结论及主体工程推荐方案的水土保持分析评价结论，并提出主体工程设计在下阶段需完善和深入研究的问题。

（六）水土流失防治责任范围及防治分区

应说明本项目的水土保持防治责任范围和水土流失防治分区。

1. 防治责任范围

项目建设区应包括永久占地和临时占地。直接影响区范围按照同类工程的特点，结合现场勘查情况确定。可按下列范围确定直接影响区。

防治责任范围应先用文字进行说明，并按县级行政区列表。

2. 防治分区

项目依据主体工程布局、施工扰动特点、建设时序、地貌特征、自然属性、水土流失影响等进行分区。

电厂项目为点型建设项目，一般都在同一地形地貌区，按工程布局和施工特点进行分区。

输变电项目一般按地貌类型划分一级区，一级分区可分为山丘区、平原区和风沙区等；结合特高压工程布局和施工特点可进行二级、三级分区；二级分区分为输电线路区和变电站区；三级分区分为：输电线路区一般包括塔基区（含塔基施工区）、牵张场地区、施工道路区、跨越施工区和拆迁场地区等；变电站区一般包括站区（含施工生产生活区）、进站道路区、施工力能引接区、站外供排水管线区等。

（七）水土流失预测

水土流失预测是指电厂、输变电项目正常设计运行、无水土保持措施条件下，预测其建设、生产过程中可能产生的水土流失及危害。

水土流失预测的内容主要包括：扰动地表、损坏水土保持设施预测、弃渣量预测、水土流失量预测、水土流失危害分析、综合分析及指导意见。

在编写水土流失预测章节过程中，应注意报告中水土流失预测范围、时段划分要符合规范要求；预测单元划分、各单元预测时间确实要符合实际；预测的内容要全面，方法要可行，参数选取要合理；预测结果要可信，指导性意见要符合实际。

1. 扰动地表、损坏水土保持设施预测

（1）扰动原地貌、损坏地表植被面积。应根据工程设计文件、技术资料和当地土地利用类型，结合实地勘查，预测扰动地表面积。

（2）损坏水土保持设施数量和面积。根据项目所在省（自治区、直辖市）关于水土保持设施补偿费使用管理办法的规定，说明水土保持设施数量和面积。

2. 弃渣量预测

应说明建设过程中产生的弃渣（砂、石、土）量，说明存放位置，并复核存放场地容量。

电厂项目应注意说明运行期的年最大灰渣量和年最大脱硫石膏量。

3. 水土流失量预测

应按防治分区，按《开发建设项目水土保持技术规范》要求，明确预测时段（包括施工准备期、施工期和自然恢复期）、预测单元、按模型法（调查法或类比法）确定扰动后土壤侵蚀模数，预测水土流失总量和新增水土流失量。

（1）水土流失预测范围。水土流失预测范围一般情况下是项目永久和临时占地面积。

（2）水土流失预测单元。一般情况下，预测单元与防治分区一致，并在此基础上细化。比如电厂项目一级单元有厂区、施工生产生活区、贮灰场区、供排水管线区、输电与通信线路区、厂外道路区、铁路专用线区等；厂区、施工生产生活区又可划分为扰动和临时堆土两个二级单元。

（3）水土流失预测时段。电厂项目预测时段划分为施工期（含施工准备期）、自然恢复期（含设备安装调试期）和运行期。运行期预测主要是对贮灰场区进行预测，贮灰场在电厂运行期进行堆灰，灰渣顶面在尚不能布置有效的水土保持工程措施和植物措施前，会新增的水土流失。

输变电项目预测时段划分为施工期（含施工准备期）和自然恢复期（含设备安装调试期）。

（4）水土流失量预测方法。根据地形条件和工程建设的特点，调查掌握工程建设对地表、植被的扰动情况，了解堆置物的组成、堆放位置和形式，一般采用类比法进行预测工程建设中造成的新增侵蚀量。

（5）预测参数的选取。一般通过采用参考同类型项目水土流失预测经验、分析项目施工工艺和水土流失特点结合咨询当地水利水保部门专家分析项目实际特点确定扰动后的土壤侵蚀模数。如无法收集到类比工程，则可采用试验观测、数学模型等方法确定。

（6）水土流失预测成果。应按防治分区列表说明各预测单元施工期和自然恢复期的项目土壤流失总量、新增土壤流失量预测结果。临时堆土需单独预测。

4. 水土流失危害分析

针对电力工程的实际情况，分析对当地水土资源和生态环境、周边生产生活、下游河道及排水官网淤积、防洪安全等的影响。

5. 综合分析及指导意见

（1）综合分析。综合分析应说明项目建设扰动、破坏原地貌和植被面积、损坏水土保持设施面积、项目施工期弃土（石、渣），电厂项目还应说明运行期弃灰渣量、造成土壤侵蚀总量、新增土壤侵蚀量，并通过对项目各建设区域新增水土流失量分析图和不同预测时段新增水土流失量分析图进行分析，土壤侵蚀量大的时段为重点预防时段，土壤侵蚀量多的单元为重点防治部位。

（2）指导性意见。根据项目实际情况，针对水土流失防治和水土保持监测的重点区域和时段，对项目的水土流失措施、施工进度安排及水土保持监测方面提出建议。

（八）水土流失防治目标及防治措施布设

水土流失防治目标及防治措施布设的内容主要包括：水土流失防治目标、防治措施总体布局、分区防治措施布设及典型设计、防治措施工程量汇总、水土保持工程施工组织设计等。

在编写水土流失预测章节时，应注意方案中确定的水土流失防治目标应符合国标要求；防治措施的选择应合理，布设位置应明确，防治措施体系应完整可行；典型设计应按防治措施体系分区、分类进行；典型选择应具有代表性，设计应合理，图件的绘制应规范；工程量的计算应规范、准确。

1. 水土流失防治目标

防治的总体目标应达到：防治责任范围内原有的水土流失得到基本治理，新增水土流失及土地沙化得到有效控制，不对周边地区和下游造成水土流失危害和安全威胁，生态得到最大限度保护，环境明显改善，达到国家规定的水土流失防治定量指标。

具体防治目标包括扰动土地整治率、水土流失总治理度、土壤流失控制比、拦渣率、林草植被恢复率及林草覆盖率。

对于跨越土壤侵蚀类型区域处于不同地貌类型的输变电项目，应按照水土流失防治分区分段确定防治目标，并按照扰动地表面积加权计算综合防治目标。

2. 水土流失防治措施布设

水土流失防治措施体系布设，是指在主体水土保持工程分析评价的基础上，通过现场调查，结合工程实际，借鉴本地区成功经验，提出水土流失防治措施总体布局。

（1）水土流失防治措施体系布设。在对主体工程设计的分析评价基础上，提出需要补充、完善和细化的防治措施和内容，结合界定的水土保持工程，提出水土流失防治措施体系和总体布局。

图 14-2～图 14-5 为某电厂项目水土流失防治措施体系图和某输电点项目水土流失防治措施体系图供参考。

（2）分区防治措施布设及典型设计：

1）分区防治防治措施设计原则和标准。应说明分区防治措施的设计原则以及采用的工程防御标准及树草种选择。

2）分区防治防治措施典型设计。在防治措施总体布局基础上，分区布设不同部位水土流失防治措施（不区分主体设计中界定为水土保持的措施和方案补充措施），并进行典型设计。

措施布设应以文字说明和图纸表示。文字说明应明确措施名称、布设位置。图纸应分区绘制总体布设图，输变电项目防治区可结合典型设计选择典型地段绘制总体布设图，一个防治区中有多个区块时应分区块绘制总体布设图。

典型措施类型包括拦渣措施、边坡防护措施、截（排）水措施、降水蓄渗措施、植物措施、防风固沙措施及取土（石、料）场、弃渣（土、石）场综合防护措施。

拦渣措施、边坡防护措施、截（排）水措施应确定布设位置和结构形式，并绘制典型断面图，并计算典型措施的工程量，截排水措施应说明消能防冲、沉沙措施布设位置，明确排水去向和顺接措施；降水蓄

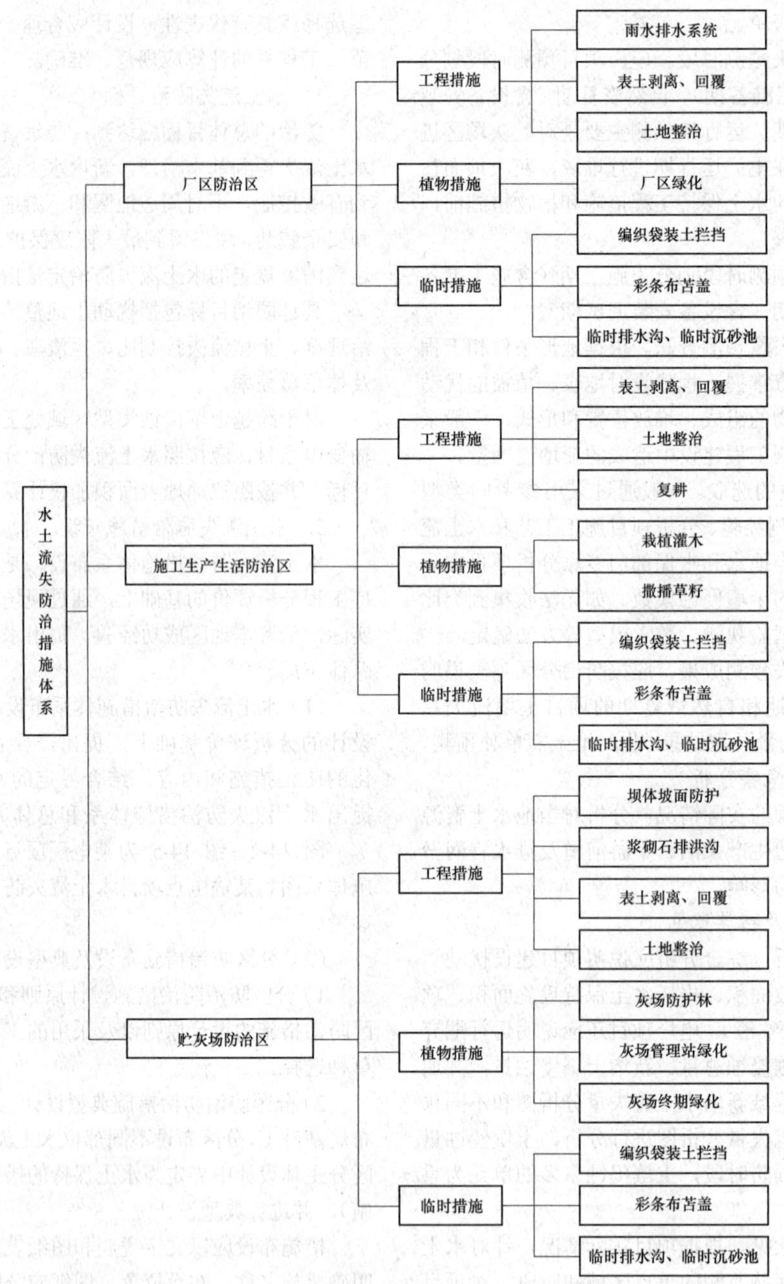

图 14-2 某电厂项目水土流失防治措施体系图（一）

渗措施应确定大体位置以及结构形式，绘制平面图和典型剖面图；确定透水砖、下凹式绿地布设区域，绘制典型剖面图，并通过水文计算确定蓄水池容积；植物措施应绘制植物措施平面布置图，明确配置方式、种类、规格等，并计算典型措施的工程量；防风固沙措施应绘制措施平面布置图，明确沙障形式、植物种类及规格、配置方式等；取土（石、料）场、弃渣（土、石）场综合防护措施应确定各项措施布设的位置以及结构形式，绘制综合措施平面布置图及各单项措施的典型断面图。

3）防治措施工程量汇总。应分区按措施类型列出工程量汇总表。

4）水土保持工程施工组织设计。水土保持工程施工组织设计应包括施工方法、进度安排等内容。

进度安排应根据水土保持“三同时”制度的要求，按照各分区主体工程施工组织设计，合理安排各防治措施的施工进度，明确水土保持措施相对应主体单项工程实施的时间；拦挡措施的布设应符合“先拦后弃”的原则，植物措施应根据季节安排，施工时段应避开不利气象因素。

进度安排应列表说明，并附双线横道图。水土保持实施进度图应按主体工程利用水土保持措施、植物措施、临时防治措施分别绘制进度横道线。时间以月为单元。

（九）水土保持监测

水土保持监测的内容包括监测的目的与原则、监测的范围与时段、监测的内容、方法、频次与点位布设、监测设施设备及人员配备及监测成果。

在编写水土保持监测的章节中，应注意监测范围界定、监测分区和时段划分是否正确；监测内容是否全面、方法是否可行；监测点位布设是否合理，监测频次能否满足要求。

1. 监测的目的和原则

应说明监测的目的和原则。

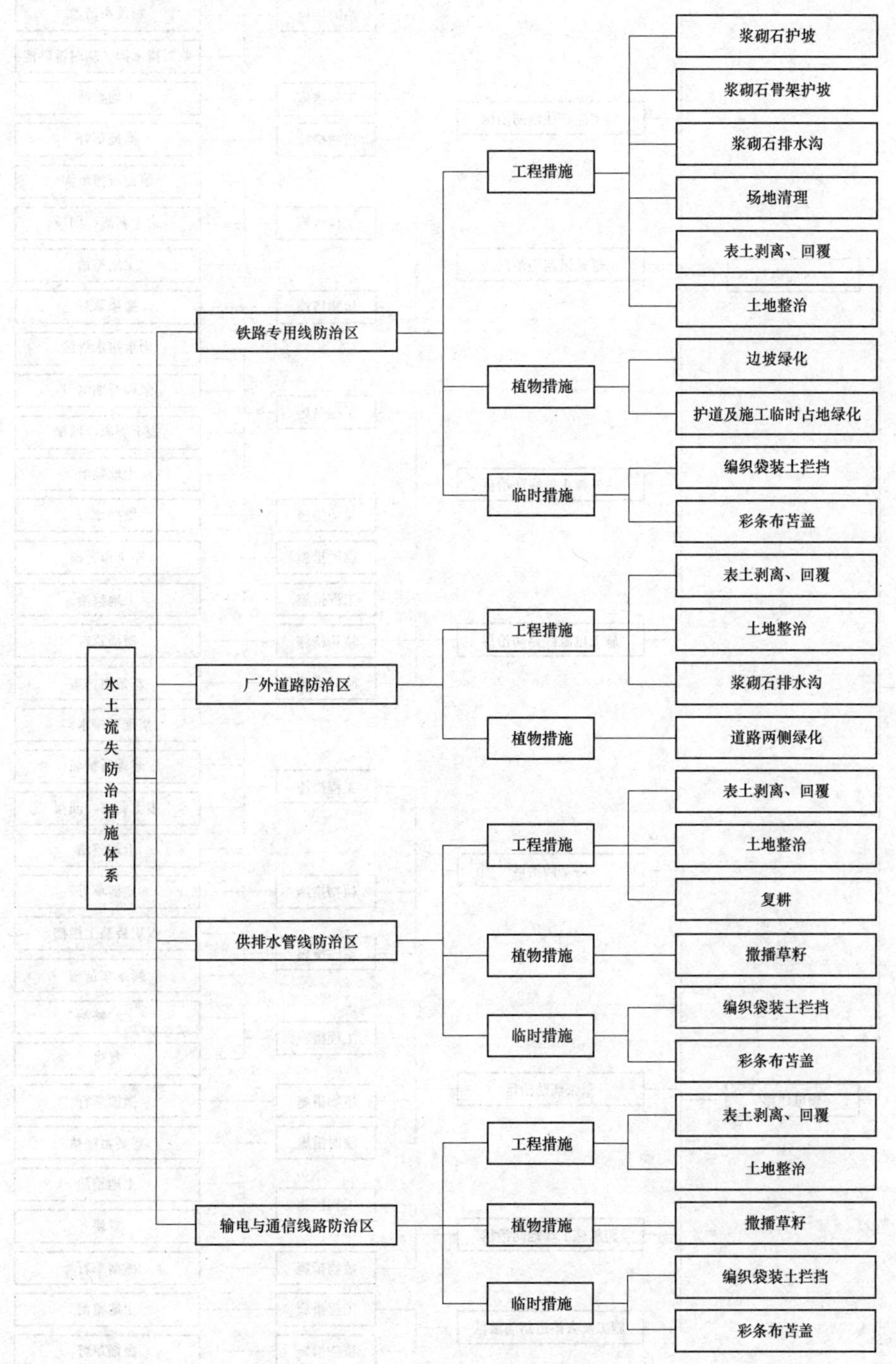

图 14-3　某电厂项目水土流失防治措施体系图（二）

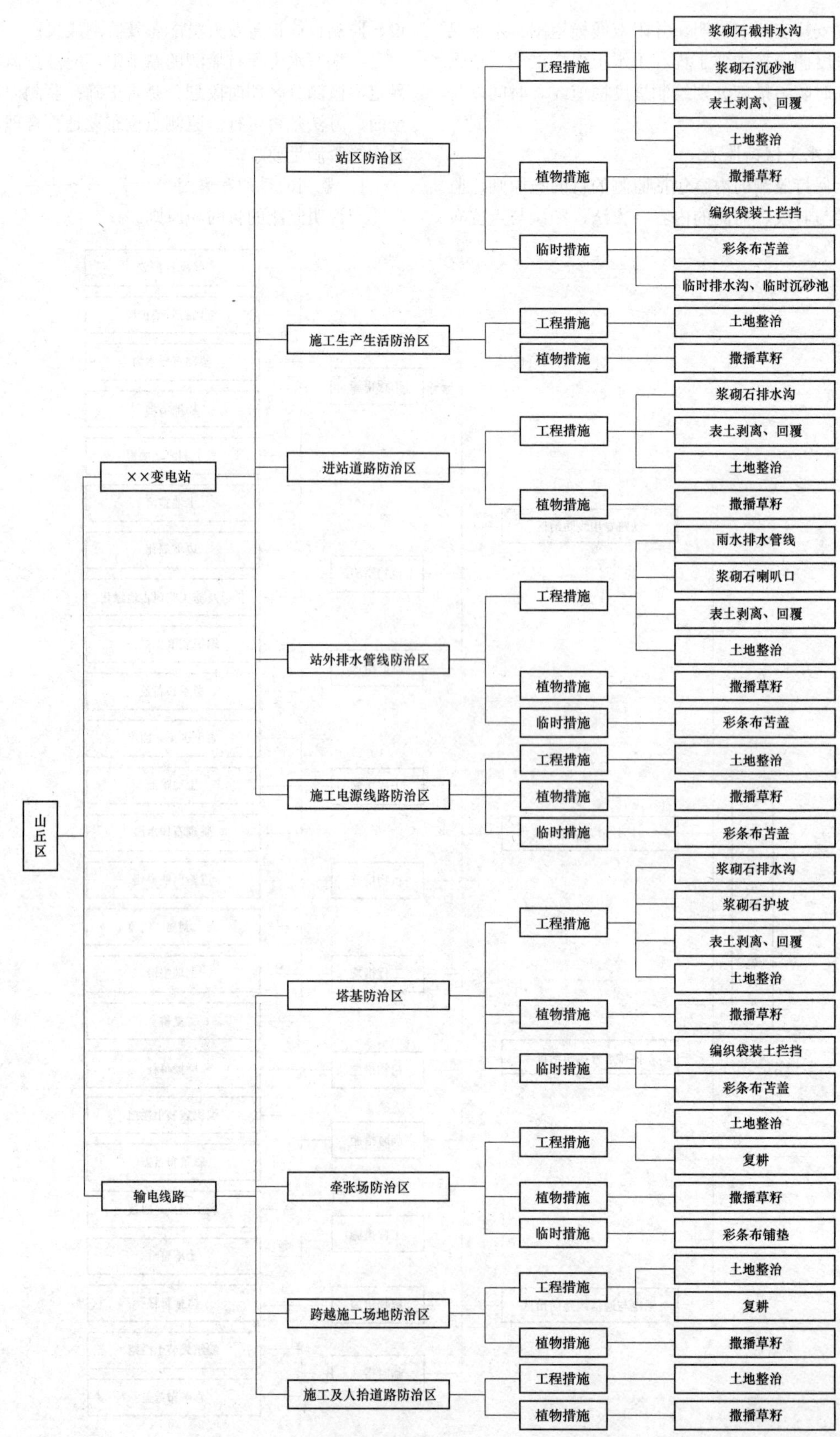

图 14-4　某输变电项目水土流失防治措施体系图（一）

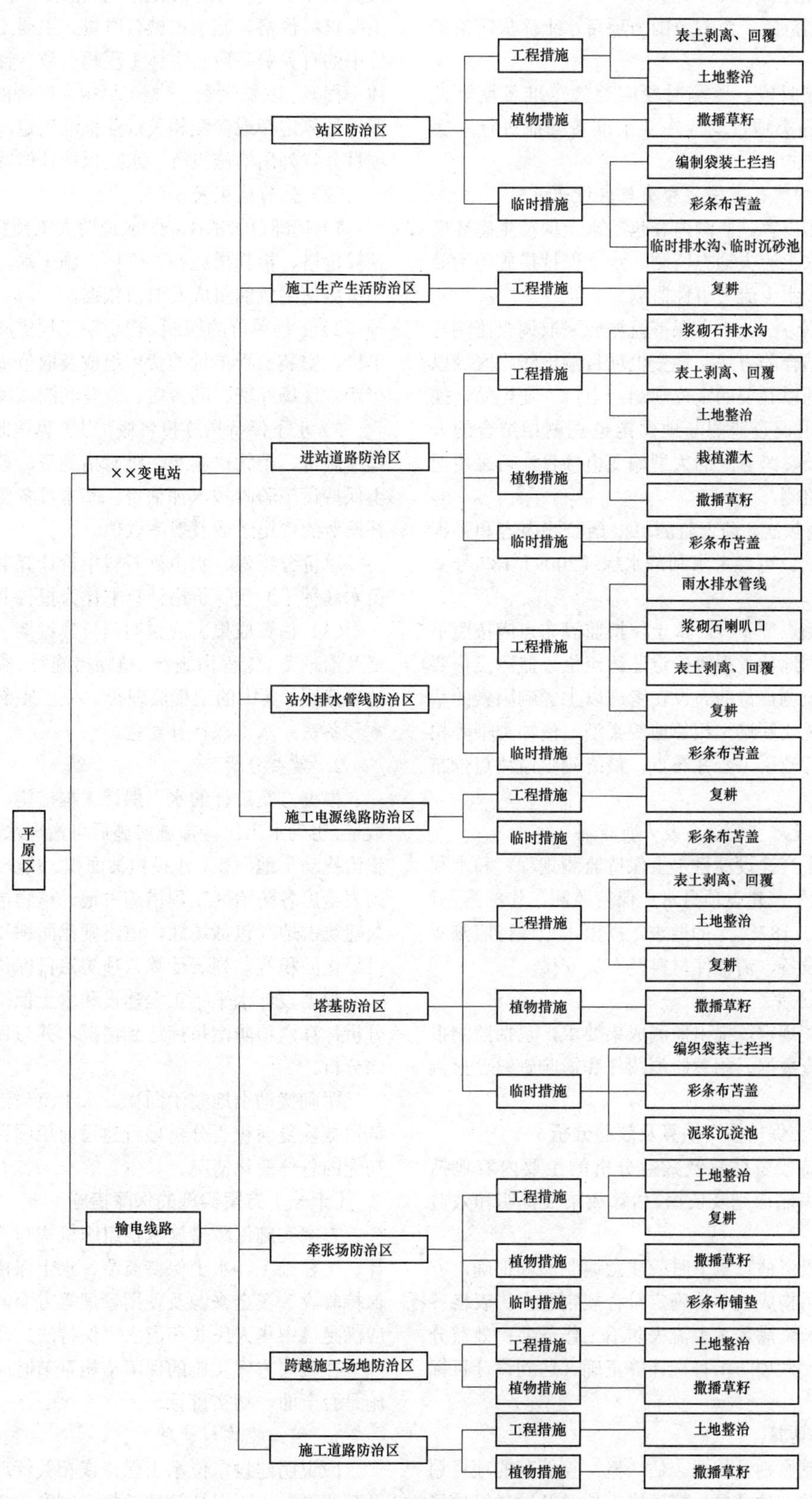

图 14-5　某输变电项目水土流失防治措施体系图（二）

2. 监测范围与时段

（1）监测范围。监测范围为项目水土流失防治责任范围。

（2）监测时段。监测时段应为施工准备期至设计水平年。各类项目均应在施工准备期前进行本底值监测。

3. 监测内容、方法、频次与点位布设

（1）监测内容。监测内容包括水土保持生态环境变化监测、水土流失动态监测、水土保持措施防治效果监测、重大水土流失事件监测。

（2）监测方法。水土保持监测应采取调查监测与定位监测相结合的方法。输变电项目输电线路区域以调查为主，辅以必要的定位观测；电厂、变电站、换流站区域采用调查监测与地面定位观测相结合的方法；距离较长、跨省区的大型输变电项目，可采用遥感手段进行监测。

（3）监测频次。调查监测可根据监测内容和工程进度确定频次。可参考水利部水保〔2009〕187号文规定。

（4）监测点位布设。水土保持监测布点应按照不同分区、不同地貌类型等确定监测点位，监测点位要有代表性。监测点位的布设在考虑以上影响因素的基础上，进行优化筛选，相邻地貌类型、侵蚀类型等相似的县一级行政区可合并布点，最终确定监测点位布设方案。

4. 监测设施监测设备及人员配备

按照《生产建设项目水土保持监测规程》和水利部《关于规范生产建设项目水土保持监测工作的意见》（水保〔2009〕187号）的要求，提出水土保持监测所需的设施、设备、消耗性材料及人员安排。

5. 监测成果

按照有关规定，提出监测成果要求，包括监测报告、观测调查数据、相关监测图件和影响资料、报告制度要求。

（十）水土保持投资估算及效益分析

水土保持投资估算及效益分析的主要内容包括投资估算的编制原则及依据、估算成果及说明和效益分析。

在编制投资估算章节时应注意编制原则正确，方法可行，费用构成、单价确定符合规定要求，表格齐全、规范；投资满足水土流失防治工作需要；效益分析结论可靠，六项防治目标计算正确、达到设计目标要求。

1. 投资估算

（1）编制原则及依据。估（概）算编制的项目划分、费用构成、估（概）算表格应按《开发建设项目水土保持工程概（估）算编制规定》执行。水土保持投资估（概）算的编制依据、价格水平年、人工单价、主要材料价格、施工机械台时费、主要工程单价及单价中的有关费率应与主体工程相一致（计算标准同主体工程）。主体工程估（概）算中未明确的，采用水土保持估算定额或参照相关行业标准确定，输变电跨省项目分省列出措施投资、水土保持补偿费。

（2）估算成果及说明：

1）基础单价的编制。应说明人工预算单价、材料预算价格、植物措施预算价格、施工水、电价格及施工机械使用费的组成及取值依据。

2）工程单价的编制。应说明工程措施和植物措施单价、安装工程单价的费用组成及取值依据，其他直接费、现场经费、间接费、企业利润、税金的费率。

3）水土保持措施投资概（估）算编制。应说明工程措施费、植物措施费、临时措施费、独立费用、水土保持设施验收技术评估费、基本预备费、水土保持补偿费的费用组成及费率取值。

单价分析表、水电砂石料单价计算书、主要材料苗木（种子）预算价格计算书作为报告书附件。

（3）估算成果。应说明项目建设期水土保持总投资及治理费（工程措施费、植物措施费、临时措施费）；独立费用（其中的工程监理费、水土保持监测费）；基本预备费；水土保持补偿费。

2. 效益分析

根据方案设计的水土保持工程措施、植物措施的数量、明确水土保持措施实施后可治理水土流失面积、整治扰动土地面积、建设植被面积、减少水土流失量，列表给出各防治区工程措施占地、植物措施面积、永久建筑占地（包括场地、道路硬化面积和水面面积）、可绿化面积等，列表计算六项防治目标预期达到值。

根据设计水平年工程建设和水土保持各项指标，分析计算六项防治指标达到情况，并与目标值进行对比分析。

明确扰动土地整治面积、水土流失治理面积、林草植被恢复面积。分析项目建设前后项目区水土保持功能的总体变化情况。

（十一）方案实施的保障措施

方案实施保障措施包括组织机构与管理、后续设计、工程施工、水土保持监测、水土保持监理、水土保持验收、资金来源及使用管理等方面的具体要求，应满足《中华人民共和国水土保持法》及相关规定。

在编写方案实施的保障措施章节时应注意保障措施是否全面、切实可行。

1. 组织机构与管理

应说明建设单位水土保持或相关管理机构、人员及其职责、水土保持管理的规章制度，建立水土保持工程档案，以及向水行政主管部门报告建设信息和水土保持工作情况等要求。

2. 后续设计

应说明进行水土保持初步设计及施工图设计的要求。主体工程初步设计中必须有水土保持专章或专篇，审查建设项目初步设计时应同时审查水土保持初步设计，并有水土保持专业技术人员参加。

3. 工程施工

应说明水土保持措施施工要求。在主体工程施工招标文件和施工合同中应明确水土保持要求。

4. 水土保持工程监理

应说明水土保持工程施工中的监理要求。应建立水土保持监理档案，施工过程中的临时措施应有影像资料。

5. 水土保持监测

应说明水土保持监测要求和报告制度。

6. 检查与验收

应说明建设单位应经常检查项目建设区水土流失防治情况及对周边的影响，若对周边造成直接影响时应及时处理。

应说明在主体工程竣工验收前要进行水土保持设施验收，提出水土保持设施验收的具体要求。

7. 资金来源及使用管理

应说明水土保持资金应纳入项目建设资金统一管理，并建立水土保持财务档案。

（十二）结论与建议

编写结论与建议章节结论应正确；建议应符合实际、有针对性。

1. 结论

如本项目存在工程建设的水土保持制约因素，应在结论说明，并说明通过方案实施可达到的效果及项目建设的可行性。

2. 建议

应说明下阶段对主体设计的优化建议和需进一步深化研究的水土保持问题。

第十五章

电力工程水土保持监测与验收

第一节 水土保持监测

一、水土保持监测概念和目的

（一）概念

水土保持监测是指对水土流失发生、发展、危害及水土保持效益进行长期的调查、观测和分析工作。通过水土保持监测，摸清水土流失类型、强度与分布特征、危害及其影响情况、发生发展规律、动态变化趋势，对水土流失综合治理和生态环境建设宏观决策以及科学、合理、系统地布设水土保持各项措施具有重要意义。

建设项目水土保持监测是指对各类建设项目及生产活动所依法进行的水土流失状况、危害和水土保持措施的监测工作。

生产建设项目水土保持监测工作应贯穿项目整个建设施工过程。

（二）目的

生产建设项目水土保持监测的主要目的是：

（1）及时、准确掌握生产建设项目水土流失状况和防治效果。

（2）落实水土保持方案，加强水土保持设计和施工管理，优化水土流失防治措施，协调水土保持工程与主体工程建设进度。

（3）及时发现重大水土流失危害隐患，提出防治对策建议。

（4）提供水土保持监督管理技术依据和公众监督基础信息。

二、水土保持监测工作内容

生产建设项目水土保持监测内容主要包括扰动土地情况、取土（石、料）弃土（石、渣）情况、水土流失情况、水土保持措施等。

生产建设项目水土保持监测范围包括工程建设征占、使用和其他扰动区域。

（一）资料收集

生产建设项目水土保持监测主要依据水行政主管部门批复的水土保持方案及工程相关设计文件，因此，生产建设项目水土保持监测工作开展前应收集以下项目资料：

（1）项目区自然情况及有关规划、区划、水土保持治理情况等。

（2）主体工程的初步设计、施工组织设计、绿化设计等。

（3）项目水土保持方案报告书和水土保持专项设计等。

（二）水土流失监测实施方案

监测实施方案应在现场调查的基础上编制。监测实施方案编制应明确监测内容和方法，监测点的种类、数量与位置，满足水土保持监测工作的需要。

现场调查主要包括以下内容：①施工现场的交通情况、占地面积、水土流失面积与分布、水土保持措施类型和数量等；②水土保持监测重点区域的位置、数量和监测时段。

（三）水土保持监测内容

1. 扰动土地情况监测

扰动土地情况监测的内容包括扰动范围、面积、土地利用类型及其变化情况等。土地利用类型参照GB/T 21010《土地利用现状分类》土地利用类型一级类。

扰动类型包括点型扰动和线型扰动：①点型扰动是指相对集中，成点状分布的取土场、弃渣场、生产和生活区等扰动；②线型扰动是指跨度较大，成线状分布的公路、铁路、管道及输电线路等扰动。

扰动土地情况监测应采用实地量测、遥感监测、资料分析的方法。实地量测时应满足以下要求：①点型扰动应全面量测；②线型扰动可采用抽样量测，山区、丘陵区抽样间距不大于3km，平原、高原、盆地抽样间距不大于5km。

监测频次应达到以下要求：①实地量测监测频次应不少于每季度1次；②遥感监测应在施工前开

展 1 次，施工期每年不少于 1 次。监测精度应达到以下要求：①遥感影像空间分辨率应不低于 2.5m；②遥感监测流程、质量要求、成果汇总等满足 SL592《水土保持遥感监测技术规范》要求；③点型扰动面积监测精度不小于 95%，线型扰动面积监测精度不小于 90%。

根据水土保持方案，结合施工组织设计和平面布局图，实地界定生产建设项目防治责任范围。工程建设过程中，按照监测方法和频次监测各分区的扰动情况，填写记录表。并与水土保持方案确定的防治责任范围进行对比，分析变化原因。分析汇总扰动情况监测结果，提出监测意见，编写监测季度和年度报告。

2. 取土（石、料）弃土（石、渣）监测

应对生产建设活动中所有的取土（石、料）场、弃土（石、渣）场和临时堆放场进行监测。监测内容包括取土（石、料）场、弃土（石、渣）场及临时堆放场的数量、位置、方量、表土剥离、防治措施落实情况等。取土（石、料）弃土（石、渣）情况监测应采取实地量测、遥感监测、资料分析的方法。

取土（石、料）弃土（石、渣）情况监测应结合扰动土地监测，核实其位置、数量及分布。

监测频次应达到以下要求：①取土（石、料）场、弃土（石、渣）场面积、水土保持措施不少于每月监测记录 1 次；②正在实施取土（石、料）场、弃土（石、渣）场方量、表土剥离情况不少于每 10 天监测记录 1 次；③临时堆放场监测频次不少于每月监测记录 1 次；④堆渣大于 500 万 m^3 的弃渣场应采用监控设备等开展全程实时监测。取土（石、料）弃土（石、渣）的方量监测精度不小于 90%。

监测程序：根据水土保持方案报告书、初步设计等，结合遥感监测和实地调查，建立取土（石、料）场、弃土（石、渣）场的名录。主要包括位置、面积、方量和使用时间。

现场记录取土（石、料）场、弃土（石、渣）场相关情况，采集影像资料。

监测过程中发现取土（石、料）场、弃土（石、渣）场存在下述水土流失危害隐患，应补充调查有关情况，并及时告知建设单位：①周边有居民点、学校、公路、铁路等重要设施，且排水、拦挡等防治措施不完善；②靠近水源地、江河湖泊、水库、塘坝等，没有落实防治措施；③位于沟道内，上游汇水面积较大，且排水、拦挡等防治措施不完善。

对比水土保持方案，取土（石、料）场、弃土（石、渣）场的位置、规模、数量发生变化的，应及时告知建设单位变化情况。

分析汇总取土（石、料）场、弃土（石、渣）场监测结果，提出监测意见，编写季度和年度监测报告。

3. 水土流失情况监测

水土流失情况监测主要包括土壤流失面积、土壤流失量、取土（石、料）弃土（石、渣）潜在土壤流失量和水土流失危害等内容。①土壤流失量是指输出项目建设区的土、石、沙数量；②取土（石、料）弃土（石、渣）潜在土壤流失量是指项目建设区内未实施防护措施，或者未按水土保持方案实施且未履行变更手续的取土（石、料）弃土（石、渣）数量；③水土流失危害是指项目建设引起的基础设施和民用设施的损毁，水库淤积、河道阻塞、滑坡、泥石流等危害。

水土流失情况监测采用地面观测、实地量测、遥感监测和资料分析的方法。

水土流失情况监测频次应符合以下要求：①土壤流失面积监测应不少于每季度 1 次；②土壤流失量、取土（石、料）弃土（石、渣）潜在土壤流失量应不少于每月 1 次遇暴雨、大风等应加测。

土壤流失面积、土壤流失量和取土（石、料）弃土（石、渣）潜在土壤流失量监测精度不小于 90%。

监测程序：工程建设前，根据水土保持方案，监测防治责任范围内土壤流失面积。工程建设过程中，根据监测分区、监测点和设施布设情况，按照监测频次，监测水土流失情况，采集影像资料，填写记录表。发现水土流失危害事件，应现场通知建设单位，并开展监测，填写水土流失危害监测记录表，5 日内编制水土流失危害事件监测报告并提交建设单位。按监测分区，整理记录表，获得水土流失情况，编写监测季度和年度报告。

4. 水土保持措施监测

应对工程措施、植物措施和临时措施进行全面监测。

监测内容包括措施类型、开（完）工日期、位置、规格、尺寸、数量、林草覆盖度（郁闭度）、防治效果、运行状况等。

水土保持措施监测采用实地量测、遥感监测和资料分析的方法。监测频次应达到以下要求：①工程措施及防治效果不少于每月监测记录 1 次；②植物措施生长情况不少于每季度监测记录 1 次；③临时措施不少于每月监测记录 1 次。水土保持措施监测精度不小于 95%。

监测程序：应根据水土保持方案、施工组织设计、施工图等，建立水土保持措施名录。主要包括各类措施的数量、位置和实施进度等。工程建设过程中，应按监测方法和频次，开展水土保持措施监测，填写记录表。分析汇总水土保持措施监测结果，提出监测意见，编写监测季度和年度报告。

三、水土保持监测方法与频次

（一）水土保持监测选取原则

生产建设项目水土保持监测方法应遵循以下规定：

（1）点型项目水土流失防治责任范围小于 $100hm^2$ 的采用实地量测、地面观测和调查监测（资料分析）等方法，不小于 $100hm^2$ 的应增加遥感监测方法。

（2）线型项目山区（丘陵区）长度小于 5km、平原区长度小于 20km 的采用实地量测、地面观测和调查监测（资料分析）等方法；山区（丘陵区）长度不小于 5km、平原区长度不小于 20km 的应增加遥感监测方法。

根据《水土保持监测技术规程》的规定，开发建设项目的水土保持监测主要有地面观测和调查监测两种形式和方法，本手册中关于电力工程水土保持监测方法主要采用上述两种形式。

（二）水土保持监测方法

1. 地面观测

电力工程建设活动对地面扰动较大的区域或地段，如大的开挖面、取土取料场、弃土弃渣场、施工场地、高陡边坡等应进行地面观测。

地面观测（监测）的内容和项目主要有：土壤侵蚀面积、侵蚀强度、侵蚀程度、侵蚀量、土壤养分和污染物质的流失与运移、土体的位移和微地貌变化等与侵蚀有关的内容。

地面监测所采用的途径包括常规小区观测、控制站观测、简易水土流失观测场、简易坡面测量、风蚀量监测和重力侵蚀场观测等。

通常电力工程水土保持监测主要用到的地面观测方法有小区观测、简易水土流失观测场、简易坡面测量、风蚀量监测。

（1）小区观测。适用于各种类型的开发建设项目，主要应用于水土流失量监测。根据项目特点和要求，又细分为标准小区（对照小区）和生物措施小区。

标准小区（对照小区）：观测内容包括雨量、径流量、冲刷量。

生物措施小区：除观测以上项目外，还应观测林草覆盖度。

小区观测基本设施：GPS 全球定位仪、沉砂池、经纬仪、天平、烘箱、环刀、皮尺、钢卷尺、简易土工试验仪器。

（2）简易水土流失观测场。此方法适用于项目区内类型复杂、分散，暂不受干扰或干扰少的弃土弃渣流失的监测。

主要方法：于汛期前将用于观测的钢钎按一定距离分上中下、左中右纵横各 3 排打入地下，钉帽于地面齐平，并在钉帽涂标示编号，登记上册。主要观测降水量与降水强度对水土流失的影响，每次大暴雨后观测钉帽距地面高度，计算土壤侵蚀深度和土壤侵蚀量。计算公式如下：

$$A=ZS/1000\cos\theta$$

式中 A——土壤侵蚀量，m^3；

Z——侵蚀深度，mm；

S——水平投影面积，m^2；

θ——斜坡坡度，(°)。

（3）简易坡面测量。适用于暂不被开挖的自然坡面或堆积土坡面。选择具有一定代表性的自然坡面和相对稳定的堆积土坡面，用钉子法测定土壤侵蚀深度并计算土壤侵蚀量。

（4）风蚀量监测。适用于风蚀区、水蚀风蚀交错区建设项目的风力侵蚀监测。选取有代表性的平坦、裸露、无防护的地貌作为对比区，在扰动地貌上选择有代表性的不同种类监测区进行比较分析。风蚀强度观测采用地面定位钎插法，每 15 天量取插钎离地面的高度变化。

2. 调查监测

建设项目对地面和环境的影响较小的区域和地段，以及难以应用或不需要本项目直接观测，引用相关观测资料即可得监测项目，可以采用调查监测的方法。

调查监测的内容主要适用于：地形地貌变化、水系调整、土地利用变化、扰动土地面积、损坏水土保持设施数量、植被破坏面积、水土流失面积；与水土流失有关的降雨（特别是短历时暴雨）、大风情况；土石方开挖与回填量、弃土弃石弃渣量；各项防治措施面积、数量、质量，林草措施的成活率、保存率、面积核实率、生长情况，工程措施的稳定性、完好性和运行情况；河道淤积、水土流失危害、生态环境变化等。

电力工程水土保持监测常用的调查监测的方法主要有典型调查法。

典型调查：典型对象的选择，要根据调查的具体要求来确定，电力工程水土保持监测典型调查是为了反映项目水土流失一般情况，应选择具有广泛代表性的典型。

电力工程水土保持监测典型调查，一般采用资料收集、实地考察和量测等多种形式。可根据实际要求，布设样地进行临时调查，也可设置固定连续观测点。

（三）水土保持监测频次

根据监测内容分别确定监测的频率。在开始监测前由承担监测任务的机构，根据有关技术规范的规定和本项目的实际提出合理的监测频次。

地面观测的项目，根据数据取（采）样的需要随时进行监测。水土流失量一般在产沙后即观测，泥沙量不大时可间隔一定时间观测。加测暴雨时，应明确暴雨的强度指标，遇到此类暴雨即行监测。

调查监测的项目，一般可间隔一定时间调查，根据工程进度、扰动影响面、治理进度等合理确定调查周期。每次调查均应填写调查表，年末进行汇总整理。

四、水土保持监测工作流程

生产建设项目水土保持监测一般划分为监测准备、监测实施、监测总结三个阶段。

（一）监测准备阶段主要工作

（1）成立水土保持监测项目部/项目组。

（2）首次进场查勘，初步选定监测点位，确定监测方法。

（3）召开水土保持监测工作启动会（技术交底会），参会单位：建设单位、主体设计单位、监理单位、施工单位。

（4）编制水土保持监测实施方案；监测实施方案主要内容应包括建设项目及项目区概况、水土保持监测的布局、内容、指标和方法、预期成果及形式、工作组织等。

（5）水土保持监测实施方案上报建设单位、水行政主管部门。

（6）对比水土保持方案，存在重大变更及时提醒建设单位进行变更备案。

（二）监测实施阶段主要工作

（1）全面开展监测，布设水土保持监测设施（径流小区、测钎、简易坡面观测场等），重点对扰动土地、取土（石、料）弃土（石、渣）、水土流失及水土保持措施等情况监测。

（2）监测单位每次现场监测后，应向建设单位及时提出水土保持监测意见，存在问题及解决方案，督促建设单位按照“三同时”制度落实水土保持各项防治措施。

遇突发水土流失灾害事件、暴雨，7 日内进行加测。

（3）编制与报送水土保持监测报告。编写水土保持监测季报；编写水土保持监测年报；协助建设单位编写上一年度水土保持方案落实情况；上述报告完成以后报送建设单位，水行政主管部门。

（三）监测总结阶段主要工作

（1）汇总、分析各阶段监测数据成果。

（2）分析评价防治效果。

（3）编制与报送水土保持监测总结报告。

（4）参加水土保持设施验收技术评估会，汇报水土保持监测工作。

五、水土保持监测总结与成果

水土保持监测任务完成后，整理、分析监测季度报告和监测年度报告，分析评价土壤流失情况和水土流失防治效果，编制监测总结报告。

对防治责任范围、扰动土地情况、取土（石、料）弃土（石、渣）情况、水土流失情况、水土保持措施效果等重点评价。

监测总结报告应内容全面、语言简明、数据真实、重点突出、结论客观。监测总结报告应包含水土保持监测特性表、防治责任范围表、水土保持措施监测表、土壤流失量统计表、扰动土地整治率等六项指标计算及达标情况表。表格见附录 E。

监测总结报告应附照片集。监测点照片应包含施工前、施工期和施工后三个时期同一位置、角度的对比。

监测总结报告附图应包含项目区地理位置图、水土保持监测点分布图、防治责任范围图、取土（石、料）场、弃土（石、渣）场分布图等。附图应按相关制图规范编制。

监测成果包括监测实施方案、记录表、水土保持监测意见、监测季度报告、监测年度报告、监测汇报材料、监测总结报告及相关图件、影像资料等。

影像资料包括照片集和影音资料。照片集应包含监测项目部和监测点照片。同一监测点每次监测应拍摄同一位置、角度照片不少于 3 张。照片应标注拍摄时间。水土保持设施竣工验收和检查时应提交的监测成果。生产建设项目水土保持监测成果应按照档案管理相关规定建立档案。

第二节　水土保持验收

一、水土保持设施验收概述

生产建设项目的水土保持设施验收，是指生产建设单位按照水土保持相关法律法规和技术标准的要求，对生产建设项目的水土保持方案及其批复文件、后续设计文件所确定的水土保持设施及其水土流失防治效果进行自主验收。

建设单位在工程建设过程中及试运行期间组织开展的水土保持设施验收，主要包括分部工程验收、单位工程验收及完工自验。

（一）分部工程验收

在工程建设期间，分部工程的所有单元工程被监理单位确认为完建且质量合格或有关质量缺陷已经处理完毕，建设单位可组织开展分部工程验收。

（二）单位工程验收

工程建设按批准的设计文件的内容基本建成；所有分部工程已经完工并验收合格；运行管理条件已初步具备，并经过一段时间的试运行；水土保持设施投入使用后，不影响其他工程正常施工，且其他工程施工不影响该单位工程安全运行，建设单位可组织开展单位工程验收。

（三）完工自验

在生产建设项目土建工程完工后、主体工程竣工验收前，建设单位应在分部工程验收、单位工程验收完成的基础上，组织有关单位对水土保持设施数量、质量、防治效果和试运行等情况进行的整体总结评价。

（四）技术评估

由专业技术机构对生产建设项目水土保持设施的数量与规格布局、质量控制、建设管理及水土保持效果等进行的全面评估。

（五）重要单位工程

对周边可能产生水土流失重大影响或投资较大的单位工程，主要包括征占地面积 $2hm^2$ 以上取土（料）场的防护设施，堆弃土石方量 5 万 m^3 以上或堆渣高度 20m 以上弃土（渣）场的防护设施；周边有公共设施、基础设施、工业企业、居民点或学校且征占地不小于 $1hm^2$ 或拦渣量不小于 $5000m^3$ 的弃渣场的防护设施；占地 $1hm^2$ 及以上的水土保持植被建设工程等。

二、水土保持设施验收主要内容

（一）编制水土保持设施验收报告

依法编制水土保持方案报告书的生产建设项目投产使用前，生产建设单位应当根据水土保持方案及其审批决定等，组织第三方机构编制水土保持设施验收报告。

第三方机构是指具有独立承担民事责任能力且具有相应水土保持技术条件的企业法人、事业单位法人或其他组织。各级水行政主管部门和流域管理机构不得以任何形式推荐、建议和要求生产建设单位委托特定第三方机构提供水土保持设施验收报告编制服务。

（二）形成水土保持设施验收鉴定书，明确验收结论

水土保持设施验收报告编制完成后，生产建设单位应当按照水土保持法律法规、标准规范、水土保持方案及其审批决定、水土保持后续设计等，组织水土保持设施验收工作，形成水土保持设施验收鉴定书，明确水土保持设施验收合格的结论。

水土保持设施验收合格后，生产建设项目方可通过竣工验收和投产使用。

（三）公开验收情况

除按照国家规定需要保密的情形外，生产建设单位应当在水土保持设施验收合格后，通过其官方网站或者其他便于公众知悉的方式向社会公开水土保持设施验收鉴定书、水土保持设施验收报告和水土保持监测总结报告。对于公众反映的主要问题和意见，生产建设单位应当及时给予处理或者回应。

（四）报备验收材料

生产建设单位应在向社会公开水土保持设施验收材料后、生产建设项目投产使用前，向水土保持方案审批机关报备水土保持设施验收材料。报备材料包括水土保持设施验收鉴定书、水土保持设施验收报告和水土保持监测总结报告。生产建设单位、第三方机构和水土保持监测机构分别对水土保持设施验收鉴定书、水土保持设施验收报告和水土保持监测总结报告等材料的真实性负责。

对编制水土保持方案报告表的生产建设项目，其水土保持设施验收及报备的程序和要求，各省级水行政主管部门可根据当地实际适当简化。

三、水土保持设施验收工作流程

（一）完工自验

水土保持设施的分部工程和单位工程完工时，建设单位或其委托的监理单位应及时组织参建单位开展相关验收工作。

主体工程土建工程完工后，建设单位或其委托的专业技术机构应及时组织开展完工自验，对水土保持设施的数量、质量、防治效果和试运行情况进行总结分析，编制《水土保持设施验收自验报告》。

生产建设单位应及时落实各级水行政主管部门的监督检查意见，并将监督检查意见及整改落实情况归档管理，作为验收的支撑材料。

1. 分部工程验收

分部工程的所有单元工程被监理单位确认为完建且质量合格或有关质量缺陷已经处理完毕，方可进行分部工程验收。

分部工程验收应包括以下内容：

（1）鉴定水土保持设施是否达到国家强制性标准以及合同约定的标准。

（2）按 SL336 和国家相关技术标准，评定分部工程的质量等级。

（3）检查水土保持设施是否具备运行或进行下一阶段建设的条件。

（4）确认水土保持设施的工程量及投资。

（5）对遗留问题提出处理意见。

（6）分部工程验收应填写“分部工程验收签证”，作为单位工程验收资料的组成部分。

2. 单位工程验收

单位工程按批准的设计文件的内容基本建成；所有分部工程已经完工并验收合格；运行管理条件已初步具备，并经过一段时间的试运行；水土保持设施投入使用后，不影响其他工程正常施工，且其他工程施工不影响该单位工程安全运行，可进行单位工程验收。

a. 分部工程验收签证封面格式

编号：

生产建设项目水土保持设施

分部工程验收签证

生产建设项目名称：

单位工程名称：

分部工程名称：

施工单位：

年　月　日

b. 分部工程验收签证扉页格式

开完工日期：

主要工程量：

工程内容及施工经过：

质量事故及缺陷处理：

主要工程质量指标（主要设计指标、施工单位自检统计结果、监理单位抽检统计结果）：

质量评定（单元工程、主要单元工程个数和优良品率，分部工程质量等级）：

存在问题及处理意见：

验收结论：

保留意见：（保留意见人签字）

附件目录：

1　单元工程质量评定依据及结果。

2　分部工程质量评定依据及结果。

3　存在问题处理记录（实施单位处理情况、验收单位和日期）。

c. 分部工程验收组成员签字表格式

姓名	单位	职务和职称	签字

单位工程验收应包括下列内容：

（1）对照批准的水土保持方案及其设计文件，检查水土保持设施是否完成。

（2）鉴定水土保持设施的质量并评定等级，对工程缺陷提出处理要求。

（3）检查水土保持效果及管护责任落实情况，确认是否具备安全运行条件。

（4）确认水土保持工程量和投资。

（5）对遗留问题提出处理要求。

（6）单位工程验收应填写“单位工程验收鉴定书”，作为完工自验和行政验收的依据。

a．单位工程验收鉴定书封面格式

编号：

生产建设项目水土保持设施

单位工程验收鉴定书

生产建设项目名称：

单位工程名称：

所含分部工程：

年 月 日

---

b．单位工程验收鉴定书扉页格式

生产建设项目水土保持设施

单位工程验收鉴定书

项目名称：

单位工程：

建设单位：

设计单位：

施工单位：

监理单位：

质量监督单位：

运行管理单位：

验收日期：　　年　月　日至　年　月　日

验收地点：

c. 单位工程验收鉴定书格式

单位工程（名称）验收鉴定书

前言（简述验收主持单位、参加单位、时间、地点等）

一、工程概况

（一）工程位置（部位）及任务

（二）工程主要建设内容

包括工程等级、标准、主要规模、效益、主要工程量的设计值及合同投资。

（三）工程建设有关单位

包括项目法人、设计、施工、监理、监测、质量监督、运行管理等单位。

（四）工程建设过程

包括施工准备、开工日期、完工日期、验收时工程面貌、实际完成工程量（与设计、合同量对比）、工程建设中采用的主要措施及其效果、主要经验教训等。

二、合同执行情况

包括合同管理、计量、支付与结算等。

三、工程质量评定

（一）分部工程质量评定

（二）监测成果分析

（三）外观评价

（四）质量监督单位的工程质量等级核定意见

四、存在的主要问题及处理意见

包括处理方案、措施、责任单位、完成时间以及复验责任单位等。

五、验收结论及对工程管理的建议

包括对工期、质量、投资控制、工程是否达到设计标准并发挥效益，工程资料建档以及是否同意交工等，均应有明确结论。对工程管理及运行管护提出建议。

六、验收组成员及参验单位代表签字表

七、附件

（一）提供资料目录

（二）备查资料目录

（三）分部工程验收签证目录

（四）保留意见（应由本人签字）

3. 完工自验

完工自验应包括下列内容：

（1）对照批准的水土保持方案，检查水土保持措施的落实情况。

（2）依据水土保持设计及变更文件，检查水土保持设施的规格、质量和保存情况。

（3）对防治责任范围内的防治效果进行检查、评价。

（4）对水土保持设施建设合同和水土保持技术服务合同进行任务和结算情况检查。

（5）整理单位工程验收鉴定书、分部工程验收签证。

（6）整理水土保持设施相关安全鉴定材料。

（7）总结评价水行政主管部门监督检查整改意见的处理情况。

（8）妥善安排未完工工程及尾工，分析论证水土流失防治效果。对没有达到相关技术标准和水土保持方案要求的，分析原因并进行说明。

（9）检查、完善水土保持设施建设及运行管理档案资料。

（10）完工自验合格后，应编写《水土保持设施验收报告》。

（二）技术评估

1. 技术评估范围

技术评估范围应以批复的水土保持方案确定的水土流失防治责任范围为基础，根据工程建设情况核实实际扰动范围，核定项目运行期防治责任范围。

2. 技术评估内容

技术评估的主要内容应为批复的水土保持方案及其设计文件确定的水土保持工程措施、植物措施和临时措施。技术评估还应对主体工程的水土保持功能进行评价或提出要求。工程措施现场评估以实地测量和典型调查法为主，植物措施现场评估应以样方测量和面积推算法为主；临时措施复核应以监理记录、施工原始记录及影像资料为主；水土保持投资应以实际财务结算为主。根据项目特点，也可采用遥感、遥测等技术手段对各项水土保持措施进行调查核实。

技术评估应包括以下内容：

（1）评价生产建设单位履行法定程序情况，主要包括水土保持方案编报、水土保持方案及措施变更手续、水土保持监理监测组织开展、水土保持补偿费缴纳情况及水土保持设施法人验收情况等。

（2）评价水土保持初步设计（后续设计）的组织管理、审查及批复情况。

（3）评价水土保持监测工作情况，主要应对水土保持监测时段、监测点位布设、监测方法及频次、监测资料整编与报送、监测作用的发挥等方面进行评价。

（4）评价水土保持监理工作情况，主要应对水土保持监理工作范围及职责、质量控制、进度控制、投资控制等方面进行评价。

（5）评价水土流失防治情况，主要包括水土流失防治责任范围、弃土（渣）场、取土（料）场、水土保持措施体系及措施、投资完成情况、水土保持工程质量、水土流失防治效果等。

（6）评价建设及运行管理情况，主要包括水土保持工作组织管理、水土保持设施运行管护等。

3. 技术评估程序

（1）查阅水土保持设施完工自验、初步设计和施工图设计、监测、监理等相关资料，熟悉项目基本情况并进行现场巡查。

（2）走访当地水行政主管部门或查阅水土保持监督管理系统，收集水行政主管部门监督检查意见等相关资料，走访当地居民调查施工期间水土流失及其危害情况、防治情况和防治效果。

（3）组织专业技术人员查阅监理、监测、设计、施工、自验、结算、审计及其他档案资料，复核水土保持设施完工自验报告中的项目划分、质量控制和投资结算情况，复核水土保持设施的数量、布局和规格，复核取土场和弃土（渣）场的选址及防护情况，复核临时占地的恢复情况和批复防治目标的完成情况。

（4）对照单位工程验收鉴定书、水土保持设施完工自验报告，对水土保持单位工程进行现场抽查核实，对所有弃土（渣）场的防护情况进行现场复核，评价不同区域的水土流失防治效果。

（5）与建设单位交换评估结论，提出存在的主要问题及处理意见，明确水土保持设施是否具备验收会议的基本条件。对评估结论为不合格的，可告知建设单位在规定时限内可撤回验收申请。

（三）会议验收

会议验收由建设单位主持。

1. 会议验收内容

会议验收应包括下列内容：

（1）确定验收组组成，印发会议通知。

（2）现场检查水土保持设施建设及运行情况。

（3）查阅验收申请材料及相关水土保持档案资料。

（4）情况汇报与质询讨论，形成验收意见。

（5）制发验收鉴定书。

2. 会议程序与成果

（1）验收会议应按以下程序执行：

1）宣布验收会议议程。

2）宣布验收组成员名单。

3）观看工程声像资料。

4）建设单位、施工单位、水土保持监理、监测及技术评估单位分别汇报相应工作组织实施情况。

5）验收组成员发表意见，进行质询、讨论。

6）验收组讨论并形成“验收意见”，落实遗留问题处理责任、要求及期限，指定有关水行政主管部门或直属机构为核查单位。

7）宣布水土保持设施“验收意见”。

8）验收组成员在“验收意见”上签字。

（2）验收会议应形成水土保持设施验收鉴定书，并明确水土保持设施通过或不能通过验收。

（四）公开验收情况

除按照国家规定需要保密的情形外，生产建设单位应当在水土保持设施验收合格后，通过其官方网站或者其他便于公众知悉的方式向社会公开水土保持设施验收鉴定书、水土保持设施验收报告和水土保持监测总结报告。

（五）报备验收材料

生产建设单位应在向社会公开水土保持设施验收材料后、生产建设项目投产使用前，向水土保持方案审批机关报备水土保持设施验收材料。

主要量的符号及其计量单位

量的名称	符号	计量单位	量的名称	符号	计量单位
功率	P	W	长度	$L(l)$	m
质量	m	kg	宽度	$B(b)$	m
电压	U	V	高度	$H(h)$	m
电流	I	A	直径	$D(d)$	m
压强	p	Pa	A 计权声功率级	L_{wA}	dB（A）
摄氏温度	t	℃	插入损失	IL	dB
能量	E	J	计权隔声量	R_w	dB
声功率级	L_w	dB（A）	导热系数	λ	W/（m·K）
浓度	ρ	kg/m^3	厚度	δ	mm
面积	S	m^2	热力学温度	T	K
体积	V	m^3	速度	v	m/s
A 声级	L_A	dB（A）	频率	f	Hz
磁感应强度	B	T	设计洪水量	Q_m	m^3/s
电抗器容量	Q	var			

参 考 文 献

[1] 环境保护部环境工程评估中心．环境影响评价相关法律法规．北京：中国环境出版社，2018.

[2] 中国电力企业联合会．中国煤电清洁发展报告．北京：中国电力出版社，2017.

[3] 环境保护部环境工程评估中心．建材火电类环境影响评价．北京：中国环境科学出版社，2012.

[4]《输变电设施的电场、磁场及其环境影响》编写组．输变电设施的电场、磁场及其环境影响．北京：中国电力出版社，2007.

[5] 郭剑，陆家榆，赵录兴．1000kV 晋东南-南阳-荆门特高压交流线路电磁环境测试．北京：中国电力科学研究院，2009.

[6] 马大猷．噪声与振动控制工程手册．北京：机械工业出版社，2002.

[7] 高红武．噪声控制工程．武汉：武汉理工大学出版社，2003.

[8] 郝吉明，马广大，王书肖．大气污染控制工程（第三版）．北京：高等教育出版社，2010.

[9] 薛建明，王小明，刘建民，等．湿法烟气脱硫设计及设备选型手册．北京：中国电力出版社，2011.

[10] 南京龙源环保工程有限公司．袋式除尘技术在燃煤电站上的应用．北京：中国电力出版社，2007.

[11] 中国环境保护产业协会电除尘委员会．电除尘器选型设计指导书．北京：中国电力出版社，2013.

[12] 全国环保产品标准化技术委员会环境保护机械分技术委员会，福建龙净环保股份有限公司．电袋复合除尘器．北京：中国电力出版社，2015.

[13] 李培元，周柏青．发电厂水处理及水质控制（第二版）．北京：中国电力出版社，2012.

[14] 周柏青，陈志和．热力发电厂水处理．4 版．北京：中国电力出版社，2009.

[15] 杨旭中，于长友．燃煤锅炉固体副产物处理手册．北京：中国电力出版社，2009.

[16] 王福元，吴正严．粉煤灰利用手册．2 版．北京：中国电力出版社，2004.

[17] 孙昕，陈维江，陆家榆，等．交流输变电工程环境影响与评价．北京：科学出版社，2015.

[18] 郭索彦，苏仲仁．开发建设项目水土保持方案编写指南．北京：中国水利水电出版社，2009.

[19] 赵永军．开发建设项目水土保持方案编制技术．北京：中国大地出版社，2007.

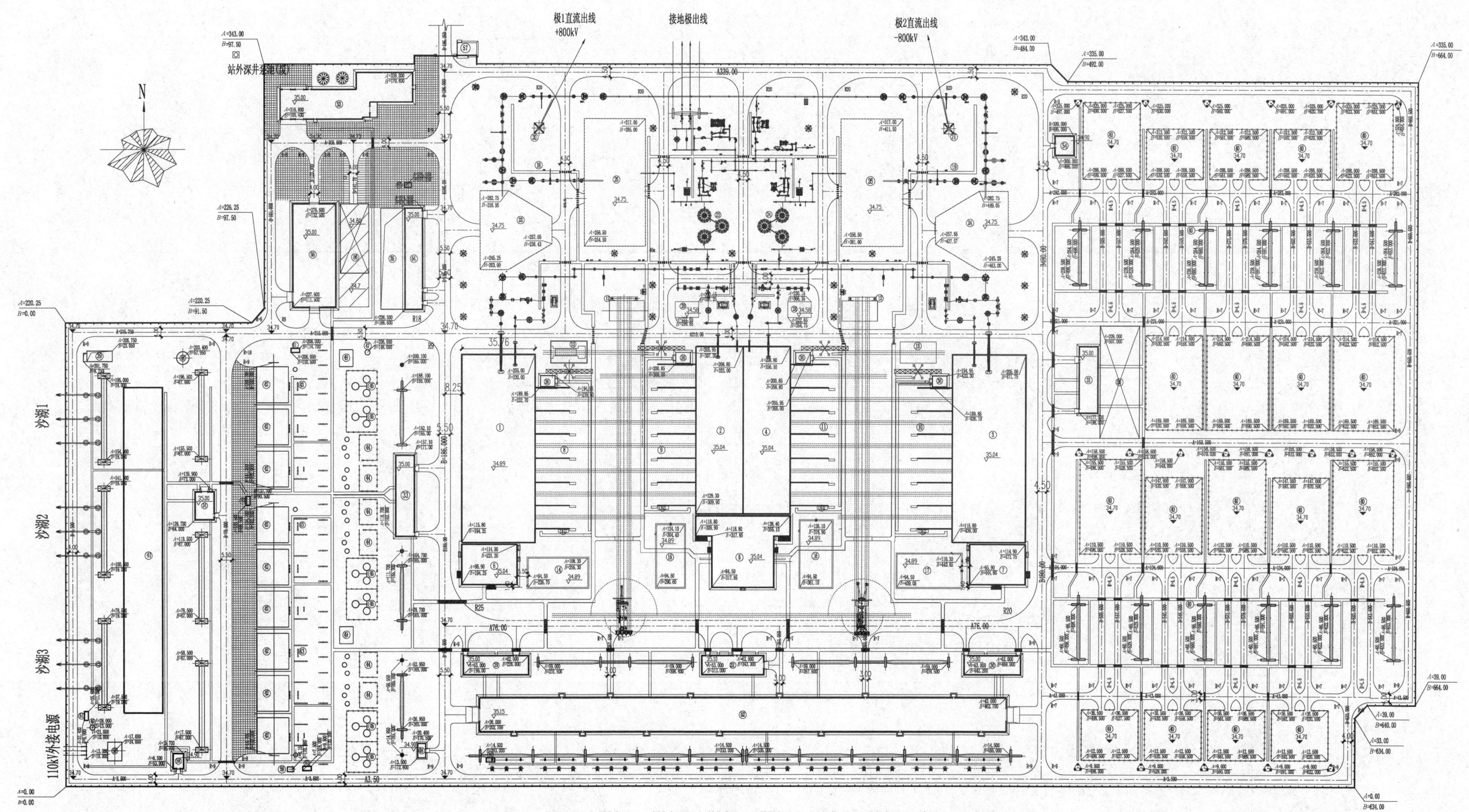

站区建(构)筑物一览表

编号	建(构)筑物名称	编号	建(构)筑物名称
1	极1高端阀厅	32	10kV及380V公用配电室1
2	极1低端阀厅	33	750kV继电器小室及蓄电池室
3	极2高端阀厅	34	380V公用配电室2
4	极2低端阀厅	35	工业消防水池
5	主控楼	36	换流变泡沫消防设备间
6	极1辅控楼	37	回用水池
7	极2辅控楼	38	污水处理设备及污水调节池
8	极1高端换流变	39	雨水泵池
9	极1低端换流变	40	交流滤波器场地
10	极2高端换流变	41	750kV GIS配电装置
11	极2低端换流变	42	750kV联络变
12	高端备用换流变	43	66kV配电装置
13	低端备用换流变	44	低压电容器
14	极1高端阀外冷设备防冻棚	45	低压电抗器
15	极1低端阀外冷设备防冻棚	46	站用变事故油池1
16	极2低端阀外冷设备防冻棚	47	站用变事故油池2
17	极2高端阀外冷设备防冻棚	48	特种材料库
18	极1直流场	49	66/10kV站用变
19	极2直流场	50	220/10kV站用变
20	极1直流出线架	51	750kV联络变事故油池
21	极2直流出线架	52	500kV GIS室
22	接地极出线构架	53	综合楼(含车库)
23	极1平波电抗器	54	综合水泵房
24	极2平波电抗器	55	检修备品库
25	极1直流滤波器	56	户外备品场
26	极2直流滤波器	57	警卫传达室及大门
27	备用直流分压器	58	750kV联络变泡沫消防设备间
28	换流变事故油池	59	站内深井泵池1
29	500kV继电器小室1及蓄电池室	60	站内深井泵池2
30	500kV继电器小室2	61	消防小间
31	500kV继电器小室3及蓄电池室		

图 5-112　换流站总平面布置图